金陵家政学译丛
赵 媛 朱运致 主编

家庭资源管理（第4版）

Tami James Moore
[美] 塔米·詹姆斯·摩尔
Sylvia M. Asay
[美] 西尔维娅·阿瑟
著

周宇芬
译

Family Resource Management

(4th Edition)

南京师范大学出版社

图书在版编目（CIP）数据

家庭资源管理：第4版 /（美）塔米·詹姆斯·摩尔，（美）西尔维娅·阿瑟著；周宇芬译. -- 南京：南京师范大学出版社，2024.12
（金陵家政学译丛 / 赵媛，朱运致主编）
书名原文：Family Resource Management
ISBN 978-7-5651-6098-1

Ⅰ.①家… Ⅱ.①塔… ②西… ③周… Ⅲ.①家庭管理—资源管理 Ⅳ.① TS976.1

中国国家版本馆 CIP 数据核字（2023）第 247200 号

丛 书 名　金陵家政学译丛
丛书主编　赵　媛　朱运致
书　　名　家庭资源管理（第4版）
著　　者　[美] 塔米·詹姆斯·摩尔（Tami James Moore）
　　　　　[美] 西尔维娅·阿瑟（Sylvia M. Asay）
译　　者　周宇芬
策　　划　徐　蕾　王雅琼
责任编辑　熊媛媛
装帧设计　有品堂_刘俊
出版发行　南京师范大学出版社
地　　址　江苏省南京市玄武区后宰门西村9号（邮编：210016）
电　　话　（025）83598919（总编办）　83379735（营销部）
网　　址　http://press.njnu.edu.cn
电子信箱　nspzbb@njnu.edu.cn
排　　版　南京私书坊文化传播有限公司
印　　刷　镇江文苑制版印刷有限责任公司
开　　本　787mm × 1092mm　1/16
印　　张　26.25
字　　数　440千
版　　次　2024年12月第1版
印　　次　2024年12月第1次印刷
书　　号　ISBN 978-7-5651-6098-1
定　　价　89.00元

出 版 人　张　鹏

“金陵家政学译丛”编委会

总序

家政，是一个既熟悉又陌生的名词。

熟悉，是因为它是千家万户的日常，一家老小，三餐四季，一辈子守望幸福的付出都浓缩在这两个字里。人们为了家人平安健康、孩子茁壮成长、夫妻相知相伴、家庭和谐幸福所做出的一切计划、选择、决定、努力和坚守，就是家政。

陌生，是因为很少有人知道“家政”也是一门学科，即使知道，也常常将它与家政服务职业技能培训相混淆。其实，现代家政学是一门大学问，它聚焦不断变幻的社会文化背景中家庭的需求和挑战，并试图通过教育、社会服务和政策制度的调整和迭代来创造有利于家庭幸福的最佳环境。

家政学，这个与每个人的幸福息息相关的学科理应受到广泛关注与重视，它的内涵、价值和最新的研究成果需要得到推广和认同。在这个背景下，有着家政教育传统的南京师范大学金陵女子学院与南京师范大学出版社联合推出“金陵家政学译丛”，把家政学领域最有影响力的研究著述引进学术圈，以期拓宽家政研究的学术视野，丰富家政学科发展的思想资源。

2021 年 7 月，南京师范大学的家政学学科团队、由金陵女子学院英语专业教师组成的译者团队和南京师范大学出版社的编辑团队组成了译丛项目工作组，从世哲、美国培生、施普林格等国际知名出版集团遴选优质图书，分辑推出系列译著，介绍国际家政学研究的新理念、新视角与新进展。遴选的主要原则是：①近年出版的反映学术前沿成果的书籍；② 国内比较稀缺的主题或视角；③ 受到学术同行高度评价的著作；④对国内家政学目前的教学和研究有实际指导意义的著作。

工作组最终挑选 6 本图书作为译丛首辑推出的译著，主题围绕家庭与家庭生活方式的可持续发展，从家庭结构、家庭生活管理、家庭教育等多个维度展现家庭在当下社会变迁中所面临的机遇与挑战，以及家政学在帮助人们构建可持续的美好生活方面所扮演的角色。这 6 本书包括《转型中的家庭》（第 17 版）、《生活经营学：构建可持续发展的社会》、《家庭生活教育原则与方法》（第 3 版）、《家庭资源管理》（第 4 版）、《进化视角下的儿童发展与教育》和《媒体、可持续与日常生活》。

这套译丛整体上呈现了以下特点：①动态视角和未来导向，突出了家庭结构、个体发展、家庭生活状态的动态变化和未来走势，有前瞻性。②生态视角和系统导向，揭示了影响家庭生活的个人的、人际的、社会的、文化的、技术的层层因素，尤其是前所未有的新技术、新媒体带来的冲击。③全球视角和多元文化导向，理解不同文化中的家庭发展的共性与差异，借鉴促进家庭发展、个人幸福和社会进步的理念与方法。

家政学是一门跨专业的综合学科，社会学、心理学、教育学、管理学、人类学、沟通学、传媒学等都与之有密切的实质性联系。本译丛选择了不同学科视角的著作，也是希望吸引相关专业的研究者、教育者和学生，期待他们从这些著述中看到自己的专业与家政学的关联，从跨学科碰撞中找到灵感，加入家政学学科建设的队伍，实现家政学研究、教育与实践的创新和突破。

本译丛的出版从书目遴选、章节筛选、版权谈判、三审三校到最后的发行，都离不开出版社的支持。出版社的总编辑与各分册责任编辑和金女院的译者团队多次开会讨论、切磋，为保证译著的质量和按时出版发行付出了很多努力。在此感谢南京师范大学出版社的总编辑徐蕾，责任编辑刘双双、阙思语、王嘉、熊媛媛、王雅琼、李思思及项目团队的其他成员。感谢南京师范大学金女院外语系的沈继荣、黄颖、朱运致、周宇芬、柏愔老师，在 2022 年那个酷热的暑假埋头伏案，完成译稿。特别感谢南京师范大学金女院的领导赵媛、薛传会和熊筱燕老师，是他们的鼎力支持让本译丛得以顺利出版。

原版序

《家庭资源管理》（第 4 版）旨在为即将跨入家庭服务行业的高校学生提供最新、最准确、最具动态的背景资料，以及应用实例和综合案例研究。本书讨论的主题是家庭中的资源管理，整个论述框架易于理解，能够有效帮助学生和教师将相关重要知识和理论应用于研究家庭资源如何管理，以实现家庭的基本维系和发展。本书在阐述内容时会强调多维视角以及当前所面临的挑战。

本书剖析了家庭管理内在决策机制的复杂性，并系统介绍了 5 步决策模式（DMM），以帮助学生熟悉该模式的整个流程，同时提供了在不同家庭情况下实际操演 DMM 的机会。

本书的内容和编排灵活、易于理解，且具有文化可适性：一是采用对话式的方式展开论述，读者会觉得很友好；二是兼具学术性，必要的引用和参考将所阐述的内容拔高到了高校课程所必需具备的学术高度；三是来源于现实生活的举例和时事热点有助于学生将新的信息资料和他们的生活实际相结合；四是特地开辟的世界博览部分将学生们的视野从个人家庭拓展到了全球范围。

本书的两位作者对国际视角下的多样性发展和家庭多元化有着丰富的研究，也出版了相关的研究著作。家庭服务专业人员的服务对象日益变得多元，在这种情况下，对于家庭文化差异，仅停留在认知层面已经远远不够，还需要专业人员掌握相关技能以积极应对这些差异。鉴于此，本书在选用相关情景和家庭案例时特别注意其包容性，涉及的案例既有正面的，也有反面的，从而彰显实际应用中的客观性。此外，本书中的用词不带有任何成见，客观呈现所有民族、收入水平和其他界定特征。世界博览部分也为阐述文化多样性奠定了基础，以促进学生对相关知识的理解。

第 4 版沿用了前几版的结构编排，但鉴于世界历经新冠疫情，本书新增了前沿研究、社会变化分析、经济转型、新兴的“新常态”等内容。尽管本书参引的基本信息主要源自美国家庭，但所有材料背后都折射出多样性和当地文化的影响。案例作业部分富有灵活性，旨在引导学生关注本地或本土能够反映学生背景以及最有可能成为他们专业服务对象的家庭的真实情况。

全书分为五个模块或部分。每个部分都围绕一个中心主题展开，它们分别为家庭资源管理（FRM）研究、了解家庭需求、分析家庭资源（家庭维系必需）、做出选择、实施决策与评估。

与前面几版一样，全书贯穿了理解家庭多元化的重要性这一理念，并提供了充足的机会帮助学生将所获得的理念应用于实际。

第一部分的主题是家庭资源管理（FRM）研究，为理解基于经典的 5 步决策模式的家庭研究学科确立了框架。本部分对每个构成元素——家庭、资源、管理过程都分别做了阐述和分析，强调了配置和获取家庭必需资源的复杂性。论述还涵盖了文化多样性和情境影响等内容，以便学生理解所有家庭决策的独特性。第 4 版还对最新的人口变化和新兴研究，以及 2020 年新冠疫情及骚乱所导致的社会焦点转移做了阐述。

第二部分的主题是了解家庭需求，梳理了社会心理层面的诸多概念——需求、渴求、动机、价值观、态度和行为等。家庭决策反映的不仅是家庭成员的个人意愿，还反映了长久以来家庭确立及维持的协同效应和象征意义。学习这些概念并将其应用于营销、社交媒体和群体行为等外力因素，能够让学生更好地理解不同社会团体背景下家庭决策的复杂性和独特性。

第三部分的主题是分析家庭资源，重点阐述了相关的经济原理以及经济形势的变化对家庭需求和家庭所能获取资源的影响。认识并了解家庭所能获取的外部资源有助于学生全面梳理可行的解决方案，以帮助他们今后服务的家庭解决问题。

第四部分的主题是做出选择，这是决策过程中最关键的一环。家庭服务提供者有必要了解为什么需求相似的不同家庭，会做出完全不同的决定。正如家庭组成没有一个“传统、规范、基本”的模式，家庭需求也没有一个可以统一借鉴的方案。家庭成员间的沟通不仅会影响所能达成的决定，而且还会影响家庭各成员对决定的认同度。选择的结果往往通过行动计划表现出来，而计划形成的过程决定了其最终实现的可能性及有效性。群体动态和家庭领导力最终会影响家庭决策的成功与否。

第五部分的主题是实施决策与评估，是 5 步决策模式的最终环节。实施决策及其辅助方案关系到策略和动机，遗产规划和风险管理为学生整合新掌握的决策机制及其实施、家庭长期理财计划的监督或调整等内容奠定了重要基础。健康、人寿、财产保险等则是与家庭风险管理相关的一些概念。

致谢

谨向 SAGE 公司积极鼓励我们完成本书编写的全体人员表示感谢，感谢他们在我们完成该版编写过程中所给予的悉心指导。

我们感谢本书审稿专家们的巨大帮助，感谢他们的反馈、指正和修改意见，正是这些意见使得该版能够更好地迎合市场需求。两位作者谨向以下审稿人表示衷心感谢：

· 芭芭拉 · 谢布洛斯基，加州州立大学萨克拉门托分校（*California State University, Sacramento*）

· 弗兰西斯 · 拉夏贝尔，詹姆斯敦社区大学（*Jamestown Community College*）

· 西恩 · 布莱克威尔，爱达荷学院（*College of Idabo*）

· 格雷格 · 斯科特，凯伯尔学院（*Kuyper College*）

· 拉尼亚 · 莎尔曼，西北州立大学（*Northwestern State University*）

· 迪安娜 · 富兰克林，印第安纳州立大学（*Indiana State University*）

· 蒂莫西 · 奥布莱德，得州农工大学金斯维尔分校（*Texas A&M University-Kingsville*）

· 詹妮 · 罗彻，科罗拉多大学丹佛分校（*University of Colorado Denver*）

我们的学生也是本书修改意见的一个重要来源，感谢他们提出的很多适时的建议和意见。他们还对本书的编排贡献了自己独特的视角，避免了本书单一呈现“老练”教师的视角，从而达到了教师和学生视角的平衡。最后，要感谢我们内布拉斯加大学的同事们，感谢他们的支持和理解。

目录

总序 001

原版序 004

致谢 007

第一部分　家庭资源管理研究

第一章　管理家庭资源的复杂性 003

一、什么是家庭? 004

二、家庭如何使用资源? 005

三、管理家庭 007

四、决策模式 008

五、家庭资源管理的影响因素 010

六、跨学科视角 020

七、家庭模拟案例教学介绍 023

第二章　家庭和资源管理模式 030

一、家庭的历史演变 030

二、当今的家庭模式 032

三、家庭的定义 033

四、家庭的变化 043

五、文化背景下的家庭 045

六、家庭职能 046

七、家庭可获取的资源 047

八、管理家庭资源 048

九、家庭管理的主要挑战 049
第三章　家庭资源管理研究 055
一、科学的过程 055
二、理论 056
三、家庭研究设计 068
四、家庭资源管理的相关研究 071

第二部分　了解家庭需求

第四章　需求分类 077
一、需求和渴求 077
二、需求认知的变化 088
三、需求评估 098
四、个人需求与社会需求 099
第五章　价值观、态度和行为：了解家庭选择 104
一、价值观 105
二、态度 114
三、行为 117
四、决策框架中的价值观、态度、行为 119
五、家庭购物决策中的价值观和行为 120
六、文化对价值观、态度和行为的影响 123
七、社会经济因素对价值观、态度和行为的影响 124
八、不同时间和环境下的一致性 126

第三部分　分析家庭资源

第六章　家庭资源的识别 131
一、资源可获得性 131
二、资源理论 134

三、人力资源 135
四、经济资源 137
五、环境资源 142
六、社会资源 143
七、资源评估 148
八、资源的分配和使用 149
第七章 家庭与经济环境 157
一、消费主义的起源 157
二、经济原理 160
三、家庭和经济 180
第八章 社会对家庭决策的影响 186
一、个人和税收制度 186
二、政府援助项目 196
三、私人资助项目 206
四、义务教育 207
五、供求关系和教育 212

第四部分 做出选择

第九章 管理未来 217
一、目的、目标和标准 218
二、规划过程 220
三、家庭财务计划 232
四、制订财务计划 235
五、应急行动计划 240
六、计划的产生 240
第十章 决策过程中的沟通 243
一、沟通理论 243
二、沟通和信息技术 256

三、家庭决策中的应用 263
第十一章 家庭决策过程中的个人 266
一、群体动态 266
二、群体思维 271
三、领导力 276

第五部分 实施决策与评估

第十二章 付诸实施 295
一、实施 296
二、遗产规划 304
三、家族企业继承 307
四、风险管理 308
五、完成和反思 320
第十三章 定义成功 325
一、社会责任 326
二、家庭责任 336
三、个人责任 347
第十四章 当前和未来的挑战 353
一、技术 353
二、家庭结构 359
三、自然资源 363
四、人口变化 365

参考文献 373
译后记 403

第一部分

家庭资源管理研究

决策模式

- 了解现有需求。
- 确定能够满足需求的备选方案。
- 评估已确定的备选方案。
- 选择并实施备选方案。
- 反思并评估已选择的备选方案。

第一章　管理家庭资源的复杂性

第二章　家庭和资源管理模式

第三章　家庭资源管理研究

第一章　管理家庭资源的复杂性

目标

- 明确“家庭”和“家庭户”的概念。
- 解释家庭需求如何随环境变化而变化。
- 比较家庭管理和企业管理。
- 介绍家庭适用的重要决策模式。
- 讨论历史、环境和文化对家庭资源管理的影响。
- 介绍适用家庭研究的学科和视角。

在历史的发展长河中，家庭形态不断经历变迁，但其依然是世界上最古老的一种关系构成、一种普遍现象（Sokalski, 1994）。几个世纪以来，家庭一直被视为基本的社会单元，虽然社会更迭交替，但这一社会单元一直得以保留。人们一般认为家庭是私有机构，近年来这一认知才有所改变，现如今的家庭更多地成了一个政治单位，家庭价值越来越多地出现在了竞选口号中，使得人们日益关注家庭在本土、国家乃至国际社会结构中的重要地位。随着家庭单元成为关注焦点，关于家庭单元的研究也有了蓬勃的发展，拓展了我们对家庭职能及其历史变迁的了解。

尽管家庭生活让我们感觉有很强的延续性，但斯科尼克和斯科尼克（Skolnick & Skolnick, 2014）提出家庭是不断发展变化的，新兴的通信和技术手段更是加速了其发展变化。未来的家庭不仅需要认识到正在发生的变化，而且还需要掌握相关技能、调整资源管理策略以适应新的现实。

围绕着家庭的社会、政治和经济环境发生变化的同时，家庭结构也在发生变化。孔茨（Coontz, 2000）认为备受推崇的传统家庭结构依然具有优势，但多尔蒂（Doherty, 1997）则指出随着周遭环境的变化，当前社会可能会成为历史上第一个无法明确定义家庭的社会。这些相左的观点认知使得对家庭作用模式的持续研究和评估变得非常有必要。

家庭资源管理[①]的核心概念包括：个体成员间的相互依存、动态变化的环境和有意识地通过努力满足家庭各成员的基本需求。家庭资源管理是一个动态的过程，要求个体成员认识到有效的决策并不是一蹴而就的事，决策评估是未来决策的基础。

在没有清晰认识到机遇的存在和家庭资源的有限性之前，家庭不可能实现有效的资源管理。我们需要清楚地认识到生活在21世纪给家庭带来了无数的挑战，我们需要一如既往地消耗大量资源，参与全球经济，为家庭成员提供保障。所有这些都需要管理才能实现。因此，家庭资源管理理念蕴含在这三个词汇中：家庭、资源、管理。

一、什么是家庭?

当代家庭本质上是多元的，是围绕家庭的社会经济环境的反映。传统家庭的概念[②]对于家庭服务提供者实现职业目标并没有多大助益，但是我们仍有必要对家庭进行归类和界定，因为公共和私人项目在评估需求以及判断国民是否有资格享受惠民服务时仍以此为依据。第二章会介绍当代家庭的定义及其结构的理论框架。

●案例 1-1

乔和罗西娅有三个孩子。乔最近刚失业。为了获得各类地方和州级财政补助的资格，这对夫妇必须符合这些补助项目设定的家庭构成标准。有些项目要求他们必须是合法夫妻，有些项目则规定如果罗西娅未婚能够获得更多补助。这些并不统一的要求会对这一家庭的决策构成伦理上的挑战，可能会削弱家庭结构。有些补助项目的申领以住户为标准，而不管这个住户家里住的是不是一家人。如果乔不是孩子们的生父，那他只能以单身男性的身份申请项目补助。

---

① 管理：management，引导并控制一群人的行为，其目的是协调群体成员行为，以实现某个凭个体之力无法实现的目标。

② 学生们可以将传统家庭和其他非传统家庭（nontraditional family）做比较。非传统家庭：指不符合核心家庭社会规范的家庭模式。

家庭[①]（family）资源管理理念假定家庭是一种单元构成，家庭成员们在一段时间内试图满足所有成员的需求并维系其家庭构成。因此，家庭既包含个体需求，也包含群体需求，了解沟通这些需求是一个持续进行的过程。为了满足这些需求，家庭必须确定并保障相关资源。金钱和物质是最容易确定的家庭重要资源，但是所有家庭成员可获取的人力资源即使不比金钱和物质重要，至少也是同等重要的维系家庭的资源。

家庭单元或家庭户[②]（household）确定需求、保障资源[③]（resources）的过程是动态变化的。

有些情形会频繁反复发生，使得很多决定成为下意识甚至是习惯性的行为。如习惯每周购置生活用品的家庭成员会在商场里信步扫货，不假思索地挑选购买各类物品。这些物品已经被以前的决策过程识别，除非家庭成员确定这些基本物品不再能满足他们的需求，否则他们会出于习惯购买这些物品。也有些情形要求更多的思考和信息获取，如周一早上，单亲家庭的爸爸或妈妈赶着上班，但孩子生病了，他迫切需要一位能够照顾生病孩子的人，这时他就需要寻找特定资源以满足迫切需求。这类决定的压力指数比上面提到的决定压力要大得多，因为这个决定会对家庭产生多方面的影响。

二、家庭如何使用资源?

人类的生存、生理成长及个人发展都需要消耗大量资源，例如，食物、水、房屋、衣物等，还有的资源则是教育、社区和娱乐所必需的。家庭资源管理研究既研究资源消耗，也研究家庭成员所能提供的人力资源及其耗费。

特定需求资源研究需要考虑文化、可用性[④]（availability）和可获取性[⑤]（accessibility）等因素。自来水能够解渴，但一个人可能会选择购买瓶装水

---

① 家庭：基本社会单元，传统上由共同生活在一所房子里的父母和孩子们构成。

② 家庭户：被视为一个单元的房屋及居住者。

③ 资源：商品和服务生产过程中可使用的商品和人力资源；任何可以满足现有或将来需求的物品。

④ 可用性：需要时可以使用的能力。

⑤ 可获取性：需要时可以获取某物的能力。

供家庭饮用。一个家庭最想住独栋住宅，但如果公寓是唯一可能的选择，那在其他选择出现前，这个家庭也只能将就选择公寓。常青藤联盟院校可能是学生的最高目标，但如果他达不到录取标准，也只能另做他选。

在了解需求后，家庭的关注重点会转为思考满足需求的途径和方式。需求不同，解决方案可能也会有差别，但是，这些解决方案一般都需要资源作为保障。资源储备越充足，需求满足的效率[①]（efficiency）和能效性[②]（effectiveness）就越高。在管理家庭资源的过程中，充足性[③]（sufficiency）也是一个重要的考量因素。家庭成员能够接受一个只能满足他们最低诉求的解决方案吗？旧报纸也能用作厕纸，但没有人会愿意这么做。家庭需求是动态变化的，所以任何特定资源可能只在某些情形下适用，换个时间场合可能完全不会予以考虑。

考虑到情境变量，家庭可能会用某些资源作为替代[④]（substitute）资源。时间紧张时，午餐可能就是一块花生黄油三明治，但时间充裕时，午餐也可以大快朵颐一番。在资源选择过程中，人们经常会用钱换取时间。快餐、飞机出行、请人帮忙护理草坪等都是资源转换或交换的实例。人和家庭的复杂性使得家庭背景下的资源识别和选择相比商务背景下的资源管理更为复杂。

▶前沿动态

什么是“加一”模式？

美国乃至全世界范围内成年人同居[⑤]（cohabitation）的现象在过去的几十年里大幅增加。最近的人口普查报告还专门谈到了同居对家庭构成的影响。美国人口普查数据表明25—34岁的年轻人中有15%的人都与未婚伴侣一起生活，相比2018年的12%有所上升。美国人口统计局所说的未婚伴侣指15岁以上与户主没有法律关系但共同生活在一个屋檐下，且与户主私人关系亲密的人。有些人认为同居行为会成为合法婚姻的绊脚石，但在有些人眼里，同居是一种

---

① 效率：没有浪费的前提下成功做成某事的能力。

② 能效性：能够产生既定、明确或渴望的效果。

③ 充足性：被认为是充足的。

④ 替代：用某种相似产品代替某物。

⑤ 同居：像已婚夫妇一样共同生活。

摆脱了婚姻困境和法律效应的形式化联盟。

现在，同居已然成为家庭构成和维系的一部分，传统的家庭定义不得不随之改变，类似情况也出现在保险业和职场中。随着职场抢人大战愈演愈烈，雇主提供的保险福利待遇日益成为重要的考量因素。如果雇主不能给同居未婚员工提供“家庭福利”，则其竞争对手往往会这么做以吸引新员工或挽留老员工。很多保险公司的员工福利政策都会有针对员工未婚伴侣的相应内容，且不管员工的性取向是什么。问题在于员工是否应该同意在关于自身的福利政策中涉及这些内容。

宾德利（Bindley, 2012）指出与异性伴侣同居并享有权利的做法源于职场对员工性取向权利的认可。与异性伴侣同居的员工的一项潜在福利是可以获得与已婚或有同性家庭伴侣的同事相同的保险福利。很多雇主提出了未婚同居必须满足的条件，很多人把这些条件称为“加一”待遇。“加一”的对象可以是员工的伴侣，通常还包括伴侣所带的孩子。

三、管理家庭

家庭学的发展史与商业管理的发展史紧密相连。这两门学科差不多同时兴起，并且其初衷都在于促进资源的有效使用。很多个人和家庭资源管理理论都源于商业管理，而很多人力资源理论都获得家庭学和其他社会学科研究的支撑。商业管理重在资源应用的规划、组织、领导和控制，以实现绩效目标。一切商业行为的目标都在于实现利益最大化。这是一个需要有意识投入并持续进行的过程，在此过程中需要做出选择并不断加以评估。

虽然家庭管理并不是一场商业[①]（business）交易，但其目标有不少与商业交易是相通的。商业决策的层次性较强，在决策过程中涉及的有形因素较多，利益是商业规划的根本动力。事实上，大多数家庭管理活动最开始的决策过程同商业活动是相一致的，不同之处在于家庭管理更多涉及个人层面，考量因素中有较多的情感和无形因素，而较少关注财产状况的改善。不过，部分家庭管

---

① 商业：以商业性活动或贸易活动作为谋生手段。

理资源的一个主要目标便是为了积累家庭财富，家庭经营不善的一个主导因素就是家庭财力不够。本书的主要内容就是介绍并阐释5步决策模式。

四、决策模式

人和家庭做出决定的方式可以有很多。詹妮斯（Janis, 1989）基于决策过程是一个目的性过程这一假设提出了理性决策模式。这一模式包含以下几个步骤：寻找备选方案、评估结果、评估风险或不确定性、确定结果的价值、选择可以最大限度实现希望目标的行动方案。对家庭有长远影响的决定适用这一决策模式。教育和疾病医疗的选择通常也可以通过这一决策模式得出结论。

●案例 1-2

贝丝和约翰刚被告知约翰得了2期胰腺癌，医疗团队提出了三个不同的治疗方案，因为这是一个重大决定，所以适用理性决策模式。

普莱弗尔（Preffer, 1987）提出了官僚化决策模式，这个模式更多基于规则、程序和流程，而不在于追求价值最大化。这一决策模式依托的是习惯性的做事方法，只适用于低风险、无争议性决策。虽然这种模式更适用于商业决策，但在家庭环境中也有一些发生率高、风险度低的决定，如日用品（特别是常用物品）采购往往采用这一模式。

●案例 1-3

马修斯一家拥有一套房子，每年都需要交房产税。他们提前收到了税额通知，但因为房子是按揭的，税收由信贷机构负责缴纳。每月的按揭贷款中包含了部分房产税。关于房产税，马修斯一家根本不需要过多思考，这里就是很典型的官僚化决策模式。

政治化决策模式（Preffer, 1987）所衍生的结果与群体内个体的权力相关。这一模式认为，单元内各个体可能会有不同的兴趣点，因而产生冲突是很正常或至少是习以为常的事。虽然这一决策模式所产生的决定很少能满足所有成员的需求，但是因为有商讨和妥协的过程，所以其决定结果往往能获得成员的支持。家庭搬迁等决定往往适用这一模式。虽然此类决定对孩子们的影响比较大，但协商的主体多是成人，在这个过程中权力是一个重要的影响因素。

●案例 1-4

斯科特和麦迪正准备搬家，以便住得离家人近一点。对于这个家庭决定，他们几个还在蹒跚学步的孩子没有任何意见，因为他们对家里的财务决定没有任何贡献。孩子们在这个决定中的政治权力为零。

鉴于家庭决策可能遵循上述基本决策模式中的任何一种、全部或某几种的组合，因此有必要建立一个灵活的情境分析框架。我们的选择是 5 步决策模式①（5-Step Decision Making Process）。虽然家庭决策并没有一个放之四海而皆准的解决方法，但往往会遵循一个一般的框架流程，包括需求的判断和归类、可能替代资源识别、替代资源的分析和比较、所选资源的筛选和实施、后期评估等。这一模式还为家庭对决策进行理性、官僚化和政治性思考提供了空间。通过单独分析这 5 个步骤然后将它们综合成为一个完整的过程，学习者可以更完整地理解家庭决策和行为的复杂性与不可预见性。这一决策模式将在后面章节中展开论述。

第一步：了解现有需求。

第二步：确定能够满足需求的备选方案。

第三步：评估已确定的备选方案。

第四步：选择并实施备选方案。

第五步：反思并评估已选择的备选方案。

---

① 5 步决策模式：一种灵活的决策机制，涵盖了解现有需求、确定能够满足需求的备选方案、评估已确定的备选方案、选择并实施备选方案、反思并评估已选择的备选方案等步骤。

五、家庭资源管理的影响因素

家庭并不是存在于真空中，外部影响因素会进入家庭环境，从而改变家庭的思维和行为方式。这些因素涉及历史、环境、文化等。当前以及未来的国际、国家和地方危机可能也会以某种形式影响家庭，使家庭的行为方式产生长远的改变。了解家庭发展史为理解家庭变化提供了一个有力的视角。

（一）历史因素

综观历史，家庭资源管理方式免不了受到一些思想和客观环境的影响。一些新的思想和思维方式影响了现在的家庭行为。新的育儿方法、新的医疗发现，甚至是婚姻观的变化都可能影响家庭职能的发挥。历史事件也会影响家庭。战争、经济衰退或萧条、恐怖袭击、疫病等都会对家庭带来影响。最近的美国国家经济衰退和全球新冠疫情就暴露了当前家庭结构在面对经济和社会灾难时的脆弱性和韧性。双职工家庭失业所带来的影响会跟早期经济衰退形势下的失业很不一样，因为经济衰退形势下全家赖以生存的唯一经济来源的丧失可能意味着所有挣钱可能性的丧失。家庭随着历史的演变而变化，折射出并影响到更高层次上的经济环境。

家庭资源管理史影响了当今家庭管理的方式。早期的希腊罗马文化留下了大量家庭管理的史料，这些大多留存于古代哲学著作中。“经济”一词来源于古希腊语 “oikos nomos”，意为房屋和管理。赫西奥德（Hesiod, ca. 715 BCE）写道：“你应该按顺序处理事情，这样你的谷仓（储存粮食）才可能满是应季的东西。”（1999）13 世纪英国国教会也留下了关于管理的宝贵意见。当时英国国教会刚历经改革，多名牧师针对婚姻和家庭问题发表了看法（Murray, 1987）。其中较早的文字记录之一来自林肯教区主教罗伯特·格罗斯泰特（Robert Grosseteste）。当时他的朋友玛格丽特伯爵夫人刚刚丧偶，他给伯爵夫人写了一封信，指导她如何管理丈夫留下的大笔遗产。他写道：

> 用你玉米地的收成、房子的租金、打官司所得的钱以及存储收益等，支付厨房、酒水、衣物开销和仆人的工资，并合理安排存储。（Henley et al., 1890）

用现在的话讲，他这是在指导新寡的朋友应该怎样平衡开支——收入和支出。

到了20世纪末，世界加速变化。社会流动性和新的发明创造改变了很多家庭的管理方式。虽然西方家庭依然奉行父权至上，但工业革命迫使男女分化，拥有了各自的生活圈，形成了"男主外、女主内"的家庭格局。伊莎贝拉·比顿（Isabella Beeton）的《家庭管理》一书（转引自Hughes, 2006）在英国销量达几千本之多。她的思想和现代小公司管理策略很相像，在她看来，优秀的管理就是要为员工树立好的榜样并给出清晰的指引，有良好的财政控制，并且在一切管理活动中尊重秩序和方法（Wensley, 1996）。

在美国，同时期的一部值得一提的作品是比彻（Beecher）的《美国妇女家庭》。该书是一本为帮助女性履行家庭职责而编写的培训手册（当时很流行编写行业培训类书籍）。比彻认为女性的职责主要包括：

> 在婴儿期和生病等重要时期精心呵护婴儿和病患的身体，在儿童最敏感的时期启发其心智，教导和管控仆人，担负起家庭的多数管理和经济事务。

19世纪末，美国涌入了大量移民，城市中心变得过于拥挤，食物和水资源存在卫生隐患，人们的工作环境恶劣（Gentzler, 2012）。这些社会问题因为科学（生态学和生物学）和家庭科技（发明）的发展而变得更加尖锐，从而导致了1899年和1909年普莱西德湖会议的召开。激进的与会者们创立了一门跨学科的学科，即后来的家政学。随着1909年美国家政协会的成立，政府要求高等院校在已有的食品准备和居家卫生等课程以外设置新的课程。在最后一次普莱西德湖会议闭幕前，家政学获得了联邦职业项目资助。家政课程包括营养、食品安全处理、衣物纺织、个人理财、家庭管理、儿童和人力发展等内容。

自20世纪初以来，人们的生活条件、技术装备、价值观和价值标准等都有了很多变化，与此同时，管理方式也发生了变化。如今平权家庭获取、使用资源的方式与几十年前相比已经大为不同。

（二）环境因素

可利用资源也会影响家庭管理。有些家庭可能因为地理位置或经济状况等原因而只能获得有限的资源，从而导致家庭需求无法得到满足。另外，相比资源充足的家庭，资源有限的家庭可能需要花费更多钱财以获得相应资源。资源的可用性和可获取性极大影响了资源使用的方式。这些因素还会影响资源管理的方式。资源对家庭管理的影响会在第三单元展开论述。

▶现实思考

当山姆大叔号召入伍时

父母被派往前线参战会对家庭产生怎样的影响？美国发起过很多次战争，但近年来在伊拉克和阿富汗的军事行动对美国家庭产生的冲击则远非以往战争所能比。对伊和对阿行动中，大多数士兵都不是青年征兵。在越南和朝鲜战争中，士兵待在海外的时间平均不超过一年，而且大多是招募的新兵，而在伊拉克和随后的派军行动中，士兵多为年龄较大的后备役军人，即国民兵——家庭男女（Skipp et al., 2006）。

派驻任务给婚姻和家庭带来了额外的压力。长久分离会影响家庭的正常运作，地理距离造成了关系的疏远。众所周知，离婚的主要原因是资源管理中的钱财问题，那么，军人家庭婚姻解体的风险是不是更高？卡尔内等人（Karney et al., 2012）发现，与年龄、受教育程度、种族、社会地位相当的其他男性相比，参军男性的离婚率要么与前者持平，要么低于前者。这是因为政府出台了大量扶持政策帮助维系服役期间军人的家庭（甚至包括整个大家庭）。虽然军人服役归来仍能享有这些政策资源，但这种情况正变得越来越少。随着参战人员回归家庭，下文所描述的阿伦多斯一家人的经历可能会成为一种普遍现象。

阿伦多斯（出于隐私保护的需要，此为化名）一家人同意我们跟读者分享他们的经历。凯西和迈克是一对年轻夫妻，双方都有工作，有两个小孩，当迈克被征召入伍时，两个孩子一个两岁，一个三岁。凯西跟我们分享了丈夫离家期间她的需求和资源变化的情形。这里引用佩恩（Payne, 1998）的五种资源分类法以做讨论。

金钱资源

“因为参军，我丈夫的收入有所增加，他是一名少校，拿的钱比以前要多，而且因为他不在家，所以我们的家庭开销也有所变化。他不需要开销，家里衣食、汽油和娱乐等开销预算都不需要算上他。我也还在工作，算上我们两人的收入，还有减少的开销，我们可以存上一大笔钱。”

这种情况跟以往战争年代很不一样，在那些年代，年轻人参军后拿到的报酬要少得多。对于已婚的人，他们的妻子一般都不是职业妇女，所以这些家庭的经济往往比较窘迫。凯西分享了她最开始时的不适应。

“我在一个扶助小组遇到了不少军人妻子。她们的经济境况大多相似，花销大得惊人。因为总想着要存些钱，所以我努力不多花钱。我觉得有些花销是情绪性的。当我对现状感到愤怒时，我就会花钱。但随着储蓄的钱越来越多，我变得释怀了些，在自己身上的花销——做发型、外出就餐、买衣服、买化妆品——也变得少了，而其他妻子忙着重新布置家，买房买车。当我丈夫参完军回来后，我们也大肆花费了一番，但没感受到没有储蓄时的那种经济压力。”

当然，不是所有军人家庭都会出现因为参军而使家庭金钱资源变多的情形，但是，不得不承认，在不实行征兵制的情况下，服役要求的变化已经导致了奖励水平的变化。

情感资源

“最开始，我无法集中注意力。我怎么一下就成了单亲妈妈了呢？以前什么事我们都是一起做。但他离开后，我慢慢地在情感上接受了他不在家的事实，也就变得没那么难熬了。我开启了自动屏蔽模式，可做可不做的事一律不做。我现在认识到那时自己的确把一些负面情绪发泄在了女儿身上。我妈妈很早就意识到了我的不对劲，她开导我，把我拉回了正轨。我对两个孩子管得没那么严了，我需要收回我的掌控欲。最后，我和孩子们都回到了正常的轨道上。

迈克离家六个月的时候，我真正意识到不能再这么下去了，于是开始转变自己的思维。情感上最难忍受的一点就是缺少陪伴。当时，我感到非常孤独，不厌其烦地跟他人诉苦。我喝酒的频率也比以前高多了——不是喝得多，而是次数多了（每晚一到两杯）。

我对迈克归来的情感接受度比我预期的要低得多。我和孩子们足足花了近三个月的时间才适应另一个成人在家里发号施令。我不喜欢他严格要求孩子的样子，他跟孩子们说话总是一副盛气凌人的样子。他离家已经十八个月了，我和两个孩子都已经有所成长，变得成熟，可他还跟以前一样。管理家庭账单和活期存款的事又交回到他的手上。我一度都要疯了！就像他离家期间几乎每天都在部队给我打电话聊天那样，我们真诚地好好聊了聊！我不愿意再回到那种关系状态里。他听进去了。在家里，他又恢复了以往那种不咄咄逼人、多一事不如少一事的处事态度。我们双方都需要努力，可能还需要心理咨询。”

当我们请凯西谈谈她和家人、朋友的关系在迈克离家期间是否有所变化时，她提到了几件令她很惊讶的事。

“我的父亲是一个情绪不外露的人，他陪我参加了迈克的送别仪式，每三个月就从他远在另外一个州的家里过来看我们。以前他来看我们的时候，喜欢我们围着他转，陪着他，但在那段时间他变了。他帮我们修剪草坪，修理东西，帮我们家添置御寒装备，做一切需要做的事。我的母亲在我需要离家几天外出工作的时候过来帮我照看孩子。婆婆从来没给我们写过信，不过迈克离家前也是这样。他家没有人说要来帮助我们。迈克的弟弟打电话比以往要勤，但从来没来看过我们。我的兄弟姐妹都给予了我们帮助，尤其是我的姐姐。我的哥哥还把两个孩子接到他家待了两周过圣诞，让我们度过了一个难忘的圣诞节。

朋友……嗯，我真正地了解了谁是我的朋友。迈克没有参军前，很多被我们当做朋友的人后来就消失不见了，而有些我们从来没有认真交往过的人倒是突然出现，给了我很多帮助。当迈克回来后，他的那些老朋友又开始打电话联系他。我坚持我们有了新的朋友，他自己也清楚，跟那些人也都不来往了。”

心智资源

“迈克在家时，我们是两个成人一起做决定，他去了部队后，我需要一个人独立解决问题，而且当时的我十分情绪化，倍感压力，起初我觉得很难适应。不过，随着时间一天天过去，我对自己独立解决问题的能力越来越有信心，我想我真的成长了，变得更加独立，更有决策能力。

我成了一个非常好的时间管理者，现实逼着我提高做事效率。我觉得最难的是一方面我要上班，要尽可能地抽时间陪孩子；而另一方面，家里的一切，包括打扫、修剪草坪、洗衣做饭等一件事都不能少。我只能有所取舍。我们在外面吃得比较多，周末会抽出较多的时间跟孩子们一起玩。

精神资源

“我不是一个十分有信仰的人。但在丈夫被派兵外驻的这段时间里，我认识到必须得坚信我们的部队是训练有素的部队，我的丈夫会做出正确的决定。我不敢想万一……我让自己相信一切都会好好的，我对上帝越来越感恩。这段时间里，我邻居才十八个月大的孩子被诊出患上了癌症，我不敢去想下一个倒霉蛋会不会是我。我让自己只关注生活中积极的一面。

虽然我丈夫才是家里信教的那个，但我每周都会带孩子们去教堂。起先，要让一个两岁、一个三岁的孩子安心坐着听牧师讲道实在是太难了，我忙着安抚他们，什么都听不进去。但后来孩子们变得越来越听话，虽然我并没有从教堂获得什么精神慰藉，但在那里我可以安静地思考，还是挺好的。”

身体资源

“起初，我感到累得不行，但差不多半年以后，情况就好多了。那时真是什么都不顺，我实在是受够了这一切。我感到十分挫败，十分恼怒，我希望这一切快点结束！那段时间我和孩子们的身体都还不错，孩子们要是病了，我会带着他们去上班，或者把他们寄放到邻居家里。我感到有点疏忽他们，但我别无选择。若是我自己病了，则只能向家人、朋友求助了，不过那段时间我的身体可以说是有生以来最好的。煮饭给我和两个小孩吃并不费事，我们每天都去散步。”

凯西和迈克尽己所能，努力克服摆在他们面前的问题。他们的资源因为需求的增长而有所增加。支撑他们的力量在某种程度上已经彻底改变了。他们再也无法回到入伍之前的关系和决策模式了。时间、环境、优先性等因素已经改变了他们的家庭。服役人员回归平常生活的第一年往往会决定家庭的最终走向。

伊拉克战争、阿富汗战争，还有美国发动的军事行动到底造成了多少家庭解体，会有学者在未来几年中对此做出分析。但2004年军队离婚率增加了100%（skipp et al., 2006）。军队花费了数百万美元用以巩固服役军人的婚姻关系。军队所有部门都积极投入针对服役军人及其家属的扶持政策。

凯西对此评价道："军队家庭扶持小组会议很有帮助，我真的很钦佩部队牧师及他们的智慧。这是一个很好的地方可以让你发泄沮丧和愤怒，但可惜的是一个月只有一次。"

（三）文化因素

全球社会背景下的个人和家庭研究都不能忽略文化[①]（culture）和多样性[②]（diversity）对物质和人力资源的确定、使用、产生所带来的巨大影响。

文化影响因素之一是家庭经历。人结婚时，会把原生家庭的种种经历带到婚姻关系中——包括原生家庭特有的文化遗产，从而影响他们对新家庭的期望。原生家庭管理资源的方式也会影响新家庭，夫妻双方会在各自原生家庭经历的基础上共同形成他们自己的资源管理方式。

●案例1-5

友希和埃里克已经结婚4年，他们正计划要一个孩子。埃里克宣布他们必须在生孩子前换一个大一点的两居室公寓。友希并不明白为什么非得这样。在她的祖国日本，婴儿出生后的前几年里和父母同睡是一件很平常的事。

还有一个影响家庭资源管理的重要文化因素是世界观[③]（world view）。（表1-1）克鲁克霍恩和斯托特柏克（Kluckhohn & Strodtbeck, 1961）提出了一个可以比较不同文化群体价值观的理论模式。该模式背后的假设包括以下内容：

---

① 文化：社会全体成员共有的一组习得的关于生活方式的信仰、价值观和行为。

② 多样性：某个团体或组织包含不同群体（如不同民族或不同文化背景群体）的属性。

③ 世界观：特定群体——通常指文化或种族群体，共有的关于现实的共同概念，包括个体现象和群体现象。

·人类必须解决的共同问题是有限的。大多数家庭必须满足的需求和要解决的问题包括衣食、教育和保护家庭成员。

·所有问题的解决方案都不是千篇一律的；它既不是无限的，也不是随机的，但必然是可能解决方案范围内的一个变异体。每个家庭和情况都是独特的，但是不同家庭的经历存在相似性。

·所有解决方案的备选方案，在所有社会中，在任何时候都存在，但优先性不同。由于文化期望和信仰的原因，任何家庭在任何特定时间所做的选择可能与其他家庭的选择不同。

表 1-1　世界观对世界部分国家和地区家庭构成占比的影响

国家	占比	国家	占比
加拿大	9%	俄罗斯	37%
美国	11%	伊拉克	40%
圭亚那	39%	伊朗	8%
巴西	28%	塔吉克斯坦	67%
挪威	17%	中国	44%
英国	16%	印度	54%
德国	17%	巴基斯坦	58%
塞内加尔	55%	孟加拉国	38%
尼日利亚	19%	日本	27%
利比亚	58%	尼泊尔	58%
加蓬	56%	全球平均值	38.4%
纳米比亚	62%		

来源：皮尤研究中心《2010—2018 年人口普查数据分析》

由于这些不同的价值体系，克鲁克霍恩和斯托特柏克提出了五种不同的取向[①]（orientation），它们存在于任何特定的文化群体中，但在群体之间却有所

① 取向：关于时间、地点，人的自我意识、态度和信仰的组合体。

不同。这些取向涉及人性、人与自然、时间、活动和关系。

人性取向可能会被一个文化群体认为是恶的或是善的，或是善与恶的混合，文化实践一般基于这些信念。以司法制度为例，将犯罪嫌疑人关押一段时间并对其进行教育改造的做法表明其文化相信人性本善，但可能会误入歧途，而那些相信原罪的宗教认为人性本恶，但可以让人们通过宗教仪式得到救赎。

人与自然的关系取向可以分为三个方面：人类被自然征服、人类与自然和谐相处、人类征服自然。病人拒绝医疗体现了人类被自然征服的取向。许多人使用空调和供暖系统来应对天气因素。今天，对环境质量和自然资源可持续性的新关注迫使人们重新考虑人与自然之间的和谐关系。

每个文化群体必须处理三种时间取向——过去、现在和未来，才能在时空中保持存在。对特定时间取向的偏好或依赖将不同的文化群体分隔开来。参加金融储蓄计划表明一个人正在为未来做准备。投资 4 年或更长时间获得大学学位是面向未来的另一个例子。那些花大量时间研究和实践过去的仪式、艺术形式和教义的文化群体则是过去时间取向的明证。

对人类活动的重视也是一种取向，可以区分不同的文化群体。有些群体专注于活在当下，而有些群体专注于努力实现自我成长和提升，第三个取向则更加强调那些可以用外部标准衡量的成就。这三种取向可能存在于任何一个大的群体中，然而，作为一个整体，群体会显示出对某个取向的偏好。能够展现这一偏好取向的群体成员会被打上成功的标签。

最后一个用来区分不同文化取向的是人际关系。人际关系模式包括直线型、合作型和个人主义型。直线型模式的特点是以群体目标为主，包含一系列命令，成员会做出长期维护群体的承诺。团队概念反映了合作型人际关系模式。受个人主义型驱动的人际关系则主要强调个人目标和个人自主权。

世界观如何影响家庭决策？每一个家庭的决策反映了不同层次的文化偏好。例如，一位家长决定为他的孩子执行大学储蓄计划，这个决定反映的核心理念就是教育很重要，未雨绸缪是值得的，大学文凭是一种被更大的社会群体积极认可的成就。

一个按自己的世界观行事的服务专业人员，会发现要为持有不同取向的人和家庭服务是十分困难的。当一个人致力于合作型关系（如家庭、团体、宗教）

时，他就不会考虑含有竞争行为或个人成就的解决方案。如果父母相信孩子天性就是好的或是不好的，就会觉得行为矫正计划毫无意义。一个几代都极度贫困的家庭，在解决全家人每天的温饱都需要消耗很多资源时，可能会认为储蓄或规划未来没有任何价值。

正如佩恩（Payne, 1998）所说，教育工作者、社会工作者或雇主的角色不是拯救一个人，而是为他提供支持、榜样和学习的机会，这将增加他成功的可能性。最终，选择权始终都掌握在他自己手中。

认识、了解文化差异和世界观差异，为服务专业人员提供了更多的选择和客观性依据。（表 1–2）

表 1–2 对家庭住宅的选择（相同年龄、收入、地理位置和受教育程度）

取向	家庭 A	家庭 B
人与自然	和谐型思维：节能，天然建筑材料，简约装饰	掌控型思维：不同天气环境下的舒适度，潮流建筑材料，高科技、个性化的内部装饰
时间	现在型思维：现在居住，满足当前需求	未来型思维：未来投资，着眼未来需求
活动	务实型思维：房屋只是居住的地方，情况有变就搬家	成就型思维：房屋反映社会地位，与谁比邻而居也是地位的象征
可能决定	租赁地理位置便利、简易装修的房子	贷款购买过得去的房子

▶世界博览

概念应用

请对照表 1–3，根据不同的世界观分析以下家庭决策：

· 双职工夫妇决定妻子辞职在家，直到最小的孩子上初中。

· 你的邻居拒绝使用割草机修剪自家草坪，因为这会对环境有害。

· 16 岁高中生因家庭遭遇经济危机而休学，找了一份全职工作以贴补家用。

· 高中毕业生决定毕业后上 4 年制大学，而不是立即找工作。

表 1-3 世界观的应用

取向	视角	可能决定
人性	人性本恶 人性本善 人性有恶有善	
人与自然——关系	人类被自然征服 人类与自然和谐相处 人类征服自然	
时间取向	着眼于过去 活在当下 着眼于未来	
人类活动——什么最重要	侧重当下状态 侧重成为 侧重成就	
人际关系——期待什么	直线型模式 合作型决策模式 个人主义型决策模式	

六、跨学科视角

家庭及人与家庭的行为研究取决于研究方法和不同视角的学科[①]（discipline）。家庭学将现有的理论、新的研究发现和跨学科成果整合成一个新的学科框架，以便理解家庭学的复杂性。利用这个框架，专业人员能够在该领域进行进一步的研究或应用。下面我们列举几个对家庭学有所贡献的学科，想必今后会有更多学科对家庭学做出贡献。

（一）心理学

古希腊语中的“psyche”意思是灵魂或心理，“logos”指关于某事或某物的研究。心理学[②]，作为一门学科，已经发展成为一个学术和应用领域，重点

① 学科：研究和教育性的学术领域。
② 心理学的英文 psychology 源于古希腊语 psyche 和 logos 的合成。——译者注

研究心理和行为。在实践应用方面，心理学也指利用研究所积累的知识来治疗精神疾病或做行为分析。心理学家研究人的心理过程和行为，其研究对象——人可以是单独的人也可以是群体中的人，但并非群体本身。1879 年，威廉 · 冯特（Wilhelm Wundt）创办了第一家心理实验室。

（二）社会学

社会学是对社会的研究，重点研究人类、群体和整个社会的社会性互动。这一学科兴起于 19 世纪早期，并随着 19 世纪世界各国争夺领导地位的斗争而不断发展。科学方法被用来帮助理解群体如何以及为什么会跨越时间联合起来并延续。从这样的探究出发，关于社会规则和管理结构的理论能够深入解释为什么个人会被激励成为群体的一部分。应用性的社会学研究有益于教育者、立法者、管理者、家庭，以及其他寻求解决社会问题和制定公共政策的人。

（三）社会心理学

古代哲学家柏拉图认为，人类将自己组成群体，并建立政府来巩固他们的群体，因为他们无法单独实现所有的个人目标（Goethals, 2003）。多年来，学者们一直在思考这个问题：我们的行为在多大程度上由外部约束决定，又有多少由内部驱动决定？特里普利特（Triplett, 1898）通过研究他人对个体的影响，将社会心理学纳入了学术领域。奥尔波特的教科书《社会心理学》（Allport, 1935）用科学的方法为社会心理学的研究奠定了基础。许多研究都集中在群体内的规范发展和这些规范在群体间的传播上，即人际影响。

社会心理学是一个致力于理解个人如何影响与他们相联系的群体，以及群体如何影响个体成员的领域。这门学科的研究对象包括婚姻、宗教、为人父母及青少年行为。

（四）文化人类学

人类学是对人类的研究。文化人类学的文化分支寻求理解人类之间的差异或变异。因为文化是通过学习获得的，所以生活在不同地方或不同环境下的人对类似的事情会发展出不同的思维方式。这一观点在前面关于世界观的讨论中得到了例证。

尽管理解不同文化之间的差异对于理解家庭如何管理资源很重要，但对于这门学科来说，跨越文化和地理边界寻求人类之间的共性也很重要。信念和行为是完全习得的，还是有生物和遗传的基础？人类学家认为，人类适应环境的方式与基因无关——而是受文化的影响。目前对全球环境和国际关系的关注使这一领域的研究重新转向不同文化之间的对立关系。

（五）经济学

经济学研究的不仅是商业，还有人类在现有的生产、分配、贸易以及商品服务消费结构中的行为。作为一门科学，它的作用是预测、解释消费者和生产者所做选择的结果。经济学是一个依赖数值分析方法的量化研究领域。

微观经济学研究个体主体，如家庭和企业。宏观经济学把经济作为一个整体来研究。核心概念包括供应、需求、竞争和定价。基于经济学调查的研究和模型有助于解释家庭如何在决策过程中确定和评估资源。

行为经济学是一个新兴的研究领域，它侧重于将科学原则应用于人类和社会层面的决策。其研究问题旨在探讨消费者决策如何影响商品定价和社会资源配置。

（六）生物学

生物学是研究生物的科学。家庭资源管理从生物学发现中获取繁衍、身体健康和安全方面的重要信息，并利用生物学研究方法和理论来回答有关环境和人类如何相互作用的问题。遗传学是生物学的一个相关领域，能在家庭做出重要的繁衍后代和健康决定时提供指导。医学也是在家庭决策和资源分配中发挥重要作用的一个生物学相关领域。

家庭学专业人员使用跨学科的研究方法，并整合所有这些领域的研究，以对某个话题进行多方面的探索。例如，如果想了解育儿女性就业及其对家庭的影响，我们可以从多个维度来研究这个问题。心理学家可能会关注家庭成员，如父母和孩子之间情感和认知层面的影响。社会学家可能会思考促使母亲踏入职场的动机，以及社会期望如何影响这种行为。

社会心理学家可能会从就业如何影响女性的自尊或权力，或者女性如何影响她们所处的工作环境来看待这个话题。文化人类学可能更感兴趣的是不同文化和不同时期育儿女性就业现象有何差别。经济学感兴趣的是普通就业如何影响家庭可获得的资源，以及这反过来又如何影响家庭消费。经济学家感兴趣的另一个问题是通过增加成年女性劳动力来提高生产的潜力。生物学可能会从生理的角度来研究这个问题。生物学还可能会对通过在职接触或儿童护理中心传播的传染病感兴趣。

这些学科结合起来，为我们提供了家庭资源管理的整体性观点。所有这些对于学习和理解家庭行为都很重要。

七、家庭模拟案例教学介绍

模拟案例教学能够在不需要学生实际联系真实家庭的情况下为学生提供真实的工作体验。这种体验可以让学生在实践中学习、运用知识和技能的同时不对真实家庭产生影响—— 一种本质上不会造成任何潜在伤害的“实践”。本教材中的模拟案例教学法已经沿用了好几年，它将继续帮助新的家庭服务提供者提高重要的专业实践技能。

家庭资源管理案例教学的目标

家庭资源管理是学生毕业后报考家庭生活教育认证资格的10门必考科目之一。

（1）如何模拟？

在本课程中，你会被指定一个模拟家庭，这将是你的工作对象。你需要非常仔细地阅读家庭描述，并在每次完成案例作业时将其作为参照。

（2）什么是案例作业？

教材中每一章都有模拟案例作业。你的导师会给出这些作业的截止日期。按时完成作业任务是成为专业人士的一部分，当你的工作对象是真实家庭时尤其如此！作业需要你填写每月预算表，这是你为你的案例家庭设计的可以帮助他们实现家庭财务目标的预算方案。

（3）什么是每月预算表？

家庭有进项（收入、工资、政府补助、赡养费、子女抚养费、退休取款等），也有支出项（如基本的生活费用和其他他们认为重要的事项）。这个模拟的预算表是一个预先加载了公式的基本电子表格。你的导师会提供 Excel 文件给你。不要试图篡改任何一个公式。检查表格以确保你的姓名、案例家庭姓名、案例编号和日期出现在可打印表格的第 1 页上。每次提交案例时请记得保存电子表格，这样可以不必每次重新输入旧的信息。

下面给出了三个虚构的家庭信息。你的导师会分配给你负责的具体家庭。

贝塔一家

成年家庭成员：妈妈、爸爸

年龄：妈妈，36；爸爸，36

职业及相关信息：

妈妈是一名医学实验室技术员，已经在这家机构工作了 12 年。她是孩子学校家长组织的活跃分子，是一个妇女健身俱乐部的成员，并且正在进修研究生课程以获得更高的学位（每学期 3 个学分）。她周一到周五工作，从早上 8 点到下午 4 点。爸爸是一名城市警察，在当前岗位上工作了 8 年。他的工作时间需要轮岗，工作 3 天，每天工作 12 个小时（早上 6 点至下午 6 点），然后休息 3 天。他喜欢教孩子运动，会参加当地大学的体育赛事，还会参加高尔夫和社区比赛。这个家庭还养了一只小狗和一缸鱼。家庭是当地基督教青年会（YMCA）的会员。

其他家庭成员及相关信息：

第一层次。女儿 10 岁，学习舞蹈、游泳和足球。大儿子 8 岁，打冰球和棒球，是当地 YMCA 成员。小儿子 5 岁，打儿童棒球，是一名童子军。

第二层次。妈妈的父母住在 200 英里（1 英里≈1 609 米）之外。爸爸的父母住在 500 英里之外。夫妻俩的兄弟姐妹离他们家至少 200 英里远。

家庭资产：

家里买了新房，当前市值是你所在地区家庭平均年收入的 6 倍。查阅当地经济数据来确定这个数目。家里有两辆车——一辆是用了9年的皮卡，没有贷款；还有一辆是价值3.8万美元的新运动型多用途车（SUV）。每个成年人都有退休金计划，退休金相当于当地家庭平均年收入的两倍。

家庭债务：

SUV的4年期贷款余额为当前价值的75%（利率为5%）。30年期（4%利率）的房屋抵押贷款，贷款金额为当前房屋价值的80%。还有6 000美元的信用卡可用额度（利率10%），5 000美元的可循环家具信贷额度（第1年零利率，从第2年开始利率是12%）。妈妈有14 000美元的大学贷款，每月需支付250美元还贷。房子需要支付房屋税、保险和维护费，以及每月支付水电费。汽车需要每年投保并年检。会员费必须按月支付。父母双方都将每月总收入的5%存入退休（养老）金计划账户中。

塔乌一家

成年家庭成员：外婆，妈妈

年龄：外婆，55岁；妈妈，32岁

职业及相关信息：

外婆塔乌女士在当地一家连锁酒店当客房部经理，她的上班时间为周一到周五早上6点到下午2点。外公已经过世，外婆在社区和小学组织中非常活跃。她有很多亲戚，就住在半径2英里的范围内。她的女儿有三个孩子，女儿目前正在80英里外的监狱服刑，刑期5年，女儿的三个孩子现在由外婆照料。每隔一个周末，外婆会带三个孩子去探望女儿。孩子们有医疗保险，3人每月共能领取450美元的政府生活补助。

其他家庭成员及相关信息：

第一层次。外孙女13岁，就读于当地离家1英里远的一所初中，她的兴趣和爱好有阅读、看电视，和朋友及住得不远的堂亲们玩。大外孙9岁，就读于离家3个街区的一所小学。大外孙喜欢和邻居家小孩玩，参加当地基督教青年会组织的体育活动，还喜欢骑自行车。小外孙7岁，在镇上一

所残障儿童学校就读，有行为和发育障碍，需要服药和心理治疗。小外孙喜欢在公园里散步、玩乐高玩具、听音乐。

第二层次。有两个孩子的邻居太太。邻居和塔乌女士彼此帮忙看护孩子。邻居帮助塔乌女士的外孙们早起上学，并监督接送孩子上学。塔乌女士则负责接五个孩子放学，并照看他们直到邻居下午6点下班。

第三层次。塔乌女士有两个成年侄女，还有一个姐姐，离她不到1英里。她们的关系很好，给了塔乌女士一家很多帮助。孩子们的父亲自小外孙诞生以来就没有联系了，也不提供任何财务支持。

家庭资产：

塔乌女士在丈夫去世的时候继承了房屋的全部产权，丈夫的寿险金还清了剩余的抵押贷款。目前房屋价值等于当地家庭年平均收入的3倍。查阅当地经济数据以确定数目。塔乌女士还在哥哥去世时继承了哥哥那辆用了12年的轿车，现在价值5 000美元。塔乌女士的退休金账户目前余额等于当地家庭平均收入的两倍。她还有2 000美元的流动储蓄，她的轿车需要年检、投保车险，还不时会发生故障。

家庭债务：

房子需要维护、纳税和投保。没有未偿付的信用卡余额。有一笔6万美元的房屋抵押贷款，是为了支付女儿的律师费而贷的，这是一笔利率为8%的10年期贷款。塔乌女士会将每月总收入的4%存入退休基金账户。

泽塔一家

成年家庭成员：泽塔先生和 × 女士

年龄：泽塔先生38岁，与第一任妻子离异，与前妻育有一子；× 女士33岁，与第一任丈夫离异，与前夫育有两个女儿

职业及相关信息：

泽塔先生在当地一家汽车经销店工作，是一名注册技师，工龄10年。他上班的时间为周二到周五早上7点半到下午5点，周六早上7点到中午

12 点。周末不上班的时候，他会去看儿子。他每月需支付 400 美元的子女抚养费。他喜欢花时间和同事在一起打保龄球，参加汽车比赛和骑山地车比赛。× 女士是一名接待员，每周一至周五上班，每天工作 4 个小时。她有两个女儿的监护权。她喜欢做手账、烹饪和看电影。她的前夫每月支付 250 美元的子女抚养费，前夫的工作福利可以为两个女儿提供全面的医疗和牙科保险。

其他家庭成员及相关信息：

第一层次。× 女士的两个女儿和他们一起生活，大女儿上小学三年级，小女儿上小学一年级。

第二层次。泽塔先生的儿子 12 岁，和前妻住在 500 英里以外的地方。他每月会去看儿子两次，儿子放暑假时会接儿子过来同住。泽塔先生的父母生活在另外一个州。

第三层次。× 女士有两个姐妹住在离他们 2 英里的地方。× 女士的前夫会按时支付子女抚养费，但和两个女儿没有接触。

家庭资产：

泽塔先生有一辆用了 10 年的无债皮卡。他还有 750 美元的流动储蓄。他把全部退休储蓄金都拿出来支付了离婚费用。× 女士有一辆用了 5 年的面包车，还有 6 000 美元的贷款余额（利率 5%）。

家庭债务：

全家人住在一套租住的公寓里，每月租金等于你所在地区家庭平均收入的三分之一。查阅当地经济数据以确定这个数目。泽塔先生可以配合他的雇主在原来退休金的基础上增加 3%，并计划从现在开始这么做，但随时可以停止。× 女士有 5 000 美元的学生贷款余额，每月需还 300 美元。她没有退休金，也没有医疗、牙齿和人寿保险。车辆需要维护、上保和年检。他们想要投保房屋租赁险，但还没有提交申请。

案例作业

目的：

- ✓ 熟悉分配给你的案例家庭的情况。
- ✓ 探讨你在思考该家庭现状时可能遇到的刻板印象或偏见。
- ✓ 认识该家庭的现状以及你的理解中可能蕴含的世界观。
- ✓ 解释你对“在家庭服务背景下建立尊重关系”的理解。

预算：

案例 1 没有附带的电子表格，但是建议你回顾整个文档然后记录你要处理的内容以及处理的时间，这是一个好的做事习惯。对标有指定案例家庭姓名和你的姓名的电子表格进行修改，保存这些修改，并在下一份案例作业中使用最新版本。

任务：

仔细阅读分配给你的案例家庭的情况描述，并思考他们家庭现状可能的改变。你将在完成整个案例作业的过程中协助他们创建一份可行的月度家庭财务预算。

报告：

报告标题必须有正确的归档信息，包括案例家庭姓名、案例编号、当前日期和你的姓名。

写一段摘要作为报告的引言，将你的案例家庭及情况描述限制在 6 句话以内。这一引言将用于今后的所有案例报告。

写一篇两到三段长的短文，解释你的家庭与你所分配的案例家庭有什么相似或不同之处。阐明相似点和不同点，并讨论你将如何扮演好客观专业人士的角色。

按照导师的要求提交报告。

总结

家庭一直都是社会的基本单位，将来依然会是如此。家庭作为更大的社会系统的一个组成部分，受到所有社会、经济、政治和环境变化的影响。因此，家庭的性质是动态的，它不断应对、适应变化。为了实现这种灵活性，家庭必须实施管理，使用基本的决策工具并获取必要的资源，以使家庭得以维系。

复习和讨论题

（1）为什么以及何时有必要对家庭做出限制性定义?

（2）除了金钱，你还能列出多少家庭管理中的重要资源？

（3）文化和世界观如何影响你学习家庭资源管理的决定？

（4）个人和家庭即使是对小事也会使用基本的决策过程。请借助这个过程来追踪你最近的饮食体验。

（5）使用本章中的世界观框架，确定你在五个维度上的世界观。

第二章　家庭和资源管理模式

目标

- 总结家庭的历史和起源。
- 描述当代家庭的转变。
- 比较家庭的各类定义。
- 讨论家庭期望、家庭结构和婚姻制度的变化。
- 解释家庭如何在文化背景下存在。
- 列述家庭的基本职能。
- 梳理家庭可获取的资源。
- 描述家庭资源管理和家政学之间的关系。
- 回顾家庭管理所面临的核心问题。

家庭资源管理理论的假定前提是家庭积极管理可获取的资源以满足家庭需求，因此家庭资源管理专业人士如果想为客户提供全面服务，必须对“家庭”和家庭“管理”资源的操作过程有全面的了解。

家庭是社会最基本的单位。很难想象有人从未经历过家庭生活或不是某个家庭的成员。事实上，几乎每个人都能讲一个关于自己家庭的故事。对大多数人来说，家庭是学习如何面对外部世界的地方。对家庭的有效管理对于家庭，以及家庭中的每个成员都至关重要。家庭是我们学习做出正确决定以及承担错误决定后果的地方。对家庭的研究始于家庭的历史。

一、家庭的历史演变

关于家庭的起源尚不清楚。有些学者指出，有证据表明，家庭已经存在了数千年，甚或是数百万年（Gough, 1971）。安德森（Anderson, 1997）认为，尽管史前氏族是以族长为首的组织体，但随着农业的发展，衍生出了围绕政治人物统治的地理区域而非以氏族构成的组织体。在中世纪的欧洲，受教会和封建主义的影响，家庭的构成形式有了极大的扩展（Seufert-Barr, 1994）。塔德莫尔（Tadmor, 1996）对 18 世纪英语作品中的“家庭”定义做了研究，发现这个术语不仅包括家里的直系血亲，也包括家里的仆人和其他亲属。当时的家庭单位是以个人对户主有基本需求的依赖为构成标准的。

家庭内部的婚姻制度也同样经历了变迁。早在 1922 年，韦斯特马科（Westermarck）对婚姻的起源做了如下描述：

> 我相信，即使在原始时代，男人和女人也生活在一起，彼此发生性关系，共同抚养他们的后代，男人是家庭的保护者和供养者，女人是他的伴侣和孩子们的保姆。这种习惯先是为习俗所认可，后来又被法律认可，并由此转变成一种社会制度。（Westermarck, 1971, 第 27—28 页）

吉布斯和坎贝尔（Gibbs & Campbell, 1999）的报告称 19 世纪美洲的宗教和社会团体尝试了不同形式的家庭社会纽带。一夫多妻制[①]（polygyny），即同时有多个妻子，存在于某些宗教团体和美洲土著文化中。家庭的扩大意味着孩子和财富的增加。多名成年的成员为满足大家庭的日常需求提供了必要的资源。

在美国，工业化前的家庭在很大程度上是一个经济单位。人们住在一起共同维持生活。家庭有时包括专门负责照顾孩子或做家务的非家庭成员。一旦孩子长大，家里不再需要他们，他们往往会被送到其他家庭以帮助那些家庭维持生活。

工业革命之后，工作不再以家庭为中心。男人离开家去工作，家庭分工更加明确。随着中产阶级的出现，家庭成为稳定的象征，代表了理想的家庭模式（Skolnick, 1993）。现代家庭[②]（modern family）由养家糊口的丈夫、居家主妇和他们的孩子组成。奥莱特（Aulette, 2002）认为现代家庭的演变经历了两个不同的阶段：第一阶段是民主家庭[③]（democratic family）的形成。民主家庭

---

① 一夫多妻制：一位男子可以同时拥有多位妻子的制度。

② 现代家庭：由养家糊口的丈夫、居家主妇和他们的孩子组成的家庭模式。

③ 民主家庭：18 世纪末出现的家庭模式，是社会中的一个独立的私人群体，人们根据喜好选择配偶并养育孩子。

出现于18世纪末，是社会中一个独立的私人群体，人们根据喜好选择配偶，并养育孩子。对成年人来说，建立并维持家庭是他们被期待甚至是必须履行的职责。丈夫们外出工作，而妻子们则待在家里。20世纪进入了第二阶段，友伴式家庭[①]（companionate family）已经成为最常见的家庭形式。在这一家庭模式中，丈夫和妻子是同伴关系，他们结婚是因为彼此相爱，而不是出于道德责任感（Mintz & Kellogg, 1988）。

后现代家庭[②]（postmodern family）意味着这一时期的家庭模式变得更加多样化，已经完全背离了以往的家庭模式。“后现代”一词中隐含的另一个概念是，我们已经无法依赖过去的研究和理论来研究当前的家庭结构和关系。

二、当今的家庭模式

纵观历史，研究者们一直找不到一幅能代表今天或未来家庭的图景。我们只能对今天的家庭做出宽泛灵活的定义，因为一种定义并不能准确描述美国每个家庭的特征。

怀特等人（White, 2014）不赞成以家庭结构为中心对家庭做出界定。他们认为结构具有模糊性，最后将导致困惑的产生。然而，家庭结构是许多家庭定义的核心。传统家庭[③]（traditional family）或核心家庭[④]（nuclear family）的内涵是丈夫、妻子和孩子生活在一个家庭里。虽然这种观念已经成为美国家庭的象征，但它实际上远远不能代表今天绝大多数的家庭。

我们将在下文详细讨论家庭的职能，但在此之前，我们先来了解下定义家庭单位的不同方式，这对我们的讨论有所裨益。

---

① 友伴式家庭：家庭模式的一种，丈夫和妻子是同伴关系，他们结婚是因为彼此相爱，而不是出于道德责任感。

② 后现代家庭：当代家庭模式，在家庭结构和家庭关系方面相比以前的家庭模式呈现出更多的多样性。

③ 传统家庭：生活在一起的一对夫妻和他们生育的一个或多个孩子。

④ 核心家庭：由生活在一起的父母亲（通常是一对父母）和他们的孩子组成的家庭群体。

三、家庭的定义

现在看到“家庭”这个词，我们仍然会想到一幅完整的家庭图景——有父亲和母亲、两个孩子、一只狗，还有头发花白的祖父母。但事实上，我们认识到这一概念已经不再适用于当代的美国家庭。在过去，家庭的定义是筛选出来的具有典型意义的模式，描述上往往比较僵化，这让许多人怀疑自己的家庭模式是否符合常规。鉴于当今家庭构成的五花八门，给家庭下一个符合当代实际的定义可能是一项艰巨的任务。背景不同，“家庭”的含义也不同。

（一）理论定义

家庭资源管理研究中的核心概念是家庭成员和为满足成员需求而需要不断做出决策之间存在一种相互依存的关系。虽然没有一个单一的家庭定义能够适应所有的情境，但家庭科学领域内的家庭定义都涵盖了一些核心概念。这些概念不仅是家庭理论研究和发展的结果，也是家庭理论对社会内部变化的反馈。

家庭研究中的家庭定义包括：

· 由婚姻、血缘或收养关系而结合在一起的一群人；在同一处住所居住；成员彼此按各自的社会角色互动交流；创造并维护一个共同的文化。（Brugess & Locke, 1945）

· 能够满足人生不同阶段或因环境所迫而产生的需求的一整套家庭构成。（Hess, 1995）

· 对家庭成员难以控制的家庭以外的经济体制高度依赖的消费单位。（Hess,1995）

· 两人及以上的人共享资源，分担决策责任，拥有共同的价值观和目标，并彼此承诺相互扶持，不因时间而改变。（American Association of Family and Consumer Science,2001）

家庭需要寻求公共和私人资源，因此必须对不同机构所给出的家庭定义有所了解。想对家庭给出一个统一的定义并非易事。从历史来看，家庭的核心概念已经演变为满足家庭成员的需求。本书中，我们将基于拉曼纳等人（Lamanna et al., 2018）提出的三个核心概念对家庭[①]（family）做出定义：

> · 一个包含性、“父母—子女”或其他亲属关系的群体，群体成员通常因为血缘、婚姻或收养建立联系，形成一个经济性或其他实用性单位，呵护照顾群体中的幼儿。
>
> · 群体认为他们的身份属性与群体有莫大渊源。
>
> · 群体承诺维系群体，不因时间而改变。

这三条准则对于资源识别、获取和管理具有重要意义。

（二）家庭定义的变异——当数字变得必要时

虽然拉曼纳等人提出的家庭概念为本书中家庭的定义提供了基本思路，但从事个人和家庭工作的专业人员必须学会根据家庭与实际资源的关系对各种可行定义进行整合梳理。

1. 美国人口统计局

美国人口统计局（U.S. Census Bureau, 2020）指出，“一个家庭由一个户主和一个或多个生活在同一户家庭的人组成，这些人因为出生、婚姻或收养与户主产生联系”。

2020 年家庭相关主题的定义：

> 家庭户：一个家庭包含一个户主和一个或更多生活在同一家庭的人，他们与户主因为出生、婚姻或收养产生联系。一个家庭户中所有与户主有关的人都被视为他的家庭成员。与户主无关的人也可以住在家庭里，但这些人不构成表格中户主的家庭成员。因此，家庭户的数量等于家庭的数量，但家庭户的成员数可能多于家庭成员数。鉴于表格的填写，一个家庭户只能包含一个家庭。

---

① 家庭：社会的基本单位，一般由生活在一起的父母和孩子构成。

· 配偶：包括与户主结婚并与之一起生活的人。“同性丈夫/妻子/配偶”和“异性丈夫/妻子/配偶”这两类人既包括正式婚姻中的相关人员，也包括婚姻法中的相关人员。填写表格时，除非另有说明，从2013年开始，“配偶”和“已婚夫妇”包括同性夫妇。

· 子女：包括户主的亲生子女、继子女或收养的子女，孩子的年龄或婚姻状况不予考虑。子女不包括女婿、儿媳和寄养儿童。

· 亲生子女：户主的亲生儿子或女儿。

· 收养的子女：户主合法收养的儿子或女儿。

· 继子女：户主因为婚姻获得但非亲生的儿子或女儿，不包括女婿和儿媳。如果户主的继子或继女被户主合法收养，那么该孩子归为收养的子女。

· 孙辈：户主的孙子或孙女。

· 兄弟/姐妹：户主的兄弟或姐妹，包括继兄弟姐妹、收养的兄弟姐妹等。因为姻亲关系构成的兄弟姐妹都属于问卷中“其他亲属”的范畴。

· 父母：户主的父亲或母亲，包括继父母和养父母。岳父母、公婆等属于问卷上的“配偶父母”一类。

· 配偶父母：户主配偶的父母。

· 女婿或儿媳：户主子女的配偶。

· 其他亲属：有血缘、姻亲或收养关系，但不包括如侄女或侄子之类的范畴。如果户主家中有寄养的孩子，建议受访者选择合适的关系类别进行登记，如孙辈或“其他亲属”。

美国人口统计局收集的数据有多种用途。商业机构将这些家庭作为消费单位，会按社会经济状况、文化背景、年龄等将其划分为不同的目标市场群体。金融分析师利用这些数据预测本国的经济健康状况。社会学家则将利用这些数据分析民众的行为转变以及这种转变的实际或可能影响。

●案例 2-1

露皮塔是一个为城市官员调研当地住房情况的研究小组的成员，调研旨在为政府发放住房补贴提供依据。美国官方人口统计数据为此提供了准确和可信的基础。

2. 公众意见

相关部门对公众进行调查，以收集有关家庭单位行为和构成的信息，这些信息被认为对于受调查群体是可以接受或正常的。由于调查工具的科学严密性不同，调查结果可能会具有较强的普适性，也可能会有失偏颇、不甚可靠。

●案例 2-2

在露皮塔的住房情况调研中，为了阐明调查城市的地方特征，可以针对特定的家庭环境开展具体调查。例如，快速的本地调查可以帮助她的团队了解市民对“经济适用房”的理解。分析市民的意见反馈可以帮助团队了解市民如何定义家庭：是根据平均收入、邻里关系、家庭成员年龄，还是其他什么因素。

3. 司法制度

相比传统定义，“家庭”的司法定义已经变得十分灵活而笼统，不再局限于因合法婚姻、血缘或收养而联系在一起的人。法官在定义“家庭”时参考的是以下这些标准：共同居住、经济上的相互依赖、稳定性和承诺。（Scanzoni & Marsiglio, 1993）

> 从家庭关系的功能性质和心理性质看，判定是否构成家庭涉及：关系的“排他性和长久性”，“情感和经济承诺的程度”，“在日常家庭服务上相互依赖”，以及成员如何“处理日常生活，向社会展示自己”。（New York Supreme Court 纽约最高法院，见 Gutis,1989）

●案例 2-3

塞莱斯特只有6岁，但她的祖父母和她的离异父母之间因为她的监护权发生争执，最后由法庭召开听证会来决定她的监护权归属。在很多情况下，血缘不足以保障儿童的归属安全。

4. 人寿保险

提供人寿保险的雇主在阐述福利政策时往往会通过对“配偶”“子女”和“加一”等表述做出定义来限制员工家庭成员的覆盖范围。例如，内布拉斯加州大学（2021）对以上表述给出了以下定义：

· 配偶——配偶必须符合以下标准，才能被认定为家庭成员：

内布拉斯加州法律认可的丈夫或妻子；

在认可普通法婚姻的司法管辖区缔结的普通法婚姻的配偶。

· 子女——以下受抚养子女有资格被认定为家庭成员：

未达到26岁限制年龄的自然出生或合法收养的子女；

未达到26岁限制年龄的继子女；

员工有法定监护权且未满26岁的子女；

如能在年满26岁的31天内提供智力或身体残疾的证明，即便年满26岁，这些患有残疾的子女仍能被认定为家庭成员。

· “加一”人员——大学福利政策认定的家庭成员可涵盖同时符合以下标准的员工指定的同性或异性成年人员：

至少连续12个月曾与员工住在同一住所，并打算无限期保持这种状态，至少年满19岁；

直接依赖员工，或与员工相互依赖，分担常规的经济义务，且分担行为以大学认可的方式记录在案。

无论是依据成文法还是普通法，目前都没有与第三方结婚或处于法律上的分居状态。

●案例 2-4

威廉是一名助理教授，离异，有两个孩子，他和莎蒂一起生活了 5 年。他们没有结婚的计划，但打算继续同居。威廉可以把莎蒂列为雇主提供的福利政策中的“加一”人员。如果是同性伴侣，同样适用。

5.《家庭和医疗休假法案》（FMLA）

根据《家庭和医疗休假法案》，为符合资质雇主工作的雇员拥有合法的权利可以享受无薪休假，以便照顾婴儿、生病的孩子、配偶或父母，或与收养、寄养的孩子增进情感。可享受无薪休假的情况包括：

· 新生儿的出生和照顾。

· 雇员有领养或寄养的孩子需要照顾。

· 直系亲属（配偶、子女或父母——但不包括配偶的父母）有严重的健康问题，需要照顾。

· 由于雇员的配偶、子女或父母是现役或待役军人而产生的任意“合乎条件的紧急情形”。（American Federation of State, County and Municipal Employees, 2017）

●案例 2-5

乔治年迈的母亲髋骨骨折，需要密切监护。她无力承担去护理机构进行康复治疗的费用，所以乔治请了两个月的无薪休假来照顾她。《家庭和医疗休假法案》确保乔治在假期结束后能够回到原先的岗位上或雇主为其提供相类似的岗位。

6. 美国所得税或国税局

美国公民每年需提交纳税申报单以确定纳税额度，申报过程中涉及的术语会在所附文件中给出定义。户主①（head of household）是为符合条件的人（如

① 户主：同住家庭或群体中名字出现在人口普查表第一位的人。

与他共同生活的孩子或他赡养的父母）支付超过一半的维持家庭开销的费用的未婚或“被认为未婚”的人士。一个人要成为他人的受抚养人[①]（dependent），必须满足以下五个条件：

> · 关系认定。此人必须是该家庭的亲戚，或者作为家庭成员在该家庭生活了一整年。
>
> · 年龄认定。此人到纳税当年年底必须未满 19 岁或是未满 24 岁的学生，年龄小于户主；或者在该年度全年残疾，不论年龄。
>
> · 居住地认定。此人必须和户主同住超过半年。以下情况除外：短暂性离开、当年出生或死亡的儿童、被绑架的儿童、父母离异或分居的儿童。
>
> · 抚养认定。此人一年内自行支付的抚养费不超过所需费用的一半，通常户主需要支付该年度此人所需一半以上的抚养费。
>
> · 夫妻共同申报所得税认定。此人该年度不能提交夫妻共同申报所得税表，除非申报人和其配偶提交共同报税表的目的是要求退还已扣缴或预估已缴纳的所得税。（Internal Revenue Service,n.d.）

●案例 2-6

帕姆和兰迪有三个不满 16 岁的孩子（受抚养人）。在填写纳税申报单时，他们可以填报每一项“受抚养人 / 津贴”以获得纳税额度减免。作为一个家庭，他们有五项内容可以获得减免。如果他们选择夫妻共同申报，这五项全部可以用来减免纳税额度。如果他们选择单独申报，就需要在两份申报表中分配这五个减免项。

7. 补充营养援助计划（SNAP）

联邦政府的补充营养援助计划旨在为贫困家庭提供营养福利，给予他们食品补助，使他们能够购买健康食品，实现自给自足。有一些同住人员，如配偶和 22 岁以下的孩子，即使他们单独购买和准备餐食，也被纳入同一个受援家庭。

---

① 受抚养人：生活需要依靠他人扶持的人。

但如果一个人年满60岁，又因能力的永久性丧失而无法单独购买和准备餐食，且与其同住的他人收入不高（不超过贫困水平的165%），也可以单独算作一个受援家庭（USDA , n.d.）。

●案例 2-7

梅拉是一位单身母亲，有三个年幼的孩子。她的收入低于补充营养援助计划当前规定的收入水平。她的受援卡（一种塑制的记账卡）每月都会打入一笔钱用于购买经认可的食品，可在大多数食品店购买。这笔钱可以帮助梅拉增加食物预算，充分满足她和孩子的需求。

▶前沿动态

尚未解决的遗产纠纷[①]

当一个人去世时，需要决定由谁来继承他的遗产，包括金钱和房产等。如果你没有留下遗嘱——以书面形式表达你意愿的法律文件，则法律自有一套体系来确定谁将得到你留下的财产。家庭是一个决定性因素。你最亲密的在世亲属将被视为你的继承人。

2016年，流行歌手普林斯去世时并没有留下遗嘱。他数百万美元的遗产不得不分给他的六个血亲。但在一切都还没处理好之前，他同父异母的兄弟阿尔弗雷德·杰克逊去世了，而在此之前，他写好了一份遗嘱，声明将他继承自普林斯的大部分遗产留给一家纽约娱乐公司。这家名为初级浪潮的公司提出了法律诉讼，要求法院判定其为普林斯的合法继承人之一，而其余五名亲属并不认为该公司是他们的家庭成员。

几年来，数十名律师一直致力于解决普林斯的遗产问题，已经累积耗费了数百万美元的法律诉讼和咨询费，这些费用将从普林斯的遗产中支付。这起遗产纠纷可能会十分耗时耗力。

① 来源：Puente, M.（2019）. 普林斯三年前去世，他的遗产至今仍未处理完毕：原因在此《今日美国》。

8. 灰色地带

还有些家庭定义往往受到社会因素的影响。这些家庭定义包含的某些内容可能会被一些人认为是灰色地带，但这部分内容正变得越来越被社会接受，这些家庭往往也会被赋予“家庭”的法律权利。本章前面提到的员工“加一”福利的例子就是如此。

同居①（cohabitation）或未婚夫妇，指的是“两个没有血缘关系的成年异性（其中一人为户主）和或者不和15岁以下的孩子住在一起。未婚夫妇家里只有两个成人”（U.S. Census Bureau, 2020）。虽然有人对此表示担忧，但这种形式的家庭在过去30年里已经得到了社会的广泛接受。目前的法律辩论集中在同居伴侣②（domestic partners）是否有权享有法律权利和雇员福利待遇。宽泛地来讲，两个人选择以一种亲密而忠诚的关系分享彼此的生活，住在一起，并共同承担基本生活费用，在承认同居合法的州，同居伴侣是有资格获得上述权利和福利待遇的。自2009年以来，在政府颁布了一项新政后，未婚同居的联邦雇员获得了一些福利（Phillips, 2009）。此外，自2015年7月9日起，美国各州的已婚同性伴侣已经能够平等享有已婚异性伴侣享有的所有联邦福利（Lynch, 2015）。

尤柏格（Yorburg, 2002）将“家庭”定义为由婚姻、出生、收养或相互定义③（mutual definition）而形成的群体。根据这个定义，当人们把自己定义为一个家庭时，他们实际上就构成了一个家庭。这一相互定义含有情感参与和身份依恋的因素，这些因素在当前将个人联系起来，并产生了一种希望家庭在以后的时间里得以继续或维护的需求。这种维护职能需要资源的获取和利用。

▶现实思考

照顾家族生意

企业和家庭相互交织并不罕见。与许多其他国家一样，美国也有着家族企

① 同居：已婚或未婚的两个人生活在一起。

② 同居伴侣：生活在一起、分享家庭生活的两个个体间的关系，这种关系不属于任何形式的法律伙伴、婚姻或民事结合关系。

③ 相互定义：两个或两个以上的人或群体共享的定义。

业的强大经济基础。有些已经发展了好几代，而新的家族企业往往源于家族内部的需求。伯恩斯一家之所以推出大规模的宠物特色服务，就是为了满足个人的需求。

简·伯恩斯经营着一家小店，为她所在社区的宠物提供梳洗服务。15 年来，她的生意做得比较成功，不仅技术越来越娴熟，而且还与忠实客户建立了良好的关系。由于她的工作时间比较机动，而且工作地点离家不远，所以她有时间可以照看她的两个孩子，几乎不需要寻求托管服务。简的女儿乔安娜现在上高中了，但是学习和个人发展都遇到了障碍，这已经成为一个明显的问题，不仅老师意识到这一点，她的父母同样也意识到这一点。简跟我们分享了她在发现这种情况之后做出决定的过程：

> 乔安娜的老师们很棒。他们给予了她很大的支持，并在特殊教育课堂上尽他们的最大可能促使她进步。当她上初中的时候，她的同学们开始畅谈大学和未来的职业，而我和她的父亲都还没有真正意识到这个问题，那就是她甚至无法参加当地的社区大学接受一些培训项目。乔安娜变得更加暴躁。她坚持每天往家寄大学明信片。她甚至报名参加了美国大学入学（ACT）考试。我和她父亲从来没有报考过大专或大学，所以我们不知道那到底是什么。
>
> 当然，当乔安娜去参加考试时，我们没有能够体会到她的情绪反应——沮丧和绝望。她在初中和高中学习的课程都是简化过的，尽管她在特殊教育的情境中表现不错，但她的数学技能和科学理解能力只有小学水平。现实给了我们沉重的打击。乔安娜永远无法完全自立，也不具备社交能力。她的辅导员跟她和我们讨论起了当地的集体家庭生活和职业工作项目。我们崩溃了。

乔安娜的父母在慢慢学着接受这个现实，而另一方面，乔安娜开始自我治疗，她花在她母亲的宠物美容店里的时间越来越多。简注意到了这一点，于是扩大了业务范围，开始提供宠物的短期寄宿服务。在晚上和周末，乔安娜被派去照顾寄宿的狗和猫。她表现得既能干又负责。简开始思考让女儿帮助自己发展业务的可能性。

“我不记得是什么时候想到的，但有一天一位顾客告诉我，她到邻近城市旅游时曾去过一个宠物度假胜地。我在网上浏览了一下，意识到高品质宠物服务市场正在不断增长。在这一年里，我们扩大了生意，建造了一个大型的集美容、零售、培训和寄宿为一体的宠物度假村！”简这样说。

和许多新企业一样，简她们的创业一开始进展得比较缓慢。但是，第一年里它就获得了巨大的成功。

简说：“我们的美容业务增长了两倍多，每个节假日寄宿业务都爆满。乔安娜给这些娇惯的宠物喂食，和它们玩耍，甚至处理一些前台工作。我想她毕业后会在这里全职工作。我们，作为一个家庭，已经接受了她永远需要我们关注和支持的事实。而因这项新业务增加的收入减轻了一些我们的压力。”

事实证明，为满足一个家庭成员的需求而创建企业既是一种积极的家庭体验，也可以带来良好的经济效益。基本的管理技能帮助简应对了个人和职业的挑战。

四、家庭的变化

对家庭期望的变化改变了家庭在社会中的重要性。皮尤研究中心（PRC, 2015）的报告称，人们对婚姻和孩子的期望因年龄而不同，年龄较大者更有可能认为，当人们重视婚姻和孩子时，社会会更加美好。但事实是，美国家庭正变得越来越多样化，家庭结构也在不断演变，只有不到一半的孩子与已婚父母生活在一起（PRC, 2015）。结婚率持续下降。1960 年，未婚成年人的比例为 9%，但到了 2012 年，未婚女性的比例为 17%，未婚男性为 23%。造成这些变化的原因有很多，包括越来越多的人晚婚以及同居现象的增加。结婚率下降的另一个原因可能是曾经结过婚的成年人对再婚的兴趣降低了（PRC, 2015）。双亲家庭变少，家庭规模变小（PRC, 2015）。

毫无疑问，作为家庭构成的一种形式，同居现象有了大幅增加，据估计，现在大多数夫妇会有婚前同居行为。有一些文化和宗教传统依然不认同同居行为，不断有研究对那些同居的人表示关注。伦德伯格等人（Lundberg et al.,

2016）报告了同居人群中的经济不平等现象。那些受过大学教育的人比那些受教育较少的人遵循更传统的婚姻和育儿模式。高中毕业生和部分大学学历的人群中，同居关系的生育率较高，婚姻和同居关系稳定性较低。父母受教育程度低的孩子更有可能在单亲家庭长大或家庭关系不稳定。这种日益严重的不平等加剧了家庭收入的不平等。

斯坦利等人（Stanley et al., 2006）创造了“滑陷 VS. 决定”这个术语来说明从同居到婚姻转变的重要含义。不管同居关系的质量如何或同居双方彼此做出怎样的承诺，同居双方也可能会继续维持同居关系，或走向婚姻。相比之下，那些已经讨论过他们未来的打算以及同居对他们的关系意味着什么的同居伴侣，即“决定者”，在步入婚姻殿堂后会更加成功。

国家婚姻项目（Hymowitz et al., 2013）报告称，婚姻制度也发生了变化。有一些研究仍然对年轻人晚婚的早期趋势表示支持，这些研究发现，尽管有些人认为晚婚表明婚姻变得不受欢迎，但大多数年轻人表示他们希望未来可以结婚。晚婚有几个好处，其中包括不会错过较好的经济机会和降低离婚率。然而，越来越多的女性未婚先育，二十几岁的年轻人中有 47% 的人在婚外生育。这些变化可能会对美国的经济、社会和家庭的稳定，特别是对儿童的成长和发展产生影响。

当谈到近年来的家庭结构变化时，比如同居、单亲、母亲外出工作、跨文化婚姻，美国人的意见分歧很大。皮尤研究中心的报告显示，约 1/3 的人能够接受这些变化，约 1/3 的人拒绝接受并认为这些变化对家庭有害，还有约 1/3 的人对此表示容忍，但仍认为它们可能对家庭产生不利影响（Morin, 2011）。

尽管发生了许多变化，家庭也许难以定义，但家庭的概念仍是美国文化结构中不可分割的一部分。政策制定者、教育工作者和服务提供者都必须认识到家庭作为个人幸福和成长核心的重要性。

▶世界博览

国民家庭

各国的政治体制差别很大。美国被认为是一个立宪联邦共和国制的国家。总统每 4 年选举或改选一次。总统家族只有在父亲（母亲）担任总统期间才是“第一家庭”。总统任期结束后，他们就成了“前第一家庭”。在其他国家，王室家族会延续几代甚至几个世纪。例如，在英国，温莎王朝已经统治100多年。王室家族中的王位继承，即王位从一代传到下一代，有着明显的顺位。英国王室中一度只有男性才能排位继承王位，还有一些国家迄今仍然排斥女性继承。

在王室内部，王室成员的社会角色对于国家公民的接纳和持续的经济支持具有重要意义。由于王室家族通常没有多少政治权力，他们也正随着时代的社会运动而自我演变，以保持曾经仅凭出生就能自然拥有的影响力。当这些王室开始向大众展现他们的家庭生活时，他们最终会被时代抛弃，变得不合时宜吗?

五、文化背景下的家庭

家庭存在于民族、宗教、政治和经济的文化背景中。这些背景影响个人和家庭如何定义和评估他们的关系。随着全球社会的不断发展，我们需要认识、理解并积极回应不同文化群体之间的文化差异。

家庭通过代代相传习得的行为和经验，即文化遗产（Johnson, 1998）。从第一章介绍的世界观框架可以看出，文化群体所持有的价值观通过家庭单位形成和延续的特有模式呈现出来。克卢克霍恩和斯托德拜克（Kluckhohn & Strodtbeck, 1961）提出，群体成员表现出三种主要的文化类型，分别是直线型、合作型和个人主义型。这些文化群体中的家庭单位能够反映出更广泛的社会群体的取向。例如，美国土著家庭表现出较强的直线型关系，通常根据相关家庭的族系或群体来定义家庭成员（Johnson, 1998）。然而，很少有文化群体可以简单地归类为这三种取向中的任何一种。虽然许多美国土著可能对他们的部落成员（直系）有更深刻的了解，但这些部落的基本运作在本质上一直是合作性的。

由于不同文化群体在一个更大的社会中共存，加之当前美国人口的四分之一以上为移民，有着不同种族、民族和宗教背景的个体从文化差异显著的群体中找寻生活伴侣，如，白人、非裔美国人、亚裔、印第安人与其他种族的人结合，进而形成了跨种族婚姻。民族婚指结婚伴侣来自相同的民族群体，如西班牙裔族群或亚裔族群之间的结合。据统计，15.5%的新婚夫妇有着不同的文化背景

(Restuccia, 2014) 。

虽然对一些人来说，选择相同宗教信仰的伴侣仍然很重要，但跨信仰[①](interfaith)婚姻在美国正在不断增加。2014 年皮尤研究中心的《美国宗教调查》报告显示，39% 的美国人与不同宗教信仰的配偶结婚，同居人群中伴侣宗教信仰不同的比例更是高达 49%。报告还指出，宗教信仰的流动性加强了，这意味着个人可能不信仰某个宗教，但精神信念或宗教理念在他们的生活中多少还是重要的。某些宗教团体更有可能在相同信仰的人群内通婚，比如印度教、耶稣基督后期圣徒教会和穆斯林等。宗教信仰通常会影响人们在金钱、育儿、社交网络和关系等问题上的决定。

六、家庭职能

或许，了解家庭的不同构成和家庭的核心职能也能给我们启发。如前所述，家庭为个人营造了归属感和情感安全感，同时也满足了他们的物质需求。家庭是社会最基本的经济单位，负责后代的繁衍生息。家庭也是社会化过程中的主要组成部分。孩子正是通过家庭环境明确自己的社会定位，以及自己应有的与社会定位相匹配的角色和行为。

在过去，最流行的家庭理论之一是结构功能理论。这一理论认为，个人是许多相互关联的系统中的成员，其中一个系统就是家庭。塔尔科特 · 帕森斯(Parsons,1968) 是该理论的创始者之一，他认为任何系统想要存续必须具备四种基本职能。这些职能有助于解释家庭需要履行并且使家庭在历史长河中得以延续的职责。这四种职能分别是：潜在的模式维护——忠诚；适应——适应变化的能力；融合成员；目标实现——寻获资源的能力。这一理论因为其中包含的父权制观点以及无法解释文化和种族之间的差异而遭到严重抨击(Aulette, 2002) 。

朱丽叶 · 米切尔(Mitchell, 1984) 认为家庭有四项活动或职能：生产(生产或购买食物和住所、为工人做好准备以让他们赚取酬劳，以及商品和服务消

① 跨信仰：涉及或发生在不同宗教信仰的人之间。

费）；生育（生育、养育子女）；社会化（传授社会规则）；性（“合法”的性活动）。

有一些社会学家已经认识到许多家庭已经失去了以前家庭所拥有的一些职能，如种植粮食和自行教育子女，但他们一致认同家庭有三个基本职能：尽职尽责抚养孩子；提供经济支持；给予家庭成员情感安全感（Lamanna et al., 2015）。繁衍后代、生育和抚养孩子一直是家庭的主要责任。虽然家庭在生产商品方面不再自给自足，但家庭有责任满足其成员的基本经济需求（食物、衣服和住房）。此外，家庭可以成为个人获取情感支持，包括喜爱和陪伴的重要源头。家庭职能通过界定家庭的职责对家庭做出描述。

七、家庭可获取的资源

成年人把资源贡献给家庭，包括收入、遗产或社会资源等。收入（第九章）提供了货币兑换商品和服务的能力。遗产（第十二章）指某人去世后传给指定生者的钱或任何有价值的东西。社会资源（第六章）包括向符合条件的公民提供资源的社会项目，如残疾抚恤金、食品补助和房租补贴等。所有这些资源必须加以管理和维护，以便为家庭提供稳定的收入，从而满足家庭成员的需求。

家庭可能会通过日积月累积蓄起可以长期持有的资源，如房屋、汽车、储蓄和个人财产。这些资源，通常称为资产（asset），也需要管理和维护。要实现资源保值，需要家庭成员持续付出时间，给予维护，做好储备等。

信用贷款[①]（credit）是家庭用来支付开销的另一种资源。如果成年人的债务管理记录良好，就有资格申请信用贷款。信用贷款会产生债务，因此，虽然它可以被视为一种资源，但它也会成为一种支出。通过信用卡或贷款平台借钱需要用未来的收入作为抵押来满足眼前的需要。信用债务必须偿还给贷款人，通常需要支付额外利息。管理信贷需要对还款做出规划和监控。

① 信用贷款：消费者从信贷机构贷得的以未来收入偿还的钱。

八、管理家庭资源

随着家庭资源的来去进出，规划和管理必要的资源需要知识、努力和勤奋。如前一章所述，家庭资源管理的根源在于家政学的演变。

作为一个学科和研究领域，在 20 世纪 50 至 60 年代，家政学开始有意识地发生转变，其目的在于更好地服务于以女性为主的群体不断变化的需求，以及男性和女性不断变化的社会分工。当时美国正面临民权运动和日益壮大的妇女运动的冲击，传统的女性角色受到了质疑，家庭的定义也不断修正，以适应新兴的社会项目和实践需求。家政学被分为了五个不同但相互关联的领域：人类发展和家庭、家庭管理和家庭经济、食品和营养、纺织品和服装、住房。它们反映了全国范围内不断扩大的世界观。

为了应对周遭环境和课程的变化，家政学科的关注点很大程度上转向了我们现在所说的家庭资源管理，包括家庭价值、目标、标准、资源、决策、组织和过程，以及家庭的优化[①]（optimization）。学科较少关注家庭内部的工作表现，更多的精力用于了解家庭单位及其与更大的社会结构之间的相互作用。这种家庭结构或家庭文化，成为企业管理领域的新发展模式。

也正是在这个时候，亚伯拉罕·马斯洛（Abraham Maslow）提出了他的动机理论以及著名的需求金字塔模型。自此，他的金字塔模型被广泛应用到心理学、社会学、经济学、家庭和商业的研究中。后面几章将对此做深入讨论。马斯洛还对价值观和目标如何影响员工的行为以及团队合作如何应用于商业领域感兴趣。

自 20 世纪 60 年代以来，家政学经历了许多转变。其中一个明显的变化就是家政学的自我定位。以家政学为名的学科项目已经不多了。1993 年，五个主要协会建议将“家政学”更名为“家庭与消费者学”。随着学科的重新定位和学科使命的重新定义，研究者发现该学科的称谓过于限制，而且对当代研究、应用和课程的错误假设太多。不过，尽管家庭与消费者学发生了一些显见的变化，该学科仍在继续发展，并与校内其他学科日趋接轨。学科的演变过程中出现的一个问题是学科名称缺乏一致性。学生、专业人士和普通大众可能会被使

① 优化：找到最适合现有资源的解决方案的过程。

用的各种称谓迷惑（见表 2-1）。尽管这一职业面临着许多“成长的烦恼”，盖茨勒（Gentzler, 2012）认为，家庭经济学的核心内容仍然有存在的价值，这个学科在过去的一个多世纪已经产生了积极的影响。

表 2-1　多样化的学科名称

序号	名称
1	家庭与消费者学
2	家庭学
3	人类学
4	家庭研究
5	人类生态学
6	家庭和社区研究

九、家庭管理的主要挑战

（一）时间管理

虽然不是所有的文化都认为时间是可以管理的，但美国文化普遍认为时间是一种商品[①]（commodity）。一个人可以测算时间，遵守时间，节约时间，浪费时间。家庭环境中需要花费时间的主要活动包括睡觉、吃饭、打扮、学习、工作、维护环境和放松休闲。上班族父母反映的一个常见问题是缺乏足够的时间来完成所有这些任务。这通常正是上班族父母需要平衡的点。

●案例 2-8

想象一下，麦琪和约翰都需要离家工作，他们有两个孩子，一个还在学步，一个上小学。这个家庭不仅要协调四个不同的人的时间安排；还需要将两个工作场所、一所小学和一个日托机构的时间表衔接起来。即使组织计划得再好，也总会碰上时间安排有冲突的时候，这时，时间表中的一个变化可能就会导致一个或多个家庭成员的强烈不适。

如果父母双方每周工作 40 小时，每个工作日工作 8 小时，他们必须做

① 商品：具有经济性的货品。

出安排，确保每个孩子每天都能按要求被送到托儿所或学校。有时可能需要接了孩子后再送到多个地点。父母工作时间如果富有弹性，就会大大增强一个家庭平衡这些安排的能力。严格的、非个性化的工作时间表和要求会增加家庭所要承受的压力。

（二）职业管理

学生们通常会考虑未来可能从事的职业，这反映了世界观的未来导向。人们认为，花费时间进行职业培训——正规学校教育或在职实习，是为了未来收益而牺牲当下的一种行为。上大学需要时间和金钱，因此，这些资源的投入必须与某种前景相匹配才能实现平衡，即拿学位或接受培训将有助于获得一份比不付出额外努力收入更高、更有自我满足感的工作。

大学毕业生不再认为单一的教育项目就可以满足终身就业。在人的一生中，为了实现职业目标，需要不断地接受教育、培训和自我完善。为了适应不断变化的期望，为了获得保住饭碗和加薪所必需的新技能，员工需要有更高的学位，甚至参加雇主提供的教育项目。

●案例 2-9

莫莉刚刚完成了产科护士主管的临床培训。她在当地医院找到了一份工作，非常渴望能够早日上岗。在她工作的第一周，莫莉被告知，她每年需要获得至少 10 个额外学分，才能保住她的岗位。医院为她提供了资金，给予了时间，让她参加课程和会议，以帮助她获取在知识更新速度极快的医学领域开展工作所需的最新技能和知识。另一项员工福利是，如果她决定在该领域攻读更高的学位，可以不用自己支付学费。上岗仅 4 个月后，莫莉决定开始学习围产期生殖辅助学位课程。

莫莉正在积极地管理她目前和未来的事业。与过去几十年不同的是，年轻的专业人士在一生中至少会经历 5 次重大的职业转变。这些变化可能是从一个雇主到另一个雇主，也可能是从一个职业轨道到另一个职业轨道的剧烈变化。有些职业变化可能是他们自己无法控制的，比如技术的变化，商品服务的获取迫使满足这些需求所需技能和知识出现变化。

（三）家庭规划

在科学史上，从来没有哪个历史时期的女性能像今天这样对生育决策有如此大的控制权。然而，并不是每个女性都能行使所有的选择权。不过，很多人都认为生一个或多个孩子是可以管理或计划的。在过去的几十年里，美国妇女生育的平均年龄逐渐上升。拉曼纳等人（Lamanna et al., 2015）提出育龄人群呈现出四种新趋势：不愿生育、推迟生育、只生一个孩子和非婚生育。这些将在本书后面做详细讨论，但其在本章关于管理的讨论中可以是重要的参考。

●案例 2-10

坎德拉有意等到她研究生毕业，并在她的专业领域站稳脚跟后再生孩子。她还有意做单亲妈妈。她的妹妹宝拉在 20 多岁的时候就结了婚并生了孩子。不管哪种情况，坎德拉和宝拉都需要承担起照顾孩子的责任和义务。宝拉可能会和她的配偶分担这些费用和义务，而坎德拉则可能需要在自力更生的前提下通过育儿机构、朋友和可能的家庭支持来满足养育孩子的需求。两姐妹抚养孩子所需的资源大同小异，但她们获取和利用资源的方式有所不同。

生养一个或多个孩子的选择对一个家庭所需的资源以及如何管理这些资源有重大影响。每多一个成员都会引发家庭系统的连锁反应。从新的育儿态度和行为来看，家长对孩子的角色认定和期望也发生了变化。20 世纪 20 年代的靠种田为生的大家庭中的孩子可能被视为种田的劳动力来源，而今天的孩子可能更多地被视为家庭社会地位的延续。

案例作业

本章讨论的一个核心概念是家庭的延续性。家庭的存在具有延续性，在其存在期间，家庭会积累起相当价值的所有物——资产。这些资产需要有目的的管理，这不仅是出于当前的需要，也与未来的资产建设有关。

目的：

✓ 确定案例家庭拥有的因购买和储蓄而产生的财产的当前价值。

预算：

本案例中涉及的范围包括房屋、汽车、房地产和储蓄的资产价值。

任务：

房屋。阅读你的案例家庭的相关描述，确定案例家庭的住房是自有的还是租住的。自有房屋具有价值。可以到当地房地产公司的网站上找一处与案例家庭描述的房屋价值相当的实际房屋。记下该房屋的地址和信息，以备将来使用，并在报告中附上截图。

房地产。有些家庭拥有不止一处房屋，可能还有其他土地资产。阅读你的案例家庭的描述，确定他们有没有有价值的其他不动产。

汽车。大多数家庭拥有至少一辆汽车。但在高度城市化的地区，公共交通和停车位不足等问题可能会让人不想买车。你的案例家庭描述中会有他们车辆类型的信息。在车辆销售网站寻找与案例家庭描述中相似的车辆信息。保存这些信息，特别是车辆识别码，以备将来使用，并在报告中附上截图。

非流动性积蓄。如果你的案例家庭描述中提到案例家庭持有股票或债券，或储蓄单上存有钱，那些资产不能立即投入使用，因此是非流动性资产。收集的旧币、古董和其他一些有价值物品都属于非流动性资产。

流动性积蓄。立即可以拿来使用、不会因为取出而遭受罚息的钱财被认为是流动性的。活期账户、简单储蓄账户和借记卡上的资金都是流动性的。案例家庭描述中会告知案例家庭的流动性现金资产。

养老金 / 退休金。许多在职的成年人都享有雇主提供的福利政策，可以储蓄退休养老金。大多数情况下，这笔钱会直接从他们的工资中扣除，但仍然需要登记在预算表上，因为它们被定期从收入中扣除。一些雇主会对员工存入的这部分钱做“配比”补发，但这并不算在家庭预算表或收入表中。你的案例家庭描述会告知案例家庭中工作的成年人养老金 / 退休金的具体情况。

报告：

在将所有的资产值填入预算表中的适当位置之后，确保标题包含所有必要的归档信息——案例家庭姓名、案例编号（2）、当前日期和你的姓名。报告标题必须有正确的归档信息。使用案例作业 1 中的摘要段落作为你的报告的引言。添加到预算表上的每个数字都需要单独写一段解释，以充分说明你是在哪里找到以及如何找到或计算这些信息的。必要时附上截图。记住，你的报告是写给办公室主管看的，而不是写给老师看的。

按要求提交报告及预算表。

总结

家庭是社会基本的结构之一。从历史上看，家庭已经存在了几个世纪，是为了经济目的而形成的一个组织结构。虽然今天的家庭依然是一个经济性的组织，但家庭成员在情感上也相互依赖，以获得情感支持和安全感。很难找到一个定义来表明家庭在今天以及未来的意义。

管理是任何家庭存续的关键所在。资源有限，而家庭成员的需求可能无所限制，因此家庭资源的匹配、评估和分配构成持续的挑战。经济安全固然重要，但人际关系对家庭也至关重要。正确的决策过程是家庭管理成功的关键。

复习和讨论题

（1）如果要你给“家庭”下定义，你会如何定义？与本章中介绍的定义有何不同？

（2）在一些文化中，祖先是一个非常重要的存在，一个家庭的几代人可能住在同一屋檐下。你对自己的家谱了解多少？

（3）不同文化群体的饮食习惯和仪式各不相同。你的家庭是否有特定的不同于你朋友家庭的饮食、聚会和仪式？其起源于哪里？

第三章　家庭资源管理研究

目标

· 解释科学的过程和家庭资源管理的关联性。

· 介绍家庭资源管理相关理论。

· 比较定量研究和定性研究。

· 探讨如何将研究应用于当代家庭的资源管理。

一、科学的过程

要理解家庭资源管理的概念，仅靠观察家庭在面临决策需求时的行为并做出假设是不够的。这些观察结果需要进行体系化的收集、分析和探讨，以获得对未来行为的理解和预测。科学的流程或科学的方法始于行为理解的需要，然后再进入某个正式问题的研究。如果以一种系统、严谨的方式收集和分析解决这个问题所必需的数据，就会出现两种结果：与现有理论相一致或相矛盾。

研究家庭资源管理的理论有很多。本章所介绍的理论是在所发表的研究论文中出现频率最高的那些理论，讨论的是家庭在面对资源判断和使用时的行为和决策过程。每一种理论都有其历史背景，本章将按其在家庭科学研究中影响力的先后顺序逐一予以介绍。

▶现实思考

家庭资源管理的女性先驱们[①]

家庭资源管理的科学研究起源于20世纪初之前的一门学科——家政学。管理作为一门科学，得益于商界和家庭科学领域早期的双轨发展，当时，商界和家庭科学纷纷致力于创造理论、开展研究，推动了管理科学的发展。这些努

---

① 来源：Chapmanmarch, S.（2017, March 30）.The woman who gave us the science of normal life. *Nautilus*。

力大多始于19世纪末。推动家庭科学发展的是一位名叫艾伦·斯沃洛·理查兹（Ellen Swallow Richards）的充满活力的年轻女性。

艾伦是一位教师的女儿，她求知欲极强，下定决心不让女性的身份妨碍自己上大学。她先是在瓦萨学院（Vassar College）学习了两年，然后决定申请进入麻省理工学院学习。当时是19世纪70年代，女性是不允许获得学位的，但两年后，她被允许参加学位考试，因而得以修读本科学位课程；然而，她在毕业时没有被赋予获得博士学位的机会。麻省理工学院最终聘请她担任卫生化学讲师，在一名男性教员的指导下开展工作。

艾伦开始致力于发展一门新的学科，试图将科学、化学和家庭管理结合起来，并强调卫生实践。这门新的应用科学在1892年被命名为"oekology"，即日常生活的科学。"Oikos"从希腊语翻译过来，是"房子"的意思，最终译成了"生态"——人类生态。新的学科渐渐站稳脚跟后，开始致力于平衡学科的社会科学性和生物科学性。最终家政学成为一门公认的大学课程，其课程和研究涉及家庭管理。20世纪60年代，随着大学将家庭管理——卫生、营养、烹饪、缝纫和预算重新纳入家政学的范畴，家政学发展成为一个职业领域。又经过半个世纪的发展，这一领域目前被称为家庭科学。

艾伦·斯沃洛·理查兹是一位挣脱了性别束缚的科学家。今天，家庭科学依然致力于对家庭生活的各个方面开展多学科研究，包括家庭资源管理。

二、理论

史密斯和哈蒙（Smith & Hamon, 2017）提出理论在科学的进程中有以下五种功能：

- 描述性：对现象进行命名、分类和组织以便理解。
- 敏感化：认识我们自身经验之外，但与理解有关的现象。
- 整合：把概念联系起来，以便于理解。
- 解释：描述事情如何发生、为什么发生，以及将来会发生什么。
- 价值：表达理论应用者和构建者的价值观。

（一）社会交换理论

社会交换理论深受18世纪末亚当·斯密（Adam Smith）经济学教义的影响，并以人类学为基础（White et al., 2019）。实用主义思想有一个共同的主题，即人类的行动和行为都是基于他们认为最有价值的东西。这种实用主义思想正是家庭微观经济学的组成内容（White et al., 2015）。家庭成员具有影响其行为选择的个人动机。成员之间的这些差异使得个人资源可以为了满足个人利益而进行交换。家庭成员为家庭单位贡献用以维持家庭的个人资源。婴儿和儿童在很大程度上依赖于年长家庭成员的资源，但他们会被期望在未来的某个时候能够贡献自己的时间、精力和技能来维持家庭的正常运转。当青少年和成年家庭成员感到不舒服或不被其他家庭成员欣赏时，他们可能会进行某种成本效益分析。个人的自给自足程度将影响他们离开或留在家庭群体中的决定。

交换框架经常被用来研究家庭内部的权力基础。显然，向家庭单位提供必要资源的能力将增加该成员在这个群体中的价值。家庭成员的个人权力会因为环境或必需资源的种类而增加或减少。这种权力基础可能会影响个人在决策过程中的角色。当父母有足够的钱和能力完成购买合同时，他们将在为十几岁的孩子购买汽车的决策过程中拥有更多的实际权力。他们是否行使这种权力将取决于家庭的沟通过程和亲子关系。

社会交换理论也被用于追求伴侣、选择配偶，以及不同家庭生活情形下实施决策过程的研究。到20世纪70年代末，交换理论已经成为家庭研究中应用广泛的理论之一（Edleson & Tan, 1993）。

●**案例3-1**

蒙蒂和弗兰克是两兄弟，两人都45岁左右。在父亲比尔去世后，他们共同继承了家族的农场。蒙蒂已婚，有三个孩子。弗兰克单身，没有孩子。他们的母亲每年从经营利润中获得生活津贴。农场所有权的改变给兄弟俩以及婆媳之间造成了很大的压力。他们决定找律师咨询引起纠纷的问题。

“我知道比尔的本意是好的”，蒙蒂的妻子说，“但我们有孩子要养，而弗兰克还是单身。显然，比尔并不想为了他的孙儿们牺牲弗兰克的利益。”

“要孩子是你和蒙蒂做出的选择”，她的婆婆回答说，“我们希望自己辛苦挣来的财产能平分给我们的两个孩子。”

“那这笔财产以后又留给谁呢？”蒙蒂的妻子问，“蒙蒂和弗兰克死后，我的孩子们能均等份额地继承整个农场吗？”

继承[①]（inheritance）可以被看作一组长期的交换关系，将农民家庭的不同世代联系在了一起（Kennedy, 1991）。土地和盈利能力都是在家庭内部交换过程中作为讨价还价资本使用的资源。从历史上看，这种在活着的继承人之间划分田地的做法严重削弱了农民家庭依靠不断缩小的土地谋生的能力。很多曾经是家庭农场的土地现在变成了集团企业的组成部分。鉴于这种行为往往会产生比较复杂的法律纠纷，订立合法遗嘱和信托已经成为有可世代相传遗产的家庭的普遍做法。

（二）符号互动理论

符号互动理论在家庭理论中有着悠久的传统，可以追溯到 19 世纪末 20 世纪初威廉·詹姆斯（William James）和约翰·杜威（John Dewey）的理论主张，其理论框架在 20 世纪不断得以完善（LaRossa & Reitzes, 1993）。这个理论融入了社会学和心理学的概念，注重研究家庭内部成员的思想意识创建家庭单元的过程。

根据定性和定量研究，理论学家们回避了对任何自然或典型的家庭结构做出定义的做法。相反，家庭被视为参与者的独特创造，因为他们自发地产生联系。家庭成员之间的互动，如谈话、手势、行动和共同的信仰，创造了家庭的特殊现实。通过这些互动，个体发展出一种自我意识。随着家庭在经营过程中创造出仪式和共享的意义或符号[②]（symbol），家庭身份逐渐显现（Bossard & Boll, 1943）。

通过相互作用和定义成员角色而产生的共同意思允许家庭以独特的方式定义不同的情形。决策和资源识别等行为的基础是家庭成员所创造的意思，这些意思是家庭成员在权衡情形和个人及家庭单位所能采取的处理该特定情形的可能行为之后创造出来的（Mead, 1964）。

---

① 继承：金钱、财产或头衔在一代代人之间的延续。

② 符号：可以经由联想、相似或习惯来代表他物的某物。

这一理论没有忽视较大社会群体对家庭单位的影响。研究人员一直在寻找方法来解释家庭单位和家庭成员是如何向他人展示自己的。特纳（Turner, 1970）称其为印象管理[①]（impression management）。作为商品和服务的消费者，家庭单位内的个人意识到，他们所做的选择将被家庭以外的其他社会群体解读，从而产生社会价值判断。

●案例 3-2

小棒球手塞缪尔正和他的父母在商店购买训练和比赛时穿的鞋，塞缪尔适穿型号的鞋的价格从 30 美元到 120 美元不等。

塞缪尔说道："我要最上层架子上的那双白色的。我最喜欢的职业棒球运动员曾在电视上说起过这双鞋，博比说他也要买这双。"

"但那双的价钱是这双的两倍。"他的父亲指着一个较低的架子上的一双相似的鞋子说道。

塞缪尔带着较贵的那双鞋子走出商店的可能性有多大？

鞋子就是用来穿的。但为什么有些消费者会仅仅因为某位运动员的代言或鞋上的品牌标志就愿意花高价购买与便宜运动鞋款式相似的运动鞋？拉维瑞和同事（Laverie et al., 2002）基于符号互动主义理论，探讨了消费行为和购买的产品如何以及何时影响一个人的自我认同，或者说"产品如何塑造一个人"。研究发现，不仅实际拥有的东西（例如，在体育活动中使用的服装和设备）会导致更积极的自我评价，而且这些产品的社会关系和媒体推广也会增强所有者的自我定义感。炫耀性消费[②]（conspicuous consumption）是当代的一个术语，用来形容特意选择某些产品，以在别人眼中塑造自我形象的行为。设计师的标签，带有识别标记的豪车，甚至是特殊饲养的宠物都属于这种行为。

媒体的广告暗示和同伴的压力可能对塞缪尔最终拥有的新棒球鞋产生重大的影响。他的父母决定买哪双鞋将会以购买这双鞋对塞缪尔的自我认同可能产

① 印象管理：人们试图控制他人对自己形成的印象的过程。

② 炫耀性消费：为了给别人留下深刻印象而花费大量（通常超出自己消费能力）的钱。

生的影响，以及购买这双鞋对整个家庭的影响作为决策标准。优先考虑这些标准将最终影响对鞋子的选择。

（三）人类生态理论

生态学理论将人类发展和家庭关系的概念与家庭资源管理结构紧密结合，以帮助家庭确定在其生活环境中所面临的一系列问题。鲍伯尔兹和桑塔格（Bubolz & Sontag, 1993）认为这个理论于今天特别适用，因为其不局限于某些特定群体，且适用于不同的家庭结构和文化背景。

与家庭相关的生态学理论源于1873年海克尔（Haeckel）提出的人类生态学的观点（Bubolz & Sontag, 1993）。海克尔对达尔文的进化论很感兴趣，他认为科学或生物学与环境之间存在着某种联系。如上文所述，艾伦·斯沃洛·理查兹试图利用科学原则来改善家庭生活，从而促成了家政学的产生。

虽然生态学理论没有一套正式的理论原则，但霍利（Hawley, 1986）提出了描述作为生态系统组成部分的家庭的一般性主张，其中有些主张提出，变化和增长通过与外部系统相关的经历而产生，来自外部的新信息导致家庭内部关系的变化，家庭封闭周遭的生态系统，以确保其稳定。

●案例3-3

希拉和米歇尔是表姐妹，都是单身母亲。她们的孩子同龄，但她们对生活需求的反应却截然不同。

米歇尔说："本几乎每天都在学校惹麻烦，但我就是不知道该怎么办。这让我很烦恼，我开始看心理医生。他建议我服用抗抑郁药。"

虽然希拉很同情米歇尔，但她不同意米歇尔的处理方式。希拉回答："米歇尔，你跟本谈过他的烦恼吗？你见过他的老师了吗？你确定药物能解决问题吗？你看，当伊森遇到麻烦时，为了帮助他，我会尽可能地获取所有信息，这样做才有效。"

希拉暗想，米歇尔是否在不知道对她和她的家庭可能造成哪些后果的情况下，根据社会的期望做出了药物治疗的决定。米歇尔是否忽视了自己的生理、情感甚至精神需求？

根据生态学理论，当出现某个问题时，需要考虑的是处于一系列系统——外部环境中的完整的人。布朗芬布伦纳（Bronfenbrenner, 1994）利用生态系统理论解释了外部环境如何影响儿童的成长和发展。迈耶斯等人（Meyers et al., 2002）发现这些系统和家庭职能之间存在显著联系。在上述案例中，米歇尔选择通过服用抗抑郁药物而不是检查影响她儿子和自己行为的各种系统来解决眼前的问题。

（四）家庭发展理论

在本章介绍的所有理论中，家庭发展理论是唯一一个完全基于家庭研究学的理论。这一理论的两个主要构成要素是时间和历史，它着眼于家庭存在的每个阶段所持有的特定的社会期望的变化。因此，它把家庭看作一个动态的系统，并着重研究家庭形式的不断变化。当它与其他理论相结合时，有些学者用生命历程发展框架来描述这种对家庭的思考模式（White et al., 2015）。

早在美国独立战争时期（18 世纪 70 年代），家庭的定义和个体家庭生活历程的描述就被记录和反思。怀特和他的同事（White et al., 2015）将这个阶段称为理论的描述阶段。第二次世界大战后不久，关于家庭压力的研究开始兴起。在这类研究中，家庭单位被认为具有社会角色，家庭关系会随着家庭所经历的不同阶段而发生改变。这一理论被广为接受，研究进一步巩固了它作为一项重要理论主张的地位。

近年来，家庭发展理论一直在努力维持其在家庭理论中的独特地位。支持者们试图回应针对该理论的批评意见，并引入新的研究方法。目前，该理论的核心思想是，家庭是一个具有识别性的群体，随着时间而成熟和变化。时间是按阶段呈现的。家庭阶段[①]（family stage）指家庭角色和关系发生可察觉性变化的时间间隔。这个理论最适用于传统家庭——由妻子、丈夫和两个孩子组成的家庭模式。考虑到目前家庭结构的多样性，这一理论似乎不再令人信服。即使是有几个孩子的家庭，家庭结构也随着阶段数量和阶段重叠现象的增加而变得不甚清晰了。

---

① 家庭阶段：家庭角色和关系发现可察觉性变化的时间间隔。

●案例 3-4

阿尔文最近刚刚退休，正在调整他的日常生活。在过去的 40 年里，他一直处于一种快节奏、每周工作 60 小时的工作状态，他一直期待着能够放松下来，追求自己一再被耽搁的兴趣爱好。他还渴望花更多的时间与家人在一起，还想外出旅游。

玛莎是阿尔文的妻子，结婚 42 年来，她把大部分时间都花在了管理家庭上，同时积极地为几个慈善组织做志愿者。她一直期盼着阿尔文退休，希望能有更多的时间和他在一起。作为一对夫妻，他们正从一个家庭阶段过渡到下一个阶段——退休。他们在几年前就适应了空巢阶段。

两周后，当阿尔文把早餐盘放进水槽时，玛莎对他说："我来教你怎么用洗碗机。我一直都想和你谈谈关于你帮着做家务的事。"

做这类家务并不是阿尔文打算退休以后做的事，所以，他说："但我已经负责打理院子和车子了。"

随着家庭从一个阶段走向下一个阶段，角色必然需要重新协商。古普塔（Gupta,1999）研究了婚姻状态的转变对男性做家务的影响。研究的结论之一是"至少就家务时间而言，与成年异性伴侣组成家庭对男性的好处大于对女性的好处"（p.710）。这种想法会使我们相信，阿尔文很可能达不到妻子对他的新期望。然而，家庭成员的角色可能会随着年龄和阶段的不同而出现分级（White et al., 2015）。如果周遭的文化认为，期待退休男性从事清洁工作是一种可以被接受的想法，那么阿尔文很可能会欣然接受这些新任务。

研究项目中使用的理论或概念框架将对所收集的信息起到增强或抑制的作用。本章提出的所有理论和观点都有家庭研究的相关背景。每种方法都有其优点和缺点。它们共同奠定了一个广泛的、有用的知识基础，有助于解决家庭问题、促进对家庭的理解。

（五）家庭系统理论

家庭系统理论，也称为家庭系统框架，是在从事家庭相关工作的专业人士中颇为流行的观点。该理论起源于 20 世纪 60 年代科学界的贝塔兰菲

（Bertalanffy, 1969）所提出的一般系统论。这一理论的几个构成要素显然也适用于构成一个系统的家庭。根据家庭系统理论，当一个家庭成员发生了什么事，这个家庭的所有成员都会受到影响。该理论假设成员是群体或系统的一部分，并作为一个完整的系统运行。家庭治疗师发现这个理论在治疗家庭成员个体时特别有用，他们的治疗可能需要包含整个家庭。

●案例 3-5

查尔斯和邦妮一直都很懂得享受生活，在他们的婚姻生活中，昂贵的服装、精致的饮食和奢侈的生活方式是再合理不过的。为了维持自己的生活品质，他们经常入不敷出，无法为未来积蓄资产或建立养老保障。对查尔斯来说，这种生活方式来自他父母的熏染。当在非常贫穷的家庭长大的邦妮遇见查尔斯后，就被他的生活方式迷住了，并很快接受了他的“美好生活”理念。虽然他们认识到自己的生活方式可能有点“不负责任”，但他们不愿意改变。他们经常说：“大多数人都不知道如何生活！”他们知道其他人不赞成他们的生活方式，但查尔斯会说：“我们没有伤害任何人。我希望他们少管闲事！”几年后，查尔斯和邦妮的儿子大学毕业，并宣布订婚。新婚夫妇举行了一个奢华的结婚仪式，并在一个美丽的新家开始了他们的新生活，这个新家位于城镇最好的地段。几个月后，他们的儿子打电话告诉他们，他和妻子要离婚，他将不得不宣布破产。查尔斯大吃一惊，说：“这怎么可能？你拥有你想要的一切！”

这个案例说明了家庭中个体的行为会影响到家庭全体成员。除非有意识地努力去改变，父母的行为具有示范性，会言传身教给子女。如果查尔斯和邦妮的儿子要对未来的财务状况做出负责任的决定，他就必须有意识地做出改变，这将有助于他学习有关消费和省钱的新策略。

家庭系统理论的另一个重要观点是家庭成员的行为不仅影响其他家庭成员，而且影响其所在的社区。

（六）冲突理论和女性主义视角

虽然冲突理论在20世纪60年代才比较盛行，但它却根源于19世纪卡尔·马克思的著作（Marx & Engels, 1967）。马克思关注欧洲工业革命的负面影响，改变了人们对人类社会的看法。他认为资本主义环境助长了对工人的剥削。为了对抗这种情况，他提出只要被压迫者联合起来反抗压迫者，情况就可以改变。

冲突理论可以围绕三个核心主题进行剖析：一是人类受到驱使产生对某事或某物的渴求。二是权力是所有社会关系的核心力量。三是任何组织都有自身利益，他们为了自身利益而不是那些对整个社会具有重要意义的利益来推动目标的实现。因此，家庭是一种社会机构，一些成员从家庭单位的存在和维系中获得比其他成员更多的利益。婚姻通常被认为是一种充满不平等、具有主从性、由男性支配的关系。其他经常使用这一理论进行研究的家庭情况包括家庭暴力、离婚和单亲家庭。

冲突理论使被视为稳定、和谐、和平的社会单位的家庭理念受到了不小的冲击。正是由于这个原因，许多研究者刻意回避在家庭研究中使用冲突理论，直到美国社会历经剧变——如20世纪60年代的民权运动和过去的40年里职业妇女的急剧增加，情况才有所改变。到20世纪60年代末，冲突理论开始成为家庭理论的主流理论以及家庭研究的主体，自此以后，冲突理论成为当代家庭问题研究的坚实理论基础。女性主义理论通常被认为是根源于基本冲突理论的一种理论思潮。

●案例 3-6

玛尔塔和皮特在关于他们的双胞胎女儿的日常陪护问题上的分歧越来越大。当两个女儿开始入学，玛尔塔返岗工作（她怀孕前是一名空姐，怀孕后停了职）后，夫妻两人婚姻关系中的权力冲突开始变得频繁。皮特是一名旅游代理商，他开始觉得自己的职业正在走入死胡同。网上旅游业的发展，使得他的办公室的佣金收入越来越低。玛尔塔一直很高兴能够用自己的薪金来弥补丈夫收入的减少。最近，她升职到了更高级别的空乘人员管理岗位，并获得了大幅加薪。

当两个女儿因为在学校感染了水痘而不得不在家休养一段时间时，夫妻两人的冲突被引爆了。

“皮特，你就不能待在家里用电脑工作吗？”玛尔塔接到了一个高价航班的电话，她向皮特恳求道。

“女儿们想要你，你知道她们太难带了。你把她们宠坏了。”皮特一边说，一边抓起包朝门口走去。

“她们只是不习惯你和她们那么近距离地在一起”，玛尔塔继续说，“如果你能多花点时间和她们在一起……”

皮特已经出门了。

当父母在夫妻关系中因为权力问题而起冲突时，他们与孩子的关系会受到怎样的影响？林达尔和马利克（Lindahl & Malik, 1999）发现婚姻中的权力和控制冲突会导致孩子们的支持减少。精神和身体资源都是有限的，当夫妻陷入消极的话语争执时，他们会没有精力完成其他事情。皮特可能试图通过强迫玛尔塔在女儿的健康和工作之间做出选择来重新获得养家的权力基础，而不惜以损害整个家庭的经济利益为代价。

虽然家庭社会学已经存在了几十年，妇女权利早在19世纪末就不是新鲜事物，但最初的家庭研究主要还是由男性主导的。自20世纪70年代初以来，女权主义者一直强调，广泛使用的家庭理论框架往往缺乏女性的观点或经验。

戈登（Gordon, 1979）从女性主义的角度确定了三个基本主题：强调女性及其经历；承认在现有的社会安排下，妇女是受压迫的对象或处于从属地位；致力于结束这种不公正的从属关系。奥斯蒙德和索恩（Osmond & Thorne, 1993）认为，这三个主题衍生出了第四个主题——关注性别和性别关系，而其是社会生活——包括男人的生活和女人的生活的根本所在。

虽然女性主义观点在过去几年里日趋盛行，但也有人认为，该理论忽视了女性在家庭关系中的角色，忘记了两性在家庭关系中是平等的。毫无疑问，性别在家庭研究中扮演着重要的角色，研究者们应该把两性都考虑进去。

●案例 3-7

在经历了长达 48 年的幸福婚姻后，夏洛特最近成了寡妇。在失去了她唯一爱过的男人之后，她面临着处理遗产财务的艰巨任务。

意识到母亲的无助，约翰决定帮她整理那些文件。“爸爸把你退休账户里的保险单和存款都放在哪儿了？他有保险箱吗，还是你有储蓄账户？”

夏洛特回答说：“我不知道东西在哪儿！你爸爸负责管理我们的财务。我猜他从没想过我有必要知道。我只是个家庭主妇。”

夏洛特并不是唯一一个遇到这种情形的人。许多老年妇女都有类似的经历。麦克唐纳（Macdonald, 1995）认为，经济学的本质就是男性主导，因此有偿劳动市场经济学和无偿或非正式家庭经济学这两个领域是分开的。在这种情况下，女性主义视角可以帮助我们理解这两个领域如何相互作用和影响。

冲突理论主义者们赞同冲突是自然、可预期的人类互动行为。在此方面，家庭单位与其他组织性团体没有区别。每个家庭内部都有不平等的权力基础，从而导致竞争、胁迫和冲突等情形。

（七）家庭优势理论

家庭优势理论关注的是家庭的正确而非错误之道。奥斯龙和德弗莱恩（Olson & DeFrain, 2003）认为这个理论框架的一大优势是，研究的重点从只解决问题转移到了强调家庭的优势上面。一旦确定了优势，就为家庭的持续增长和改变奠定了基础。因此，强大的家庭可以成为想要成功的家庭的榜样。

家庭优势理论可以追溯到 20 世纪 30 年代，但 20 世纪 60 年代赫伯特·奥托的著作（Otto, 1962）通常被认为是当代家庭优势理论的源头所在。在家庭优势理论中，一个强大或健康的家庭有六个主要特征（Stinnett, 1981; Stinnett et al., 1999）：为家庭尽忠职守；一起度过愉快的时光；精神上的幸福；成功地管理压力和危机；积极的沟通；彼此表达欣赏和喜爱。研究人员在关于家庭优势的持续性研究中发现，美国和世界其他 40 多个国家的 3 万多名家庭成员提到了这些特征。家庭在世界各地的文化中都是独特的存在，然而强大的家庭似乎通常都以这些基本特征为指导。

●案例 3-8

格雷格和辛迪是一对新婚夫妇。他们以为自己已经为结婚做好了各方面的准备。他们参加了婚前座谈，与其他新婚夫妇谈论他们的经历，并阅读了几本关于婚姻的书。结婚 6 个月后，他们开始注意到彼此消费方式的不同。意识到这一点后，辛迪说："这不会改变我对你的感觉，但我担心，当我们有了孩子后，我们会在决定他们的教育储蓄和其他方面的储蓄时遇到困难。"他们开始交流这些差异的起源，并将他们的许多思考方式追溯到他们在成长过程中看到的榜样模式。格雷格和辛迪能在他们的婚姻中解决这个问题吗？

德弗莱恩和斯廷内特（DeFrain & Stinnett, 2002）明确了优势理论的几个主张，我们在这里对此加以说明。格雷格和辛迪能够对他们的家庭做出观察，并发现了金钱问题上的差异。他们没有继续争论谁对谁错，而是通过肯定对方在讨论中的价值和意义，将注意力集中在积极的方面。他们还用积极的沟通来讨论如何改变和管理钱财以实现钱财的积极增长。通过讨论，他们开始意识到，两人对金钱的看法都不是天生就有缺陷的，他们需要理解彼此的观点，制定财务目标，以满足他们新组建的家庭的需求。

了解家庭优势需要了解家庭所处的文化背景。人们生活在他们的家庭、大家庭、社区以及难以理解、标记或识别的广泛的民族文化背景之下。许多外部因素纠缠、影响着家庭，这些因素有时对家庭有益、有所帮助，但有时却是有害、严苛的。从全球角度对家庭进行概念化的一个积极有益的方法是将家庭力量、社区力量和文化力量整合起来，阐明家庭可以如何利用这些力量来应对他们面临的许多挑战。迄今为止，40 个国家的研究人员在研究家庭优势时发现了不同文化之间的显著相似性（DeFrain & Asay, 2007）。这个理论框架已经被用于多个学科领域的研究，包括家庭科学、社会工作、护理、心理学等。

▶前沿动态

新冠疫情期间刺激性支票的影响[①]

研究中的消费者往往显得很急躁。旧新闻有什么好提的？美国在线货币借贷中介 LendingTree 想知道，在 2020 年新冠疫情流行的最初几个月里，北卡罗来纳州和南卡罗来纳州的家庭收到联邦政府发放的补贴后受到了怎样的影响。他们的调查结果公开刊登在了《夏洛特观察家报》(*The Charlotte Observer*)上，而就在几周前，满足条件的公民刚刚收到支票。

这项科学研究为什么可以如此迅速地从最初的问题发展到刊文发表？原因在于现有的大量数据可以随时供提取和分析。这些数据使得研究者们不再需要专门去收集和梳理新数据。LendingTree 调查了卡罗来纳州的 98 个都市区，确定了该地区“父母 + 两个孩子”的家庭的平均收入。然后，他们将月收入乘以 83.1%，这是美国劳工局（U.S. Bureau of Labor）估算的家庭每月支出的一项统计数据，然后再将这一数据与这些家庭收到的 3 400 美元的刺激性支票相比较。研究结果是什么？收到的资金不足以支付一个月的家庭开支。

显然，这项“研究”的严谨性几乎不符合科学过程的预期，但它胜在速度够快。为了复盘他们的发现或测试他们的结果，我们可以开展一个更大范围的研究，来对家庭所经历的影响展开实际调查。这些研究已经完成，将会在今后几年内披露十分有价值的信息。最终，这些新了解的内容将有助于家庭积极应对未来可能出现的经济危机。但在 2020 年 5 月，研究报告已经足以帮助我们了解这样一个事实：在排名前 10 位的城市中，有 8 个城市的经济补贴仅能覆盖一个四口之家每月预估开支预算的 60%—71%。

三、家庭研究设计

家庭研究源于研究者们想了解家庭是如何运作的。为了回答这个问题，研究者们选择不同的研究方法，同时受到研究者的理论偏好的影响。传统的研究

① 来源：Fowler, H.（2020, May 14）. How much did the stimulus checks help families in the Carolinas? Here's the breakdown.*The Charlotte Observer*。

方法包括定量研究和定性研究。当需要量化的数据来揭示现象之间的可测量关系时，就使用定量研究（quantitative research）[①]。例如，有研究者想要找出单亲家庭数量的增加是否可能与青少年犯罪率的上升存在某种关联，这个研究就要求定量设计，因为研究人员需要有一个大的样本并收集足够的数据来显示两个或多个变量之间的统计学意义。与此相反，定性方法适用于对知之甚少的现象进行更深入了解的研究。定性研究（qualitative research）[②]涉及难以用定量术语表示的描述性细节。例如，对无家可归现象的复杂性做出描述（Marshall & Rossman, 1995）就是一个定性研究的例子。定性研究的具体方法包括研究人员进行的访谈与观察，或两者同时进行，以了解家庭的生活经历。无论是定性还是定量研究，研究结果都应该能够为现有的研究文献提供新的信息，对其做出验证或补缺。新的信息可以激发新的问题以供进一步研究，提供更全面的知识，或引起该特定领域的政策变化。

▶世界博览

从“制高点”定义家庭概念

全球化研究对于了解社会和文化如何影响家庭决策至关重要。这里我们给出一个关于包办婚姻的定性研究来说明定性数据收集的整体化策略，以显示其丰富性。这是一个个案研究。

采访者：到了该结婚的时候你会不会考虑包办婚姻？

范　妮：很有可能。我父母希望当我想找一个人结婚的时候能够回到印度。我大约一年回国一次，国内的家人会帮我选择一个合适的结婚人选。

采访者：你能描述一下这个过程吗？

范　妮：在我生活的地方，大多数婚姻都是包办的，也就是说，父母会为孩子选择伴侣，重点是要确保配偶来自合适的种姓，有能力支付嫁妆。

---

① 定量研究：通过观察所得的数字和统计分析来检验现象的研究；可以通过结构化的访谈、实验或调查收集数据，并以数字形式报告。

② 定性研究：一种基于意见和价值而不是统计数据来获得信息的研究方法；可以通过开放式采访、查阅文档作品、参与者观察、实践等途径收集数据。

采访者：什么是嫁妆？

范　妮：嫁妆是在新郎把新娘接走时，新娘家付给新郎家的现金或实物。新娘的家人可以赠送土地、珠宝或金钱作为嫁妆。

采访者：“嫁妆”对许多人来说是一个非常陌生的概念。你在美国生活过，你现在还认为嫁妆制度是合理的吗？

范　妮：印度教十分信奉嫁妆制度，它在我的家庭里有着宗教传统意义。在印度，这种做法导致了许多针对妇女的犯罪，包括家庭暴力、焚烧新娘和谋杀妻子。但是我的家庭和我们地区的家庭没有那么暴力。

采访者：嫁妆的作用是什么？

范　妮：有三个目的。首先，它就像是新娘家送给新郎家的礼物，是一种友谊的纽带。其次，这是对新郎及其家庭今后承担新娘经济负担的一种补偿。再次，它是新娘的遗产。

采访者：就是说，这就像一份人寿保险。如果新郎去世了，新娘能把嫁妆拿回来吗？

范　妮：也许拿回来的不是完全一样的东西，但如果丈夫死了，她可以得到一些财产。

采访者：让我们回到包办婚姻的“包办”部分。

范　妮：我美国的朋友们对这种做法很有意见。我觉得有些人会把它理解为父母给儿子找个女孩，直到婚礼那天才见面，就好像他们接受别人硬塞的任何东西那样。但这种情况很少见。这种包办婚姻在规模较小、保守的社区仍然可能发生，但并不多。

采访者：你觉得你的包办婚姻会是怎样的？流程是什么？

范　妮：不要误会我。在印度，有些情侣会为爱而结婚，但大多数是包办的。因为我在这里上学，我在印度的家人会为我寻找一个可能的丈夫。他们会向周围的人——叔伯、堂表兄弟姐妹、邻居等打听，是否有合适的人选。最后，会有人说，“我朋友的兄弟有一个儿子……”通常女方是迈出第一步的一方，女方家会让每个人都知道他们家有个适婚女性。当找到可能的丈夫人选后，他们会多方打听信息来帮助他们决定我们是不是合适。

采访者：所以如果他们认为你们合适，会发生什么？

范　妮：我们将会见面。如果我们彼此都有好感，就会开始筹办婚礼。

采访者：你应该见过你的美国朋友约会。对约会你怎么看？

范　妮：我觉得这太麻烦了。我的朋友似乎会因为错误的原因——汽车、着装、长相这些而被男人吸引。

采访者：包办婚姻需要多长时间？

范　妮：也许半年吧。有时，在这段时间里男女双方可能会发现他们处不来，这时他们可以喊停，不再继续。他们会见上几次面，不会太多。可能至少一个月两次吧。

采访者：离婚呢？

范　妮：我上过几节探讨“爱”的课。爱对我来说是一样非常不牢靠的东西。在我的国家和生活的圈子里，婚姻和家庭基于更牢靠的一些东西——相容性和可能性。婚姻并不总是完美或快乐的。我认为我们的方式更现实。

采访者：那没有人离婚吗？

范　妮：有的。我认识一些离婚的人。原因不是爱或不爱了，而多是醉酒或暴力。如果丈夫酗酒，或者丈夫会打妻子，我同意离婚。我的很多美国朋友的父母都离婚了。孩子回家会有那种不安全感。

美国公民有多种宗教和文化背景。不同群体之间的约会和配偶行为会有所不同，甚至在同一个群体内也是如此。这些行为经过了长时间的演变，反映了群体成员的价值观和经历体验。它们在某种程度上都是有效的。如果缺乏必要的背景去理解为什么这些行为会延续，即便不是不可能，至少也很难去客观评价自身所在群体范围以外的行为习惯。

四、家庭资源管理的相关研究

研究家庭行为与积极调查个人和家庭单位的行为是一项复杂的任务，因为家庭在参与研究时享有隐私权，并受到法律和伦理的保护。伦理学将在第五章进行讨论。对家庭信息的法律保护受到医疗机构和所有政府机构的高度支持。

家庭研究中的另一个重要概念是偏见①（bias）。对于研究者来说，他不应将自己的信念强加于研究对象，否则就很难开展家庭研究。

家庭资源管理的研究课题随着时势和新出现的问题而与时俱进。目前，许多研究都在探讨最近的经济衰退对家庭财务和购买决定的影响。在 20 世纪 70 年代的能源危机期间，大量的研究涉及汽车、电器的能源效率，以及供应链中由于运输费用而增加的商品和服务成本。

过去几十年里，重要的研究课题还包括家务和工作收入中的性别平等，以及网上购物、电子支付和电子银行业务对个人和家庭支出的影响等。住房和医疗负担太重同样是重要的研究课题。

当代关于家庭消费的研究集中在资源利用的浪费和低效上，重点是回收、再利用和减少浪费。随着全球气候变化带来的持续挑战，这类研究将仍然具有重要的科学研究意义。种族和社会经济的不平等无疑仍将成为社会研究的热点。家庭面临的问题和挑战将会不断涌现，这有助于提供新的研究机会，发展新的理论，进一步拓展现有理论。

案例作业

现在你需要完成自己所负责的案例家庭目前财务状况的梳理。在第二章案例作业中，你完成了案例家庭的资产评估，即对案例家庭迄今积累的具有货币价值的资产的估算。大多数家庭在积累资产的同时，也累积了债务或贷款。抵押贷款是以房屋价值为抵押的长期贷款。许多家庭还通过信用卡账户而非现金来购买汽车、家具，甚至日常用品和服务。

目的：

✔ 确定你的案例家庭已累积的债务额度。

① 偏见：因为选择、鼓励某种答案或结果而在抽样或测试中引入的系统性错误。

预算：

列出住房抵押贷款、汽车贷款、信用卡和其他短期消费贷款，以及教育贷款等当前债务额度。

任务：

回顾案例家庭描述中的所有信息（第一章），以确定他们在这个时间点上的实际贷款余额。利率不计算在内。在预算表的适当位置输入每项贷款余额。

报告：

报告标题必须有正确的归档信息，包括案例家庭姓名、案例编号（3）、当前日期和你的姓名。

使用案例作业 1 中的家庭信息摘要段落作为这份报告的引言。逐段对你添加在预算表中的每一个数字做出解释。最后再加一段内容讨论资产负债率，即用家庭总债务除以家庭总资产。资产负债率大于 1 被认为是非常危险的情形，因为这表明即使这家人卖掉了他们目前拥有的一切，也还不清债务。如果资产负债率≤0.6，对于大多数家庭来说属于可控范围。如果家庭成员临近退休，建议他们的资产负债率尽可能接近于 0。

按照导师的要求提交报告。

总结

要了解家庭如何管理他们的资源，需要对家庭过去和现在的行为进行专门研究，以了解并预测未来的行为。科学的过程使得研究者能够收集和分析这些信息，并应用现有理论来进行解释。家庭和资源研究依赖于多元学科的研究方法和多元学科的理论。作为一个研究领域，家庭科学将不断为多元学科的研究增加新的研究数据。

复习和讨论题

（1）为什么文化理解对家庭科学很重要？专业人员如何提高他们为不同家庭服务的能力？

（2）定性研究如何帮助我们了解家庭？

（3）现在有很多通过社会媒体发布的关于人类和家庭行为研究的报道，读者如何判断这些研究是否遵循了科学的过程？

第二部分

了解家庭需求

决策模式

第四章　需求分类

· 了解现有需求。

第五章　价值观、态度和行为：了解家庭选择

· 确定能够满足需求的备选方案。

· 评估已确定的备选方案。

· 选择并实施备选方案。

· 反思并评估已选择的备选方案。

第四章 需求分类

目标

- 认识需求和渴求之间的区别。
- 了解需求层次及其在家庭生活中的应用。
- 熟悉消费者资源交换模型（CREM）。
- 了解需求的分类和认知变化。
- 了解需求评估的目的。
- 探讨技术进步在满足人类需求方面的作用。

所有的家庭都要花大量的时间来做决定。在日常生活中，家庭需要决定在哪里定居，购买什么东西，以及如何度过闲暇时间。有些决定可能会改变人生，例如生育孩子或如何治疗危及生命的疾病。决策过程的使用对家庭很重要。做任何决定的第一步是认识现有的需求。

一、需求和渴求

“我需要一杯咖啡”或“我需要一辆新车”这样的话我们经常听到。虽然有些人可能需要喝点东西，或者他的车可能是唯一的出行工具，但咖啡或车可能不是他们真正需要的——需求（need）①，而是他们想要的——渴求（want）②。“需求”和“渴求”有什么区别？需求可以被理解为食物、水或住所等必需品。需求是生活的必需品，而渴求是你想要但不是必需的东西。

需求和渴求之间的差异可能会被我们的社会环境模糊。时间会引起需求的改变。电脑曾经一度被认为是一种奢侈品，但今天，拥有电脑设备的益处已经

---

①需求：激励有机体朝着某个目标实施行为的心理机能，它阐明了行为的缘由，赋予行为以目的性和方向。

②渴求：想要获得但非必需的东西。

让一些人把它视为必需品。事实上，现在你可能甚至都不会去想是不是可以没有电脑。居住环境也会影响人们的需求和渴求。这取决于你住在哪里以及你选择何种生活方式。例如，在像美国这样的国家，由于生活水平较高，即使是那些被认为是穷人的人也可能拥有比食物、衣服和住房等基本必需品更多的东西。食物、教育和医疗通常被视为人类的基本需求，但《联合国千年发展目标》认识到要满足这些需求，还有很长的路要走。虽然这些目标原来期望在2015年得以实现，但目前世界各地仍然存在粮食和饮用水不安全、小学阶段教育缺失以及儿童死亡率居高不下等问题。在美国这样的工业化国家，人类的许多需求被认为是理所当然的。

即使在美国国内，大家的需求可能也各不相同。住在大城市的人与住在农村的人有不同的需求。需求和渴求是由个人选择决定的。对一个人来说至关重要的东西对另一个人来说可能并不重要。我们每天都在需求和渴求之间做出选择。我们面对着上百种可能的选择，受到媒体力量的影响。需求和渴求之间的区别可能与个人的选择有关。

●案例4-1

亚伦是一名大学生，他正计划去纽约旅行。虽然他以前去过纽约，但他很期待能再去一次，并游览一些他第一次去纽约时错过的景点。他特别期待能够欣赏百老汇的演出。亚伦需要订酒店房间。

在网上搜索时，他发现有一家酒店房间每晚的价格还不到快捷酒店的20%。虽然酒店离他的目的地比较远，但几步之遥就有一个地铁站。他意识到这家酒店的位置可能不像其他地区的酒店那么安全，而且酒店的设施也不齐全。但他决定预订这个酒店的房间。亚伦需要的是在游览了一整天之后找个便宜点的地方躺下休息，而另一个人可能需要安全感，需要客房服务，或者需要其他交通工具。

（一）需求层次

马斯洛（Maslow, 1954; Maslow & Frager, 1987）认为，存在一个普遍性的

需求层次[①]（hierarchy of needs）图式（图 4–1），在这个图式中，个体在通往生活满足的道路上不断攀登。这个层次图式的最底层是直接生理需求，比如食物和住所。缺乏这些基本需求的人，会被激励去满足这些需求，然后再满足其他需求。上一个层次的需求是安全需求。这些需求也是生活的基本需求，包括摆脱恐惧、危险或资源匮乏。社会需求指与他人产生有意义关系的需求。马斯洛认为，每个人都在寻求爱和接纳。尊重需求包括自尊、地位和认可等内容，这些需求基于别人对我们的反应和我们的自我评估而实现。这些需求的满足可能对能力有所要求。马斯洛和弗雷格（Maslow & Frager, 1987）指出，尽管所有这些需求都可能得到满足，但个人仍然可能感到不满足，除非他们相信自己在尽其所能发挥潜能，即获得自我实现。尽管马斯洛认为很少有人能获得自我实现，但自我实现的需求是激励人们成为最伟大的运动员、最优秀的小说家，甚至是最优秀的父母的动力。

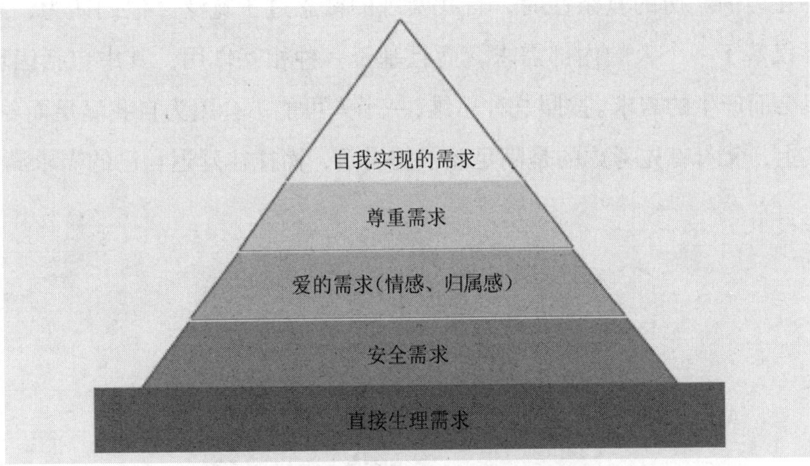

图 4–1　马斯洛的经典需求层次图式[②]

尽管马斯洛最著名的是他的需求层次理论，但他在管理方面的贡献也不应

①需求层次：马斯洛的动机理论指出，我们必须先满足较低层次的需求，如食物、住所和安全，然后才能实现较高层次的需求，如归属感、尊重和自我实现。

②来源：图 4-1, Kenrick, D. T., Griskevicius, V., Neuberg, S. L., & Schaller, M.（2010）. Renovating the Pyramid of Needs: Contemporary Extensions Built Upon Ancient Foundations. *Perspectives on Psychological* Science, 5（3）, 292–314。

该被忽视。马斯洛和他的同事（Maslow et al., 1998）认为将基本心理需求的概念应用到组织中会带来优势。

马斯洛的需求理论原则不仅适用于个人，而且也适用于组织，“（人）在社会、团队、群体、组织中获得发展——这是个人成长的合理途径，和个人的自主成长是一样的”（Maslow et al ., 1998, p.4）。此外，马斯洛认为，任何组织都包含了长期的关系、忠诚和沟通。家庭也正是这样的一个组织。家庭管理的内容就在于确定需求并满足这些需求。只有这样，家庭成员才能开始实现他们个体的潜力。与此同时，家庭成员在长期的有意义的关系中彼此关爱。

如图 4–2 所示，肯里克等人（Kenrick et al., 2010）从进化生物学、人类学和心理学的角度，围绕人类动机对马斯洛的经典需求层次图式进行了修正。对马斯洛理论的早期解释是基于两个基本原则——人存在多个独立的基本动机系统；个人和群体优先考虑这些动机。他们认为，在理解包括婚姻和养育子女等关系在内的经历的复杂性时，自我实现的概念过于宽泛。他们认为，人类的动机不仅基于一个人的内部需求，而且基于一种相互作用，其中包括因环境威胁和机会而产生的需求。按照这种思维，一个人可能不会因为自我满足而养育子女；事实上，父母首先考虑的是满足孩子的需求，而往往延迟自己的需求满足。

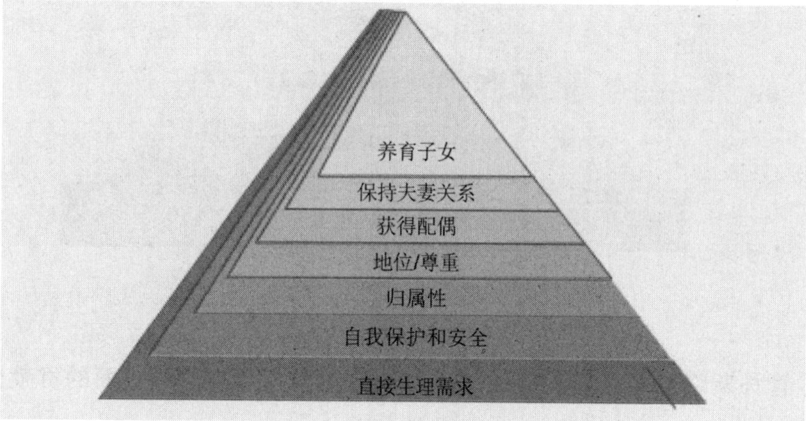

图 4–2 人类基本动机层次新图式[①]

---

①来源：图 4-2, Kenrick, D. T., Griskevicius, V., Neuberg, S. L., & Schaller, M. （2010）. Renovatingthe Pyramid of Needs: Contemporary Extensions Built Upon Ancient Foundations. *Perspectives on Psychological Science*, 5（3）, 292–314。

家庭特别重视家庭中所有成员的生育和抚养。这使得关注焦点从个人的自我满足和生存转移到群体生存。家庭成员的动力来自人类固有的需求，而不是纯粹的动物需求。人际关系在人类群体中发展，在家庭中，这些关系扩展了马斯洛经典需求层次图式顶层的内容。

对食物、空气、水和生育的直接生理需求仍然停留在修正后的金字塔图式的底层。自我保护和安全同样也是所有家庭成员最基本的本能需求。上面的三个层次有所扩展，包括了家庭的特定需求，如归属性、地位/尊重、获得配偶、保持夫妻关系和养育子女。接下来让我们联系家庭的需求层次理论展开具体论述。

▶世界博览

水的营销——将需求转化为渴求？

获得安全用水是人的最低层次的需求之一，也是健康和生命的必要条件。但世界各国确保水资源安全的能力存在很大差别。在过去的 20 年里，人们对瓶装水的依赖度越来越高。库伊和弗朗（Kooy&Furlong, 2019）从多元社会科学角度回顾了关于这一现象的研究，并得出以下结论[①]：

· 对瓶装水日益增长的依赖始于较发达的国家，但已蔓延到中低收入国家。中国的瓶装水销售额已经超过美国。人均瓶装水消费量最高的是墨西哥。

· 东南亚国家商业用水行业的市场增长潜力最大。

· 研究中，人们对瓶装水呈现出一种偏好倾向，而不是把它视为必需品，从而引发针对潜在的资源浪费和行业污染的关注。研究者们建议，在对瓶装水产品日益增长的依赖进行分析的同时，应该分析水资源安全以及发展中国家人口密集中心城市中水的供应保障等问题。

库伊和弗朗还鼓励研究者在这一背景下进一步研究消费者的决策心理。他们认为，对经过处理后上市销售的水的日益依赖揭示了一场政治运动，这场政治运动最终会影响全世界人民，使那些能获得安全用水的人和不能获得安全用水的人之间的差距日益扩大。

① 来源：Kooy, M., & Furlong, K.（2019）. Explanations and implications of bottled water trends across disciplines: Politics, piped water and consumer preferences. *WIREs Water*。

（二）需求层次理论之于家庭的应用

每个家庭都有需求。正如个人的需求因为个人意愿不同而不同，家庭的需求也因家庭而异。有些事情对一个家庭来说很重要，但可能对另一个家庭却是最不重要的。不过，马斯洛经典需求层次图式中的最低层次需求——直接生理需求[①]（physiological needs），不能被忽视。

●案例 4-2

艾米丽是单亲妈妈。她努力想改善自己和三个孩子的处境。虽然艾米丽有一份不错的工作，但连房租都快付不上了。最近，她的房东告诉她，如果她再不付房租，就要把她全家赶出去。家里还总是会时不时地断粮。艾米丽对某种违禁品上瘾，她把对违禁品的需求排在优先于家庭基本需求的位置上，因此家庭的直接生理需求得不到满足。根据马斯洛的观点，这些基本需求得不到满足，家庭就无法满足更高层次的需求，比如安全或社会需求等。除非需求的优先性有所调整，要不然艾米丽的孩子们可能会做出去商店行窃的危险行为来满足他们的食物需求。

当家庭力图保护成员免遭危险或者帮助成员克服对危险的恐惧时，安全需求[②]（safety needs）获得了满足。家长会采取必要措施，如搭建围栏、安装安全系统、孩子坐车时给他们使用安全座椅等来确保孩子的安全。

●案例 4-3

马克和黛比是一对20岁出头的年轻夫妇，住在城市里。虽然他们对公寓的条件不太满意，但这是为数不多的他们能负担得起的住所，而且离他们工作的地方很近，上班走路就可以到。但是，搬进来不久，他们就遭遇了几起入室盗窃。

黛比一个人在家时总是很惶恐，如果她知道马克会晚回家，就会工作到很晚才回去。在家的时候，他们也不和朋友们出去玩，因为不想再招来盗贼。最后，马克和黛比决定搬到一个安全系数高一点的地方。尽管这意味着更高的花费，但他们认为安全感的需求比起其他可有可无的东西更重要。

---

① 直接生理需求：一个人最基本的需求，包括食物、住所和衣物等。

② 安全需求：包括生理安全、心理安全、家庭安全、健康安全、个人财产安全等。

理想情况下，家庭能够满足其成员的社会需求①（social needs）。马斯洛认为，当一个人拥有有意义的关系时，社会需求就得到了满足。有归属感的家庭成员创造了一种爱和接纳的氛围，满足了家庭成员的社会需求。

●案例 4-4

马特和珍妮已经结婚 18 年了。他们各自都从事着很光鲜的职业，但他们发现很难找到时间陪伴他们的女儿安吉拉。珍妮总是想着要让安吉拉拥有最好的一切，给安吉拉创造她的同伴没有的机会。每年夏天，安吉拉会参加最好的夏令营，她的小提琴老师是当地最好的老师。安吉拉知道自己的生活很优越，但她渴望拥有她最好的朋友和她朋友的父母，尤其是她最好的朋友和父亲之间的那种亲子关系。安吉拉 16 岁时，她的父母得知她怀孕了。由于安吉拉对爱和接纳的需求没有得到满足，她开始转向别处寻找。

尊重需求②（esteem needs）指那些能够激励家庭成员在所处环境中成为最好的自己的需求。就个人而言，家庭成员寻求自尊，但作为一个家庭，他们寻求的是社会地位和社会认可。

●案例 4-5

凯恩和贝丝想要一个大家庭。他们结婚没多久就开始讨论并计划要孩子。在他们结婚 10 周年的时候，他们的第五个孩子就要出生了。贝丝知道不是每个人都赞成他们要这么多小孩，包括她的母亲。她母亲会说："你怎么养活这么多孩子？"当她们全家参加社区活动或她帮孩子们购买学校用品时，贝丝总能听到有人窃窃私语。凯恩注意到别人邀请他们家庭参加聚会的情况越来越少。因此，凯恩和贝丝决定抑制他们想要更多孩子的渴望。他们希望获得外界认可的需求大于对大家庭的需求。

---

① 社会需求：与他人互动相关的需求，包括对朋友的需求、对归属感的需求、对给予和接受爱的需求。

② 尊重需求：受到他人尊重、自尊、尊重他人的需求。

马斯洛认为个人通过发挥自己的潜力能获得自我实现①（self-actualization），而家庭也会从中受益。那些不断前进并实现自己潜能的家庭成员能够帮助其他家庭成员成为最好的自己。

●案例 4-6

看一下奈德和尼克两兄弟的生活。奈德高中毕业后考入了大学，但他似乎找不到方向，很快就辍学了，当了一名助理水管工，随后因为觉得工作时间太长，工作太辛苦，很快又辞职了。他仍然和父母住在一起，有时失业几个月，不停地换工作。尼克高中毕业后的规划与奈德的规划很不一样。在咨询了老师后，尼克确定了物理治疗方面的职业目标。早在高中的时候，他就开始学习相关课程，为自己的未来职业做准备。不幸的是，奈德和尼克的父母在尼克大四时死于一场车祸。尼克安排好一切并处理好父母的财产，亲戚们对此并不感到惊讶。相反，奈德却似乎失去了前进的动力。奈德的生理需求、安全需求、社交需求和尊重需求都因为父母的去世而无法得到满足。在这些需求得到满足之前，奈德成功的潜力将十分有限。

（三）消费者资源交换模型

另一个有助于理解家庭资源管理的模型是消费者资源交换模型（CREM）。布里斯托和摩温（Bristow & Mowen, 1998）基于早期的人类需求研究创建了一个基于消费者管理资源以满足其需求的概念的模型。在发展 CREM 模型的过程中，他们提出了四个基本假设，并从理论上进行了论证。假设如下：

> 假设 1：消费者试图管理能够使他们在所处环境中更有效发挥作用的资源。这些资源包括物质、社会、信息和财务等。
>
> 假设 2：消费者对四种资源类型的重视程度存在个体差异。
>
> 假设 3：这些资源是一个相互关联或相互依赖的系统的组成部分；每种资源都需要支持，并且依赖于其他资源。
>
> 假设 4：人们在有限的时空里实施行为。时间不属于消费者资源。

---

① 自我实现：一种驱动生命的力量，它能够促使一个人最大化地发挥能力，并决定一个人的人生道路。

物质资源需求指那些维系生命的需求，如锻炼和良好的营养。社会资源需求包括一个人的人际关系和互动，也包括群体归属的需求。财务资源需求主要是钱财，这种需求通过金钱或财物获得满足。信息资源需求是驱使一个人去满足求知欲的需求，即想对人对事有所了解的需求。布里斯托和摩温（Bristow & Mowen, 1998）指出，这些资源可能并不全面。例如，对精神联系的需求可能是某人的额外需求。他们还认识到人们会试图操纵资源来满足他们的需求。最后，他们指出个人对每种资源的重视程度并不相等。

下面的例子可以说明 CREM 模型在解释一个家庭满足需求方式方面的适用性。

●案例 4-7

彼得森夫妇正准备再次去国外度假。虽然家庭并不富裕，但杰克和莎伦觉得这样的经历对他们的家庭，尤其是孩子们来说很有意义。他们为这次旅行计划了好几个星期。莎伦通过 ATM 机和信用卡操作，确保他们拥有所需要的钱，并在银行预订了欧元兑换。杰克仔细地规划了行程，做了大量的功课，并在网上选定了周边餐馆多的酒店。他还查阅了几本旅游指南，以清楚他们在国外期间当地有哪些节日活动（假设 1）。彼得森夫妇知道许多家庭并不像他们那样重视旅游。家里不安装有线电视，控制外出就餐的次数，使得他们有更多的资源去旅行。杰克和莎伦认真地征求每个家庭成员对国外度假安排的意见（假设 2）。他们渴望去观赏新的风景，体验新奇的食物和不同的文化，拓宽自己对世界的认识（假设 3）。他们只担心在开始新的旅途时，每天的时间都不够用（假设 4）。

（四）需求的分类

满足需求的层次和原因都因人而异。不是所有的家庭都有同样的需求，也不是所有的家庭都会以同样的方式满足需求。例如，一个住在得克萨斯州西部农场的家庭和住在洛杉矶市中心的家庭的需求不可能相同。在最低层次上，需求具有至关重要的意义。托默尔（Tomer, 2001）将较低层次的需求描述为渴望或奋斗，而较高层次的需求可以描述为抱负。家庭的需求可以分为下述几类。

1. 经济需求

当然，所有家庭都有经济需求，可以通过获得充足资源而得到满足。有足够的钱购买基本必需品是维系家庭幸福的重要保障。家庭收入可能来自多种渠道，如工作，但也可能来自赠与或继承。成功的收入管理是满足经济需求的一个因素。

2. 生理需求

生理需求是指基本的生理需要，如营养和医疗。在马斯洛经典需求层次图式中，生理需求中的初级生理需要是最基本的层次，它在发展的早期得到满足，但其他的生理需求可能会在后期出现，如性满足（Kenrick et al., 2010）。家庭需要能够为成员提供足够的食物，并保证家庭成员在患病时得到治疗。个人对健康的看法可能因其期望的生活质量而有所不同。

3. 心理需求

心理需求包括自尊、自主和能力等内在需求。欧文和艾克顿（Irvin & Acton, 1996）在对家庭护理员的研究中发现，基本需求满足与高层次的自尊直接相关。蒂默曼和艾克顿（Timmerman & Acton, 2001）后来对这一观点做了补充，他们发现基本需求满意度较高的人能更好地应对压力，从而产生更健康的行为。许多研究探讨了心理需求满足与幸福感之间的关系（Milyavskaya & Koestner, 2011），结果表明那些心理需求得到满足的人对自己的人际关系的满意度更高（Patrick et al., 2007），更有可能对他们居住的地方感到满意，并有强烈的社区意识（Molix & Nichols, 2013）。

4. 社会需求

一个家庭的社会需求反映了他们在社会中的相关性或归属关系。有些家庭很难认识到他们的这种需求，可能会花大量的时间帮助对方处理由于他们无法满足需求而造成的情况。其他家庭能够在短时间内确定需求并满足这些需求。一个酗酒的家庭成员把薪水都用在自己的不良习惯上，虽然他可能需要专业人士来帮助他戒酒，但他的家人可能只关注家庭需要赚更多的钱。

5. 需求满足度的评估

并不是所有人都有评估需求是否得到满足的能力。多亚尔和高夫（Doyal & Gough, 1991）认为，很难对需求满意度做出评估。他们指出，虽然政府有一些指标可以表明国家经济的稳健状况——例如国民生产总值（GNP），但这些指标没有考虑人的行为，因此可能不足以评估人们是否感到自己的需求得到满足。此外，人们的基本需求是否得到满足可能比较容易评估，但是，问题在于“中级”需求。每个人都需要吃的和穿的，但在发达的社会中，还有第二层次的目标或需求。以下是一些“中级”需求：

· 营养的食品和清洁的水
· 安全的住房
· 安全的工作环境
· 适当的医疗
· 经济安全
· 生育安全
· 童年的安全感

●案例 4-8

克里斯被公司派到了巴基斯坦工作。公司承诺加薪，给他提供包括住房在内的额外福利。当他和家人看到公司安排的公寓时，他感到很失望。虽然它提供了住所、安全感和归属感等基本需求，但他和他的家人还有其他期望。他的两个孩子——艾莉森和雅各布习惯了有自己的房间，但这间公寓只有两间卧室。这栋房子靠近一家工厂，所以每天家里的家具都会蒙上一层细小的白灰。此外，公寓面对着一条24小时交通嘈杂的主干道。这个家庭的“中级”需求在这种情况下没有得到满足。如果公司意识到克里斯和他家人的需求，应该会安排其他住所。

评估生活质量可能是评估需求是否得到满足的另一种方法。科弗代尔和同事（Coverdill et al., 2011）认为，虽然收入水平和教育程度等客观指标很容易评估，但研究文献中有三个共识有助于确立生活质量的主观评估指标，如幸福感或对生活的满意度。第一，研究者们一致认为有多种方法来评估生活质量。第二，生活质量取决于个人对所处境况的评估，人们一般都能准确地评估自己的生活质量。第三，生活质量取决于环境，而且是不断变化的。

就个人而言，人们可以从社会学的角度使用相对剥夺[①]（relative deprivation）的测量方法来评估他们的需求是否得到了满足。将你所拥有的和别人所拥有的进行比较是衡量你的社会地位的一种方法。当一个人认为自己被剥夺了那些社会认为是必要的东西时，可能会激发某种行为。相对剥夺可以成为积极改进的动力，也可能导致一些人认为想要得到的东西是自己应得的，从而产生超支消费或偷窃行为。

二、需求认知的变化

家庭中的个人看待其需求的方式往往随着时间的推移而变化。家庭的需求可能会因环境、个性、经济状况、科技、文化、寿命和性别差异发生变化。

（一）环境

环境[②]（circumstance）往往会改变人们对家庭需求的认知。家庭面临的许多情况会改变他们的需求。有些情况可能导致需求的短期改变，而在有些情况下，人们意识到他们的需求变化是永久性的。例如，一个患有水痘的孩子可能会导致一个家庭不得不在短时间内改变其日程安排和睡眠习惯；而某种使人虚弱的疾病，如导致永久性残疾的中风，则会导致这个家庭的无限期改变。诸如疾病、残疾、死亡和自然灾害等情况都对家庭的需求产生影响。虽然在危急情况下，金钱资源似乎很重要，但研究表明，那些家里有重病人员需要照料的家庭最迫切的需求是获取信息咨询和获得令他们心安的保证（Bond et al., 2003;Ward,2001）。

社会变化也要求家庭需求做出改变。在 20 世纪 30 年代的美国经济大萧条时期，家庭对基本生存的需求大于其他需求。这个时期的高失业率、干旱和不稳定的货币体系等因素导致许多家庭对需求产生了新的看法（见以下邮件）。

---

① 相对剥夺：缺乏维持社会预期地位或消费所需的资源。

② 环境：彼此相依相存、相互影响的情形、事实或事件。

来自埃莉诺·罗斯福邮箱的邮件[①]

在20世纪30年代的美国经济大萧条时期，第一夫人埃莉诺·罗斯福在她执政的第一年就收到了30多万封邮件。许多信件恳求政府救济失业、贫穷和无家可归的人。许多信是孩子们寄来的。虽然大多数孩子不知道父母的经济状况，但这些孩子完全清楚他们和父母生活困难。从下面的信件里我们可以得知这些孩子的需求，跟今天的孩子可能会有的“需求”完全不同。

得克萨斯州罗威尔市

1934年9月6日

亲爱的朋友：

我想你不知道我是谁。我是一个没有母亲、必须努力工作才能得到想要的一切的16岁女孩。除了爸爸，我还有一个哥哥和一个妹妹。我们打塞工维持生计，但没有太多的事情可做。冬天，如果有碎布，我会用碎布拼接成被子。今年冬天，我们尽量不领救济，把能存下的每一分钱都用来购买食物、杂货。不说衣服是否够穿，我们甚至没有足够的家具。我们没有床架，没有炉子，也没有橱柜。一些邻居让我们借用他们的炉子、橱柜和一个床架。我想你可能有一些旧衣服、外套和鞋子，或者其他任何衣物都可以寄给我们。我读了很多关于你的善举，我知道如果你有，你会寄给我们的。我想寄些邮资过来，但现在还凑不出来。

致亲爱的朋友D.H.小姐

---

① 来源：*From Dear Mrs. Roosevelt: Letters From Children of the Great Depression* by Robert Cohen. Copyright © 2002 by the University of North Carolina Press. Used by permission of the publisher。

南达科他州盖羡堡市

1934 年 1 月 8 日

亲爱的罗斯福夫人：

这是一个年轻的女孩从被上帝遗忘的乡下给您写的信。1 月 16 日是我的 16 岁生日。我们穷得都吃不饱肚子。我有两个姐妹、一个兄弟和一位父亲。母亲已经去世 5 年多了。她死于一起火车相撞事故。我得料理家务。我们已经 8 年没有收成了。两周内我们买了 1/4 罐奶油，现在只剩下 10 美分，什么都买不了。没有鸡蛋了。请您寄点钱给我们买些必需品，好吗？我想您会收到很多这样的信，但如果您能寄来一点，我会从心底感激您。

永远是你的朋友。

1934 年 2 月，伊利诺伊州一名八年级学生 L.B. 给埃莉诺·罗斯福写的信

我有一个弟弟，他和我同一个年级。我妈妈想让我俩都去上学，长大后能有出息。但她负担不起我们俩的入学费用。我弟弟是家里最小的，所以他很幸运。他即将去上学，而我将不得不待在家里。我不愿意去想这事。我想去上学。我不想像有些人那样去学校只是为了混日子，我想去学习……也许您会帮助一个不想退学的女孩……如果您能帮助我，您将是我最爱的人。对我来说，读书是世上最重要的事。

在战争时期，美国出台了定量配给[①]（rationing）政策，这也迫使许多家庭重新评估需求。

在第二次世界大战期间，人们建设社区“胜利菜园”，并被鼓励收集和储存橡胶、纸张、锡罐、牙膏管等物资，以及糖、咖啡等商品。司机每周只能加 3 加仑的汽油，导致了拼车或“汽车俱乐部”等的产生（Rauber, 2003, p. 32）。

再近一些，始于 2020 年的新冠疫情迫使家庭重新评估自己的实际需求，并利用创造力和技术来满足这些需求。为了保护脆弱人群的健康，人们必须做出牺牲，包括佩戴口罩和保持社交距离。与这场公共危机相关的长期变化

① 定量配给：对资源和稀缺商品或服务的控制性发放。

可能是，食品、杂货等产品对“送货上门”服务的依赖日益增加。后院菜园和家庭办公室的激增表明战争的影响和现代流行病的影响具有共通之处。

（二）个性

个性[①]（personality）差异对需求认知有一定影响。个性评估会产生封闭性需求或结构性需求的差异（Stalder, 2007），前者指内向者避免交流的需求（Opt & Loffrendo, 2000），后者指冒险者对多样性、变化和刺激的需求（Olsen et al., 2015; Zuckerman,2000）。个人的渴求、动机和行为随着一个人的成长和发展相互交汇，从而影响对人具有重要意义的东西。例如，一个人在青少年时期经历的同伴压力会影响他成年后的行为和动机。

●案例 4-9

桑迪生长在一个价值观保守的家庭。家人不允许她穿她朋友们穿的流行服饰。当她成年后，对她来说，重要的是她的女儿有最新颖、最时尚的衣服，以帮助她融入她的同龄群体。

（三）经济地位

一个家庭的社会经济地位[②]（socioeconomic status/SES）将对其需求以及满足这些需求的方式产生影响。拥有资源的家庭基于感知的需求所做出的选择不同于勉强生存的家庭所做出的选择。良好的教育、医疗保健、住房和休闲设施等资源有助于提供更好的贯穿一生的有价值的人生机会。加桑那（Gasana, 2009）指出，消费者的购买习惯不是基于他们的收入，而是会受到社会经济地位相似人群的影响。

对于经济困难的家庭，医疗保健、舒适住房和健康食品等基本需求可能无法得到满足。经济困难往往阻碍医疗和社会服务（Kurtz Landy et al., 2008）等资源的获取。对于一些低收入家庭来说，他们甚至都无法保障孩子能接受教育。

---

① 个性：一个人具有的呈现一致性的情感、思想和行为模式。

② 社会经济地位：在社会或文化中基于社会地位和金钱优势的个人或群体之间的等级差别。

爱德华兹和他的同事（Edwards et al., 2009）在报告中说，来自经济困难家庭的孩子在准备入学方面困难较大。教育需求对帮助家庭摆脱贫困非常重要。充分教育的需求对个人和他的家庭，以及对整个国家都很重要。

源自社会经济地位的一个重要概念是生活方式[①]（lifestyle）。生活方式是处于相似环境的一群人的整体反映，包括炫耀性消费概念（第三章）所涵盖的偏好和期望。判断家庭是否具有相似的社会经济地位的依据在于这些家庭所能接受的最低生活标准。例如，到当地地标或公园游玩可能会被某些家庭认为是可以接受的。高收入家庭可能认为出行都要乘坐飞机，要尽兴而归才算得上正常的出行。家庭服务人员必须认识到这些地位层次方面的差别。

●案例 4-10

阿什廷正在帮助一个家庭解决他们的经济困难，建立一个可持续的家庭预算是成功的关键。她认为，在外形管理方面的支出——美甲、昂贵的服装和水疗护肤是这个家庭每月开支中需要关注的一项内容。这些开销不是她生活方式的组成部分，所以她的第一反应是分享她对这些行为的感受。如果她坚持大幅削减这些开支，并认为这些开支太无聊或负担不起，她就有侮辱客户的风险。他们的回应可能是要么终止咨询，要么无视阿什廷所提出的预算调整建议，使用信用卡继续在该领域消费。如果阿什廷能够适度、循序渐进地提出关于缩减这块预算的建议，她会更容易成功。承认此类开支存在于这个家庭的生活方式中是可以理解的，且不将这些行为视为轻率的行为，会让该家庭大大认可阿什廷的业务能力，也会有更好的机会让家庭执行预算调整方案。

与来自其他社会经济阶层的人打交道需要策略以及对其他文化信仰的了解。第一章中世界观的概念对于认识不同个体面对相同的处境会做出不同的决定是非常有用的。假设我们的个人经验和信仰优于他人，结果会导致我们失去他人的尊重，造成误解。

---

① 生活方式：个人、团体的典型生活方式。

（四）技术

今天，技术在满足家庭需求方面发挥的作用也许比历史上任何时候都要重要。技术以各种方式融入了我们的生活。我们所看到的以及所做的一切无不涉及技术——从媒体、商品的生产消费、工作场所到生育以及我们的物质生活。

如果不想被数字鸿沟[①]（digital divide）吞没，家庭需要与时俱进，及时掌握新兴技术。这类家庭的互联网使用率是那些不热衷于技术家庭的三倍。互联网使用率较低的往往是那些失业、无家可归、健康状况较差，甚至情况更加糟糕的家庭（Shneiderman, 2010）。

（五）文化

文化差异揭示具有不同优先次序和结构的家庭内部需求的差异。满足美国所有种族和民族群体的需求是一项巨大的挑战。例如，归属感需求在不同的文化中有不同的内涵。有些文化非常强调公民责任，而另一些文化则更强调家庭责任。

多亚尔和高夫（Doyal & Gough, 1991）提出了任何社会中满足需求所必须具备的四个先决条件：生产、繁衍、文化传播和权威。生产[②]（production）是获得满足衣食等基本需求的必需品的必要条件。为了得以延续，所有社会都必须繁衍。此外，繁衍[③]（reproduction）还包括照顾幼儿、帮助其实现社会化。另一个先决条件涉及通过人与人之间的交流传递文化规范、规则和价值观的能力。生产和繁衍涉及物质环境，而文化传播[④]（cultural transmission）则涉及使文化群体朝着某一方向前进必需的人类行为。权威[⑤]（authority）确保文化规则的执行。

很难确定所有群体或文化的共同需求。各个文化对基本需求的判断标准并不是统一的。美国人可能视汽车为基本需求，但在第三世界国家，汽车属于奢侈品或渴求的范畴。此外，需求满足者的范围差异很大。食物、服饰和传统等

---

① 数字鸿沟：能够获得并有效利用信息技术与不能获得并有效利用信息技术的人和社区之间的差距。

② 生产：物品的制作或创造；制造产品用以出售的过程。

③ 繁衍：创造和抚育下一代的行为。

④ 文化传播：文化如何通过学习代代相传。

⑤ 权威：做出决定并强制服从的权力。

差异加剧了不同文化需求满足方式的差异。

●**案例 4-11**

唐娜是一家大型医院的注册营养师；她的职责就是满足医院病人的营养需求。她的一个病人被诊断患有贫血。在探望病人时，唐娜发现病人的宗教信仰不允许他进食任何肉类，但是病人需要完全蛋白质来恢复体力和红细胞，于是唐娜帮助他设计了一套饮食方案，通过不完全蛋白质食物，如豆类、坚果等，来满足他的需求，同时不违背宗教信仰。虽然患者本国的食物可以满足他的饮食需求，但一旦他搬到美国，他就无法再获得所需的全部营养。

文化差异也可能涉及文化设定的标准。美国的标准可能与其他国家不同。例如，职业安全与健康管理局（OSHA）规定了确保安全和健康工作场所的最低标准。教育、儿童托管、建筑和其他影响家庭的领域也制定了相关标准。有些标准是由世界组织制定的，例如1989年联合国大会通过的《儿童权利公约》。

文化仪式[①]（cultural ritual）是造成人们需求感知不同的另一个方面。人们对家庭仪式的重视程度有很大的差异。一个家庭可能认为葬礼是一种具有高度优先性的仪式，可能会把很多资源分配给葬礼。另一个家庭则认为，与他们的其他义务相比，埋葬他们所爱的人是次要的。有些文化高度重视某些仪式。在西班牙文化中，quinceañera是女孩15岁生日的庆祝活动。这是一个特殊的生日，因为它意味着女孩长大成人了。全世界的拉美裔女孩都会隆重庆祝她们的15岁生日。尽管有些家庭可能经济并不宽裕，但这个仪式不容忽视，因而他们会将大量的资源投入庆祝活动中。

（六）寿命

每个家庭都会经历从夫妻两人到完整的家庭再到夫妻两人的轨迹变化，而在这个过程中家庭成员的整个寿命[②]（life span）周期的变化也会给家庭带来变化。每一个阶段都表明他们的需求发生了变化。

---

① 文化仪式：通过保存文化身份和遗产来团结某个特定群体的做法。

② 寿命：一个人生活的时期或时间长度。

婴儿有他们的交流方式，会让我们知道他们有需求。父母通常能够分辨婴儿不同的哭声，因为这是他们唯一的交流方式。婴儿还有与他们的看护者建立联系或依附关系的需求，这通常会让他们对看护者建立信任，而这份信任感会追随他们一生。布雷泽尔顿和格林斯潘（Brazelton &Greenspan, 2000）认为婴儿需要与人建立爱的关系，这种关系可以给予他们鼓励，促进相互交流，可以为他们的情感和智力发展提供一个刺激性环境。随着孩子的成长，他们仍然需要身体发育、语言接触和在家庭中产生归属感。大一点的孩子需要鼓励以促使他们获得成就感、遵守规则，以及学习如何与他人相处。

当孩子进入青春期时，他们会有新的需求。赫施（Hersch, 1998）将青春期文化描述为一个独立的群体："他不只是一群同龄人，而是孤立地成为一个社会，拥有自己的价值观、伦理、规则、世界观、成长仪式、担忧、欢乐和动力。"这种社会依赖性所产生的需求可能是其他任何年龄组所不会具有的。此外，青春期孩子的许多危险行为，如用药物和饮酒、危险的性行为和不良的饮食习惯等，对保健需求提出了不同的要求。

成年人的需求也会发生变化。根据莱文森（Levinson, 1978, 1990）的研究，男性和女性在进入成年期时都有一系列的转变。每个转变都代表着变化，包括与父母分离、建立有意义的关系、发展控制自己生活的能力等。

●案例 4-12

辛迪正在度过她远离家人的第一个假期。研究生毕业后，她在离家几百英里的地方找了份工作。因为预算有限，而且假期时间不长，所以她不能回家。辛迪的妈妈知道这个假期对辛迪来说会很艰难，所以她决定给女儿寄几个爱心包裹。尽管这些包裹都很合辛迪的心意，但辛迪意识到她的需求正在改变。她怀念的不是母亲的礼物或饼干，而是和她爱的人在一起的时光。在接下来的几个星期里，她邀请她的新朋友和同事一起欢度假期。

随着成年人年龄的增长，他们的需求通常会回归生理需求。老年人的日常生活需要更多的帮助，这些需求可能促使他们使用辅助生活设施、选择更容易消化的食物、购买容易穿脱的衣服等。潘迪亚和科尔曼（Pandya & Coleman,

2000）研究发现，四分之一的美国家庭有年迈的家庭成员需要照顾。

除了物质需求外，梅里安姆等人（Merriam et al.,2007）指出我们当前社会对老年人提出了学习的需求。他们认为，成年人需要了解人口统计数据变化、全球经济以及信息和技术的相关信息。由于现在的成年人相比以前的人更长寿、生活更积极，他们必须保持独立、具备相应的能力、能够与世界不脱节；这些都是人类的基本需求，尤其是随着年龄的增长会更加凸显。

（七）性别差异

尽管家庭的基本需求对男性和女性都有影响，但男性和女性有不同的需求。两性的生理差别导致他们卫生保健需求的差异。德洛丽（DeLorey, 2003）指出，“虽然女性比男性活得长，但她们更有可能遭受长期活动受限和慢性疾病的困扰，如骨质疏松症、关节炎或偏头痛”。虽然男性易受到心脏病、中风、高血压等与压力相关的疾病的困扰，但越来越多的保健专业人员开始认识到女性也可能患上这些疾病。

男女之间的个性差异也会影响他们的需求。巴肯（Bakan, 1966）提出了描述这些差异的两组特征。公共特征[①]（communal traits）更常见于女性，与形成、维持和他人的社会关系有关，因此，女性更需要陪伴和社会联系。主体性特征[②]（agentic traits）更多地与男性有关，侧重于独立、控制和完成任务，这表明男性更需要自立和自我激励。

●案例 4-13

新婚夫妇吉姆和珍妮特刚买了他们的第一套房子。虽然他们对房子的结构和平面图很满意，但他们计划做一些重大的改造。他们开始制订周末计划，朋友和家人会来帮他们拆除旧的装饰板材。吉姆期待着房子的修缮工作取得进展，而珍妮特则期待着与朋友和家人共度时光。他们对房屋修缮工作日的需求是不同的。

---

① 公共特征：与形成、维持和他人的社会关系有关的特征，更常见于女性。

② 主体性特征：专注于独立、控制和完成任务的特征，更多地与男性相关。

▶现实思考

孩子需要手机吗?

在信息和通信时代，随着我们更多地了解这个世界以及它所提供的新闻、广告、电影和技术等，家庭的需求也呈现扩大化趋势。手机是必需品还是奢侈品？今天，很难想象我们的生活中没有手机。成年人认识到他们的日常生活离不开手机，但父母必须决定孩子是否需要手机，以及在什么年龄需要手机。许多父母不能以自己的父母为榜样学习如何处理这类问题，因为这在他们的父母及前几辈人那儿根本不是问题。以下是一些关于为什么孩子们需要手机或为什么不需要手机的争论。

孩子需要手机的理由：

（1）与父母联系：手机是让孩子与父母在日常和紧急情况下可以持续沟通的工具。有些手机可以让父母使用 GPS 实时追踪孩子的位置。

（2）与朋友联系：手机可以让孩子与他们的朋友保持联系，进行社交，一起完成作业，制订活动计划。

（3）责任心的培养：拥有手机可以培养孩子的责任心，让他们知道自己有责任维护手机，并在有使用时间限制或其他因素需要考虑时遵守手机的使用计划。

（4）增强独立性：手机让孩子们拥有更多的远离父母的自由，同时增加了安全系数。

不应该有手机的理由：

（1）易受伤害：上网增加了孩子成为攻击目标的可能性。手机也会让人分心，从而导致事故或伤害。

（2）与朋友联系：与朋友不限时间地联系可能并不合适，特别是在没有监督的情况下。

（3）接触负面影响：智能手机可以上网，当孩子离开父母时，其上网行为无法受到监督。

（4）昂贵：手机很贵，会增加家庭的额外支出。

（5）健康问题：有证据表明，大量使用手机可能导致健康问题。

最后，家长可能会认为给孩子配备手机利大于弊，对于潜在的问题有一些解决方案可供参考。比如，父母可以考虑预付套餐，限制手机的某些功能；也可以限制孩子玩手机的时间。父母还应该与孩子讨论使用手机时应避免的风险。

三、需求评估

虽然准确和及时的调查报告为我们提供了关于个人和家庭的人口资料，但并不能告诉我们这些人口的真正需求。决策者和人力服务提供者经常进行需求评估，以确定他们服务对象的需求。需求评估是重要的沟通工具。索里亚诺（Soriano, 2013）认为，需求评估的结果不仅对认识需求、判断需求是否得到满足很重要，而且对未来资源分配的决策也很重要。需求评估应该具有人口代表性和当前性，并能被用来满足目标人群的需求。

具有人口代表性的需求评估能够提供关于服务对象的准确信息，包括文化、种族、家庭结构、年龄、教育、就业、健康等方面的信息。

需求评估还必须具有实时性。当人们的需求发生迅速变化时，参考几年前做的需求评估是不合适的。重要的需求可以在短时间内变得至关重要。今天被认为重要的东西也有可能明天就不再重要了。

●案例 4-14

几年前，社区 × 对低收入家庭进行了需求评估，明确了他们的需求：更好的工作、更高的工资和更多的家庭福利。于是，社区领导开始寻找愿意搬迁到他们社区的制造商。不久，一家牛肉加工厂就在市区外围建立了工厂。一年之后，工厂无法有效安排员工班次，不到三年，工厂关闭了。后来，人们发现，对许多潜在工人来说，一个主要问题是缺乏往返工厂的交通工具。在初步评估和解决方案出台之后，社区未能评估其他需求，因而导致社区的需求没有得到最终的满足。

需求评估应该能被用来满足目标人群的需求。为了实现这一目的，评估必须包括对问题、可行性障碍以及谁对结果负责等问题的清晰认识。此外，即使最后基于评估制定了新的政策，也应该对这些变化可能带来的影响有良好的预判。认识并满足个人和家庭的需求并不是一件简单的事，需要基于对个人和家庭需求的准确定义。

▶前沿动态

家庭安全系统[①]

虽然入室盗窃的实际数量在过去20年的大部分时间里呈现下降趋势，但家庭安全系统的安装数量在过去几年里大幅增加。报道中列出了安装家庭安全系统的五大好处：

（1）防止盗窃、非法闯入、火灾等事件。

（2）吓退窃贼。

（3）在家或远程监控时可以安心。

（4）可用于调节照明和恒温设备，方便又节能。

（5）许多保险公司可以提供家庭保险费率优惠（从优惠5%升至优惠20%）。

推动家庭安全系统使用率增加的一个因素是便捷性。随着手机和其他电子设备的不断发展，监控摄像头和交互通信设备的价格下降以及产品的简便性吸引了更多的用户。当一切可以自行掌控时，用户可能不再需要向安保公司支付安保费用。

家庭的安全和保障处于马斯洛经典需求层次图式中的基本层级。但这种对自我监控安全系统的日益依赖并非全然无忧。通过Wi-Fi传输影像可能会让用户受到网络黑客的攻击。当系统“知道”你什么时候在家、什么时候不在家时，隐私可能也会是一个问题，因为这些数据可能被公司和专业窃贼挖掘和利用。

四、个人需求与社会需求

满足个人或家庭的需求并不意味着社会的需求得到了满足。正如我们在本章所讨论的，满足人类需求必须结合社会经济和技术进步。美国公司操纵消费者，使他们相信自己需要广告销售的产品。20世纪初出现的计划淘汰[②]（planned

---

① 来源：*U.S.News and World Report.*（2020，October 22）.Why get a home security system。

② 计划淘汰：制造商有意识地决定生产一种在规定时间内将过时或无法使用的消费品。

obsolescence）或人工淘汰[①]（artificial obsolescence）的现象缓解了人们对产品饱和会导致经济增长放缓的担忧。20 世纪 20 年代，汽车工业面临危机，根据当时最准确的估测，到 1926 年，每个买得起车的人都会拥有一辆车，因此销量会下降。通用汽车公司总裁阿尔弗雷德·P. 斯隆提出汽车行业可以通过制造消费者对过去车型的不满来刺激需求（Marling, 1994）。1934 年，汽车工程师协会在演讲中不断鼓吹汽车的寿命应该是有限的（Beder, 1998），这引起了人们对制造商提供高质量产品的责任的伦理性思考。

人工淘汰也为消费者创造了新的需求。时装业就是一个很好的例子。每一季，“新的”风格和色系都会取代上一季的风格和色系。对变化的需求产生了购买最新时尚产品的需求。即使是复古风格的产品，也有一些表面的变化，从而刺激消费者购买。

计划淘汰涉及伦理问题，满足人类的需求还涉及保护地球自然资源的诉求。“一次性”社会的后果将影响我们的世界。世界环境与发展委员会将可持续发展[②]（sustainable development）定义为“满足当代人的需求而同时不损害后代人满足其需求的能力”（WCED, 1987, p. 43）。仅仅谈论一个家庭对食物的需求并不能确保这个家庭的未来是光明的。社会需要以公平的价格销售粮食，保证食品安全，确保用来种植粮食的土壤不会被耗尽，这些对于家庭的未来同样至关重要。

在考虑个人和家庭需求时，重要的是要着眼于大局。社会需求影响家庭决策过程，并让其扩展。在任何解决问题的过程中，提出问题，从而理解决策如何影响我们以外的人是十分重要的。我们需要思考是否有必要改善我们的生活。西格尔（Siegel, 2006）认为，我们的社会可能已经达到了人类需求的极限。他认为我们已经从消费必需品转向了消费奢侈品。当持续增长对社会和环境都不利的时候，这种消费主义就会产生问题。尽管他的观点被认为是有争议的，但伊里奇（Illich, 1978）在 40 多年前就指出，在我们的社会中，商品的激增已经把渴求变成了需求，最终我们的需求变得多变。得到我们需要的东西的成本会是多少？

---

① 人工淘汰：行业通过制造对过去产品的不满为消费者创造了一种新的需求。

② 可持续发展：任何可以长期维持而不破坏环境的组织进行的平衡近期利益与后代利益的保护式发展。

案例作业

本章提出了生活方式的概念。你的案例家庭有独特的生活方式，体现在他们对满足食品、家居、衣着、美容等基本需求的选择中。在所有这些消费领域中，家庭面临的选择太多太广泛，因此家庭成员需要的和他们想要的很容易模糊。但随着时间的推移，一个家庭的选择趋于习惯，这些选择组合起来表明了家庭选择的生活方式。最终，在决策过程中被认为可以接受的可能的需求方案对该家庭单位的成员来说变得有限而直观。

目的：

✓ 明确你的案例家庭目前每月的基本需求支出。

预算：

本案例作业中的支出包括食物、卫生、服装、家居和杂项支出。

任务：

（使用案例 2 中确定的平均收入除以 12。）

食物。美国家庭在食物上的花费一般略高于他们每月总收入的 10%，包括在家和外出就餐。假设你的案例家庭在食物方面的支出比例是 10% 左右，计算一下每月的平均支出是多少。然后，为你的案例家庭做每周饮食记录。需要考虑孩子们可能在学校进餐（包括早餐和午餐，这些开支可以在学校网站上获得）的情况。同时需要考虑成人食用快餐和在外就餐等行为（查阅当地餐馆的网站，查找可能的定价情况）。列出所有在家用餐的情况，列出餐食种类，同时到当地的商铺网站上采购以确定所用食材的分量。当你列出典型的每周菜单后，标出所有价格并乘以 4 来确定案例家庭每月可能的食物支出。如果支出低于或高于

10%，请在预算表的合适位置上输入案例家庭每月在家就餐和在外就餐的费用支出，附上每周的菜单截图、学校膳食信息、购物清单，以及外出就餐的价格。

卫生。这笔费用包括案例家庭用于清洁服装、家居以及满足个人需求的全部清洁产品。家庭在卫生方面的开支平均约为总收入的 1%。把这个数额输入预算表。

服装。这笔费用平均约为家庭总收入的 4%，计算该金额并输入预算表。

家居。这笔费用包括床单、毯子、毛巾、装饰物和家具等，其支出平均约占家庭总收入的 5%，计算该金额并输入预算表。

杂项支出。这项支出包括意外和难以预料的支出。在考虑你的案例家庭可能需要哪些杂项支出之前，先浏览一下整个预算表，看看哪些费用可以涵盖在上面这些支出项目中。不要忘记鲜花送货小费、抽奖和停车等费用。在预算表中输入小额杂费的合计金额。

报告：

报告和预算表标题必须有正确的归档信息，包括案例家庭姓名、案例编号（4）、当前日期和你的姓名。使用案例 1 中的摘要段落作为本报告的引言。这份案例报告应该包括对输入的所有费用的详细讨论，还需附上价格、购物清单和菜单的截图。你不需要给出实际价格或列出卫生用品、服装、家居或杂费清单。检查你的报告中是否有任何评判性或谴责性的用词，这很重要。你和你的案例家庭之间能否建立信任关系取决于信任关系的发展是否建立在尊重的基础上。

按照导师的要求提交报告。

总结

每个家庭能够认识到需求和渴求之间的差异，这一点非常重要。马斯洛需求层次理论和 CREM 理论是阐释家庭需求的两种理论模式。每个家庭都有不同的确定需求的方式，而一个家庭认知其需求的方式也随着时间的推移而变化。需要进行需求评估以明确需求，在评估需求时需要考虑家庭的文化、种族、构成、年龄、教育、就业和健康等因素。需求评估是政策制定的重要工具。技术进步和消费主义改变了人类的需求。在很多情况下，媒体会影响我们的需求认知。

复习和讨论问题

（1）需求和渴求之间的区别是什么？它们存在个体差异吗？为什么存在或为什么不存在？

（2）讨论马斯洛需求层次理论的不同层次需求。什么样的人能达到自我实现的最高境界？请结合一个家庭实例做出具体阐述。

（3）比较马斯洛经典需求层次理论和 CREM 理论。

（4）需求观念的改变如何影响一个家庭？

（5）在进行需求评估时，需要包括哪些内容？

（6）人类需求如何影响社会需求？

第五章　价值观、态度和行为：了解家庭选择

目标

- 解释不同人生阶段个人和家庭的价值观是如何变化的。
- 描述态度是如何形成和保持的。
- 讨论态度和行为之间的联系。
- 认识价值观、态度和行为如何影响决策。
- 总结价值观和行为如何影响购买决策。
- 讨论价值观、态度和行为如何因文化而变化。
- 思考社会经济因素如何影响价值观、态度和行为。
- 解释一个家庭的价值观、态度和行为如何随时间和环境而变化。

个人和家庭都能对他们的需求进行探索、排名，并创造评估意义。每一步的决策都受到一个人的价值观、态度和行为的影响。当家庭成员思考或发现需求时，他们会依据这些主观衡量标准对多种需求进行排序。例如，家庭成员有购买衣服的需求，何时需要购买新衣服是现有资源和环境条件合力作用的结果。此外，在美国社会，购买新衣服的动机主要来自社会期望，以及家庭在多大程度上受追随时尚和社会的压力。新娘需要婚纱，对吧？事实上，合法的结婚仪式并不强制要求参与者穿礼服。如果传统的婚纱被认为是一种真实的需求，那也只是因为大家普遍接受了这样一种做法。在确定婚纱的需求后，人们会权衡价值和资源，以决定选哪种婚纱以及如何获得。是借？是买？还是自己做？为了了解价值观、态度和行为对家庭资源管理的影响，我们有必要对许多大家习以为常的术语做出清晰的定义解释。

一、价值观

价值[1]（value）是人们从两个独特视角讨论人类行为时的一个常用术语。当用于讨论经济学和消费者行为时，“价值”一词被用作交换的衡量标准。如果你在商品或服务上花钱，你会期望从资源的交换中获得满足感。如果交换资源的人觉得自己得到了公平的回报，这就被认为是物有所值。这种对公平的判断是主观的。一个收集棒球卡的人可能会觉得一张卡片就值几百美元，而不好此道的人可能会觉得这样做纯粹是浪费金钱。祖母收集的照片对某个孙辈而言可能是无价的，但对于另一个孙辈却可能并没有多少情感价值。

“价值”一词的另一个常见用法可能在本质上更加主观和个人。思想和行为的指导原则通常被称为一个人的价值观。人们相信，这些原则是随着时间的推移慢慢发展的，是个体的社会性和个体心理发展的一部分。在众多的科学研究中，研究者们一直关注这些倾向，试图测量、预测并了解价值观如何指导思想和行动。

寻找“普世价值”[2]（universal values）对理论家来说一直是件麻烦事。人权[3]（human rights）作为“普世价值”被提出和讨论，但其中一些权利并非为所有群体所接受。美国的人权运动在 20 世纪 60 年代达到高潮，这使得长期存在的种族歧视获得国家层面的承认。虽然这项运动引发了法律和社会行为的改变，但这些改变并没有彻底让社会上存在的许多歧视性做法消失。2020 年，社交媒体发布的关于几名黑人死于执法人员之手的信息引起了人们的关注，这重新点燃了举国上下关于种族平等的大辩论。在经历了 50 多年的人权运动之后，我们再次明显地看到，在美国，不同的人群对人权的看法仍然不尽相同。虽然人权是一个模糊的概念，但当社会群体认为他们正在团结起来为所有人创造更好的生存条件时，人权依然还是人们关注的焦点。“普世价值”可能难以界定，但文化或社会价值则不然。当一群人信奉一套可以理解的价值观时，其他人就会按照这些价值观行事，并受到相应的评判。

---

① 价值：对所有人而言的有用性或重要性；被认为有价值或渴望获得的原则、标准或质量。

② “普世价值”：在任何地方或任何条件下都存在或发挥作用的信念。

③ 人权：一个人因为人的身份而获得的权利，包括生活、自由、尊严等方面。

在美国，尤其是在商业和教育机构中，守时被认为是一项重要素质。老师希望学生按时到校上课。虽然不是每个美国人都认同此价值观，但迟到通常是不被接受的，而且会带来不良后果。乘坐商务飞机出行迟到可能会导致经济损失，而且以后不得再享受此类服务。开会迟到可能会让你失去晋升的机会，或者在某些情况下，带来你不希望承担的后果。

（一）个人价值观

个人价值观是作为指导原则的、影响个人偏好和行为的广泛的理想目标（Sagiv et al., 2017）。个人价值观揭示了自己认为什么是必要的或重要的。在宗教或精神框架内，价值观通常被称为道德[①]（morals）。在决策过程中运用道德就是对一个对与错的连续统一体做出价值判断。科尔伯格（Kohlberg, 1984）提出，随着在社会和智力上的成熟，人类会发展出一套道德准则（见表 5–1）。一个人的正义感和判断是非的能力，随着时间的推移——主要是随着认知能力的变化而获得发展。年幼的学龄儿童呈现具体思维，认为某事总是对的或总是错的，没有灰色地带。而具有抽象思维能力的青少年会开始考虑每一种情境[②]（situation）的背景、可能的选择以及行为对自己和他人的影响。根据科尔伯格的道德推论序列，一些成年人即使冒着违法的风险也会把普遍的道德原则放在第一位。

表 5–1　科尔伯格的道德推论序列

层次	阶段
前习俗期	1. 服从和惩罚 2. 个人主义、工具主义和交换
习俗期	3. “好男孩”或“好女孩” 4. 法律和秩序
后习俗期	5. 社会契约 6. 有原则的良知

① 道德：个人或社会的伦理、规范、价值、原则和习俗。
② 情境：在一个地方或社会中普遍存在的一般情况；特定时刻某人所处的环境。

尽管科尔伯格的道德发展模型认为人的道德呈现出按阶段发展的模式，但它并没有指出每个人的道德发展必然经历每个阶段。因此，任何成年个体都可能在科尔伯格模型的不同阶段发挥作用。显然，一个多代同堂的家庭也会有不同层次的成员。家庭单位中的成年人通常是最终的决策者，但这并不意味着家庭决策就能反映更高的道德水平。如果这些成年人的道德水平较低，那么也会反映在家庭决策中。

●案例 5-1

琼斯夫妇每年 2 月会留出一整天的时间准备他们的所得税申报单。他们仔细阅读申报说明，诚实地申报收入和扣除项。

史密斯夫妇直到最后一天才申报。他们只申报可以通过联邦申报表追踪到的收入，并大额虚报扣除额度以减少纳税。

琼斯夫妇的行为反映了他们的是非观以及对政府的责任感，体现了较高的道德水平；而史密斯夫妇可能觉得政府在滥用通过税收所筹集的资金，或在用其他方式为自己的行为找借口。

一个群体所秉持的道德信念，可能会最终成为具有惩罚性法律后果的法律。不据实申报纳税信息会产生法律后果，且一旦被发现将面临处罚。

当面临会影响社会但不是法律强制的决定时，负责做出资源管理决定的家庭成员依靠自己的价值观、道德和过去的经验来做出让他们感到舒适的决定。许多家庭面临的一个决定是购买交通工具。这个决定对个人、家庭和社会都有影响。

美国消费者考虑购买汽车时，有很多选择，涉及汽车的尺寸、配置、材质和燃料来源等。有些汽车省油，而另一些则耗油。出于减少污染和油耗的考虑，一个谨慎的消费者可能会放弃选择某些尺寸、容量和样式的汽车，而另一个人可能决定购买尺寸和油耗较大的车辆，因为他看中的是车辆运载人或材料的能力。两者都没有违反法律，都是在行使自己的消费者权利。两者可能都重视减少空气污染和化石燃料消耗的需求，只是第二个消费者通过优先考虑现有需求（运载能力）而不是环境问题，从而使自己的购买选择变得合理化。

（二）家庭价值观

因为家庭成员不止一个，所以家庭成员之间价值观发生冲突的可能性非常大。为了理解多个家庭成员的价值观如何影响家庭决策，必须研究群体动态。随着时间的推移，不同的家庭是否会形成独特的价值体系，从而使得家庭彼此区分开来？

▶现实思考

适应家庭

耶利米在美国中西部一个保守的天主教社区出生、长大。他家境贫寒，父母生育了5个孩子，他是老大。现在他已近退休，开始反思自己成年后所做的选择，这些选择与他无法接受家乡的价值观和态度直接相关。

“22岁时，我搭车穿越了四个州来到了东海岸。当时我已经获得了新闻学的大学学位，但我知道，我在自己出生长大的地方不会快乐，这有许多原因，其中一个主要原因是：我是同性恋。在美国20世纪60年代的性解放运动中，这并不是一件很颠覆性的事情，但在我的家乡，这是不可被接受的。我去了伍德斯托克，在纽约待了一段时间，我真的很喜欢那里的生活。我刚到那儿不久就遇到了我的人生伴侣。最后，我们搬到了位于纽约和华盛顿特区之间的一个沿海小镇生活。”

耶利米将自己从不能接受他和他的性取向的价值观中分离出来，这导致了他在身体和情感上与原生家庭相分离。

“我妹妹知道我为什么搬走。我的父母和亲戚可能也知道，但从未承认，即使是在40年后的今天。我偶尔会给家里寄卡片和信件。我的兄弟姐妹，甚至我的母亲，都短时间地来过弗吉尼亚，住在我和我同性伴侣的家里。我的家人称他为我的朋友或室友。我会很坦率地告诉家人我们共同拥有的房产和不断增值的投资项目。最终，我想他们把他看作像是‘商业伙伴’之类的。

我错过了一些重要的家庭聚会，但周年纪念日和婚礼我都会回去参加。假期我通常和我的伴侣以及我们的朋友、邻居组成的‘大家庭’一起度过。

随着年龄的增长，我回家的次数越来越多。我的伴侣从未和我一起回过我的老家。他对此有点不太高兴。最近，他的父亲去世了，我作为他的‘生活伴侣’出现在讣告中。这对我来说是一件非常感动的事情。在我父母的讣告中，他没有获得同样的认可。但我确实认为我的兄弟姐妹和他们的家人现在已经接受他了。他们会给我们两人寄贺卡，有什么活动也邀请我的伴侣参加。我们最近回家参加了一个侄子的婚礼，感到大家对我们的态度很友好。”

价值观、态度和行为的改变是一个缓慢的过程，耶利米的家庭之旅跨越了近半个世纪才到达终点。

同质婚姻[①]（homogamy）指有目的地从与我们自身特征相似的人群中选择伴侣。同质婚姻最常见于相同种族、宗教和社会阶层之间的婚配。尽管许多当代思想家可能会声称这种做法正在逐渐消失，但数据统计的结果是什么呢？吴（Wu, 2018）指出，绝大多数夫妻的种族或民族相同，超过一半夫妻的教育程度和年龄相仿。宗教信仰可能是一个较不重要的因素，超过一半的已婚成年人表示，他们配偶的宗教信仰不会影响他们的结婚决定（Pew Research Center, 2016）。玛恩芭和贾洛范拉（Maenpaa & Jalovaara, 2013）指出，人们喜欢找社会地位相似的伴侣，原因更多可能在于他们有共同的文化经历，如品位和世界观，而不是出于保持某种地位的需求。

在所有已知的社会中，从社会阶级关系的角度来看，同质婚姻一直是择偶的一个重要模式。尽管美国的跨阶级婚姻相比其他许多国家更为普遍，但阶级内婚姻才是常态。在美国，寻找双方父母职业相似的配偶的模式也很根深蒂固，甚至地域也会是一个影响因素。社区通常根据收入水平和社会阶层来划分。尽管交通和职业的流动性增加了人们跨越地理距离选择配偶的机会，但大多数夫妻仍然是在相对狭窄的地理区域——籍贯地找到自己的另一半。

●案例 5-2

佩吉在华盛顿特区的一个富裕郊区出生、长大。她的家庭属于中上层阶级白人家庭，信奉天主教。她从幼儿园到 12 年级都就读于私立教会学校，大学上的是一所常青藤联盟院校。佩吉很少出现在有少数族裔儿童或成年人的社交场合。她的约会对象基本都是一个类型。

---

① 同质婚姻：有目的地寻找与自己特征相似的伴侣。

朱莉在纽约市哈莱姆区长大。她的母亲是非裔美国人，父亲有古巴血统。她所在的社区、学校和教堂有来自不同文化和族裔的人，但是没有白人。很少有白人孩子在她的学校上学，参加她所参加的宗教和社会活动的就更少了。虽然她的约会对象比佩吉更多样化，但仍然反映了种族区别。

根据同质婚姻的数据和理论，组成新家庭的夫妻具有相似的背景，这似乎意味着他们具有相似的价值和道德基础。虽然在大多数情况下可能是这样，但新组建的家庭最开始仍然需要妥协和磨合，从而形成决策价值观和方法的特异性融合。随着时间的推移，这些家庭价值观[①]（family values）将成为家庭资源管理的指导原则。同社会成员一样，家庭成员也可能偏离既定的家庭价值观，但这样做会给他们带来某种后果。

●案例 5-3

帕特里克和卡特里娜都是美国中部地区的大学生。虽然他们在不同的州长大成人，但他们的教育、宗教和社会经历却非常相似。当他们决定结婚时，两家人在婚礼细节和生活安排上虽有细微的差异，但没有什么特别的不同。不过，随着孩子的出生，宗教分歧可能会带来一些问题。

德里克和沙琳都是西班牙裔美国人。德里克在中西部一个欧美裔组成的寄养家庭长大，有中产阶级的社会和教育经历。他搬到西南地区工作，遇到了沙琳。沙琳在一个边境小镇长大，和德里克有着语言和经济方面的差异。虽然从表面上看，这两个年轻人的婚姻是同质的，但作为一个新的家庭单位，他们会遇到更多的障碍，经历更复杂的磨合。

在跨种族婚姻方面，美国人口普查局（Rico et al., 2018）报告称，约 10% 的成年人婚姻属于跨种族或民族婚姻。根据皮尤研究中心的一项最新调查（Livingston & Brown, 2017），17% 的新婚夫妇跨越种族或民族结婚。报告还表明，人们对跨种族婚姻的态度正在发生变化，39% 的人表示，与不同种族的人结婚

① 家庭价值观：为促进家庭的健全运作、强化社会结构而做出的判断，尤其指传统的或保守的判断。

对社会有益。

近几十年来，移民模式的变化也对美国的家庭和家庭行为产生了重大影响（Foner et al., 2018）。正如前面第一章提到的，世界观塑造了新移民家庭和个人的价值观和行为。随着时间的推移，这些家庭可能受到大多数人的价值体系的同化[①]（assimilate），或者实现两者的特异性融合。自20世纪初以来，最大的移民浪潮来自拉丁美洲、亚洲和非洲。尽管相关研究关于家庭单位因为文化衍生的结构差异方面的阐述各不相同，但我们需要记住，家庭在所有少数族裔社会中都是必不可少的组成单位。这些群体在家庭习惯和生活安排上的差异是“独特的人口和祖辈背景、文化历史、生态过程、经济起源和地位”综合作用的结果（Wilkinson, 1987, p. 204）。

食物消费选择深深植根于价值观——既关乎个人的价值观，也关乎文化的价值观。选择成为素食主义者[②]（vegetarian）是许多美国人的意识性决定。这种选择有时会与其他家庭成员的选择相反。现如今，选择素食的主要原因是健康、动物伦理和环境问题。所有这些原因都反映了个人及其社会群体所持有的某些价值观。

当一个或多个家庭成员茹素而其他家庭成员不茹素时，膳食计划、食品采购和食品准备的复杂性就会增加。任何限制性饮食都需要事先计划和持续监督。因此，必须花费时间、精力和财力等家庭资源使家庭成员能够遵循特定的饮食需求。

宗教信仰往往会影响美国人和其他国家人士的食物选择和消费。印度教推崇与灵性相关的素食主义（Nesbitt, 2018）。素食主义在佛教信徒中很普遍，佛教提倡以非暴力方式对待一切生灵，因此禁止宰杀动物食用（Finnigan, 2017）。禁食和抵制某种商品也是个人和社会群体价值观的表现。

经济价值也体现在食品消费上。当家庭积极购买、储存食物或投入时间和精力种植食物原料时，他们是在表达自己对物质主义和有效利用家庭资源的价值观或信念。当家庭依靠快餐和餐馆餐饮来满足自己的食物需求时，他们表达

---

① 同化：进入头脑并彻底理解；使变得相似；吸收到一个群体的文化或习俗中。

② 素食主义者：饮食以蔬菜、谷物、水果、坚果和种子为主或完全以这些为生的人，也有的会吃鸡蛋和奶制品。

了对时间和金钱支出的价值观。有目的地选择食物和计划膳食以满足营养需求也是一种价值观的表达——追求健康、长寿和自律。

“家庭价值观”一词也被用于讨论家庭作为一个社会机构的社会经济概念。弗波莱（Folbre, 2012）对这个概念给出了一个简单的定义：爱、互惠和义务。家庭成员关心其他成员的幸福和福祉。他们将一定的心理、身体和精神资源奉献给其他个体，使得群体和其他成员得以维系，而与此同时，他们也希望其他家庭成员给出对等的回报。

在家庭中，价值观是通过对彼此的行为表现出来的。弗波莱警告说，家庭内部的“工作”是无偿的，因此会被社会贬低。她指出，经济活动正从以家庭和亲属为基础的体制向更大范围的、不那么个人的制度层面转移，比如政府和服务业。从家庭养老向体制化养老的转变正是这一概念的反映。双职工父母依靠日托和教育机构来照顾孩子也是如此。

有些政客注意到了家庭内部的负面变化，认为它们代表了家庭价值观的衰落，对此大谈特谈。尽管家庭价值观被视为是候选人竞选纲领的重要组成部分，但它的定义其实并不明确。这个词常常被用于讨论家庭单位的“解体”，随后会有一系列强调当代社会中家庭结构多样性的例子对此予以说明，再然后会在这些不同结构和家庭成员的成败之间建立相关性。“家庭价值观”这个词也被用来表达一个外在的概念。更大层面的社会制度对家庭的价值和期望似乎在近代发生了转变。如前所述，同居现象的增加对传统婚姻的社会重要性构成了挑战。近年来，对单身公民和已婚公民的税收减免政策的差异，表明联邦政府在两者中有所倾斜。儿童保育服务及其质量已被确定为重要的国家问题。在美国，家庭的重要性或受重视程度依然能够在媒体的关注程度上获得反映。

（三）贯穿生命周期的价值观

我们的价值观会随着时间和生命周期而改变吗？人的心理建构在经过长时间的缓慢发展后会像价值观一样于个人和家庭单位中变得根深蒂固。经历、认知发展和道德成熟度可以迫使一个人重新思考当前的价值观，并且在有充分正当理由的情况下，促使他真正改变以前持有的信念和信仰。当微波炉刚被引入家庭使用时，许多家庭不愿意使用自己不了解的新科技。但随着时间的推移，人们认识到花在准备食物上的时间价值比为可能的风险或恐惧付出的价值更重要，现在大多数美国家庭都拥有至少一台微波炉。新的发明和发现迫使我们重新审视自己的价值观和行为，并使两者保持一致或平衡。

通过分享经历，同辈或跨代[①]（generation）得以发展。相隔几年内出生的人可能会在一生中经历相似的经济、政治、历史和技术变化。出生于 1947 年至 1964 年婴儿潮一代的人经历了计算机的兴起、世界大国的衰落以及媒体对消费影响的日益增强。他们还记得 2001 年 9 月 11 日之前的一切，还有约翰 · F. 肯尼迪和马丁 · 路德 · 金遇刺之前的社会情况。他们需要花上好几个小时排队注册大学课程或更改大学日程表。他们还记得曾经汽油价格低于每加仑 25 美分。这些共同的记忆对 57 岁到 74 岁之间的人应对和评估新产品、新形势以及新变化都有影响。他们对安全的价值认知可能与我们有所不同，因为他们会反思过去几十年的情况。2001 年以后出生的人不会有乘飞机旅行不需要认真安检的记忆，所以他们不会像他们的祖父母那样对安检感到不满或满意（这取决于个人的性格）。

旅行，包括国内旅行和国际旅行，是关于价值观可能随着生命历程而改变的另一个例子。不到一个世纪以前，100 英里的旅行对大多数家庭来说是一天就可以完成的事。随着航空旅行的普及和价格的逐渐亲民，人们越来越向往一生中能够来一趟远行。国家鼓励大学生们出国留学。有研究表明国际旅行经历会影响人的处事态度，并最终影响行为（Asay et al., 2006; Mody et al., 2017）。接触不同的思维方式和生活方式会促使个人在遇到问题时思考出更多以前可能不会想到的备选方案。如果负担得起的话，新婚夫妇可以去向往的地方度蜜月。退休人员也会期待并计划等到有时间时再出门旅行。作为一个整体概念的旅行的价值，在人生的最后几十年里发生了变化。随着年龄和工作时间的增加，人们对旅行体验的重视程度也变得不一样了。

（四）代际价值观一致性

价值观有代沟吗？大量研究致力于探究青少年的价值观以及同龄人对价值

---

① 代：在不同时期出生的群体。

观和行为的影响。从这些研究中，我们可以了解父母价值体系如何影响青少年的决策。闵等人（Min et al., 2012）得出结论：父母的价值观传递给青少年和年轻的成年子女，并影响子女的一生。埃德加 - 史密斯和沃兹尼亚克（Edgar-Smith & Wozniak, 2010）发现这些亲子关系价值认同模式表现出高度的代际价值观一致性[①]（value congruence）。

有观点认为儿童会参照成人家庭成员所表现的价值观指导自己的决策行为，这一观点已经获得了研究的支持。在亨利·凯泽家族基金会资助的一项针对美国的调查（Blum, 2002）中，研究人员发现 15 岁到 17 岁没有性交史的青少年中有 64% 的人将他们的决定归因于害怕父母对自己产生负面看法。米勒（Miller, 2002）发现亲密的亲子关系和有效的父母监督，再加上父母反对青少年性交（或无保护措施的性交）的价值认知，能够降低青少年的怀孕风险。

父母和家庭中的其他成年人是孩子价值观和道德观养成的第一任老师。他们的价值体系将引导并支持年轻家庭成员的价值观发展。虽然后来的经历和教育可能会改变最初的价值观，但过去的研究表明在生命早期形成的且随着时间得以巩固的核心价值观会一直延续。本纳等人（Benner et al., 2016）发现家长对青少年子女学业的投入程度越高，子女读书期间和毕业后的教育成就也会越高。关于青少年教育的决策也跟核心家庭价值体系相关。萨朵利卡（Sadolikar, 2016）发现青少年与父母之间的良好关系是影响他们职业目标的一个主要因素。

最近的研究表明，随着孩子在自我效能中扮演的角色越来越多面化，他们会表现出不同的价值模式，特别是在环境问题和政治方面。青少年可能会向父母注入新的价值模式，这一过程被称为“逆流”社会化——年轻人反向对父母的价值体系产生影响（Hart & Youniss, 2018; Hooghe & Steirs, 2020; York, 2019）。

二、态度

价值观是抽象的思想建构物。费瑟（Feather, 1990）认为价值观通过影响一个人对其行为可能产生的后果的评价来影响行为。态度[②]（attitude）是我们

① 价值观一致性：群体所有成员对群体流程和群体工作的价值观的认同度。

② 态度：面对事实或状况的心理准备状态；对事实或状态的情绪反应或感受。

对特定事物感受的表达，是我们坚持价值观的反映。态度是一种习得的倾向，即以一贯有利或不利的方式对任何给定对象做出反应（Fishbein & Ajzen, 1975, 1980, 2010）。态度是在社会情境中表达出来的价值观。谢里凡德·谢里夫(Sherif, 1967）认为，态度是个人对于“生活方式、做事方式，在家庭和社会、宗教、经济和政治等问题上的立场，以及他人的方式和立场”的表达，其重点是人们期望自己表达的信仰如何被他人评判。奥尔波特（Allport, 1935）用认知术语对态度做出了定义。他提出，态度是一种准备状态，它会影响一个人对周围环境的反应。

费什拜因和阿耶兹（Fishbein & Ajzen, 1975, 2010）研究了态度的形成和表达，提出态度是习得的产物，具有动态性（图 5–1）。态度可以且确实会随着经验和教育而改变。这些倾向[①]（predisposition）还被认为会使人倾向于某些行为。如果一个人认为受孕即意味着生命的开始，应该受到保护，他就可能购买反对堕胎的T恤和车尾贴。这种态度通过上述的方式表达出来或传达给他人。还可以通过发表声明来表达这种态度。态度是在语境中表达的价值观。如果一个人的态度是前后一致的，那他会认为堕胎在任何情况下都是错误的。然而，人类并不总是一致的。在某些情况下，例如强奸致孕或胎儿严重畸形，这时人们可能会认为堕胎是可以接受的选择。

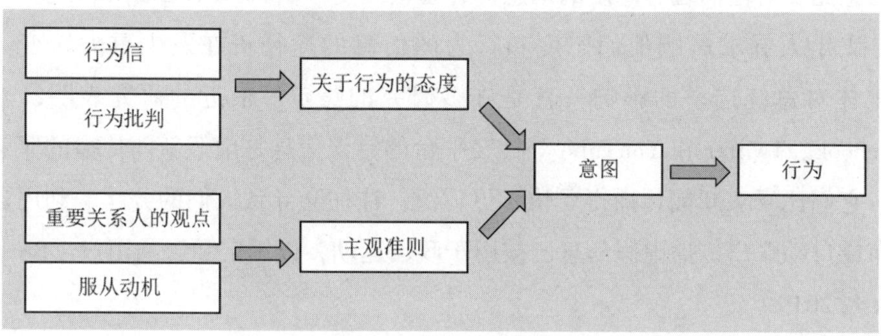

图 5–1　费什拜因和阿耶兹的理性行为理论[②]

① 倾向：对话语做出特定解释的预先性趋势；做出特定反应的具有预先性的性格。

② 来源：Moore,T. J.（1995）.Unpublished doctoral dissertation,University of Nebraska at Lincoln。

理论主义者们长期以来一直认为，态度是通过与父母、其他家庭成员以及儿童领域内其他具有社会意义的个人的长期互动而形成和保持的。行为遗传学已经开始研究态度形成过程中可能存在的遗传因素。阿维等人（Arvey et al., 1989）的报告说，在他们研究小组进行的一项双胞胎研究中，他们观察到工作满意度差异约有 30% 可归因于遗传因素。其他研究（Eaves et al., 1989; Tesser, 1992）支持这样一种观点，即有些态度对变化的抵制性更强，这可能是因为这些态度触发心理防御机制，使人面对变化时产生生理上的不适。例如，当一种态度体现为某个核心价值观，比如宗教信仰，并且有证据表明质疑该信仰是合理的时，宗教人士就会面临巨大的压力。因为人的现有信念和态度与生活的其他许多方面紧密相连，即使是一个小小的改变也会在人的生活中产生巨大的涟漪效应。相信自然对我们的性格特征、态度和信仰有重要意义，这一理论被称为基因决定论（Gericke et al., 2017）。

态度对于一个人对周围世界的判断有重要影响。这些价值判断可以影响决策过程的每个部分，特别是信息的收集和处理过程。我们可以从吸烟者对他们的成瘾行为的辩解中理解什么是选择性解释[①]（selective interpretation），他们声称关于吸烟有害健康的研究结果是有偏见的和没有根据的。选择性记忆[②]（selective memory）是态度研究中最古老的观点之一。人们发现支持他们态度的信息比反对他们现有态度的信息更容易被接受（Olson & Zanna, 1993）。

成年人寻求影响他们态度和行为的信息的途径正在发生重大转变。社交媒体对总统选举的影响一直是许多研究的焦点。最近的研究表明，来自 Facebook、Twitter 和 YouTube 等社交平台的错误信息是虚假新闻传播的罪魁祸首，它们比真实新闻传播得更快、更广泛，往往会导致人们的分化。利用自动发布或自动账户传播虚假信息已被用于政治运动，以锁定和影响用户（Bovet & Makse, 2019）。

50 岁以上的选民仍然依靠电视和传统新闻获取选举信息，但一些人认为，政治扭曲了许多频道的新闻报道。随着消费者越来越依赖社交媒体获取有关产

---

① 选择性解释：以有利于个人的方式有目的地传播某些信息。

② 选择性记忆：有目的地检索某些信息而忽略存储在记忆中的其他信息。

品、服务和政治候选人的信息，查找事实和监测真相等问题对个人和家庭的安全和福祉变得更加重要。

三、行为

个人和家庭做出的选择和采取的行动是家庭决策过程中的重要行为[①]（behavior）。虽然关于态度和行为的研究已经进行了一个世纪之久，但我们仍然无法依据态度来预测行为。态度和行为不能完美匹配的原因有好几个。

费什拜因和阿耶兹（Fishbein & Ajzen, 1975）提出态度和行为之间的联系是多层次的：

· 一个人的行为可以通过意图来预测。

· 意图可以从一个人对行为的态度及他对其他人认为自己应该做什么的看法来预测。

· 态度可以帮助一个人感知行为结果是否被他人接受。

使用这一理论进行的研究涉及吸烟、安全带的使用、自我健康监测和职业行为的选择等。结果表明这套理论可以成功预测意图和行为。

如第四章所述，个人需求和家庭需求是家庭决策过程的重要诱因。杜邦（Dupont, 1994）在对行为的解释中加入了需求维度。他认为我们所有的行为都是由我们的需求和价值观驱动的。柯尔蒂斯和格维尔茨（Kurtines & Gewirtz, 1991）在影响态度和行为之间联系的因素组合中加入了情境。

社会心理学研究能够帮助我们深入理解行为对态度的影响，其研究方向与之前的研究相反。贝姆（Bem, 1972）提出了自我知觉理论，在这个理论中，个体试图使自己的态度与自己的行为保持一致，同时又不会在观察这些行为的人面前丢脸。

---

① 行为：做事的方式；生物体实施的应对刺激做出的一切动作和反应；个体、群体或物种对环境的反应。

●案例 5-4

杰德在课堂上发呆。当老师提醒他不要分神并因此让他延时放学时，他关注的是这种情况是如何对他与同学的社交产生负面影响的。下课后，在和朋友们走去另一间教室的路上，杰德评论说最后一节课是多么的枯燥和无聊。他坚持说自己不能专心听讲不是他的错，而是老师的错。

认知失调理论（Vinski & Tryon, 2009）将相同类型的情境内化。如果杰德在学生时代一直是一个专注的学生，并且他为自己的这个品质感到自豪，那么，上课时发呆和被人发现他在发呆会导致他个人的不适或内部失调。杰德对此感到不适，想要使当前的行为与他长期持有的态度保持一致。

就像个人会在不同情况下做出一致性表现或反应的倾向一样，家庭也表现出相似的特征。但有些家庭行为可能纯粹是逆反性的，特别是当家庭中的单位或个人受到任何形式的威胁时。当一个家庭成员被诊断出患有绝症时，这个家庭最初可能会出现向内收缩。当家庭投入处理即时需求的过程中时，很难再将精力集中于家庭以外的人期望他们做的事情上。然而，大多数行为发生在更高的意识层面上，这些行为实际上是一个复杂的思维过程的产物。家庭成员在更大的社会环境中向他人展示家庭群体的方式，在很大程度上会引导决策过程。例如，当一个家庭成员去世时，家庭成员最初会做出本能反应，关注自己和其他家庭成员的直接需求，但最终，他们会把时间和注意力转移到为死者筹划葬礼上。行为规范深深植根于宗教、文化和社会层面。家庭成员根据他们对“应该如何做”的看法做出选择。关注的焦点往往从死者转移到家庭圈子以外——朋友、邻居和社区成员等的社会期望上。

在更高的层次上，一个人能否为某个社会群体和文化群体所接纳，取决于他是否接纳某些价值观以及具体表现，这些价值观通常被称为道德观。道德观[①]（ethics）提出了一个框架，它可以被家庭或任何群体采纳，用于指导群体成员的行为。道德准则[②]（code of ethics）由一套正式或以不成文的形式存在的

---

① 道德观：关于好坏以及道德责任与义务的学科。

② 道德准则：指导群体行为的一套道德原则。

道德原则组成。职业机构往往会制定、发布并鼓励成员遵循一套反映职业所信奉的核心价值观的行为规范。家庭单位很少有这样正式的价值和行为准则，但他们的价值和行为可能与这些准则相一致。

四、决策框架中的价值观、态度、行为

当用作动词时，“判断……的价值”意味着每个人对他们认为重要的东西做出排序。人们基于这个未明言的排序，将资源耗费上升到一个更高的层次，以保护或创造其他资源。正如佩恩（Payne, 1998）在讨论贫困文化时所阐述的，当金钱资源有限时，家庭倾向于根据家庭内部和整个社区的关系来判断他们的成功或地位。时间和精力被集中用于进一步发展个人关系和维护团队成员之间的人际关系。而当金钱唾手可得，或者当一个人渴望被其他拥有金钱资源的人接受时，物质商品会变得重要。

▶前沿动态

节育是美国人认为道德上可以接受的行为之一[①]

每年，盖洛普（Gallup）公司[②]都会进行一项价值观和信仰的调查，以评估美国人接受度最高和接受度最低的个人道德行为。自21世纪初以来，盖洛普追踪调查了大部分同类项目，并报告称自21世纪初以来，美国人变得更加开明。

在包含21项行为调查的清单中，节育、饮酒和离婚是2019年最被广泛接受的行为。至少有60%的美国人认为可以接受的其他行为包括赌博、吸食大麻和进行胚胎干细胞研究。

而另一方面，婚外情、克隆人类和一夫多妻被认为是失德行为。此外，不到40%的人认为色情、青少年性行为是可以接受的。

有些存在争议，有人觉得可以接受，有人觉得不可接受的行为包括医生协

---

① 来源：Brenan, M.（2019）. Birth control still tops list of morally acceptable issues. *Gallup*。

② 盖洛普公司是美国著名的社会科学家乔治·盖洛普博士于1935年创立的全球知名的民意测验和商业调查/咨询公司。——译者注

助自杀、动物医学实验和堕胎。

价值观是指导家庭成员行为和决策过程的信念。它们通过言语或行动表达出来，从而在群体中形成决策。有些信念对家庭单位的运行至关重要，因此几乎体现在所有的决策活动中。在若干决定之后，基本的价值观和信仰可能会迁移至家庭成员的潜意识层面。只有当他们的决定受到外界的挑战时，他们才会认识到这些价值观的重要性。

●案例 5-5

麦凯勒斯特夫妇都是大学运动员。在训练期间，他们被鼓励吃高蛋白、低脂肪的食物。他们的早餐包括脱脂牛奶、果汁、麦片或百吉饼。多年后，他们女儿的一个朋友来家里过夜。早餐时，这位朋友感到苦恼，因为麦凯勒斯特家的早餐没有她在家里习惯吃的熏肉、香肠或鸡蛋。这是第一次，夫妇俩不得不向他们的女儿解释他们的饮食选择。

五、家庭购物决策中的价值观和行为

市场营销和广告专家投入了大量的时间和精力来研究家庭购买模式和动机。曼宁和里斯（Manning & Reece, 2001）将产品购买动机[①]（motives）描述为消费者购买某种产品而不选择另一种产品的原因。他们提出，消费者的购买动机包括以下四种：品牌偏好、质量偏好、价格偏好或设计偏好。

（一）品牌偏好

历史悠久、知名度高的制造公司能够在潜在买家的头脑中营造质量好、性能高的积极产品形象。曾为媒体及市场营销专业人士服务的《品牌周刊》采用“品牌关键顾客忠诚指数”调查消费者的品牌忠诚度。该周刊每年对 16 000 名活跃品牌用户进行两次电话采访以收集信息，参与者根据产品类别对他们经常使用

① 动机：一种带有情感和价值观的思维模式，会导致积极行为。

的品牌进行评级，调查结果发表在《品牌周刊》和其他许多对消费者行为感兴趣的媒体上。最近的调查结果显示消费者对品牌的忠诚度不如过去。

为家庭提供产品和服务的公司不断投入大量资金以赢得消费者对品牌产品的信心，让他们相信品牌产品具有明显的优越性。他们鼓励消费者在权衡市场上的产品时切实考虑品牌公司的担保服务和客户满意度等因素。在比较同类产品时，这些无形的因素可能会说服消费者花更多的钱以获得品牌产品给他们带来的安心。哈比比等人（Habibi et al., 2016）认为社交媒体增强了客户在网络社交平台上分享产品体验的能力，他们还可以就如何有效利用产品给出建议。

影响品牌忠诚度的另一个方面源于家庭渴望以特定方式将自己融入更大的社会群体中。沃斯和卡尔（Orth & Kahle, 2008）发现参照群体确实会影响消费者的选择。例如，许多人由于特定的功能而对某个品牌的智能手机产生品牌忠诚度；同时，如果他们的朋友也在用这个品牌的智能手机，他们更换其他品牌的可能性就较小（Appiah et al ., 2019）。

（二）质量偏好

曼宁和里斯（Manning & Reece, 2001）认为当代消费者对质量标准的要求高于过去的消费者。当产品和服务竞争激烈时，质量是区分产品和服务的因素之一。质量可能源于更好的原材料、工艺和品控，也可能源于对更高标准的认知。消费者可能会认为价格越高的产品质量越好，他们可能会将品牌等同于高质量，因为他们过去对这些品牌有过良好的体验，或者他们可能接触过让该品牌在竞争中脱颖而出的促销信息。

汽车和家电等大件物品的购买往往暗含消费者对产品能够经久耐用的预期。质量被认为是衡量该性能的一个指标。尽管汽车制造公司之间的竞争以及汽车制造公司生产的车型数量都在随着时间而增加，但当消费者考虑其他类型的产品时，他们可能会认为自己的选择很有限。新企业进入汽车行业的障碍是研发和生产投入，而另一个重要的障碍是消费者从老牌车企身上获得的关于质量和安全性的感知。

（三）价格偏好

家庭资源被用来交换商品和服务。即使一个家庭资源丰富，在选择产品时通常也会在决策过程中考虑价格差异。对于许多产品来说，尤其是电子产品，技术进步和产品创新开发已经在消费者中产生了“等待降价”的预期。1975 年，台式计算器的售价高达 1 000 美元，而现在拥有更多功能的小型计算器有了手持版本，价格不到 50 美元。消费者的智能手机和其他个人电子设备也有了很多计算器的功能。

当两个产品都符合家庭设定的标准但价格有明显差异时，价格在选择过程中的重要性就会增加。如果在探索所有可行方案之前确定一个可接受的价格范围，价格也可以用于决策的初始阶段。这个价格范围可以筛除若干选项，从而使决策更省时。仿制类处方药就是一个很好的例子，它可以说明价格如何成为竞争产品的主要区别因素。保险公司和医生明确某些药物具有等效性。美国食品药品管理局（FDA）的要求表明所有经过批准的药物都是安全有效的。因为仿制药使用相同的活性成分，在体内的作用方式也相同，所以它们应该与品牌药具有相同的利弊。一旦仿制药获批生产，竞争就会加剧，从而压低原研药的价格。许多保险公司对品牌药的承保范围有限，如果患者选择这类药品，就不得不承担更多的自费费用。当面临这种取舍时，大多数患者会选择同类的仿制药。

（四）设计偏好

割草机是用来割草的。骑乘式割草机带有轮子、坐垫和刀片。这个产品能有多少种变体？答案是成千上万。一旦一个家庭的需求突破了安全的层面，对风格、尺寸、颜色和舒适度的偏好就开始显现。这些偏好反映了个人和群体长久以来形成的价值观。生产商在产品的设计开发、更新设计和再开发上投入大量资金，从而在与竞争对手的较量中占据一席之地。汽车的技术水平是消费者需求受到新的研发影响的另一个例子。在近十年里，汽车制造商可能会发现，消费者期望他们的汽车能方便地与智能手机和个人电脑相连接。辅助产品，如扬声器、电线、耳机和安装在仪表板上的电话垫将被淘汰。

六、文化对价值观、态度和行为的影响

不同文化的价值观或有相似之处；但是，价值观的重要性可能存在差异（Sagiv et al., 2017）。在社会或文化系统中运作的个人遵循了特定群体的重要价值观。如果他们在大多数时候接受并遵循这些价值观，就能够在这个群体中生存，且能凭借群体成员的身份寻求必要的资源。如果他们不接受或不遵循这些价值观的大部分内容，就会面临被群体抛弃的风险，在有需要的时候无法获得群体的支持。为了维护文化群体的存续，文化群体所尊奉的价值观必须传承给下一代和新成员。文化环境和社会交流对个人价值观的确立有巨大影响。理论主义者们认为儿童被鼓励接受其文化中的价值观体系。

个人可以同时隶属于一个以上的社会群体，因此他们必须谨慎地平衡自己的价值观和行为，以维持自己不同群体成员的身份。美国的宗教和职业团体比较多元化。在美国，相比其他体系和机构，法律体系和政府机构的运作会更加尊重某些道德准则或价值体系，这些道德准则或价值体系反映的是某些宗教和职业团体的信仰。例如，联邦办公室和服务机构会根据基督教节日圣诞节确立工作安排，工作休息日通常安排在周日或安息日。有人想要遵守其他宗教节日，必须与雇主进行协商且不能违背雇主的期望。甚至高校也体现了某种信仰体系，这可能会妨碍公民行使参与宗教活动的权利。

▶世界博览

文化对消费者购买决策的影响[①]

文化对我们的行为和思维方式有很大的影响。我们如何看待自己和我们在世界上的位置，我们如何做决定，以及我们如何使用商品和服务，这些都包括在这种影响中。文化是自然形成的产物，反映了消费者的价值观和信仰体系。

有些文化明令禁止消费者购买某些产品，如酒或肉制食品；有些文化影响

① 来源：Williams, D.（2019, September 6）. How culture influences consumer purchasing decisions. *TranslateMedia*。

消费者的消费行为，例如规定由谁管理或购买产品等；有些文化偏好决定了消费者的服装和住房需求。

虽然人的性格可能会对消费者的购买行为产生一定影响，但文化的影响更大，因为文化规范可能契合消费者的价值观，而且当他们看到周围人的购买选择时会产生从众心理。尽管零售商可以向消费者提供其他选择，但如果他们提供的产品符合该地理区域的文化，他们将获得更多的回报。

最可能影响购买行为的文化因素包括年轻人导向、时间导向、男性气质 vs 女性气质、个人主义 vs 集体主义等。理解文化元素也有助于在与消费者的交流中理解消费者。

●案例 5-6

山姆是一个在耶稣基督后期圣教徒教教区长大的少年。高中毕业时，他的家人希望他做两年的传教士。美国的保险业主张学生高中毕业后直接进入大专院校就读，因此不管是否完成学位，上大学的家庭成员的医疗保险在达到特定年龄时终止。如果山姆按照家人的意愿做上几年传教士，父母的保险可能只能覆盖他 4—6 年的大学学习。而他的同龄人在高中毕业后立即进入大学，可能会在他们读研或就业期间仍能享受医疗保险。奖学金机会对他来说也可能不同，因为他入学时将被视为非传统学生。最近的立法将保险福利范围扩大到 26 岁以下的非就业子女，允许父母的就业福利覆盖子女。然而，这是针对失业率上升而非宗教不平等问题做出的应对举措。

七、社会经济因素对价值观、态度和行为的影响

资源丰富的家庭与资源有限的家庭的决策过程会有不同吗？当代文学暗示了这一点。奥尔德里奇（Aldrich, 1996）专门写了一整本书来讨论“世家”[①]（old money）这个话题。他的创作是基于这样一个认知前提，即美国上层阶级的财富价值观和意义观与其他阶级有着显著不同。这些价值观不同于市场和新兴富

① 世家：已经富了几代人的家庭。

人阶层的价值观。还有一些作家探讨了财富积累超过几代人的家族之间的不成文的家族保护守则。从精心选择潜在适合的婚配对象到穿着、住房和汽车的选择，“世家”的概念不断激起那些渴望获得财富或那些认为不公平而大受挫败的人的兴趣。

鲍莫尔等人（Baumoel et al., 2020）建议父母在规划未来时实施财富转移策略。富有的父母往往担心自己留给孩子的遗产是管理和授权权限，而不是权利。斯坦和布里尔（Stein & Brier, 2002）提出了富有家庭培养孩子责任心的指导方针。他们建议父母把孩子介绍给负责管理家庭财富的律师、会计师和财务规划师，除此之外，还要教会孩子与他们的社会和经济地位相匹配的重要信条：

- 必须教育孩子与他人分享好运。
- 慈善[①]（philanthropy）是教育孩子成为富有责任心的资金管理者的一个关键因素。
- 财富不是一种权利。

许多理论主义者和社科类作家也对新兴财富或当代人的财富积累进行了探究。布朗（Brown, 2000）提出了硅谷的新百万富翁们所经历的“暴富综合征”的观点。快速的技术变化和年纪轻轻就积累大量财富可能会给这些家庭带来严重的后果。“富贵病”[②]（affluenza）一词已经出现在很多书籍和媒体上，用来描述对金钱的看重和美国社会物质主义的一面。这些与金钱有关的“新症状”和“新疾病”的出现，其实暗示了一个失控的社会的出现，这个社会关于“成功”的定义就是获得金钱以及金钱背后的权力。这种快速、疯狂地获取成功的渴望，似乎掩盖了最常与家庭联系在一起的价值观——爱、义务和互惠。

---

① 慈善：为支持慈善事业而付出金钱、物品、时间或精力的行为，通常是在一段较长的时间内，且有一个特定的目标。

② 富贵病：一种极端的物质主义形态，产生于对物质的过度渴望。

八、不同时间和环境下的一致性

资本主义[①]（capitalism），就其本质而言，会创造一个动态的环境，使人可以在短时间内经历财富的起伏。美国的每一次经济衰退都清楚地说明了这一点。价值观、态度和行为会受到经济环境变化的影响吗？当同时分析需求、价值观和态度时，我们必须记住，生存的需求永远比更高层次的需求更重要。由于失业、疾病或事故而突然陷入极度贫困的中产家庭首先会关注食物和住所。只有当达到相对的舒适和安全的水平时，家庭中的个人才能把注意力集中到对选择的评价方面。直到他们受到足够的挑战而改变家庭的核心信念，现有的价值体系都将保持不变。

案例作业

在本章中，你了解了一个人的价值观如何影响决策。家庭随着时间的推移形成了特定的集体价值观和标准。这些价值观反映在他们购买房屋、汽车、衣物、外表管理产品和服务等行为中。一个家庭的价值观还反映在他们的信贷行为中，即用未来的钱满足现下的购物需求。

目的：

✔ 确定你的案例家庭当前受生活方式影响而花费在商品和服务方面的支出。你可以重读第一章中关于案例家庭的描述，以了解他们的生活方式和可能会有的决定。

预算：

每月房贷或房租、车贷、信贷、孩子抚养费、助学贷款、美容或外表管理服务等与社会地位和收入水平有关。

---

① 资本主义：一种具备以下特征的经济体系——私人或公司持有资本货物；私人做出投资决定；产品的价格、生产和分配主要由自由市场竞争决定。

任务：

房贷或房租。你的案例家庭拥有住房或租房子住。研究表明，无论家庭收入多少，住房在家庭预算中一直占据着稳定的比例。购房是一项长远计划，需要有大量储蓄用以支付首付款以及稳定的家庭收入以获得贷款。在案例作业 2 中，你计算了案例家庭房屋的当前价值（如果他们有房子的话）。如果他们租房，你从案例家庭描述中可以知道每月的租金，可以直接输入预算表。在报告中附上截图。为了确定案例家庭每月的房贷还款额，可以登录一个房贷在线计算平台，输入你的案例家庭信息，然后确定每月的房贷还款额度。在报告中附上计算时的截图，并在预算表中输入金额。

车贷。在案例作业 2 中，你根据案例家庭描述的相关信息选择了相关汽车。检索相关信息以完成此项填写。登录一个在线车贷计算平台，输入案例家庭信息并进行试算。在预算表中输入每月的车贷还款额，并在报告中附上截图。

信贷。案例家庭描述中有说明你的案例家庭目前的信用卡和短期贷款债务情况。登录一个在线计算平台，计算案例家庭每笔信贷的还款额度，以确保及时还清。在报告中设计一个还贷计划，并将这些月供数额输入预算表。

孩子抚养费。如果你的案例家庭中有成年人自愿或法院判定需要支付子女抚养费或赡养费，请在预算表中输入每月费用。

助学贷款。现在许多美国家庭需要在孩子大学毕业时支付孩子的助学贷款。如果案例家庭描述显示有助学贷款需要偿还，请在预算表中输入相关信息。

美容或外表管理服务。外表管理与个人和家庭价值观直接相关。消费者购买商品和服务以改变、维护其外表，这就是第三章中阐述的印象管理。使用本地资源，查找理发成本和其他案例家庭成员可能需要的美容服务。最简便的算法是估算出一年的花费，然后除以 12 个月。别忘了化妆品和皮肤保养品。在预算表中输入每月的花费。在报告中附上截图。

报告：

报告标题必须有正确的归档信息，包括案例家庭姓名、案例编号（5）、当前日期和你的姓名。使用案例 1 中的摘要段落作为本报告的引言。对输入的每个数字需要逐段做出完整解释。请特别注意你的措辞表达。专业的案例报告不应包含诸如“奢侈”“过度”或“贵”等判断性表述。你所服务的每个家庭都有自己长时间形成的特定的价值观。个人价值观对职业关系的确立及帮助家庭改善境况的能力并没有积极意义。

按导师的要求提交报告。

总结

价值观影响家庭决策的每个阶段。它们决定需求的内容和确定方式，以及需求确定后每一种需求相对于其他所有需求的重要性。需求一旦确定，能够满足需求的相关选择就会基于家庭成员，尤其是那些对决定后果负责的家庭成员的价值观和态度。决策后期评价几乎基于价值观和态度，以指导决策和实施的过程。家庭是由多人组成的一个群体，本质上具有社会属性。家庭以外的人无法全然理解家庭特有的价值体系及其表现，但如果我们理解并接受以下这一事实——家庭创造、展示并维持其价值体系，就会促使所有家庭服务提供者在工作中做到尽可能客观。

复习和讨论问题

（1）价值观和态度有何不同？

（2）为什么同一个家庭在两种不同的情况下，针对同一问题会给出不同的结论，而事实上家庭在每种情况下所做的决定本质上是相同的？

（3）品牌忠诚度如何反映消费者的价值观和态度？

（4）家庭价值观是如何被政治利用的？

第三部分

分析家庭资源

决策模式

· 了解现有需求。

· 确定能够满足需求的备选方案。

第六章　家庭资源的识别

· 评估已确定的备选方案。

第七章：家庭与经济环境

第八章：社会对家庭决策的影响

· 选择并实施备选方案。

· 反思并评估已选择的备选方案。

第六章　家庭资源的识别

目标

- 概括资源的性质和特征。
- 介绍资源理论。
- 列出不同类型的资源。
- 解释家庭如何获得经济资源。
- 比较可再生资源和不可再生资源。
- 讨论家庭内部和外部的社会资源。
- 回顾如何衡量和管理资源。
- 解释如何使用和分配资源。

人类从出现在地球上的那一刻起就开始学习和拓展使用地球资源的方法。汉密尔顿（Hamilton, 1992）将资源[①]（resource）定义为“人们使用或可能希望使用以达到目的的任何东西”（p. 10）。弗阿（Foa, 1993）将资源定义为“任何可以成为人与人之间交换对象的具体或象征性的物品”（p. 2）。齐默尔曼（Zimmerman, 1964）没有从物化的角度定义资源，而是将资源定义为一种“有生命的现象，会随着人类行为而拓展或收缩”。豪伊特（Howitt, 2001）拓展了齐默尔曼对资源的定义，指出资源是“关系而非物质”（p. 4）。在这个定义中，资源更多地与人和文化之间的关系或交易有关。

一、资源可获得性

第四章讨论过，马斯洛需求层次的最低层次依赖于人们使用资源来满足他们的衣食住行等物质需求。某些条件会导致资源的变化。我们今天的工业化社

① 资源：商品和服务生产过程中使用的产品和人力资源；任何被认为可以满足现有或未来需求的东西。

会正是通过发现和使用新资源而形成的。然而，只有当某种物质被认为有用，或者被认为有价值时，它才成为资源，无关其数量的多少。钻石就是一个很好的例子。钻石硬度高，在工业上有很大用处，所以人们大量开采。但直到人们开始将钻石视为婚姻的象征，钻石的价值才大幅提升。虽然钻石的原始价值并不高昂，但对于崇尚浪漫的美国人来说，钻戒的价值却非常高。

▶世界博览

咖啡的真实价格[①]

我们的购买习惯真的会对全世界的人产生影响吗？答案是肯定的，一个最好的例子就是咖啡。

可以加工出咖啡的红色小果，其代表的远远不仅是饮料：在许多文化中，咖啡的背后是一种社会行为。咖啡是世界上消费量最大的冲泡饮料，根据西班牙公平贸易组织(Fairtrade España)的数据，咖啡每年的贸易额高达710亿美元。

与其他出口作物不同，咖啡的生产大多出自小型农场：2 500 万农民生产出了全世界消费的80%的咖啡。咖啡厂的用工人数达到1亿人，对一些国家来说，它是外汇收入的主要来源。

咖啡也是全球资本主义体系中导致国际分工不平等现象的一个隐喻。正如爱德瓦多多·加莱亚诺（Eduardo Ga leano）在他的《割开拉丁美洲的血管》（*Open Veins of Latin America*）一书中所写的那样，“喝咖啡的人比生产咖啡的人受益更多。在美国和欧洲，咖啡能够创造大量收入和就业机会，转移巨额资本；而在拉丁美洲，生产咖啡的工人拿到的工资仅能保证他们不会饿死”。

事实上，咖啡的生产、分销和商品化链条揭示了咖啡种植国和出口国的话语权与咖啡分销、经销、消费国之间存在着根本性的不平等。

国际农业知识、科学和技术促进发展评估组织（IAASTD）的一项研究显示，乌干达咖啡生产商卖出咖啡的价格是14美分，而到了英国咖啡馆里其售价高达42美元，价格翻了整整300倍。同一项研究还揭示，价格的飞涨主要出现在分销阶段：已经加工好的咖啡成品的出厂价为2美元，该产品的超市售价为25

---

① 来源：Castro, N.（2015, October）. The real price of coffee. *I Am Awake*。

美元以上。结果就是：数以百万计的小农场入不敷出，而整个咖啡业都在 Sara Lee、雀巢、卡夫 / 菲利普 · 莫里斯等大型跨国公司的控制之下。

除了降低成本的压力，小咖啡农场主还受到国际咖啡价格不可预测性的困扰 —— 国际咖啡价格的涨跌取决于市场投机，而不是需求。如果说这种情况对所有商品都有影响，那对咖啡的影响尤其严重，因为咖啡需要种植 2—4 年才能结出第一批果实，一旦结出，就能保证 20 年的收成。

这种模式的不公平，很大程度上是由于生产者和消费者之间的脱节造成的，这使得分销垄断机构具有很大的议价权力，因此获得了大部分利润。

好消息是什么？好消息就是现在我们能很方便地进入与小生产商合作的公平贸易网络平台，确保他们获得公平的价格。

资源具有某些有用的特性。资源必须具有目的性或实用性[①]（utility）。在过去的几年里，便士的实用性越来越小。“便士糖果”没有了，可以用便士支付的停车计费器也不见了。现在，人们可能看到路上有硬币也不会停下来捡，因为它们在我们的社会中没有什么目的性或实用性了。

大多数人认为，有钱是获得所需东西的唯一重要条件。然而，一种资源在被使用之前还必须是可以获得的，不管你有多少钱。因此，可获得性[②]（accessibility）是一个重要的特征。例如，一个需要接受特殊手术的人，如果他无法前往可以进行手术的医院，即使他有足够的钱支付手术费用，也无法获得这种服务。

资源还必须是可转移的。可转移性[③]（transferability）允许消费者将资产转移到最需要它们的地方。有些资源比其他资源更具可转移性。例如，房地产可能是一种很好的投资，随着时间的推移，它的价值可能会增加，但它可能无法像现金或股票那样迅速地清算和转让。

资源具有可互换性[④]（interchangeable）。货币可以用来交换商品或服务。

---

① 实用性：有用的属性或状态；有用性。

② 可获得性：在有需要时获取某样事物的能力。

③ 可转移性：可交换的属性。

④ 可互换性：以交换或替换资源获取资产的手段。

我们可以去商店把现金换成可带回家的食物，或者我们可以去餐馆把现金换成餐食和服务。任何资源都可以作为获取资产的手段。例如，有人可能会帮忙照料邻居的花园，以换取西红柿和四季豆，或者这些四季豆可能会用来换取另一个邻居的郁金香球茎。

资源的可管理性[①]（manageability）是一种允许消费者决定如何使用、转让或交换资源的特性。管理资源的优秀能力会带来更高的效率和资源的更佳利用。

二、资源理论

资源理论最早由弗阿（Foa, 1971）提出。这一理论思想植根于社会心理学，认为人们试图通过社会互动满足自己的需求。根据资源理论，人们通过人际关系收集资源。该理论确定了以下六种资源类型：

- 爱：带有情感的关怀、温暖或安慰的表达。
- 地位：一种关于威望、受尊重程度高低的评价性判断。
- 信息：建议、意见、指导或启发。
- 货币：任何有标准价值单位的硬币、货币或代币。
- 商品：有形产品、物品或材料。
- 服务：针对一个人的身体或财物进行的活动，往往需要另一个人付出劳动。

这些资源是那些在人际关系中可以交换的资源。例如，我们可以用钱换来日用百货，还可以用钱换来服务。在学校里，信息的积累和改变是为了最终获得某种学术成就或地位（高中文凭或大学学位）。

资源理论还认为资源具有特殊性[②]（particularistic）以及具体性[③]（concreteness）。资源的特殊性指一个人在选择资源时具有选择性。爱就是一

① 可管理性：能被管理或控制的属性。

② 特殊性：只为自己群体的利益而服务。

③ 具体性：具有或属于实际事物、事件的直接体验属性或范畴。

个很好的例子。通常，我们关心那些给予和接受我们的爱的人。相比之下，金钱是最不具有特殊性的资源，因为我们通常不关心与谁交换金钱。具体性也有助于我们理解资源。当我们卖了一辆车，车就没了。商品交换具有高度的具体性，即我们可以获得或失去商品资源。然而，有些资源是象征性的，比如信息。我们可能会“出卖”信息，但在交易之后，我们仍然拥有这些信息。我们可能会用我们的技能为他人提供服务，但最终，我们仍然拥有这种技能。弗农认为，关于六种资源的排序预示着人们更喜欢交换相似的资源。例如，大多数人更愿意用金钱来交换商品或信息，而不是用金钱来交换爱情或地位。

虽然资源理论对人类行为和经济学有较大的解释力，但它并非没有弊端。交易的意义比交易本身更重要，它代表了与纯粹的经济行为不同的东西。例如，两个人之间的关系可以是陌生人，也可以是亲密的伙伴。因此，不同的关系中交流的意义是不同的。其他因素可能包括交换者之间交流的深度、交换者的自尊或先前交换的性质等。

三、人力资源

人力资源[①]（human resources）是人所特有的资源。人们拥有各种各样的资产，可以丰富自身和周围人的生活。认知或心理资源是人力资源中最常见、最富灵活性的一种。这些资源包括过去获得的经验、从学习中获得的知识、习得的技能以及内在的创造力。

达文波特和普鲁萨克（Davenport & Prusak, 1998）将人力资本的组成要素确定为能力、行为、努力和时间。能力包括一个人的知识和技能，也包括他的天赋。大多数雇主都希望员工有优良的教育背景。虽然教育可以提高一个人生产商品和提供服务的能力，但它也是智力、决心和自律的标志。它还可能代表了个人设定目标和制订计划以实现这些目标的动机和能力。行为包括一个人实施的有助于完成任务的可察见性的做事方式，包括道德、价值观和信仰等。努力是激活或应用能力的要素，是完成任务的动力。

① 人力资源：人的智慧、经验、技能、劳力和进取心。

虽然很多人不认为时间是一种资源，但它其实是人们所能控制的最基本的资源。从经济学的角度看，贝波罗（Beblo, 2001）观察到时间被分配到三个基本的经济领域：带薪劳动（工作场所或市场）、无薪劳动（家庭）和休闲。生态视角下的时间概念必须从多个层面来考虑，包括历史时间、社会时间、家庭时间和个人时间。这一视角为分析家庭系统内部时间的复杂性提供了基础（Perry-Jenkins et al., 2013）。家庭成员依据所给定的时间来调整自己做事的节奏。每个人每天的时间都是有限的，人们对如何使用时间做出选择。有人可能会选择去工作，领取工资，然后用这些钱购买商品和服务。有人选择将这段时间用于自己的休闲活动或与家人共度时光。每个人对时间的价值有不同的看法。

●案例 6-1

香农最近生了第一个孩子。在孩子出生之前，香农和丈夫决定，在孩子出生的头几年，香农将留在家里照顾孩子，不外出工作。

香农的朋友朱莉跟她的情况相似。朱莉给香农打了好几次电话，约她一起吃午饭，一起逛街，或者在电话里聊天。但香农几乎每次都拒绝。

香农告诉她的丈夫："我觉得和朱莉在一起是浪费时间。要是答应了她，我哪有时间洗衣服、做饭、做家务？"朱莉则相反，她很珍惜走出家门与其他成年人交流的时间。香农和朱莉都重视时间资源，但方式不同。

作为一种资源，时间可能比金钱更加宝贵。工作繁忙的上班族父母可能会选择购买半加工或全加工的食物。对家庭来说，这种食物虽然比较贵，但比起牺牲更宝贵的工作时间还是划算的。此外，虽然大多数上班族不能把工作时间换成家庭时间，但买方便食品确实能让上班族父母在漫长的一天结束时有更多的时间与家人在一起。

罗莎（Rosa, 2003）认为西方社会已经变成了一个加速社会——可进行生产、交流和其他日常任务所需的时间越来越少。互联网等技术旨在改善我们的生活，让我们的生活变得轻松自在，但实际上却在某种程度上使我们的生活复杂化了。技术可能只是改变了我们的工作方式，并创造了新的活动和实践，但并没有节省我们的时间（Chesley et al., 2013）。纽波特（Newport, 2019）认为，现代的数字生活不仅让人筋疲力尽，还会让人行为上瘾。那些持不同世界观的人可能不认为时间是一种可管理的商品。在他们的观念里，时间是一种资源，但这种资源不是“有限的”，而是“可再生的”。每一天都有无穷的潜力。

另一种人力资源是精力。人们拥有使用身体——腿、手和肌肉来完成任务的能力。这些精神运动技能使人们可以创造和维护资源。例如，有人可以用木材等原材料做出一个漂亮的橱柜。在橱柜完成后，那个人还会尽力进行抛光和清洁，这有助于维持精力的投入。个人的精力可以用于工作，也可以用于休闲，这些活动是生活的核心。

四、经济资源

家庭经济资源[①]（economic resources）通过获取或继承获得。家庭成员通过工作获得经济资源。工人通过劳动获得工资或薪金作为补偿。工人的工资往往是按小时计算的。政府根据《公平劳动标准法案》（FLSA）设定最低工资标准。美国好几个州的最低工资标准已经高于联邦最低工资标准。关于最低工资的争论仍在继续，因为有些拿最低工资的全职员工的生活正徘徊在贫困线。尽管支持提高最低工资标准的人士认为，有必要提高低收入家庭的员工收入，但反对者认为，提高最低工资标准只会让中产阶级家庭的十几岁大的孩子受益。另一些人担心，提高最低工资标准将鼓励地下经济，即那些找不到工作而又没有向政府报告的人拿到的钱要低于最低工资。美联储（The Federal Reserve Bank）表示，此前提高最低工资标准对就业没有负面影响（Bram et al., 2019）。“生活工资”[②]（living wage）一词指的是工薪阶层的工资水平能够使家庭生活水平高于贫困水平。最低生活工资运动始于1994年的巴尔的摩。许多城市都有相应的生活工资法。提高最低工资标准的新法案预计将在不久的将来生效，同时美国各城市和州的投票中还会出现更多的相关法律（Lathrop, 2019）。围绕生活工资的争论主要集中在对贫困的定义和全国范围内不统一的工资水平和福利标准。目前的争论更多地集中于经济危机时期需要的是创造就业机会和提高就

---

① 经济资源：一个经济体的基本投入或组成部分，如土地、劳动力和资本等。

② 生活工资：一个人达到某个特定生活水平所必需的最低时薪。

业质量，而不是资助企业支付生活工资。

与工薪阶层相比，薪水制的员工通常是那些终身从事特定领域工作或职业的人。这些人员接受的培训或教育使他们能够从事需要特定技能的职业。尽管一个拿计时工资的人拿回家的钱比一个拿初级薪水的人更多（这种现象并不鲜见），但统计数据显示，随着时间的推移，薪水制员工的工资水平上升幅度更大。根据皮尤研究中心最近的一份报告，拥有学士学位的千禧一代大学毕业生家庭比千禧一代高中毕业生家庭的收入大约多 5.6 万美元（Bialik & Fry, 2019）。尽管大学教育的成本持续上涨，但对大多数人来说，这仍然是一项很好的终身投资。不过，约三分之一有助学贷款的学生表示，他们的财务成本超过了收益（Ciilluffo, 2019）。

资源也以福利待遇①（benefit package）的形式出现，这些福利待遇是员工收入的一部分。所有福利都对员工及其家庭的总资源产生重大影响。有些福利是政府所要求的（参阅第八章，了解更多关于工资税的信息），而有些福利则是由雇主自愿提供的。雇主必须为员工缴纳社会保险、医疗保险和失业保险等基金。除了这些基本要求，雇主还可以自行决定给予带薪休假、病假、补充医疗保险、人寿保险、伤残保险和退休储蓄计划等福利待遇。福利成本占美国雇主劳动力成本的 30% 以上（U.S. Bureau of Labor Statistics, 2020）。当需要就业的劳动力供不应求时，企业就会利用福利计划来吸引和留住劳动力。而当失业人数超过空缺职位的数量时，雇主可能不需要福利计划的激励来吸引劳动力以填补空缺职位。

在职成年人在接受就业之前和考虑换工作的时候，需要了解自己可以获得的福利待遇，这点十分重要。一份薪水较低的工作实际上可能会提供较多的福利资源。在评估某些职位的可选择性福利时，需要特别小心。这些选择通常被称为自选式福利计划②（cafeteria plans），员工可以从几种不同的福利中挑选，以满足他们当前或将来的独有需求。雇主为员工提供一定价值的福利待遇，并为员工提供一个福利清单，每项福利都标明了相应的价值。员工可以从这个清

---

① 福利待遇：保险公司、政府机构、健康计划或雇主根据合同条款提供的服务。

② 自选式福利计划：允许员工在各种组合方案中进行选择以最大可能地满足他们特定需求的员工福利计划。

单中选择他们想要的东西。因此，如果雇员 A 是单身，可以选择价值 150 美元的单身健康保险计划和 50 美元的伤残保险计划，而他的已婚同事可以选择 200 美元的家庭健康计划而放弃伤残保险计划。如果公司为所有员工提供单一的健康保险选择，员工 A 实际上会因为单身状态而每月少得 50 美元。

●案例 6-2

工作 A 的年薪是 55 000 美元，其中 3% 存入退休储蓄账户，每个月可享受 450 美元的医疗保险费，但需要自己负担 350 美元。工作 B 的年薪为 58 000 美元，没有退休储蓄账户缴存，但有 150 美元的健康保险费。哪个工作实际上支付给员工的酬劳更多？

性别也可能对收入产生影响。从历史上看，男女之间的工资差异呈现向男性倾斜的趋势。造成这种差异的原因包括所从事的工作类型、寿命和对工作的投入等因素。美国劳工统计局（The U.S. Bureau of Labor Statistics, 2019a）报告称，1979 年至 2018 年期间，女性工资有所增长，最高达男性工资的 83%，高于之前的 62%，从而缩小了两性薪酬差距。但是，布劳和卡恩（Blau & Kahn, 2017）认为，薪酬差距可能没有被正确解读。他们认为用于比较的男性和女性的工作并不相同，如果考虑到这一点，女性的薪酬接近男性的 92%。两性就业的主要差异体现在女性所从事的多为低薪酬和经验较少的职业。女性缺乏工作经验的主要原因之一可能在于其母亲的身份。杰等人（Jee et al., 2018）发现，女性会因为生育而在职场上付出代价。他们认为，生育女性比未生育女性挣得少，会因为较少的工作经验而处于劣势。

另一种获得家庭经济资源的方式是继承。继承的做法古已有之，各种文化都有家庭成员去世后分配资产的传统。美国的继承习俗源于早期移民，这些移民将继承习俗从他们本来的国家带到了美国。在殖民时代，如果有人不立遗嘱，将由国家决定如何分配其留下的财产。由于许多移民拥有自己的企业或农场，资源分配往往会危及企业或农场的经营，所以资源分配变得十分困难。决定谁接手家族企业是一件复杂的事情。此外，很多人不愿意沿用英国法律，纷纷逃离。大多数殖民地都拒绝接受长子继承制，即长子继承一切的英国法律。但是，一直以来男性继承者会获得较多的遗产。

美国独立战争之后，大多数州都通过了法律，规定所有子女享有平等的继承权。此外，与不承认寡妇财产继承权的英国继承法不同，在美国，女性享有生前继承权。直到19世纪末，各州才通过了《妇女财产法案》，允许妻子继承丈夫的遗产。该法案允许妇女持有丈夫遗产的所有权和控制权，并有权决定丈夫死后子女对丈夫遗产的继承情况。现在，父母们变得更加长寿，许多人更关心的是退休资源，而不是留给子女的遗产。当某人去世时，财产通常会由未亡配偶继承。当夫妻双方都不在时，资产通常会被清算，并分配给后代。尽管听起来很简单，但有两个因素常常使继承复杂化。第一个因素是，家庭成员的情绪和期望可能会使资源分配变得困难，有些家庭成员可能会发现自己受到不公平对待。

●案例 6-3

丹从未想过从事除种地以外的职业。在他还是个孩子的时候，他就喜欢和父亲一起去家庭农场干活。虽然他上了大学并从大学毕业，但他一直知道自己会回到农场。当他和妻子桑迪结婚时，他们都认为自己会继续在这片土地上工作，在他们都喜欢的农场老去。

丹和父亲一直一起在农场劳作，直到两年前，父亲中风了，干不了很多活，今年，父亲中风去世了。在与律师接触的过程中，丹发现农场的资产将平均分配给他和他的三个姐妹。为了继续种地，他要么把农场租下来，要么从姐妹手中把农场买下来。

虽然农场为丹和他的父母提供了足够的收入，但新的开支将使他们无法继续种地。当他和律师会面结束回到家时，他说："我不敢相信我为这个农场奉献了我的生命，而我的姐妹们对农场一点也不在乎却仍然得到了她们的那一份！"

当一个人因为特殊情况或关系而觉得自己有权继承财产时，对继承财产的分歧就会爆发。此外，一些资产的价值可能存在争议。例如，家里的一个兄弟可能会因为对家庭时光的记忆而分外看重一套餐具，而另一个兄弟看重这套餐具可能是因为它们的零售价值。谁应该拥有这套餐具呢？还是把餐具分给女儿，把工具用品分给儿子？这些问题都是继承问题情感层面的核心内容。

使继承复杂化的第二个因素是税法。1916 年，美国国会首次对遗产转让征税。1935 年，遗产税被纳入《税收法案》，该法案允许征收遗产继承税。遗产继承税的征收对象是继承财产的人，而遗产税的征收标的是死者的遗产。如今，联邦政府征收遗产税，一些州征收遗产继承税。有时，这些税收迫使人们出售财产以履行对政府的义务。在前面举到的农场例子中，如果父亲和母亲没有做任何遗产规划，无论谁继承土地，农场资产都可能不得不出售以支付税款。许多人试图通过设立信托或其他合法的方法来避税。那些有经济能力、能够负担法律咨询费的人往往是这些法律漏洞的受益者。即使是死亡，拥有最多资源的人也具有优势。

▶现实思考

教育的价值

今天，教育与经济成功的直接关联度比历史上任何时候都要大。虽然有很多方式来定义教育，但大多数人都同意教育程度越高意味着工资越高。根据美国劳工统计局（The U.S. Bureau of Labor Statistics,2019b）的数据，受教育程度影响男性和女性的薪资水平。

表 6–1　年龄在 25 岁及以上的全职工薪人员的周平均收入

学历	周平均收入 / 美元
博士	1 883
专业学位	1 861
硕士	1 497
本科	1 248
副学士	887
大学学历，没有学位	833
高中学历	746
高中以下学历	592

虽然受更高教育的收入潜力较高，但也必须考虑到成本。美国大学理事会的《大学费用趋势（2018 年）》报告预测，到 2035 年，预计大学学费将为每年 57 544 美元，公立机构的 4 年制教育成本约为 230 176 美元。虽然奖学金和助学金是降低自费费用的重要途径，但许多学生仍需依靠助学贷款支付学费。平均每个学生将背负超过 29 000 美元的助学贷款债务离开大学（The Institute for College Access and Success, 2019）。在 40 多年的职业生涯中，教育的回报和代价是什么？

五、环境资源

环境资源[①]（environmental resources）是指大自然提供的存在于我们周围自然环境中的资源。全世界的家庭都依赖地球资源生活和工作。环境资源可能会枯竭，并最终耗尽。

环境资源既有可再生的，也有不可再生的。可再生资源[②]（renewable resources）指那些可以被使用且不会耗尽的资源，或者是那些可以反复使用的资源。流动资源指那些可持续使用的资源，例如太阳和风。其他可再生资源通过生物过程实现再生，如植物、动物和鱼类。虽然我们认为可再生资源可以无限使用，但滥用和过度使用最终会导致资源枯竭。例如，尽管树木在生物过程中会不断地播种生长，但侵略性的砍伐会使得一个地区的树木大幅减少，从而使它们无法得到补充。不可再生资源[③]（nonrenewable resources）指那些数量有限的资源。一旦资源被使用，就无法获得补充，矿物和化石燃料就属于不可再生资源。自然环境大多是不可再生的，我们需要为未来生活在地球上的后代保护它。关于应该如何使用自然资源，有几种观点。一些人认为应该限制人类对资源的使用。自然资源保护主义者希望对人们进行教育，并推行关于资源认识和保护的政策。有些年代的人对保护环境有着更清楚的意识和更强的意愿。每当一种自然资源受到威胁时，就会有人站起来呼吁更好地保护资源。另一些人

① 环境资源：生物体需要的可以从环境中获取的东西。

② 可再生资源：可以使用且不会耗尽或可以反复使用的资源。

③ 不可再生资源：煤炭、石油和其他化石燃料等存储有限且补充周期缓慢、很快就会耗尽的资源。

则提倡使用新技术，以便更有效地利用资源或创造替代资源。一个很好的例子是正在进行的汽车替代能源的研究，如电力和氢。

环境学家和经济学家（Gerlagh & Sterner, 2013）认为环境资源濒临枯竭的原因是多方面的。人口的增加造成了自然资源的消耗和短缺，从而导致对木材和水等自然资源的需求增加，以及在产品生产过程中添加化学品。另一个危险来自环境政策，环境政策缺乏及时的可持续性计划，存在不足。在关于保护环境的辩论中，环保主义者认为任何事情都不应该让环境受到损害，工业界则要求减少限制，以增加产量和利润，在这种情况下，政治决策常常保持中立。

六、社会资源

前面讨论的资源都是有形资源（看得到的资源），而社会资源[①]（social resources）是感觉到的资源。麦克德莫特（McDermott, 2004）认为，经济共同体在很大程度上将社会资源视为只有个人才能获得的东西。他建议将社会资源引入社会层面。帕特南（Putnam, 2000）将社会资本或资源定义为“个人之间的联系——社会网络以及由此产生的具有互惠性和可信性的规范”。此外，人力资源和经济资源可以为个人拥有，而社会资源则是集体拥有。

社会资源既包括家庭内部的资源，也包括来自家庭外部但影响家庭的资源。家庭内部的社会资源具有照顾和满足家庭成员需求的职能。家庭社会资源还包括人际关系技能。家庭最重要的社会资源之一是与他人有效沟通的能力。这项社会资源为孩子未来的人际关系奠定了基础。

●案例 6-4

伯纳德和珍妮是新婚夫妇。他们在短暂的相识和恋爱后结婚了。尽管伯纳德是一个安静的人，珍妮依然相信他是完美的伴侣。珍妮的家人彼此之间一直很坦诚，他们能够很好地解决任何冲突。令她吃惊的是，当她和伯纳德发生争执时，他会保持沉默，经常消失几个小时。当他回来时，表现得好像

① 社会资源：通过互动获取且为集体所拥有的资源。

什么事也没发生过。

一开始珍妮没有计较，但第二年，她变得很沮丧，因为同样的分歧不断出现，而伯纳德从来不会留下来和她好好谈一谈。当珍妮威胁伯纳德，如果他们不去寻求心理咨询，自己就离开他时，伯纳德终于同意谈话了。珍妮很快发现伯纳德的家人从来没有有效解决过矛盾。伯纳德不具备有效沟通或有效解决冲突的资源技能。

家庭内部的另一种社会资源是家庭记录功能。无论是通过照片、故事还是祖传宝物，传承历史的家庭都在传递一种重要的社会资源。虽然追忆过去、听祖辈们的趣闻轶事是愉快的体验，但过去是未来的重要组成部分。家庭成员必须认识到，他们需要把过去理解为塑造未来的历史过程。家族史的传承带给我们一种归属感和对家庭的依恋感，这是其他任何社会群体都无法实现的。

●案例 6-5

特拉维斯上大三。一天晚上，他和朋友们在谈论他们的家族史。他们中的大多数人并不真正了解自己的家族历史，但特拉维斯能够讲述他的曾祖辈是如何从苏格兰移民到俄亥俄州定居的。他曾在家庭日记中读到他们早年所面临的困难和挑战——经济困难和恶劣的气候。祖辈们的坚毅激励了特拉维斯，使他学习上也表现得极有毅力，这让他的同伴很感兴趣。

社会资源也存在于家庭以外的社区或环境中，包括家庭联系和使用社区现有社会资源的能力。此外，集体社会化[①]（collective socialization）指的是社区作为一个整体如何参与家庭生活，例如，成年人如何照顾社区的孩子，父母对此是表示感激还是远离社区。

---

① 集体社会化：在社区社会网络内的儿童受到共同行为期望影响的过程。

● 案例 6-6

刘易斯一家在孩子的学校里很活跃。刘易斯夫人参加了所有的家长咨询会，并经常在学校的筹款活动中出力。夏天的时候，刘易斯家的孩子们会去参加市政府主办的文娱活动。刘易斯自愿担任足球教练，帮学校球队准备青少年足球联盟选拔赛。

米勒一家对社区的看法则截然不同。米勒夫妇为了养家需要长时间工作，很少有时间或财力参加社交活动。米勒夫妇不积极参与孩子的教育，也很少与自己的家人和亲戚以外的其他家庭交流。他们不会利用社区提供的教育或体育资源，也很少把孩子交给祖父母以外的人看护。

与米勒一家相比，刘易斯一家的行为是集体社会化的一个典型例子。

社会资源会带来优势。社区里的人们凝聚起来改善并保持良好的生活质量会带来很多优势。普林茨（Prinz, 2019）的研究发现，社会支持可以提高适龄儿童的入学准备度，能够有效防止虐待，可以减少药物滥用和少年犯罪的风险。

前几年的新冠疫情也表明了社会资源的优势。一些人认为，那些民众团结、目标统一、对领导人充分信任的国家更有可能更快复苏（Aassve et al., 2020）。马克里迪（Makridi, 2020）发现，那些社会资本（家庭和睦互动、社会支持度、社区健康、集体效能）水平较高的国家，病毒的传播速度相对来说较慢。

地方、州和联邦福利项目是家庭可以获取的社会资源。地方政府以公共图书馆和公园的形式为家庭提供服务。州政府还提供其他社会资源，比如州立公园和州立博物馆。联邦项目有农业合作推广体系（CES）、联邦紧急事务管理局（FEMA）、退伍军人健康管理局（VHA）和国家艺术基金会（NEA）等。

社会保障提供经济和社会支持。社会保障局（The Social Security Administration）成立于 1934 年，旨在帮助在大萧条期间无法满足基本需求的家庭。社会保障的主要目的之一是为需要社会援助的家庭提供保障网络，它最初的目的是保障短期资源，但人们对于公众福利的诉求构成了当今社会保障项目的一个重大挑战。虽然大多数人支持社会保障，但也有不少人对其有效性持怀疑态度。现在，政府正在推行一些改革，比如，近来将未成年子女家庭援助

（AFDC）项目升级成了贫困家庭临时援助（TANF）项目。社会保障将在第八章进一步讨论。

今天，随着社交媒体和技术持续影响着家庭成员与外部世界的联系，一些人认为，志愿服务形式的社会资本可能正在发生变化。几年前，普特曼（Putnam, 2000）在他的《一个人打保龄》（*Bowling Alone*）一书中认为，在过去的40年里，人们的志愿精神[①]（volunteerism）和公民组织参与度下降，表现出政治冷漠，文化团体之间的不信任感不断上升，这预示着严重的问题可能即将出现。《2015年“千禧一代”影响报告》（Feldman et al., 2015）显示，70%的“千禧一代”[②]（Millennials）都参与过志愿服务，84%的人参与过慈善捐赠。他们参与志愿服务的动机与他们的父母和祖父母并不相同。他们的父母辈和祖父母辈参与志愿服务是由于工作单位或社会团体的参与，往往志愿服务的内容是预先确定的。“千禧一代”更愿意参与志愿服务，是因为他们相信自己所做的事富有意义，或是受到朋友或他们所钦佩的人的感召。他们也更懂得利用社会资本，比如技能和专业知识，而不仅仅是时间和金钱，因此能清楚地看到自己的付出对他人的帮助。“Z一代”（指1995年以后出生的“新新人类”）已经开始步入成年，早期研究显示这一代人的志愿活动参与率较低，但他们参与志愿活动的动机与“千禧一代”相似（Cho et al., 2018）。如果参加志愿活动能提高他们的工作能力或帮助他们获得有价值的技能，那“Z一代”的参与意愿会提高。

不管志愿服务的目的和未来如何，家庭教导孩子关于社会资本的价值，对提高社会需求认识可能发挥着最重要的作用。父母给孩子们树立了履行公民义务的榜样，展示了与他人合作的价值，并教育孩子信任或不信任他人（Stolle, 2003）。鲁顿和尼瓦尔（Lewton & Nievar, 2012）认为家庭参与志愿服务可以促进家庭发展，提升家庭成员对可用资源的认识。

---

① 志愿精神：为通常是自己社区内的慈善、教育、社会、政治等或其他有价值的事业无偿贡献自己的时间或才能，不计报酬。

② 千禧一代：20世纪80、90年代出生的一代人。

▶**前沿动态**

美国人存钱难①

让美国工薪阶层存钱似乎是件难事。根据Bankrate.com的一项新调查，超过五分之一的美国人不会存储年收入。那些储蓄的人存的也不多——20%的人会把收入的5%用于储蓄，28%的人会储蓄收入的6%—10%，只有16%的人会储蓄超过15%的收入用于退休、紧急情况和其他财务目标。

专家建议，如果你想在65岁退休并维持现有的生活水平，需要从25岁开始，将当前收入的10%—17%存入退休账户。

年轻人存钱尤其困难。55岁及以上的人比其他年龄段的人更愿意把年收入的10%以上用于储蓄。“千禧一代”和“X一代”则更有可能表示自己完全没有存钱。

Bankrate的调查也给出了一些为什么大多数人不愿意储蓄的原因。当被询问为什么不储蓄更多的钱时，调查参与者最普遍的回答是“要开销”，其次是“还没想到”和“工作不够好”。

物价上涨而收入没有上涨（这可能是许多人不储蓄的一个原因），这也让人们难以为未来规划。你储蓄得越晚，当那一天到来的时候，你就会落后得越远。有一些方法可以让你在不感到经济紧张或需要很大程度地改变生活方式的情况下取得进展。埃尔金斯（Elkins, 2019）的建议是尽早开始储蓄，让储蓄变得自动化，有多余的钱就投入储蓄。

怀特（White, 2021）发现，在新冠疫情期间，越来越多的人开始意识到储蓄的重要性。因为意识到需要有更多的现金以备不时之需，那些有储蓄能力的人开始储蓄更多的钱。然而，那些面临直接经济损失的人没有能力加大储蓄力度，甚至根本没有储蓄。Bankrate的一项新调查显示，美国中等收入人群面临更大的挑战，超过三分之一的人负债超过储蓄。

---

① 来源：Elkins, K. (2019, March 15). Here’s the no. 1 reason why Americans are struggling to save money—and it’s not debt.*Make It*; White, M. C. (2021, February 10). Americans are saving more during the pandemic—but there’s still a huge demographic divide. *NBC News*。

七、资源评估

在进行资源交换时，大多数人倾向于公平交换。换句话说，我们希望得到与我们的付出等值的东西，就像在超市买一加仑（1 加仑≈ 3.79L）牛奶支付一加仑牛奶的钱一样。然而，资源和这些资源的价值可以用不同的方式来评估。当给朋友或家人东西时，许多人并不期望得到什么回报。但有时候，你可能希望交换的价格能够优惠一些，比如趁换季购买泳装就会划算得多。100 美元对一个孩子来说，其价值可能要远远大于 100 美元对富人的价值。交换的价值可能取决于互动的性质和相关各方的关系。

相对资源理论（Blood & Wolfe, 1960）认为，在关系博弈中，力量的平衡会倾向于拥有最多资源的一方。在过去，这种平衡传统上偏向于男性，他们对权力和地位的投入超过了做家务和养育孩子。随着女性进入职场，两性关系变得更加平等，这种平衡发生了变化。相对资源理论倾向于立足美国的文化背景来看待资源。但是，罗德曼（Rodman, 1967）认为，在传统文化背景下，丈夫拥有绝对的权力，婚姻的权力与双方的资源并不相关。

●案例 6-7

马哈维和萨诗已经结婚 5 年了。他们都在纽约长大，但仍然遵循着家乡印度的习俗。两人都是律师，萨诗的工资实际上比马哈维高，但是由于他们的文化传统，马哈维在他们的关系中拥有绝对的权威。

评估资源最有效的方法是在权衡文化、环境和公平的影响的同时改善人们的生活。每一种文化都有不同的意义，对资源的价值认同也不同。同时，必须考虑和保护自然环境。还必须考虑到经济公平。一个存在严重经济不平等的社会——极端贫困与极端富裕并存，将在未来面临许多问题。

家庭资源用于满足基本需求。有一些家庭拥有丰富的资源，可以满足需求，但不幸的是，大多数家庭只拥有有限的资源，必须设法有效地管理资源以满足家庭需求。有效地管理资源可以帮助家庭满足需求。家庭资源管理的能力可能是他们所拥有的资源组合的结果。当一个家庭需要对照顾老年成员做出决定时，他们可以利用自己的资源，如其他家庭成员愿意施以援手或提供经济资源，也可以利用社会资源，如养老院或家庭保健服务等。

资源可以给家庭带来稳定的经济支撑，从而直接影响家庭；也可以帮助家庭应对问题，从而间接影响家庭。当家庭不确定应该如何使用资源或担忧是否拥有足够的资源时，压力就会产生。这些压力可能来自可预期事件，如结婚；也可能来自不可预期的事件，如离婚。压力还可能是暂时的，如生病；也可能是长期的，如患了糖尿病等慢性疾病。如果无力应对问题，就会产生经济压力，而充分进行财务规划的个人和家庭可以大大降低这种无力感。当需要支付医药费时，金钱资源会以有形的方式帮助家庭。但通常情况下，当金钱不能"解决"问题时，就需要其他资源的介入，而这些资源随后会变得更有价值。在压力事件发生之前就已经存在的应对资源是事件发生时可以利用的资源。以下这些资源，如来自社区的支持、咨询和有效的应对技能可能是家庭所需要的，此外，对婚姻的坚守、牢固的家庭关系、良好的解决问题能力以及较高的教育水平有助于家庭成功地应对财务压力（DeFrain & Asay, 2007;Matheny & Curlette, 2010）。

调节资源流向是资源管理的重要内容，有助于家庭规划未来。当然，当一个人持续工作时，家庭就会持续获得资源。但是，失业、危机或意外事件可能会中断资源的流动。认真管理资源可以在家庭无法获取资源时以备不时之需。

在一个家庭中，评估资源的方式可能受到各种因素的影响。每年的传统、庆祝活动或具有里程碑意义的事件都将影响资源。一些家庭选择将他们的资源用于未来的活动，比如上大学或举办婚礼，因为这些都具有很高的价值。家庭角色也可能影响资源。如果丈夫和妻子都在外工作，他们对于资源的珍惜和使用情况可能会不同于工作模式不同的夫妻。

八、资源的分配和使用

资源的使用方式多种多样。在讨论资源理论时，我们提出了资源交换的概念。放弃一种资源以换取另一种资源是最常见的资源使用方式。其他资源使用方式包括生产和消费。今天，许多资源都在大量生产。工厂每天生产出数以百万计的商品，并配送到商店供消费者购买。

消费者购买商品产生消费行为。大多数家庭消费商品，还有一些家庭也生产商品。

除了交换资源，我们还可以节约资源或投资资源。节约资源可以让人有所储备，以备急用或日后使用。

●案例 6-8

史密斯一家住在美国佛罗里达州的狭长地带。在每年秋天的飓风季，他们的头等大事就是做好飓风防备，确保家里备有足够的瓶装水、即食食品和窗户专用胶合板。9 月，狭长地带经历了一场大飓风。由于飓风的反复无常，商店的供应储备可能不足，所以价格要高得多。史密斯夫妇通过储存和节约资源的方式为可能到来的飓风提前做好准备，是避免高价购买所需商品的有效策略。

节约资源也是增加资源的一种方式。随着时间的推移，古董和房地产的价值可能会升高。在银行或储蓄机构存钱会产生利息。投资也是很好的资源利用方式。家庭可能会选择不把所有收入都花光，而是把一些钱用于投资，希望随着时间推移实现资源的增加。投资包括股票、债券、共同基金和养老金等。

大多数人都想保护自己的资源。有些资源受到保险的保护。持有房屋贷款和汽车贷款的贷款人需要在买家全额支付贷款前购买保险，以防止房产和车辆发生意外。银行向客户保证，他们的钱由联邦存款保险公司（FDIC）提供保险，以防银行发生不测。人们也会采取预防措施来保护他们的资源。锁具、安保系统，甚至钱包上的拉链都是人们保护自己资源的方式。

足智多谋[①]（resourcefulness）指确定并使用资源以有效满足需求的能力。每个家庭的资源丰富性或资源使用方式各不相同。根据佩平和科恩（Pepin & Cohen, 2019）的研究，大多数已婚夫妇“集中”双方的钱，平等地使用资源（包括收入），但情况并非总是如此。尽管大多数夫妇将他们的资源集中起来，但佩平（Pepin, 2019）发现，约有一半的人至少会将他们的部分收入存入自己的

① 足智多谋：拥有内部资源；技巧娴熟或富有想象力。

账户，从而获得部分经济自主权。

正如第二章所讨论的，交换理论解释了资源在关系中的平衡取决于收入、地位、技能和其他资产。这种平衡并不总是容易实现的，在如何分配和使用资源的问题上往往存在冲突。虽然一些家庭成员可能会合作，以最大限度利用可用资源，但其他人可能会为获取资源而产生竞争。人际关系使资源决策变得困难，原因之一在于决定资源如何使用的一方享有一定的权力。萨夫利奥斯－罗斯柴尔德（Safilios-Rothschild, 1976）使用了管制性权力[①]（orchestration power）和实施性权力[②]（implementation power）这两个术语来描述许多关系中的决策权力类别。那些拥有管制性权力的人被赋予做出重大决定的权力，这些决定往往会影响家庭的生活方式，不过，他们经常利用这种权力将次要的决策权移交给其他人（通常是其配偶）以进行日常管理。当这个人被赋予日常决策的责任时，就实现了一定的实施性权力。伍利（Woolley, 2003）发现，在一段关系中，女性相比男性更多地参与金钱管理；但是，收入高的人往往对钱有更多的控制权。贝托奇等人（Bertocchi et al., 2012）后来补充说，年龄差异、经济知识储备，甚至丈夫的特征等其他因素，都可能影响家庭财务的控制权。

家庭分配资源的方式也与他们做出这些决定的条件有关。朗霍尔茨和同事（Langholtz et al., 2003）认为确定性、风险和不确定性等条件都对资源的使用有影响。当有关资源使用的决定是在确定性[③]（certainty）条件下做出时，情况不怎么复杂。例如，如果一个家庭有稳定的收入、大量的储蓄和投资，还有足够的人寿和医疗保险，那么做出买一辆新车的决定十分简单。即使是日常的决定，在每月收入中确定具有一定资源的前提下，也很容易做出。但是，在不确定性[④]（uncertainty）条件的情况下，如工作不稳定或健康状况不佳，人们做出决定将变得困难。虽然家庭每个月都有稳定的固定收入，但可能会存在家庭成员患有慢性病的不确定性。如果该家庭成员必须住院，他们可能无法提供资源，而更多的

---

① 管制性权力：对决定家庭生活方式的重大决定负起责任。

② 实施性权力：对日常决定负起责任。

③ 确定性：使人信服的性质或状态，尤指基于证据的前提下。

④ 不确定性：从不确定到几乎缺乏与某事相关的信念或知识（深信的观点或知识），尤指是对某个结果的认知。

资源将不得不用于支付医院账单、药品和其他开支。在有风险[①]（risk）的情况下，家庭不知道会有哪些可用资源，但必须在假定资源存在的情况下做出决定。这些条件使人们很难做出资源分配的决定。

●案例 6-9

罗伯特和丽莎结婚 14 年了，有两个孩子，分别为 8 岁和 10 岁。由于罗伯特公司经过了一系列合并，罗伯特的工作岗位在过去的 6 个月里发生了变化，他越来越不满意自己的工作。在他看来，如果不能调换工作岗位，他将不得不辞职。上周，家里用了 15 年的汽车开始出现问题。罗伯特和丽莎都知道这意味着他们将不得不买一辆新车。这个决定是在有风险的情况下做出的，因为罗伯特的工作存在不确定性。他可能会留下来和老板协商换个工作岗位，也可能因辞职而面临失业,还可能找到一份比现在的薪水更高的新工作。但是，因为他们需要一辆车，所以他们不得不冒这个险。

资源分配行为[②]（resource-allocation behavior）研究（Langholtz et al., 2003）考察了人们在决定如何使用资源时可能用到的策略。资源分配问题不同于一般的问题解决，因为决策往往涉及多个方面。乍一看，在决定如何使用资源时，通常没有一个明显的解决方案。资源的来源、资源的价值评估方式，以及资源分配方式的多样性都增加了决策的复杂性。

●案例 6-10

卡罗尔喜欢做饭。在漫长的一天工作之后，她发现每天晚上花几个小时为家人做一顿美味的晚餐是一种放松。而她的同事罗斯则更愿意晚上和家人一起看书或看电视。罗斯想花尽可能少的时间做饭，所以她经常买预制食品或叫外卖以节省时间。对卡罗尔和罗斯来说，他们拥有的相对资源数量可能是相同的，但做出了不同的分配。

---

① 风险：已知损失的概率。

② 资源分配行为：当人们做出资源使用决定时所表现出来的外在的可观察行为。

朗霍尔茨等人（Langholtz et al., 2003）发现，许多人使用资源时完全不考虑可能的结果。他们不会考虑自己的资源使用决定是会带来收益还是蒙受损失，而是采用一种“假设无损失策略”，即他们不担心结果，直到发生实际损失。然而，那些拥有较少资源和更多不确定性的人会为损失做更多的计划。此外，人们倾向于在早期使用较多资源，而在后期使用较少资源。大多数人最后会剩 10%—25% 的资源。例如，在月初，一些人在日用品上的花费可能比月底多，以确保在下一个支付周期之前还有钱用于紧急情况。人们使用的另一个策略是在使用资源的过程中不时做出调整。在必要的情况下，如果改变资源分配方式能够带来更加有效或利好的结果，人们会在中途改变他们分配资源的方式。

多伊奇（Deutch, 2005）确定了分配正义[①]（distributive justice）的三个原则，以决定资源分配并指导资源使用。其一，公正原则建立在公平的基础上，分配取决于对系统的贡献，例如，纳税人最有权享受公共服务。相比之下，公平也可以由某人对某种特定资源的应得程度来决定，例如，一个人过去对某一系统做出了贡献，现在他无家可归需要帮助。其二，平等原则建立在公平分配的基础上。在群体或家庭成员之间平均分配资源固然有助于营造合作与和谐的氛围，但它并不总能解决每个人的需求。其三，遵守需要原则也是资源分配的一种方式。这一原则推动了一些项目的开展，如社会保障，还有一些组织提供的助学金或奖学金。这一原则尤其适用于资源有限的情况。

●案例 6-11

山德兹一家有四个孩子，年龄从 2 岁到 15 岁不等。玛丽亚 · 山德兹一直很注意平等对待孩子们。她确保对所有的孩子都给予同样多的爱和关注。但是，当涉及资源分配时，平均分配资源并不是最好的解决方案。15 岁的约瑟需要的食物是 2 岁的罗莎的两倍多。开学时，约瑟还需要一双踢足球用的新运动鞋和一个数学课用的特殊计算器。在他们家庭生活的这个阶段，约瑟需要的资源数量超过其他孩子需要的资源。

---

① 分配正义：通过公平和一致性理念，在社区中做出的能够为有需要的人带来最大化价值的决定和行动。

自发性俭朴生活的理念可能会影响一些家庭使用资源的方式。虽然这个理念可能会（也可能不会）让人联想到某个政治或宗教组织，但它根源于对消费主义思想的排斥，这一理念的践行者选择简单生活，认为美好生活不必通过“购物”实现。虽然有些人担心消费主义导致人们对更多“东西”产生贪得无厌的欲望，但俭朴生活并不体现在购物的数量，而在于人们购物行为背后所蕴含的价值观。家庭自发性俭朴生活的表现可能包括减少科技产品的使用、只购买生物环保产品、减少工作时间而花更多的时间待在家里、缩小生活空间、减持财产等。

人们使用资源的方式和原因往往很复杂。了解做出决定的情境背景可能和决定本身一样重要。需求如何提出？分配者有着什么样的价值观？过往的历史是怎样的？某种资源使用方式的可行性如何？这些都是需要考虑的因素。

案例作业

第六章探讨了可供家庭满足其需求的多种资源。其中许多资源是以金钱交换公共事业服务（如水电气）和卫生服务等公共产品而获得的。本章你需要完成关于案例家庭每月重复支出的预算。

目的：

✓ 规划与公共服务有关的支出。你的案例家庭描述和你在案例作业 2 中选择的房子或公寓清单包含了完成这项内容所需的所有信息。

预算：

此案例作业中的支出包括通常由市政或少数供应商提供的服务——供电、垃圾清运、供水、下水道疏通、草坪护理、清洁服务，以及公共区域维护等收费服务。一些社区每月或每年收取费用，用于维护游泳池、游乐场、绿地和停车场。这些通常被称为业主协会费（HOA）。

任务：

供电。假设案例家庭所在的住宅单元完全由电力供电。当地电力公司的价格信息可以在公司网站上获得。

垃圾清运 / 供水。访问市政网站，以确定市政提供哪些服务（通常是供水、下水道疏通和垃圾清运）或哪些公司被指定为服务供应商。可以访问市政或公司网站确定服务价格。按服务供应商提供的平均服务使用频率计算这些服务可能需要的每月支出。

草坪护理。如果草坪护理和除雪不包括在房屋的 HOA 费用中，家庭成员可能无法自行完成这些事，你需要考虑聘请当地公司提供服务的可能性。在公司网站上查询价格信息。虽然价格每个月会有波动，但在每个月的预算中留出一笔稳定数额的钱，可以在需要时提供必要的资金。

清洁服务。如果你认为你的案例家庭可能会定期雇用家庭清洁公司提供清洁服务，那么找到当地供应商的网页查找到价格并将其纳入预算。

业主协会费。如果案例家庭有申请，你的房屋预算清单上还需要加入 HOA 费用。

报告：

报告标题和预算表必须有正确的归档信息，包括案例家庭姓名、案例编号（6）、当前日期和你的姓名。使用案例作业 1 中创建的摘要段落作为本报告的引言。此案例作业中的每一项预算支出都需要逐段做出充分解释。仔细检查以确保预算表上的金额按月而不是按年计算。请附上截图，包括关于你的房屋选择的截图。

按导师的要求提交报告。

总结

个人和家庭在决策过程中首先会确定需求。需求确定后就要探讨满足这些需求的可能备选方案。识别和评估可用的资源为家庭提供了选择，并决定了这一过程的成败。资源可以有形，也可以无形，可以丰富，也可以有限。在充分了解可能的备选方案的基础上做出的决策，更有可能满足当前以及未来的家庭需求，丰富家庭生活。

复习和讨论题

（1）一个人的文化或家庭背景如何影响资源的使用？

（2）从资源理论来看，爱情的交换与金钱的交换有什么不同？地位如何交换？

（3）思考我们投资资源的原因，这些原因在工作和家庭中会有什么不同？

（4）为什么有偿工作仍然存在性别差异？

（5）随着家长更多参与有偿工作，这会使他们忽略社会资本价值吗？如果是这样，会有什么后果？

（6）解释家庭关于资源丰富性定义存在差异的原因。

第七章 家庭与经济环境

目标

- 了解经济理论的基本概念。
- 探讨经济体系和家庭之间的相互依赖性。
- 了解经济制度对家庭决策过程的影响。
- 了解家庭的经济状况如何影响生活质量。

如第三章所述，家庭系统理论认为家庭在影响家庭环境的同时也会受到家庭环境变化的影响。无论是单个家庭还是家庭组合，都会影响当地、区域、国家乃至全球的经济体系，同时也受到该体系的影响。家庭成员在商品和服务的生产和分配方面交换人力资源。他们把挣来的钱集中在家里，消费商品和购买服务，从而刺激整个经济交换过程。家庭的可利用资源决定了家庭成员的市场参与程度。

一、消费主义的起源

家庭是如何陷入这样一个体系中的呢？自有历史记载以来，就有货物和服务[①]（services）的交换。在古埃及墓穴中发现了很多手工艺品，这些全是由熟练的工匠制作的，工匠们受雇于统治阶级，用自己的时间和才能换取保护或声望。美国的拓荒者家庭在食物、安全和住所方面实现自给自足，慢慢地，这些家庭生产的食物超过了内部的个人需求，于是开始与该地区的其他家庭进行交换，最终成为附近社区经济体系的一个组成部分。

美国大平原各州的早期定居者离开芝加哥和圣路易斯等中西部的旅游中心，沿着横贯大陆的铁路线向西迁移，在可以自由定居的土地上开辟出他们自

① 服务：劳动力等以产品形式提供的经济活动。

己的土地。他们出发时携带的物资包括基本农具、牲畜和迁移所需的食物。拓荒者们知道，他们要生存得靠自己种植作物，建造住所，同时还需要好运气。虽然西行主干道沿线的战略要地已经有一些小城镇，但商品和服务的供应极其有限。农场通常离这些简陋的市场有数英里远，因此自给自足至关重要。

他们开始种植作物，作物在精心照料下获得了丰收，收获的剩余食物被晒干、腌制、装罐以储存备用，直到下一个收获季节的到来。牲畜根据需要进行繁殖、饲养和屠宰。他们食用新鲜的肉，吃不完的肉就晒干腌制起来，并尽可能储存。他们还会猎食鸟类、松鼠、鹿和其他当地动物。所有的家庭成员都在为生存积极努力。生活和劳作是整个家庭的事，不分老少，从早到晚，所有人一起劳作。娱乐是计划外的活动，但却是日常生活的自然组成部分。他们的生活方式与那些留在商品零售业不断扩张的老牌城市的亲友们截然不同。

当这些拓荒者家庭耗尽了随身携带的货币储备时，他们需要参与到可以利用的贸易网络中。剩余的食物、动物和种子被运到距离最近的城镇，人们根据交换时的需求、资源和地点来换取物资或现金。当铁路运输系统成为全国范围内货物的稳定供应商时，这些农场家庭就为他们生产的货物找到了更好的市场和价格。为了适应交易的需要，这些小城镇的批发和零售业务不断发展。

随着时间的推移，农民家庭变得不那么自给自足。种植作物、饲养牲畜主要是为了到市场上进行交易。他们仍然会在菜园里种植果蔬，偶尔也会屠宰动物来食用，但罐头食品、冷冻食品和加工食品可以用从农作物和牲畜交易中获得的钱来交换。农场发展成为成熟的企业。农业家庭变得依赖经济，他们的成功或失败已经植根于全球经济。

美国的经济体系反映了独立战争前欧洲经济的发展。美国殖民地想要从英国分离出去，很大程度上源于对这两个社会之间经济交流的不满。麦克拉肯（McCracken, 1988）探讨了消费主义[①]（consumerism）对盛行了几个世纪的欧洲经济体系的影响，并提出个人和他们的经济体系之间的关系取决于个人和家庭参与炫耀性消费的意愿。他将这一现象追溯到16世纪晚期英国女王伊丽莎白一世的王室生活。

---

① 消费主义：通过购买商品和服务来提高社会地位。

伊丽莎白一世坚持要贵族们亲自到宫廷拜见她。在那之前，那些土地所有者和有爵位的家族可以通过往来伦敦的中间人获得皇家物品和恩惠，但伊丽莎白一世坚持贵族直接向她提出诉求。而到伦敦谒见女王陛下当面提出诉求的费用是相当昂贵的，贵族们要添置拜竭女王所需要的服饰，为了享有特权要上下打点。这些款项充实了王室的金库，从而使得女王能够维持奢华的宫廷生活。这些贵族在他们的领地上都是上上人，但到了宫廷中他们发现必须与其他贵族争夺女王的注意力。这种竞争的需要迫使他们购置华丽的衣物，在城市里购置更大、更精致的联排别墅，购买更稀有夺目的皇家礼物，举办比其他贵族更盛大奢华的宴会。麦克拉肯（McCracken, 1988）称之为“消费的暴动”。

这种炫耀性消费行为，不仅对家庭的职能，也对家庭的社会存在意义产生了影响。为了维持家族的宫廷地位，贵族们需要从现有的家族资产中抽出大量资金用以消费，这对购买物质财富和金融财富传给后代、希望后代能够实现增值的理念构成了强大的冲击，人们的消费从为整个家庭积累未来财产的需求转向了对时尚的需求。时尚产品和服务需求的增加推动了当地社区对这两种产品的生产。曾经主要以可持续性为基础的经济发展模式变成了以大规模生产、营销和分配为主的经济模式（McCracken, 1988）。

另一个进一步加强美国家庭对经济体系参与度的历史时期是19世纪欧洲和美国的资本主义工业化[①]（industrialization）时期。内战前，美国经济主要集中在农业生产和分配上。生产通常在家里或家附近完成，而贸易主要发生在当地市场区域内（Welch & Welch, 2004）。但铁路运输，电报和电话，机械和电气发明，以及大型工厂的大规模生产开辟了新的市场，提供了新的商品和服务。这些发展极大地影响了美国家庭。最后一章会讲到，那时许多成年人，主要是男性，开始在经济生产和分配部门工作。这些成年人用他们的货币工资交易商品和服务，交易的产品不再局限于他们家庭生活的产品。大规模生产降低了商品的获取难度和价格，从而促使家庭消费增加。

1929年的股市崩盘摧毁了美国经济，使公司、工人和家庭陷入了持续十多年的大萧条。经济最终停止下滑的主要原因是第二次世界大战期间政府的

---

① 工业化：一个国家或集团采用制造的生产方法，伴随着生活方式、交通和社会其他方面的相关变化。

大规模经济刺激和军事生产。在那个时候，美国政府投入了大量的钱，刺激了经济的反弹（Collinge & Ayers, 2000）。1946 年通过的《就业法案》树立了人们对充分就业、充分生产和稳定价格的信心，巩固了家庭在经济体系中的参与度。国会被授权管控税收和政府支出，以使经济活动达到预期水平（Welch & Welch, 2004）。

2008 年美国经济衰退时，政府采取了同样的措施，试图扭转经济衰退。随着 2009 年《美国复苏与再投资法案》的通过，增加失业保障等措施减轻了失业率上升所带来的影响。美联储将银行利率降至零。股市出现反弹，政府支出的增加和有针对性的减税措施为不稳定的经济注入了活力。这些解决方案是深思熟虑的规划的结果，其所倚赖的是经济学的基本原理。

近年的新冠疫情导致了全球经济衰退，各国政府几乎无暇制定经济生存战略。美国政府再次通过立法向经济注入资金，为家庭和个人提供经济刺激支票，为企业提供补贴和贷款。最初的目标是减轻对消费者与提供商品和服务的企业的影响。自 2009 年调整以来，贷款利率一直处于非常低的水平，但现在下调幅度更大。地区、国家和全球经济反映了政府、企业和家庭在前进过程中所发生的变化。

美国家庭是美国经济不可分割的一部分，有几个原因。第一，家庭把资源花在他们相信能够满足自身需求的产品上。总的来说，家庭代表了商品和服务的最大市场，他们的消费选择可以推动商品和服务的生产（Bade & Parkin, 2015）。其他大型消费群体包括政府、机构和行业等。第二，家庭提供了维持企业运营所需的劳动力。为了更好地理解家庭与经济之间的共生[①]（symbiotic）关系，必须了解经济过程。

二、经济原理

经济学和决策过程一样，其内容也是关于做出选择的。家庭必须从有限的资源中做出选择，以满足其需求和愿望。无论收入如何，每个家庭都对用于特

---

① 共生：两个人或群体之间相互依赖或互利的关系。

定需求的可利用资源的交易数量设定了限制。生产者必须决定生产什么，服务提供者必须集中人力资源以满足需求。经济之所以存在，正是因为我们满足需求和渴望的资源是有限的。

经济学[①]（economics）是研究资源如何被用来满足个人、家庭和社会群体的需求和渴望的学科。资源是有限的，但需求和渴望却往往是无限的，所以必须不断做出决定来平衡两者。在大多数情况下，焦点往往集中在物质需求上，如食物、衣服、住房、交通、娱乐和消费者认为自己需要的可以满足生活的其他东西。然而，对生产和消费循环至关重要的是无形[②]（intangible）资源，如时间、精力以及人的知识和技能。当代美国经济学是由金钱推动的。金钱通过这些无形的人力资源的交换、对未来交换的承诺（信用）、继承或机会而获得。

▶前沿动态

货币会被淘汰吗?

对电子转账、点击 App 操作账户的日益依赖表明了银行消费业务方式的转变。以前大宗采购往往使用纸质支票，现在却变得不多见了。纸币和硬币会步其后尘吗？一种全球化货币是否会在不久的将来出现这一问题多年来引发了人们的争论。但是，随着电子转账的日益便利，也许这种全球化货币已经变得不再必要。

作为货币形式的钱只是纸，它没有内在价值。只要社会拥有一个共同的信念，即钱是一种可以用来交换其他有价值物品的有价值的东西，它就仍然是个人和家庭资源管理的组成部分。但我们对这张纸还有金属硬币的依赖程度是否足以使它们能够在银行业受到的数字冲击中幸存下来？其实已经出现了一些替代选择。

2008 年，比特币问世，有人提议用它来替代依赖货币的现有金融结构。要进入比特币世界，你需要通过合法的交易平台获取一些比特币，按当前的兑换率把常规货币兑换成比特币。然后你需要安全地“存储”它们——可以存储在你个人电脑的“软件钱包”中。这个存储站点能够有效保障你的比特币的安全性。你的比特币的价值会因为买卖（或赚取）而随着汇率的波动有所增长，或者你

---

① 经济学：主要描述和分析商品及服务的生产、分配、消费的社会科学。

② 无形：没有物质属性，摸不着也看不见。

可以通过接受比特币作为支付手段的供应商网络进行消费。比特币是虚拟货币，而美元和硬币是实物。但是，它们都有一个共同的概念，即它们的价值不是由任何真正的商品支持的，而只是一群人共同接受的一个信念。

（一）金钱

在我们的讨论中，金钱①（money）指任何可以用于交换的东西。在美国，买卖双方都认为货币②（currency）——纸币和硬币具有内在价值，可以用于交换商品和服务。一些人认为这种货币必定是由诸如黄金和白银等贵金属储备支撑的。但事实上，纸币和硬币的真正价值在于它的交换价值。如果你突然带着 1 000 美元被送到另一个星球，你会发现自己根本无法使用这笔钱。即使是去其他国家旅行，如果不兑换当地货币也是不行的。欧盟成员国已经同意将欧元作为他们的通用货币。这些国家的供应商很少会接受美元甚至英镑。无论参与何种贸易，你都必须把外币兑换成本国货币。当你在不使用本国货币的国家使用借记卡或信用卡购物时，实则也要通过信用卡公司进行货币转换才能完成交易。尽管爱尔兰和苏格兰接受欧元（英格兰还没有），但英国作为一个整体在 2016 年的全民公投中决定脱离欧盟，因此爱尔兰和苏格兰需要面对重新使用英镑作为货币的可能性。

世界上有多种不同的货币，甚至只要交易双方同意，像香烟这样的东西也可以被用作交换物的货币，因此我们该怎么确定货币的实际价值呢？

5 美元相当于你在任何特定情况下可以用它交换到的东西。货币的价值是通过它在市场上可以购买的商品和服务来衡量的。经济学家根据货币的功能来定义货币。货币被用作交换媒介、价值储存手段和记账单位。家庭参与了所有这三种货币功能。

纵观有记载的历史，有证据表明，一旦一个社会形成了它的一般基础，就会出现一种促进商品和服务交换的方法。最初，人们采取物物交换③（barter）的形式，即一种商品直接交换另一种商品。例如，邻居 A 帮邻居 B 修理篱笆，邻居 B 帮邻居 A 修理坏了的车轴；或者用一只鸡换一袋种子。这一交换体系的

---

① 金钱：为社会和法律所接受的作为交换媒介的一种商品或象征，可用于购买货物、服务和偿还债务。

② 货币：作为交换媒介的流通物，如硬币、国库券、钞票。

③ 物物交换：用一种商品交换另一种商品的交易；交易或交换。

问题在于，只有当双方同时拥有看似相等的需求和资源时才会起作用。货币对时间和情境没有较高要求。它作为一种交换媒介，在所有交易中被所有参与交易的人接受，无关时间、地点或需求。

要发挥交换媒介的作用，货币必须能够在一段较长时间内保持价值，也就是说，它必须是一种价值储存手段。其他资产以同样的方式运作，但没有流动性[①]（liquidity），或者无法轻易转换。例如，一个家庭可能拥有一幢房子，随着时间的推移是有价值的，甚至可能升值，但在出售或抵押贷款之前，没有任何东西可以与它交易。货币具有流动性，它的价值会随着通货膨胀而下跌，也会随着升值而增加，因此需要考虑波动。

当货币由有形资源（如黄金或白银）支撑时，经济就处于商品本位。美国过去以黄金作为货币后盾，但现在实行纸币本位制。美国货币的基础建立在国民接纳货币的意愿和国家经济实力之上。在全球范围内，美元的强势是相对于外国货币和市场而言的。美元对欧元的汇率可能今天是 1 美元兑 1 欧元，而在下周跌至 1 美元兑 0.8 欧元。如果一沓丝绸毛衣的价格是 4 600 欧元，而美国买家下订单的时间是第二周而不是第一周，他的公司因为汇率的变化可能需要多支付 1 128 美元（以美元计算），这就意味着美国消费者购买每件毛衣的价格可能会上涨近 25%。

金钱以货币或电子转账的形式为交换商品和服务的价值提供了一种通用的衡量标准。各国用基本单位来表示这种价值衡量标准。在美国，货币的基本单位是美元。在日本，货币的基本单位是日元。所有东西的价值都可以用这个基本单位来表示（例如，一辆汽车的价值可能是基本美元单位的 4 万倍）。有了这个基本单位，就很容易在商品和服务的价值之间进行比较。知道某物的价值或价格，就为卖方和买方提供了一个基于货币的决策基础，它为双方提供了一个公分母。然而，货币的这种功能可以被操纵和误导。一般而言，价格越高意味着质量和价值就越高，但事实并非总是如此。

要想作为消费者参与国民经济，即使没有支票账户和储蓄账户，也要了解

---

① 流动性：一种资产通过买卖行为迅速变现或转换而不会引起价格的重大波动和较大价值损失的能力。

银行系统。货币在银行系统中流通，从而提供存储和分配功能。银行接收个人、家庭和其他团体的存款。银行储存资金，给某些类型的账户支付利息。然后，银行通过向个人和团体发放贷款，将这些货币存款重新注入经济体系。金融机构必须保留一部分存款以便存款人取款，但大部分存款会再循环到经济体系中。银行还提供了一种储存和增长财富的方法。

●案例 7-1

杰斯每周从工资中拿出 25 美元存入储蓄账户，每年可获得 5% 的利息。一个月结束时，他的账户里有 100 美元。一年结束时，他将有大约 1 200 美元，还有存款利息。

杰德今年年初贷款 1 200 美元买了一只手镯。她每月支付 100 美元，外加 8% 的利息。

就每周 25 美元的消费额度而言，谁的决定更明智？答案并不显而易见。杰斯将会在他的储蓄账户中存入大约 1 350 美元，而杰德会拥有一只无贷的手镯。如果手镯的价值超过 1 350 美元，而她同意出售手镯，她的投资就会更有利可图。但投资需要考虑通货膨胀率和实用性。

当物价普遍上升时，通货膨胀[①]（inflation）就发生了。价格通胀在美国经济中已成为一种意料之中的现象。一辆 30 年前卖 5 000 美元的汽车，今天可能要卖 25 000 美元。这看起来是一个巨大的跳涨，但如果分摊到 30 年来看，通胀的程度其实并没那么高。每年通胀率为 2%—3% 的经济体并不存在严重的通胀问题。但是，当通胀率达到 7%—10% 或更多时，经济可能会崩溃。

通胀对某些收入群体的影响比其他群体更大。当出现通胀时，依靠社保等固定收入生活的个人和家庭必须减少购买行为，因为他们的收入不会像通胀的物价那样上涨，且他们的生活水平会急剧下降。由于这个原因，政府每年都会为依靠社保生活的群体制定生活成本调整（COLAs）方案。但是，这些调整并

① 通货膨胀：相对于可获得商品和服务的货币或信贷发行量增加，从而导致物价上涨；下文中简称通胀。——译者注

不能跟上通胀率上涨的步伐，这使这一公民群体的购买力普遍下降。另一个有类似担忧的群体是那些签订长期工资合同的员工。在通胀时期，他们也会受到负面影响。如果服务行业工会同意在未来 5 年里每年增加 3% 的工资，而通胀率平均为 4%，那么根据该合同，员工的购买力每年都会下降。

就像一个典型的水龙头的进排模式，金钱以工资、薪水、奖金和遗产等形式流入经济系统，并通过购买行为流入市场。如果水龙头进水和排水管排水不在相同频率，经济可能会变得不平衡。对信贷日益增长的依赖已经影响了这种平衡，如果不加以控制，可能会削弱经济。在利率较低时，人们越来越不愿意投资和储蓄，这也影响了整个体系的资金流动和平衡。

●案例 7-2

马丁一家正在考虑购买一台新的 3D 电视机。他们考虑，要么从储蓄账户中取出购买这款产品所需的钱，要么参加商店提供的一年期无息贷款促销活动。如果他们的活期储蓄账户支付的利息低于来年的通胀率——在明年购买电视机的花费将比在银行赚取的利息和本金之和要多，而且没有准确的方法来判断家庭收入是否能支持新的贷款，即使是无息贷款，那么从储蓄中提钱并购买电视机可能是一个更明智的决定。

当储蓄利息低于预期通胀时，消费者就会被诱使增加支出，减少储蓄。如果这样，经济的生产、就业、销售税征收、生活水平等方面将得到改善，但银行可以向企业和个人提供贷款的金额将减少。

（二）供给和需求

经济学研究的核心问题是供给[①]（supply）和需求[②]（demand）的关系。买方和卖方是经济体系中的关键角色。当买方愿意用资源交换某种特定的商品或服务时，这就是对该商品或服务的需求。当卖方决定生产或提供商品和服务时，这被称为商品或服务的供给。常见的例子是贺卡的供求关系。人们会购买纸质或电子

① 供给：可获得使用的某物的数量。

② 需求：在特定的价格和时间需要的商品或服务的数量。

贺卡用于纪念或庆祝家庭成员、朋友、邻居或同事的某个重要日子或重大事件。对圣诞贺卡的需求只存在于一年中过圣诞节的时候。许多家庭和个人在十二月会送节日贺卡——这是需求。贺卡制造商提前好几个月生产预期数量的贺卡，以确保这些贺卡在商店和网上有售——这是供给。供给和需求，先有哪个？这很像“先有鸡还是先有蛋”的争论。多年前，还没有“行政人员”日。那么，是因为尊重这些助理工作的想法创造了需求，然后由制造商满足了这个需求，还是官方指定的“行政人员”日以及相应的卡片生产（供给）催生了消费者的需求？

需求是一个复杂的概念。消费者需求随时间而变化；如果生产者不能充分预测这些变化，可能会面临商品和服务不再被需求的困境。当产品库存增加而需求减少时，就会产生剩余[①]（surplus）的不需要的产品。当生产的产品少于需求时，就存在短缺[②]（shortage）。在这种不确定性下，买卖双方如何运作？

（三）定价

在美国这样的经济体制中，商品和服务通常以不同的价格提供。供应商如何通过定价[③]（pricing）来确定这些商品的价值，而消费者又如何判断这些商品和服务是否物有所值？两者都是复杂的过程，都依赖于决策过程。

商品和服务的生产者或供应方必然要承担提供这些商品和服务的成本。快餐店汉堡包的价格必然包括汉堡包、包装以及翻转、准备汉堡包的人力等成本，还必然包括一些用于支付店铺日常开支（管理、水电、设备、广告等）的费用。只有通过交易获得利润，企业才能存在。所以在覆盖所有这些成本之后，价格中必须要有一部分钱作为利润。

当物价上涨时，需求通常会减少。这有几个原因。牛奶是许多美国家庭购物清单中的基本商品。当牛奶的价格保持稳定时，全国家庭的购买量就会稳定下来。如果牛奶价格稍微上涨，对购买量的影响可能很小或没有影响，因为消费者在购买他们认为健康和不可或缺的食物时，会容忍轻微的价格上涨。然而，当价格大幅上涨时，比如超过 10%，家庭可能会重新评估他们对牛奶的需求。

---

① 剩余：高于实际使用或实际需要。

② 短缺：需求过量而供应有限。

③ 定价：关于消费者必须为产品或服务支付多少钱的决定。

只要消费者没有找到其他方式来满足他们的需求，供给和需求就会以可预测的方式运转。然而，消费者对他们需求商品的价格变化会做出不同的反应。他们可以通过少喝牛奶来适应[①]（accommodate）价格的变化，或者用水或果汁等其他饮料替代[②]（substitute）牛奶。如果其他品牌的价格更低，他们可能会换品牌；如果罐装奶粉产品价格更便宜，并且家庭成员能够接受其作为牛奶的替代品，他们还会购买罐装奶粉产品。消费者如何适应供应和定价变化的另一个当代例子就是过去几年的汽车油价波动。因为美国人已经习惯了开车出行，所以只有很少一部分消费者真的减少了行驶里程。他们还可以把高油耗的车型换成更节能的车型来适应价格的上涨。但有一些人已经以公共交通作为旅行的方式来降低旅游成本。还有很多人调整了其他支出，使他们能够像以前那样继续旅行。但在油价下跌的情况下，消费者购买低油耗车的动机在于他们希望减轻污染对环境的影响，而不是对价格的反应。

当生产者发现生产的产品多于消费者想要的产品时，就会出现过剩。通过降低价格，生产商或许能够刺激消费需求。打折销售可能会使消费者相信购买是必要的。如果消费者觉得未来对某种产品会有需求，而当前降价后的价格低于未来的价格时，他们可能会购买更多的产品。

当消费者想要某种东西，但生产者没有预测到这种需求，没有生产出足够的产品来满足需求，就会出现短缺的情况，价格可能会上涨。消费者愿意花更多的钱来获得具有更高价值的东西，不管这种价值是否明显。此价值可能与它的稀缺性有关。例如，众所周知，当艺术家去世时，他们的作品会增值。因为这个人不会再创作新的作品了，所以过去的作品可能会被认为是收藏品或稀有品。拥有它们会具有特权的光环。

价格并不总是反映产品的功能价值[③]（functional value）。偏好[④]（preference），无论是真实的还是想象的，都可能造成一种情况，即产品的价格虚高，但消费

---

① 适应：使适合、适宜或一致；使达成一致或和谐。

② 替代：以另一个类似的或好的物品来代替某物。

③ 功能价值：有实际用途或能够实现有用的目的。

④ 偏好：在若干选项之间做出的真实或想象的“选择”，并根据这些选项所提供的幸福、满足、享受和效用进行排序。

者仍会购买。在美国，酒是一种可以用来解渴的液体。5 美元一瓶的酒和 500 美元一瓶的酒有什么区别？酒瓶的容量可能是一样的，但如果消费者认为更贵的那瓶酒味道更好，或拥有更贵的那瓶酒会因为它的稀有而增加自己的社会价值，可能就会觉得花更多的钱是合理的，从而做出购买更贵的那瓶酒的决定。

▶现实思考

供求中断：医疗保健体系

当你坐在医生办公室里等待预约时间的到来，或者医生在你的预约时间还没到就为你看病时，你是否看到有价目牌，上面贴着供病患查看的诊疗费用？很大可能看不到。美国医疗服务的价格并不是由供求决定的，也不会受到竞争的驱动。实际上，价格通常是由服务提供方决定的，消费者很难评估所消费的服务的质量。你的阑尾只能切除一次。如果你不满意，或者你觉得收费太高，能怎么办？医务人员不可能把它放回去，然后你再去找其他医生或医院切除。大多数医疗保健服务的提供方和消费者认为这些商品和服务是无价的。享有健康保险的美国人决心优化他们个人和家庭成员的健康。健康保险为用户提供了一个保障网，使他们能够获得各种服务。

凭着每月缴纳的保险费或相关费用，保险公司会在你自掏腰包完全不会选择医疗服务的情况下支付你的医疗费用。2011 年，医疗服务的消费者自付费用约占 12%，而保险公司和政府项目支付了余下的 88%（Young, 2013）。有了这个“降落伞”，消费者在购买他们认为必要的医疗保健服务时很少进行比较。从本质上讲，消费者依赖于服务提供方的建议决定治疗方案。虽然看起来似乎存在利益冲突，但提供建议的人也在为医疗服务制定价格。甚至消费者关于医院或治疗设施的选择都十分有限。医疗点和医生所属机构决定消费者使用的设施。虽然当供给大于需求时，价格应该下降，但医疗领域却不同，因为医疗服务提供方实际上是在为自己的服务创造需求。研究表明，任何社区医院实际使用床位数都与该社区医院的实有床位数密切相关（Rosen- baum, 1993）。

（四）收入波动

参与美国经济的个人和家庭有机会通过额外教育、工作晋升、遗产继承和投资收益来改善他们的经济状况。但是当危机发生时，如失业、患病或失去家庭支柱，他们也会面临失去目前地位和降至较低经济水平的可能。适应现有资源的变化是一个复杂的过程。不论经济状况如何，家庭需要继续满足家庭成员的基本生存需求；但是，他们的消费模式将改变，以适应收入的上升或下降。

研究表明，家庭支出包括以下方面：

· 住房
· 水电等公共事业开支
· 食物
· 交通
· 医疗
· 保险
· 衣物和个人护理
· 教育

这些分类虽然并不全面，但可以用来分析各个社会经济阶层的家庭支出，涉及当代家庭的基本生存和社会需求。有几个群体需要收集这些支出的信息，包括营销人员、生产人员、金融机构、社会科学家和政府机构。这些数据还能帮助我们了解经济状况的变化如何影响家庭购买的决策。

食物虽然是生存必需品，但同时具有社会意义。一个人所能进食的食物数量是有限的，但是食物的种类和成本可能会因人而异。一个汉堡包可能不到2美元，但一块牛排或去头龙虾要贵得多。同一家庭收入水平会上下波动，但用于食物的支出占收入的比例相对稳定，不同的收入水平之间差异较小。不同收入水平的家庭在食物上的支出会随着收入的增加而增加，但占总收入的比例会下降。美国贫困人群在食物上的支出占其收入的28%—43%（Tuttle & Kuhns, 2017）；高收入人群的食物支出在7%—9%；中等收入家庭将其税前收入的13%用于购买食物。虽然在家庭烹饪和外出就餐上的花费也因收入水平的不同而有所不同，但低收入家庭能够获得的相对便宜的加工食品确实造成了他们与中高收入家庭在健康程度上的差距。高收入阶层获得和食用新鲜、健康食品的机会较高。不同收入水平家庭的住房成本显示，住房支出稳定在25%—35%。低收入家庭的住房支出比例会要略高一些，而高收入家庭的住房支出则更多体现在房屋面积、选材和地点等方面。

●案例 7-3

波和雪儿已经结婚5年了。他们一直住在离工作地点很近的一套公寓里。目前，他们的租金和水电费约占总收入的30%。两人都刚刚在公司获得晋升，他们的总收入增长了25%以上。虽然他们的公寓仍然可以满足他们的需求，但他们感到迫于社会压力而有必要搬到一个能符合他们新的社会经济地位的地方。他们会有更多的社交活动。在他们的社交圈中，中层管理人员都希望自己有房。他们决定在郊区买一套房子，这使他们的住房成本升至新收入的35%，并在此基础上还增加了通勤费用。领先通常意味着跑得更快以保持预期。

其他研究报告指出，某些支出在不同收入水平家庭之间存在显著差异。赌博就是其中之一。在被调查的家庭中，来自低收入群体的家庭在娱乐和赌博上的支出比例约为10%，而那些来自高收入群体的家庭的支出比例为4%。但是，按实际美元计算，这4%要高得多。另一项显示收入水平差异的支出是烟草。中等收入群体的家庭每周花在烟草上的钱几乎是低收入群体的两倍，比最高收入群体多花三分之一以上。

那么，在经济体系中，社会经济水平处于两个极端的家庭在商品和服务消费方面的行为是否有很大不同呢？可能并不会。家庭必须满足的成员的基本需求是相同的。但可用资源的数量决定了哪些可能的选择可以实现——75美分一罐的普通汽水或5 000美元一杯的葡萄酒，然后决策者根据自己的价值基础做出选择。

托马斯·J. 斯坦利（Stanley, 2004）写了一些关于白手起家的百万富翁的消费习惯的有趣文章。他对那些靠自己而不是继承或投机获得财富的人进行了采访，并收集了调查数据。他发现这些受试者过着相对简单的生活。他们经常开二手车，用优惠券购买商品，住在中产阶级的房子里。他们中的许多人甚至拒绝使用借记卡和信用卡。

斯坦利发现白手起家的男性和白手起家的女性之间有明显的不同。2004年，他专门写了一本书来探讨这些差异。在调查了 1 165 名富裕女性后，他发现，在类似情况下，她们比男性更慷慨、更节俭、更努力工作。她们的慈善捐赠额高达 7%，是普通家庭的三倍多。这些女性经常自己缝补衣服，并自称买东西会考虑性价比。

（五）喜好变化

经济理论可以为生产者和消费者提供指导。然而，消费者是人，出了名的善变。除了价格，还有三个不太明显的因素影响购买行为：品味[①]（taste）、时尚[②]（fashion）和创新。当面对选择时，个体表现出独特的偏好。冰箱的颜色不会影响其性能，但制造商会为客户提供若干种颜色和材质的选择。在产品选择的决策过程中，品味是一个重要内容。品味与消费产品前期、中期和后期的感官反应有关。随着时间的推移，当拥有可用资源时，家庭会对品牌、配方、家具风格，甚至卫生纸类型产生偏好。不同的人对产品的味道、感觉、气味和审美方面有不同的反应。随着时间的推移，这些购买偏好会在个人和家庭行为中变得根深蒂固。价格的变化可能会对家庭购买偏好产生一定的影响，但如果这些偏好足够强烈，他们会适应价格的波动。

时尚是另一个决定产品选择的因素，能够反映消费者的偏好；不过，时尚反映的不光是个体的偏好，还可以是更大层面的社会群体的偏好。社会群体的偏好成为其成员评判标准的一部分。服装是一个明显例子。裙子长度、允许的皮肤裸露程度、裤腿的宽度等都以社会群体的接受或排斥为标准。尽管衣服依然完好，但如果它们不再能反映群体的品位，就会被扔掉或捐赠给慈善机构。为了获得认可，个人和家庭根据社会群体中大多数人的选择来判断他们目前的物质财富和未来的购买决策。

能够替代当前热门产品的新产品会进入市场。这些新的选择往往具有创新性，比如拉环铝罐代替传统的瓶盖，或者是新的口味、新的配方、新的包装。汽水生产商不得不适应运动饮料的日益流行，以保持市场份额。大多数生产商推出了自己的强化饮料，甚至进入瓶装水市场，以在注重健康的市场上竞争。

① 品位：个人喜好。

② 时尚：通过外表或行为表现自我的当前趋势或偏好。

平板电视机已经取代了曾是美国家庭必需品的方形或长方形电视机。

智能手机已经渗透到美国各个社会经济阶层的日常生活中。这个市场蛋糕还能再甜些吗？别忘了智能手机配件！为了让消费者最新的必备通信工具能够更具个性化，全国各地涌现出了许多商店。设计师设计的手机壳、天线和可编程的电子游戏只是几个流行的购后选择。所有网站都致力于提供那些令人垂涎的“应用程序”，这些应用程序可以免费购买或下载，以使下载者能够进行各种活动，如购物打折、问路、监测天气和玩游戏。比较产品价格、下载“优惠券”和促进售卖场所交易等功能使智能手机成为市场的一部分，而不仅仅是一种产品。它正在影响产品的定价和可获取性。就像过去几十年的电视机一样，智能手机已经从人们奢望、渴望拥有的产品，变成了人人必需的一种主要通信设备。这是发明如何改变市场和消费者决策过程的又一个例子。

智能手机还为社会科学家提供了有趣的研究课题，他们感兴趣的是智能手机给家庭内部带来的持续方便的交流将如何影响家庭关系。这类研究的一个重要领域是青少年决策的依赖性或独立性。现在的青少年和父母的距离就是一秒钟的距离，他们是不是就没有那么多的动力去独立做决定？

（六）就业

当人类的劳动和技能被兑换成货币时，就会促进一个国家的资金流动。可用的货币会被花掉，或用于储蓄和贷款，或承担损失，这取决于参与者的行为。当生产商预期他们的产品需求旺盛时，会雇用更多的员工，增加库存。而当他们的产品不再有需求时，就会裁员，导致家庭成员失业。

就业机会源于市场对劳动力的需求。这种对劳动力的需求是由对商品和服务的需求决定的。所以家庭参与了等式的两边。家庭成员一方面提供劳动力，另一方面通过消费其就业挣得的收入创造对商品和服务的需求。家庭成员的失业会导致这一过程的逆转。当无法用金钱换取商品和服务时，家庭必须寻求其他资源，并在各个层面限制开支。

美国的劳动力[①]（labor force）包括所有 16 岁及以上已就业或正在求职的

---

①劳动力：在美国，指已就业或正在求职的 16 岁及以上的人士。

人士，以及超过典型退休年龄的人。对劳动力进行定义和计算有助于了解就业对经济的影响。在生产方面，如果人们没有工作，他们就不能生产商品和服务。在消费方面，如果拿不到工资，就无法购买商品和服务。对经济学家来说，失业率[①]（unemployment rate），即目前正在寻找工作但还没有找到工作的人所占的百分比，是另一个重要的衡量指标。尽管政府的目标可能是让所有求职者充分就业，但达到这一目标并不符合一个经济体系的最佳利益。大多数经济学家和劳工分析人士都希望失业率能够维持在4%。有了失业人员的缓冲，经济体系可以容纳劳动力的进入和退出，同时降低就业成本。

（七）失业

失业通常分为三种类型：摩擦性失业[②]（frictional employment）、周期性失业[③]（cyclical unemployment）和结构性失业[④]（structural unemployment）。

摩擦性失业指工人决定辞去一份工作而去寻找另一份工作。通常情况下，摩擦性失业人员会在短期内离开劳动力市场。他们可能是为了寻求更高的职位，也可能是为了提高就业技能而重返学校。

周期性失业是非自愿的，是生产滞后、衰退或企业重组的结果。一些行业更有可能产生周期性失业，因为它们的成功与整体经济形势密切相关，例如汽车业、建筑业和制造业。当经济衰退和资金紧张时，消费者不会购买像房子、汽车、电器和家具等大件商品，这类商品需求下降就会导致裁员。另一个受周期性失业影响较大的群体是资历较浅的年轻工人和兼职人员。他们往往是第一个被解雇、最后一个被重新雇用的人。2020年的新冠疫情带来了一波突如其来但非自然的失业潮——技术上是一种周期性失业，但由于企业倒闭的突然性和复苏的不稳定性，这条曲线比过去的周期性失业时期的曲线更呈现出人为和受控等特点。随着美国和其他国家相继努力使经济摆脱衰退，经济可能会出现结构性变化。

结构性失业也是非自愿的。当经济变化导致对某些类型工作的需求减少时，

① 失业率：目前正在寻找工作但还没有找到工作的人所占的百分比。

② 摩擦性失业：决定辞去一份工作，另谋高就的工人；通常是短期的。

③ 周期性失业：由于经济增长放缓或衰退而出现的失业率上升。

④ 结构性失业：由于人口结构、技术或产业结构等整体经济的基本变化而引起的失业。

就会发生结构性失业。在当代美国，最常见的结构性失业是由于技术要求的变化而出现的工作调整。比如，员工可能没有足够的技能操作新的计算机系统，或者可能不愿意接受再培训以适应新变化。有时，技术进步会导致某些职位甚至整个部门的消失。一个计算机软件程序可以在几秒钟内完成原本可能需要几个管理人员手动输入和计算的工作。电话自动应答系统在许多交易中消除了对人工的需要。疫情期间企业纷纷倒闭，劳动力需求减少，对居家工作的依赖日益增加，再加上 Uber Eats[①] 等新兴的三方市场业务，这些都打乱了就业市场。失业率将会出现波动，直到劳动力接受新的培训、企业创造就业机会来填补这些新创造的职位。

不管是什么原因，失业都会给个人和家庭带来困难。收入的损失加剧了家庭资源的短缺，迫使家庭调整支出，删除决策过程中的许多选择。家庭可能需要做出重大改变，以度过失业期，例如选择更经济的住房、出售或放弃现有的财产、依靠政府福利或其他家庭成员的支持。这些决定会影响个人自尊，使家庭关系紧张。在心理和生理上，失业被证明与心血管疾病、身心障碍、抑郁、焦虑和较低的生活满意度密切相关（Griep et al., 2014）。

●案例 7-4

现年 45 岁的赛斯在一家大型营销公司从事了 20 多年的中层管理工作。随着网上购物成为大多数消费者购物的首选方式，赛斯的公司失去了几个大客户。去年年初，他被告知自己被解雇了。从那时起，赛斯一直在积极寻找新的工作，但他发现自己的年龄和缺乏相关的营销技能都是障碍，自己失去的不仅仅是工作。他不再有固定的生活作息时间，同时也很难自己管理自己的活动。他寻求工作的动力随着每一次求职被拒而下降。他作为家庭支柱的角色消失了，当妻子和孩子越来越依赖他做家务时，他感到自己的价值被贬低了，对此充满了怨恨。他的朋友圈已经消失了。他上一份工作的同事要么跳槽了，要么对自己的现状感到失望。邻居和家人朋友白天都在忙着工作，当塞斯需要他们的陪伴时，他们都没空。虽然他的妻子和孩子试图支持他，

① Uber Eats：网约车服务商 Uber 推出的一款餐饮外卖服务。——译者注

但他的工资损失给他们生活带来的变化和限制对他们的社会地位产生了负面影响。赛斯的抑郁和情绪波动使他的家人离他越来越远。即使是一份新工作也不能治愈所有这些创伤。

失业保险（UI）是1935年《社会保障法案》通过的一项全国性计划，目的是在失业工人积极寻找新工作时，为他们提供部分工资收入。失业保险是一个“联邦—州”跨级计划——由联邦法律通过，在州法律层面上执行。雇主通过缴税资助失业保险计划。失业保险计划使个人和当地社区受益。直接支付给个人的款项确保失业人员在找工作时至少能购买一些生活必需品，如食物、住所和衣服。在很大程度上，失业保险福利用于当地社区，这有助于维持当地企业的经济福利。不过，这并不是一个100%能够满足生活必需品的替代项目，因此家庭仍必须调整支出，并重新评估以前的开支预算。

要获得失业保险福利，个人必须满足特定的资格标准，包括以前的收入标准。审核合格后，个人还必须提交申请新工作和被拒绝的文件以证明他正在不断地努力寻找新工作。由于各州自主负责该项目的管理，因此失业保险福利和限定条件因州而异。所有州都规定了享受福利的最长时间限制。该计划的目的是为失业人员提供临时保障，并不能成为收入的永久替代方案。

还有其他项目，包括公共项目和私人项目，能够给失业工人提供帮助。许多公司在工人失业时还会提供教育和技能培训机会。

（八）劳动力大军中的女性

虽然劳动力只包括那些积极工作或正在寻找工作的人，但妇女的参与使劳动力的统计变得复杂化。在美国，女性有选择工作或不工作的权利，但男性没有。成年男性通常需要养家。而成年女性，如果她们有足够的钱，可以待在家里，将精力用于维持家庭和参加社会志愿者协会，或者也可以选择在家里或外出工作来赚取工资。

从历史上看，妇女既参与家庭工作，又参与经济活动。在19世纪以前，她们的角色通常被认为是辅助性的团队成员角色。农业家庭的生存有赖于所有家庭成员的合作参与，包括女性成员。早在20世纪中期妇女运动之前，妇女就参与生产和管理了。源于当时的社会性别规范，工业化前的欧洲曾高度依赖女性手工艺人和企业家。但是，工业化和大规模生产重新定义了女性参与经济的模式，在 20 世纪，女性的角色一直是公开和私下讨论的中心话题。

从内战到第一次世界大战期间，只有相对较少的美国已婚妇女外出工作。随着 19、20 世纪之交社会大环境的转变，那些没有在高中毕业后就选择结婚的年轻女性受到鼓励去上商学院、医学院和师范学院，然后成为秘书、护士和 K12 教师。当时对这些年轻女性的社会期望就是她们在这些岗位上工作几年，然后离开工作场所—结婚—相夫教子。

在 20 世纪 40 年代，当大量工人离开工作岗位加入军队参加第二次世界大战时，妇女，无论老少，都成为填补生产和管理职位空缺的唯一可用资源。到了 20 世纪 50 年代，许多妇女离开了这些工作岗位，回归家庭。然而，1947 年女性劳动力的占比仅比战争期间下降了 4%。从 1950 年到 2001 年，女性在美国劳动力中的数量和百分比都在缓慢增长，2019 年，47% 的美国工薪阶层是女性（Catalyst, 2020）。2020 年的新冠疫情对职业女性产生了负面影响，由于儿童保育和儿童教育服务中断，她们的就业参与度有所下降。不过，女性有望重新获得，甚至获得更多的就业机会，但要视经济复苏中出现的工作类别而定。

●案例 7-5

1907 年，16 岁的玛丽·哈什菲尔德从公立学校毕业。她进入当地的一所大学——“师范院校”完成了当时去小学和中学任教所必需的相关培训。1908 年，她参加考试，获得了教师资格证，开始在老家乡下的一所学校教书，学校只有一间房，承担从幼儿园到 12 年级的教学。3 年后，玛丽不再教书，嫁给了当地的一个农民，并在接下来的 18 年里生了 10 个孩子。玛丽的 3 个女儿中，有一个和丈夫一起务农，生了两个女儿。另外两个女儿也都结婚生子，但成年后的大部分时间都在外工作。玛丽的 16 个孙女婚前都有工作，其中 10 个有全职工作。在她的 25 个曾孙女中，只有两个在最小的孩子进入公立学校后没有全职工作。家里的四代女性都属于美国的中产阶级，一些生活在农村，一些生活在大城市。自 20 世纪以来，妇女对工作的期望、参与程度以及在经济体系中的地位都发生了巨大的变化。

与男性一样，女性在家庭之外工作的原因也有两个：一是为了获得个人满足感，二是为了获得养家糊口的经济来源。高校的入学人数和毕业数据表明，女性与男性一样有可能寻求职业发展培训的机会。某些领域内部和领域之间的性别差异也在缩小。进入护理和教育领域的男性人数创历史新高，而女性也想进入工程和技术领域就业。

因为这是赋予女性的选择权利，所以我们可以套用经济框架来探讨为什么有些妻子和母亲工作，而有些人不工作（Becker, 1991）。一个母亲的就业决定基于她从事工作的价值（工资、孩子托管的费用、教育资本）与她在家的价值的比较。不工作的机会成本[①]（opportunity cost）是晋升潜力和工作技能方面的损失。工作的机会成本则是家庭和子女投资方面的损失。这一决定的成本效益分析取决于几个因素：现有儿童保育的质量、父亲对育儿和家务管理的参与度、个人和社会价值，以及母亲的地位。律师、医生、企业高管等职业女性如果选择长期离职，在未来的晋升机会上将面临很大的劣势。从事其他类型工作的女性可能需要额外的教育和培训才能重新进入就业市场，以确保她们的技能水平适应许多领域不断变化的技术环境。

女性无疑是美国就业图景中的一个关键部分。如果女性参与的趋势发生逆转，将对生产和消费产生严重影响。如果女性继续全面参与，工资差距和“玻璃天花板”[②]的问题将日益加剧。为了适应女性的喜好和需求，工作环境和政策可能面临巨大的变化。

1998 年至 2000 年间，家里有幼儿的女性参与劳动力市场的比例略有下降，于是媒体纷纷刊登文章，大谈女性放弃职业、在家带孩子的内在需求。在现实中，是否参与劳动力市场是美国所有女性的一个现实选择。然而，一些人决定放弃事业要比其他人困难得多。当时媒体的关注焦点集中在白人、已婚、中产阶级、职业女性身上，她们放下工作，专注于家庭和孩子。但事实是，除非许多职业妇女愿意依靠政府补贴生活，否则她们不可能选择离开自己的有偿工作。单身女性几乎没有其他经济支持。那些丈夫从事中低收入工作的女性如果辞职，

---

① 机会成本：放弃的机会；因为某个决定而导致的损失。

② “玻璃天花板”：英文是 glass ceiling，指职场中对某些群体（如女性、少数族裔）晋升到高级职位或决策层的潜在限制或障碍。——译者注

她们的生活水平将大幅下降。

迪克逊（Dickson, 2004）指出，媒体关于女性渴望离开竞争激烈的商业世界的报道过于简单化。一项针对美国大公司女性高管的调查显示，这些女性和男性高管一样渴望获得最高职位。在这项调查中，男性和女性都报告了他们在平衡职业和个人生活方面的问题。与几十年前相比，当代男性更多地参与家庭和家务管理。这些研究结果推翻了在不久的将来大量女性将离开职场的观点。

（九）青少年打工者

●案例 7-6

布罗克晚上和周末在当地一家超市打工，以补贴他的单身母亲。莎伦因高中职业课程的需要每天下午在当地的一家银行打工，她赚的钱会打入她的个人大学基金。泰森一有机会就在快餐店打工，并在其他空闲时间做各种各样的工作——护理草坪、照顾孩子、跑腿和送货。今年早些时候他买了一辆跑车，他打工挣的钱用于跑车的维修和改装。三个十几岁的孩子因为不同的原因在工作和学校之间奔波。他们是经济体系中强大的青少年就业大军和消费者运动的一部分。

另一个劳动力和消费群体在美国经济中的重要性正在逐步上升。青少年在完成高中学业的同时，也在从事兼职甚至全职工作。超过一半的美国青少年有工作，这一比例比任何其他发达国家都要高（U.S. Bureau of Labor Statistics, 2015）。美国青少年拥有巨大的消费能力，他们的消费习惯受到零售业的密切关注。中产阶级和上层阶级家庭的青少年打工是为了增加自己的物质财富，并为预期的高等教育支出攒钱。那些来自经济困难家庭的青少年则通过打工来增加家庭收入。一小部分青少年打工是为了寻求未来职业技能的提升。不管动机是什么，打工的青少年人数正在迅速增长。

青少年从事的工作通常仅限于生产、销售和服务等低收入、低技能的岗位。当需求下降时，他们通常是第一个被解雇的，也是最后一个被重新雇用的。因此，青少年参与劳动力市场是一个复杂的概念。据报告，全美青少年失业率的报告方式与收集和分析一般失业率的方式大致相同。尽管许多青少年都是按日打工，他们可以在一年中的任何一天加入打工大军，但青少年劳动力的最大激增量出现在夏季。他们购买商品和服务，参与国家经济的税收和金融活动，因此他们的消费行为仍将在美国的整体经济图景中发挥重要作用。

专家们对青少年打工存在的风险和益处持不同意见。一些人认为，适度工作，或者每周只工作几个小时，可以培养他们的责任感并帮助他们掌握一定的社交技能，还能充分利用原本可能用于低效率活动的空闲时间。能够学习管理时间和金钱也被认为是对青少年打工者有益的一面。高中期间的工作经验还可以为青少年提供宝贵的工作经验，以及加深对未来可能职业的了解。

还有些人则认为，在高中期间打工会破坏青少年的教育和情感发展。研究发现，每周工作超过 20 小时的青少年更有可能出现成绩下降、酗酒等问题，且家庭关系容易受到影响（Greenhouse, 2001）。还有人报告说，长时间工作的学生往往缺乏时间和精力完成家庭作业，错过了通过参加学校课外活动获得社会和智力技能发展的机会。

▶现实思考

社交媒体"网红"对青少年消费习惯的影响

青少年玩手机玩得不亦乐乎。他们在手机上做什么？他们在 YouTube 上看视频，在 Instagram 上互动，虔诚地关注他们最喜欢的"网红"。"网红"带货是通过网络红人在视频中代言和植入产品来实现的。这些"网红"可能有（也可能没有）实际的专业知识，但他们会想方设法使追随者们相信，如果他们购买、使用和穿着这些产品，受欢迎程度、幸福感和健康状况都会大为改善。据估计，在过去的 5 年里，"网红"带货已经拓展近 60 亿美元的市场——极大地促进了经济发展，刺激了在线购物，同时反映了社交媒体对消费者行为的影响。

（十）非货币资源交换

并非所有的人力资源交换都是以钱财形式进行的。一些家庭成员可以在合作安排下与其他家庭交换托管孩子。其他家庭成员可能会与邻居或亲戚交换金钱以外的利益。

●案例 7-7

格蕾丝所在的社区有 20 名成年女性。每个妇女轮流为 20 个家庭购买和烹饪一顿大餐，将这些食物打包并冷冻成个人家庭分量的食物。她们每个月交换一次，最终每个家庭在一个月里的每个工作日都能吃上家庭自制的晚餐。与 20 个家庭在漫长的一天工作后每天晚上准备饭菜不同，每个家庭在方便的时候只参与一次大规模的烹饪工作。当时间和精力都处于最低可用状态时，这种安排可以节省时间和精力。不过，这一做法需要极大的协调与合作。

家庭间更常见的合作安排是拼车送孩子上学或参加活动。通过分担责任、时间和汽车成本，可以腾出更多的时间用于其他任务。不过，这反映了一种世界观（参见第一章），即认为时间是“可管理的”。对于那些认为时间不可管控的人来说，这么做并没有意义。

这些交换活动的价值难以计算，因为没有共同的单位可以进行价值比较。与其他家庭和社区有丰富的非货币交换联系的家庭在决策过程中会有更多可用的资源，因此他们可能会比完全依赖通过市场购买商品和服务的家庭获得更大的成功。如果一对年轻的有工作的夫妇有亲戚或朋友愿意无偿照顾他们年幼的孩子，那么这对夫妇每年的净收入可能会增加数千美元。然而，这种非货币服务通常需要交换其他资源，如时间、精力和情感支持。在一个依赖美元作为交换单位的经济体系中，这类交换活动的价值和成本无法计算。这些无形资源可能真的是无价的。

我们探讨了家庭和经济体系之间的相互联系和相互依赖。它们在家庭资源管理中是不可分割的，在家庭决策中具有重要意义。但要理解这两个实体之间的联系，重要的是要了解家庭决策如何共同影响全球经济这样复杂而世俗的事物。

三、家庭和经济

家庭构成了国家经济中最大的消费群体，其购买的商品和服务比企业、政府和外国消费者加起来还要多（Welch & Welch, 2004）。2015 年至 2019 年，美国有 120 756 048 家庭户[①]（household）（U.S. Census Bureau, 2019）。人口普查将一个家庭户定义为一个或多个人居住在同一个住房单元，如房子或公寓。这些人不需要有血缘关系就可以归入同一个家庭户，所以这些数据不是纯粹的家庭数据。截至 2016 年，美国的平均家庭户规模为 2.6 人，略低于前几十年。

收集这些家庭户的收入数据，有助于分析家庭财务管理对国民经济、社会及公共服务的影响。这些现有家庭户大多靠挣来的钱和投资收入生活，少部分家庭户靠领取社会保障或者联邦和州援助计划中的政府转移支付[②]生活。在过去几十年里，美国民众对转移支付的依赖日益加剧，包括《社会保障法》提供的养老金、退役金和残疾保险，失业保险和工人的伤残津贴，公务员退休福利及退伍军人福利，公共援助等。随着婴儿潮一代进入退休年龄，预计美国人对转移支付的依赖性将变得更加明显。

▶世界博览

女性就业的全球影响

女性对男性劳动参与率比是用女性劳动参与率除以男性劳动参与率得出的。劳动参与率被定义为 15 岁以上人口从事经济活动的比例。所有数据都符合“劳工组织模拟估计数”（详情见资料来源）。

女性一直在为社会经济做出贡献，但近几十年来，这些贡献对她们的家庭产生经济影响的现象越来越普遍。在一些国家，劳动力市场上的女性甚至超过了男性。全球趋势显示，收入最高和最低的职业中往往有较高的女性劳动参与率。那些收入达平均国民收入的职业中，女性的就职人数相对适中。

在全球范围内的所有收入水平中，女性（尤其是已婚女性）劳动参与的比例都高于前几十年。研究确实支持这一观点，即已婚就业女性相比她们的配偶在有薪工作之外会花更多的时间照顾家庭（每天 5—10 个小时）。除了这个差异，一些国家还在法律上限制女性的职业选择。当失业率上升时，女性相比男性更容易失业。世界各地的女性薪酬普遍低于男性，拥有资产的能力较低，在领导

---

① 家庭户：一群人共同居住在一所房子、一所公寓、一组房间或一个房间里（第一章）。

② 转移支付：英文是 transfer payment，又称无偿支出，是政府或企业无偿地支付给个人或下级政府，以增加其收入和购买力的支出。它是一种收入再分配的形式。——译者注

职位上面临人为障碍，在工作中遭受暴力和骚扰。

尽管女性就业存在诸多负面因素，为什么社会仍然接纳女性就业呢？这是因为女性就业对经济有好处。如果撑起人口半边天的女性参加工作，经济就会增长。好处远不止于此。就业为女性提供了更多的权利和平等的地位，增强了女性的经济赋能，缩小了现有的性别差距，提高了女性受教育率，改善了女性的身心健康等。就全球经济而言，女性职场平等至少可以提高企业的效率和业绩。

不同家庭的收入差别很大。据报道，已婚夫妇家庭的平均收入要比单身女性家庭高得多——几乎是单身女性家庭的两倍。其他似乎会影响家庭收入的因素有家庭成员的年龄、成年家庭成员的受教育水平和家庭的地理位置。

当然，经济学家对家庭如何支出他们的收入很感兴趣。通常，经济学家通过耐用品[①]（durable goods）、非耐用品[②]（nondurable goods）和服务的购买进行分析。耐用品的使用期限预期为三年及以上。汽车、住宅、家具和电器是典型的耐用品。使用寿命较短的物品或非耐用品有汽油、食品和卫生用品。在过去几年中，服务类支出，特别是医疗服务的支出总额急剧增加。

家庭消费习惯和趋势有助于经济学家预测未来的经济发展，以及商品和服务的生产、分配和需求变化。这种分析基于这样一种信念：个人和家庭的经济决策是基于他们对最大化经济利益的渴望。这是一个平衡的过程，在家庭决策过程——本书的核心话题中显而易见。要达到这种平衡，家庭需要在做出涉及家庭内部资源分配的重要决策时权衡优劣势、利弊、成本、满意度，以及目标所带来的影响等。

---

① 耐用品：使用寿命满 3 年及以上的商品。

② 非耐用品：使用寿命一般较短（不超过 3 年）的物品。

案例作业

本章解释了就业的概念，阐述了从就业活动中获得的薪金或工资是满足家庭需求的主要资源。在本章案例作业中，你需要确定你的案例家庭中成年家庭成员的年收入和月收入。

目的：

✓ 了解就业的复杂性以及工作技能、职业准备和地理位置如何决定家庭收入。

预算：

你需要填写案例家庭中工作的成年家庭成员的年度和月度税前收入。

任务：

参考案例家庭的描述了解成年家庭成员所从事的工作，同时记录他们的在职年限。访问 www.blsgov/oes，点击“浏览 OES”数据，选择最近的 OES 数据，点击“状态”，然后在地图上点击案例家庭的居住地。

职业类别。利用案例家庭描述中的信息，在网页上找到最能描述成年家庭成员工作的职业类别。点击该职业类别，浏览列出的所有不同的职业，找到最适合案例家庭中成年家庭成员的职位。根据平均年收入以及该家庭成员在当前职位的在职年限和培训情况确定哪个百分比最能反映他们的情况。例如，如果他们在同一家公司工作超过 5 年，可能会在 75% 的类别中；如果他们已经在那里工作了 10 年以上，这可能会使他们上升到 90%。在报告中附上此信息的截图。根据提供的信息，在预算表中输入该成年家庭成员可能的年收入，然后除以 12，就得到了税前月收入。如果案例家庭有两个工作的成年家庭成员，重复这个过程。只包括家庭的主要成年家庭成员。如果成年家庭成员只是兼职，则相应调整工资。

报告：

报告标题必须有正确的归档信息，包括案例家庭的姓名、案例编号（7）、当前日期和你的名字。使用案例作业 1 中创建的摘要段落作为本报告的引言。逐段解释你是如何确定每个工作家庭成员的收入数额的。附上截图。

按照导师的要求提交报告。

总结

个人和家庭每天都与国家和全球经济互动。这种关系是相互依赖的，他们既是消费者又是从事劳动的家庭成员。单独来看，家庭决策即使是对当地经济的影响都是微乎其微的。但是，从整体来看，家庭推动着全国经济的发展。购买、销售、工作和交换非货币资源都是整个经济系统中不可分割的行为。在获得资源和支出方面，当家庭对基本经济原理有良好的理解和管理时，家庭决策就会带来更明智的选择和长期规划。

复习和讨论题

（1）炫耀性消费的概念如何影响你对服装、事业、住房的选择？

（2）关于学生是否应该多工作、少花时间和精力在学习上，美国大学校园里存在着激烈的争议。如果不让你打工或者不让你在上大学期间打工，你的经历会有什么不同？

（3）如果你突然继承了一大笔钱，你的生活会发生什么变化？这会改变你的基本目标和愿望吗？

（4）许多人认为，当代消费者对市场营销中销售价格的诱惑已经免疫了。你和你的家人朋友是如何看待打折的？对销售价格的预期如何影响你的购买决定？

（5）大公司关闭和失业工人激增会对你所在地区的工资水平产生怎样的影响？

第八章　社会对家庭决策的影响

目标

- 了解影响工薪阶层的不同税种。
- 列出政府支持的有利于个人和家庭的援助计划。
- 了解为个人和家庭提供服务的私人资助项目。
- 介绍美国的教育系统，并比较可行的家庭教育选择。
- 解释供需概念与义务教育的关系。

美国家庭的生活和工作环境中体现了历经两个世纪演变而来的法律规范和社会期望。了解生活在这样一个社会中的人享有哪些福利和要承担的义务是一个复杂的过程。在本章中，我们将探讨家庭与其做出贡献并收获福利的地方、区域、国家和社会系统之间的四种主要联系，这些社会制度对资源有限的决策者产生了巨大影响，这些制度包括税收义务、义务教育、政府支持的资源项目和消费者保护立法。

一、个人和税收制度

大多数员工都会记得当他们打开装着第一份薪水的信封时内心的震惊。虽然许多人意识到要扣税，但扣税的额度往往令他们心塞。美国人意识到他们享受的福利很多是用他们缴纳的税收交换而来的。一些人认为税收制度存在不公，认为有些群体所享有的福利超过了他们所应获得的公平份额。但无论如何，纳税人需要有效规划纳税事项。

（一）联邦税收

所得税、社会保险和医疗保险是工薪阶层向联邦政府缴纳的三种主要税款。工薪阶层很少需要直接定期缴纳这些税款，雇主在发放员工工资时就已经代扣除了相应税款并转入州政府账户。不过，员工需要填写并提交 W-4 表格[①]，提供必要信息以确保扣除的税额正确。填表时员工需要回答有关家庭情况和责任的若干问题，告知家庭的被抚养人数目，以此来确定每个纳税周期的所得税缴纳额度。

●案例 8-1

卡洛斯是一名单身会计师，没有家属。他所需缴纳的税额要高于他四口之家的朋友乔纳森。美国的税收制度考虑了子女和被抚养人的额外需求，以此来计算纳税额度。两个人赚的钱一样多，似乎有相同的纳税义务。然而，由于家庭的需要，乔纳森的生活成本更高。在填报年度所得税缴纳表时，卡洛斯和乔纳森会输入他们的收入，然后计算扣除额，从而确定他们的实际纳税额度。假设卡洛斯的税额更高，他就需要每个月存入更多的钱来满足纳税需求。否则，他可能需要一次性拿出一大笔钱来履行他的纳税义务，否则可能会因为没有每个月存入更多的钱而受到惩罚。

政府将退还多缴的预缴税款，但不会为这笔钱支付利息。不过，如果有人没有按时缴纳税款，美国国税局（IRS）将向纳税人收取利息，并进行罚款。所有纳税人都应意识到自己的纳税义务，并在填报过程中保持诚信，这符合他们的最大利益。联邦政府的国税局从雇主那里获得关于雇员收入的季度和年度报告。这些数字被用来核实雇员的纳税额和存款额。

自由职业者也必须缴纳所得税。他们的所得税税率与受雇于他人的人员税率相同，但必须自行处理缴纳事宜并自行申报。雇主要配比缴纳雇员的联邦税额，因此自由职业者必须自行缴纳全部税额，他们的纳税似乎有失公允。虽然在核算税收的过程中会有所调整以做出补偿，但所得税经常被视为自主创业的一个障碍。

纳税人用他们缴纳的税款换取商品和服务。如图 8-1 所示，联邦政府征收的资金用于资助许多公共福利项目。在战争和反恐警戒时期，税收的很大一部分被用于军费支出。联邦政府直接影响家庭的资助项目包括教育、职业培训、

---

① W-4 表格的全名叫作 Employee's Withholding Allowance Certificate，即“员工扣缴税证明”，旨在帮助雇主确定给员工发工资时预扣所得税的金额。——译者注

就业、健康、司法、环境保护、交通和社区发展等。其他影响更广、但与家庭相关性不大的项目包括退伍人员福利和服务、国际事务、科学、空间、技术，以及政府办公室和项目的一般运营成本。此外，农业支持、能源项目和住房项目也由税收资助。

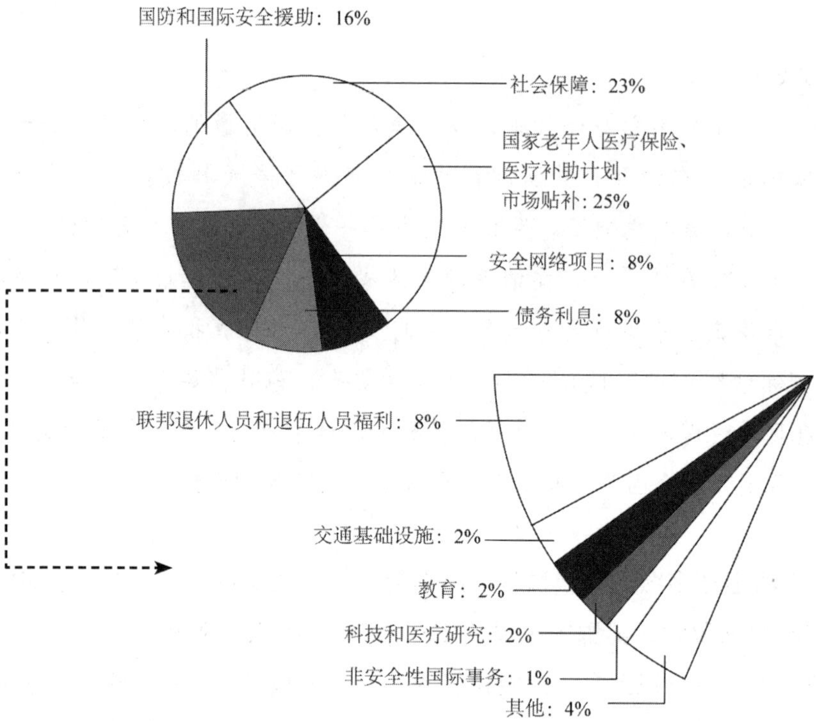

图 8-1　联邦税收的支出[①]

（二）州和地方税收

各州有权对居民收入征税，尽管并非所有州都这样做。有些州不征收所得税，或者只对一年内获取的红利和利息征收州所得税，而有些州有个人所得税申报表，用于计算居民的所得税缴纳额度。通过州所得税征收的资金用于支持各种公共项目和服务。州和地方税收用于支持社区项目、公园项目和其他公共资源支出。

① 来源：2015 年的数据来源于 Office of Management and Budget, FY 2012 Historical Tables via Center on Budget and Policy Priorities。

在征收所得税的州居住或工作的个人必须预先缴纳所得税。税务部门根据雇员在 W-4 表格上填报的信息确定适用的州税率来计算该雇员可能需要缴纳的税款。税款会每月从工资中扣除，存入州政府的账户，以确保纳税人缴足年终税款。如果纳税人一年内欠税超过存款，差额必须在纳税截止日期当天或之前付清。对于未缴纳的税款，可能会有延迟支付的罚款。

社区可以对公民的房产、汽车等个人财产征税。这些税收用于当地和社区，如改善街道和道路，用于学校资助和安保服务等。这些税通常按年计算，在纳税年度开始时缴纳或在年度中分期支付，也可以在实际评估年度之后的年度内征收。业主有责任缴纳这些税款。不过，许多抵押贷款公司会支付每年的房地产税，并将这笔钱与抵押贷款一起收取，以确保该房产在税收名单上。

●案例 8-2

嘉丝敏正在考虑买一套联排别墅，从她的出租公寓搬出去。她认为现在正是开始长期投资的好时机。她和一名银行按揭人员接洽后得知这套联排别墅的月供仅为 850 美元，而她每月的房租为 1 000 美元。她对于这个购买决定十分兴奋！但是，如果她购买这套联排别墅，还需要购买房主保险，并支付当地的房产税。加上贷款，她每月大约需要支出 1 500 美元。此外，她还要负责联排别墅的所有外部维护，并每月支付庭院护理费用。购买这套房产会使她每月的住房支出增加 50% 以上。

各州和社区还有权对消费者购买的商品征收销售税。这些税收对所有公民的影响是同等的，并直接影响到家庭的财政资源。实际购买地点决定适用何种税率。例如，如果离你最近的城市有 5% 的州销售税和 1% 的城市销售税，那么你在那个城市购买符合条件的商品将会有 6% 的附加价格。一支 1 美元的笔需要 1.06 美元。然而，如果你在市区外的便利店买同样的钢笔，你只需要支付州税率，因此，最终成本为 1.05 美元。这个差别可能看起来不大，但当你买大件物品时，比如家具和汽车，就会有很大的差别。例如，一张 2 000 美元沙发的 1% 是 20 美元。如果在一个征收 1% 销售税的城市购买一辆 3 万美元的汽车，你将多支付 300 美元。

地方税收会对消费者的旅行预算产生重大影响。许多城市对游客的旅馆住宿、出行和娱乐消费征收旅游税。例如，圣安东尼奥的酒店税率为 16.75%。一间标价 100 美元一晚的酒店房间实际上每晚要花费旅行者 116.75 美元。社区将这些税收用于市政设施建设和维护，这些设施既吸引游客前来，又为游客提供体育、文化活动和会议设施。

（三）社会保障

联邦税收是按比例征收的。你赚的钱越多，支付的税率就越高。而社会保障对所有人实行统一费率。目前，员工将其总收入的 6.2% 存入社会保障基金，雇主也会缴纳相应配比的金额，因此员工的社保基金总计占员工收入的 12.4%。但是，社保缴纳总额是有上限的，个人最高按 132 900 美元劳动收入（2019 年水平）缴纳社保。

●案例 8-3

员工 A 每年收入为 3 万美元，缴纳社会保障基金 1 860 美元。员工 B 的收入为 6 万美元，缴纳社保 3 720 美元。两人的社会缴纳额都为工资的 6.2%。如果员工 C 的收入为 15 万美元，他最多按收入上限 127 200 美元（2017 年）缴纳社保，所以社保缴纳额为 7 886.40 美元，这相当于其工资收入总额的 5.3%。那些高收入阶层的人最终缴纳的社会保障税占他们收入的比例较低。

纳税人把钱存入社会保障基金后，可以享受很多福利，尽管这些福利通常是延期兑现的。社会保障局（Social Security Administration）提供退休金、伤残金、家庭和遗属抚慰金等福利。最耳熟能详的福利就是退休金。缴纳社会保障金达最低年限（由积分制度确定）要求并达到法定退休年龄的工薪族，能够每月领取按福利计算所得的退休收入。目前，员工可挣取“积分”——每年最多可获得 4 个“积分”。2019 年，每 1 360 美元的工资或自由职业收入可以获得 1 个积分。大多数人需要 40 个积分——这些积分是他们在全部工作年限中挣得的，才能领取退休福利。一旦积累了足够的积分，员工的福利金额将根据全部工作年限的平均收入来确定。从理论上讲，如果你的收入比你的配偶高，你每月的退休金也会更高。然而，退休金也是有上限的。

退休年龄也会影响你领取的社会保障福利的金额。目前，如果你在1938年之前出生，你的法定退休年龄将是65岁。1960年或之后出生的人，这个年龄逐渐增加到67岁。有些人在法定退休年龄之前退休——如果你这样做了，你的退休金也会减少。如果你在达到法定退休年龄后继续工作，你可以获得更高的福利，因为你可以获得额外的收入和延迟退休的特别积分。在达到法定退休年龄前考虑退休时，个人必须考虑健康、收入潜力和预期寿命。

●案例8-4

萨尔刚满62岁。如果他现在退休，他每月的退休金为1 108美元。如果他等到65岁生日再退休，他每月的退休金将达1 573美元，每月相差465美元。假设萨尔在62岁退休，当他年满75岁时，他的退休金总额约为17.3万美元（不包括加薪）。再假设他的孪生兄弟艾德等到65岁才退休。当艾德75岁时，他的退休金总额大约为18.8万美元。所以即使艾德只领取了10年的退休金而萨尔已退休了13年，艾德的社保福利还是会超过哥哥。

在其他变量——个人和配偶健康、生活目标等都相同的情况下，上述情形会极大地影响决策过程。如果萨尔提前退休的决定是出于对妻子健康状况恶化的担忧，那么他可能愿意放弃领取更多退休金的机会，而在妻子还能享受他们在一起时与她共度3年多的时光。

长寿对社会保障计划产生了负面影响。当1935年最初设定该计划时，工作男性（该项目很少考虑女性）的平均预期寿命不超过65岁。该计划旨在为老年人生命里的最后几年提供稳定的收入。

但是，今天，男性和女性的预期寿命都已接近80岁。平均而言，退休人员至少有10年的时间领取退休金，很多人的时间更长。今天的退休人员领取的退休金总额很可能比他们在全部工作年限中缴纳的还要多。这就使该计划的支撑部分集中到了当前工薪阶层缴纳的社会保障金上。但是，如果这部分人缴纳的资金被用掉而没有用于投资，那么在他们达到退休年龄时退休金池怎么能变大到能够支付他们的退休金呢？据社会保障理事会（Social Security

Administration, 2019）预测，计划内信托基金储备将在2035年用尽，后续收入将只能覆盖项目成本的80%，到2093年下降到75%。也就是说，工作的年轻人的缴纳资金将不足以覆盖社会全部退休人员的退休金。具有跨代契约性质的社会保障计划将在未来面临严重的问题。

许多当前的退休人员发现社会保障福利不足以支付他们的必要开支。退休人员如果在65岁以后退休，可以继续工作，同时领取全额退休金。如果他们选择提前退休，在不影响每月退休金的前提下，他们的工作收入会有上限。

由于在社会保障计划相关立法通过的年代，已婚女性较少参与工作，所以该计划为那些无法获得资格积分的妻子设立了一项条款。虽然之前假定不工作的配偶是女性，但条款中使用的是"配偶"一词，所以相同的条款规定适用于所有配偶，无论男性或女性。条款规定：配偶将获得退休人员全额（65岁）退休金的50%，除非配偶在达到完全退休年龄之前开始领取退休金。如果是后面这种情况，配偶的退休金金额将根据他达到65岁前的缴费月份数按百分比永久减少。如果配偶在62岁时开始领取退休金，退休金数额为35%。

如果配偶有工作并累积了足够的积分，他就有资格领取全额退休金。如退休金低于其配偶退休金的50%，则可以选择数额较大的那份退休金。

●案例8-5

玛乔丽没有工作。她的丈夫退休后可以领取每月900美元的退休金。她有权每月获得他退休金的50%，即450美元。琼工作了很长一段时间，积累了必要的积分，可以获得她自己的社会保障福利。根据她的收入记录，她最初每月可以领取750美元的退休金。而她丈夫每月可以从社会保障金中领取1 600美元。他的记录使琼有权每月领取800美元。因此，她可以放弃她自己的退休金，而选择她丈夫一半的退休金作为福利。但她不能两者兼得。

在很多情况下，"配偶"一词也指前妻或前夫。如果你离婚（即使你再婚了），且你的年龄在62岁或以上，那你的前配偶也可以有资格享受你的社会保障福利。要获得该资格，你的前配偶必须具备以下条件：

· 与你结婚至少 10 年。
· 年龄至少满 62 岁。
· 没有再婚。
· 无法从自己或他人的社会保障账户中获得相同或更高的福利。

如果你的前配偶在领取福利的同时继续工作，那么他收入会受到与你相同的限制。离婚配偶获得的福利金额对你或现任配偶可能获得的福利金额没有影响。

社会保障计划（2018 年）还为那些工作经历符合要求的人（目前为 6 个季度；年轻员工的条件限制可以放宽）提供伤残抚恤金[①]（disability benefit）。社会保障计划为那些因医疗需求预计治疗至少持续 1 年或无法工作的人提供伤残抚恤金。伤残抚恤金的申请和审批可能需要 3—5 个月。这项福利无法完全取代之前的收入，而是被视为一种补充，很像残疾保险计划。

就像社会保障退休计划一样，配偶和子女可以获得只拿基本工资的人的伤残抚恤金。当前或离婚的配偶、未成年子女或未满 22 岁的残疾成年子女可以领取抚恤金。发放总金额取决于有多少家庭成员符合条件。

●案例 8-6

42 岁的波莱特被诊断出患有退行性骨病。她的月平均收入约为 4 000 美元。她顶着病痛继续全职工作，直到她无法往返于家和单位之间。她尝试在家办公，但最后这也变得不可能。6 个月前，她申请了政府的伤残抚恤金。她已经满足了所有必要的条件，并将开始收到社会保障局每月发放的约 1 400 美元的支票。这笔钱将帮助她应付必要的生活开销，但要维持她目前的生活水平，还需要其他资源的支持。虽然她没有选择这样做，但作为她的一项福利待遇，她也可以通过她的雇主申请残疾保险，每月多出的钱将有助于弥补缺口，以达到她以前的收入。

---

① 伤残抚恤金：向完全残疾和无法从事以其教育、培训或经验可以胜任的任何工作的人支付的津贴。

遗属抚恤金[①]（survivor benefits）也是社会保障局向符合条件的员工支付的一笔福利津贴。一旦某个人去世，他的家庭成员若满足以下条件，可按月获得这笔钱：

· 年满 60 岁及以上的配偶，或 50 岁及以上的残疾配偶（某些情况下包括离婚的配偶）。

· 需要照顾未满 16 岁子女的不限年龄的配偶。

· 18 岁以下的未婚子女（包括继子女、孙辈、继孙辈或收养的子女），若仍为全日制学生，年龄放宽至 19 岁。

· 未满 22 岁的残疾成年子女 。

· 62 岁及以上的，至少有一半的赡养费依赖死者提供的父母。

此外，社会保障局还向所有符合条件的员工的未亡配偶支付一次性死亡抚恤金。目前，这项福利标准是 255 美元。

目前在职员工可以从两个方面来看待他们工资中扣除的社会保障金。首先，缴纳的社保基金使他们最终有资格领取退休金、伤残抚恤金和遗属抚恤金等福利——相当于一种保险。其次，它为满足资格条件的员工及其家庭成员的福利支付提供必要的资金。这一体系面临的问题是，未来几十年，当现有在职员工满足资格条件时，是否还有足够的资金来支付他们的福利。

（四）医疗保险

与社会保障金一样，员工工资需按一定的比例（1.45%）缴纳医疗保险金，雇主也会缴纳相应配比的金额，所以支持该项福利的资金池是员工收入的2.9%。与社会保障金不同，医疗保险金不存在年度工资上限。因此，穷人、中产阶级和富人的医疗保险金是均等计算的。筹集到的资金将用于为 65 岁及以上符合条件的员工提供医疗保险资金。如员工患有某些终身残疾性疾病，如永久性肾衰竭，需要透析或肾移植，则年龄可以放宽至 65 岁。

---

① 遗属抚恤金：员工死亡后，为其家庭提供保险的社会保障金。

个人参与初始医疗保险后需要支付哪些费用

满足条件的个人选择愿意接受医保患者的医生、专家和医疗机构。一般来说，每次就诊都要付费。

覆盖费用

住院：双人病房、膳食、一般护理、服务、住院治疗相关的药物和用品。

专业护理机构

双人病房、膳食、专业护理、药物、用品和康复服务(仅限相关住院3天后)。

家庭健康护理

兼职或间歇性的专业护理以及家庭健康辅助服务、物理治疗、职业治疗、言语语言治疗、医疗社会服务、耐用医疗设备、医疗用品等服务。

临终关怀

控制症状和减轻疼痛的药物，由医保局批准的临终关怀医院提供的医疗和支持服务，以及其他医疗保险不涵盖的服务。

验血

入住医院或专业护理机构期间产生的验血费用、医院门诊的验血费用。

（五）参保者的自付额度或免赔额度

与私人健康保险项目一样，参加医疗保险的人员在每个给付期内都要缴纳基本金额。给付期从患者进入医院或专业护理机构之日起计算，至患者连续60天未接受任何住院治疗时截止。如果某人在一个给付期结束后再次入院，则新一轮的给付期开始，产生新一轮的免赔额度。

（六）失业保险

如第七章所述，各州和联邦政府合力向非因自身过错而失业的符合条件的员工提供失业救济金。各州根据联邦的指导方针，设定资格条件标准，并向雇主收取工资税来运营该项目。在大多数州，员工不用缴纳失业保险费用。虽然它是失业期间家庭应对策略的重要组成部分，但失业救济金并不能提供全额补偿，而且范围有限。

要达到领取失业救济金的条件，员工失业必须至少有一年的时间——也叫基准期[①]（base period），以符合领取补助的资格。大多数州的基准期以补偿申请前五个完整季度中的前四个季度为认定标准，且需要确定员工的失业不是自身原因造成的。新近失业的工人必须尽快联系所在州的失业保险机构申请福利。从存档到收到第一张支票大约需要三个星期的时间。

领到失业救济金的人员必须定期申请以获得继续领取的资格，提交的报告中需要包括申请人努力寻找另一份工作的进展情况。一般而言，失业救济金的领取期限是 26 周，除非有州政府规定的特殊的长期失业情况存在。

家庭既是税收体系的出资方，也是税收的受益方。家庭成员将钱存入不同的账户，当他们被认为符合条件时就可以提取款项。公平的理念经常激发不同社会经济群体之间的辩论。美国人的付出和回报是否相当？是否有些群体比其他群体受益更多？这些问题为政治运动和政策讨论提供了话题。另一个引发争论的话题是这些项目的资金管理。浪费性支出和不必要的间接费用是所有纳税人都担心的问题。

二、政府援助项目

个人和家庭都可以通过私人和公共项目来补充、替代危急和紧急情况下失去的资源。这种援助可以是金钱、代金券、食物或实际服务。公共项目[②]（public programs）由税收资助或支持。私人项目[③]（private programs）的资金来源是慈善捐款。无论是公共项目还是私人项目，都要求家庭有正当理由或满足一定的资格条件。公共基金项目在公平、公正和分配方面有更高层次的问责制。私人资助项目或多或少有特定群体适用性，这取决于资金来源方设定的目标。

▶世界博览

全民医疗保健

在第一章中，我们解释了“世界观”的概念，以帮助人们理解不同的人面

① 基准期：作为经济数据衡量标准的一段时间；基准期可以是一个月、一年或几年的平均值。
② 公共项目：政府税收资金提供的服务。
③ 私人项目：非政府机构资助的援助项目。

对相同的问题时会做出截然不同的决定。在全球范围内，世界观对理解医疗保健问题很有帮助。全民医疗保健的需求始于1948年，当时世界卫生组织宣布医疗保健是一项基本人权。虽然超过一半的美国人支持全民医疗保健，但由于仍存在不少争议，美国还没有实现全民医疗保健。支持全民医疗保健的理由是全民医疗保健可以降低医疗保健成本、减少行政成本，而反对它的理由包括缺乏管理自身健康的动机、健康人士必须为他人的医疗保健买单、治疗等待时间过长等。

世界各国的医疗保健项目各不相同。这里列出一些（表8-1）：

表8-1　部分国家全民医疗保健对照表①

国家	类型	GDP占比/%	人均/美元	等待4周以上占比/%	婴儿死亡率/%
澳大利亚	两级支付	9.6	4 798	22.0	3.0
加拿大	单级支付	10.6	4 752	56.3	4.5
法国	两级支付	11.0	4 600	49.3	3.5
德国	授权	11.3	5 550	11.9	3.1
新加坡	两级支付	4.9	2 000	—	2.2
瑞士	授权	12.4	7 919	20.2	3.7
英国	单级支付	9.7	4 193	29.9	3.7
美国	个人支付	18.0	9 892	4.9	5.7

（一）卫生与公众服务部

美国卫生与公众服务部（HHS）是最受认可的提供政府援助项目的机构之一，它管理着100多个政府援助项目（见www.hhs.gov）。2020年美国近12.86亿美元的预算中将有超过一半用于本章前面描述的医疗保险福利项目。同样由财政预算支持的州级医疗补助计划将用去第二大笔预算资金。预算中的剩余资金将用于资助许多其他项目，这些项目将涵盖疾病、安全、灾害、儿童和家庭服务以及老龄化服务等内容。（图8-2）

① 来源：Amadeo, K.（2020, March 13）. Universal health care in different countries, pros and cons of each: Why America is the only rich country without universal health care. *The Balance*。

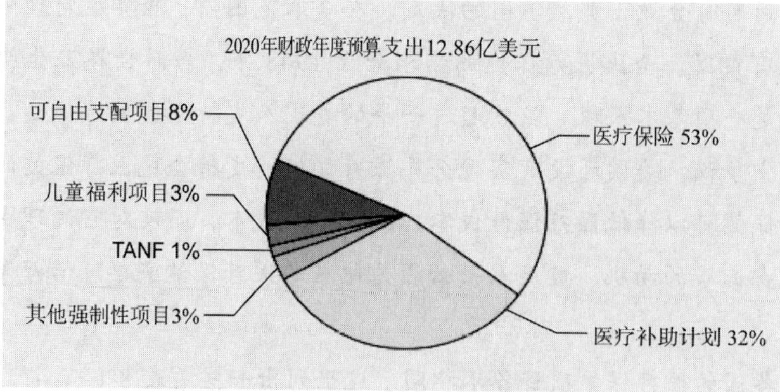

图 8-2　2020 年美国卫生和公众服务部财政预算[①]

近 50 年来，美国老年人管理局（Administration on Aging）通过《美国老年人法案》资助项目，为数百万老年人提供家庭和社区服务。这些服务包括上门送餐（例如，流动供膳车项目）与集体环境下的膳食和营养服务。这个依托美国卫生与公众服务部的机构还通过资金支持提供其他服务，包括交通、成人日托、法律援助和健康促进等。机构还为养老院配备监察员，负责监管护理设施，监督护理工作和环境，并为那些无法为自己说话的人发声。全国家庭照顾者支持计划（National Family Caregiver Support Program）提供各种服务，以帮助那些家里有慢性病或需要照顾的残疾家庭成员。

（二）农业部

美国农业部（USDA）为国人提供粮食援助项目。补充营养援助计划（SNAP）是联邦食品援助计划的主要组成部分，旨在为低收入工薪家庭、低收入老年人、靠固定收入生活的残疾人以及其他低收入个人和家庭提供重要支持。它为家庭提供电子福利转账（EBT）卡，可用于在授权的食品零售商店购买指定食品。2018 年，该计划帮助了约 4 000 万美国人解决食物问题。

美国农业部从农业生产者那里购买这类食品时，也向符合条件的家庭提供商品食品资源，以支持、供养美国人的粮食生产部门。农业部还支持食品安全、

① 来源：U.S. Department of Health and Human Services.（2020）. *Putting America's health first: FY 2020 president's budget for HHS*。

营养教育和相关研究。

国家学校午餐计划（National School Lunch Program）始于 1946 年，是美国农业部策划的另一个计划（USDA, n.d.）。它为公立和非营利学校以及符合条件的寄宿儿童看护机构的学生提供免费或低价午餐。为孩子们提供营养早餐的学校早餐项目（School Breakfast Program）是一个性质相似的项目。这两个项目都设定了收入资格认定标准，这些标准会定期调整，以反映参与者的工资和经济基础的变化。还有些项目旨在帮助解决老年人、孕妇和哺乳妇女的需求，以及提供灾害救助。

除了食品和营养项目，美国农业部还为全国各地的农民和农村社区提供项目和服务，如为农村发展、救灾、土地保护、农产品营销以及教育和研究等问题提供资金。这些项目资金来源于农业法案基金。

（三）食品药品管理局

食品药品管理局（FDA）致力于通过监管某些市场上销售产品的安全性和有效性促进和保障公众健康。新药和医疗设备等产品必须被证明安全有效，然后 FDA 才会许可生产公司将其销售给私人和公共消费者（Lovelace, 2019）。其他潜在的有害产品，如微波炉和非处方药，也在 FDA 的管辖范围内。

为了最终确定新产品的安全性，FDA 要求对产品进行科学测试和研究，并慎重考虑产品对消费者健康和安全可能带来的风险与利好。这些要求使得许多新产品在很长一段时间内无法上市销售。因此有时会出现其他国家先于美国允许这些产品销售的情形。

▶前沿动态

制药公司多年来致力于研发一种紧急避孕药的替代药物。当某一类似药物获批可以在美国药店销售时，它已经在欧洲销售了很长一段时间。FDA 不确定该药物的安全性和有效性。与此同时，FDA 对药物网上销售的方式也有疑虑。经过进一步的测试和商议后，这种药物现在可以在美国合法销售，甚至 FDA 正在考虑准许该药物作为非处方药销售。但是，与该药物相关的死亡报告正迫使 FDA 重新评估这一决定。

FDA 确保食品的所有配料安全无污染，以此来保障国家的食品供应。任何新的食品添加剂都必须获得 FDA 批准后才能在美国销售的食品中使用。婴儿配方奶粉和膳食补充剂也在其管辖范围内，尽管补充剂的标准规定远不如具有相似效用的药品严格。因为补充剂是购买者消费的，它必须安全、没有污染。不过，FDA 并没有要求验证这些产品经销商所宣传的效果（如减肥、提高性能力等）。此外，肉类产品由美国农业部监管。

FDA 监管的医疗产品包括药品、生物制剂（疫苗、血液制品、生物技术产品和基因治疗）和医疗设备，其中医疗设备包括压舌器、温度计、心脏起搏器和透析仪等。不过，只有最复杂的新设备才会在上市销售前接受审查。FDA 甚至对动物用的药物和设备进行监管。FDA 还对化妆品标注的安全性和准确性进行监管，但化妆品的销售不需要经过 FDA 的审查或批准。

药品和食品的标注说明必须准确，并能够提供有用信息。FDA 对食品和药品的标注说明进行监查，如果觉得有必要，他们会勒令厂家整改。FDA 的角色目前仍在不断演变，但它会继续依托法律和科学来保护消费者。

由于 FDA 的存在，去商店买东西一般来说不用担心产品的安全性——这对美国消费者来说是一项特别利好的服务，但并非没有成本。FDA 的运营资金来自公共税收。不过，批准产品上市和从市场上撤回产品的过程十分耗时，消费者也会深受影响。因为药品研发从成功到批准上市之间存在时间差，一些病人无法及时获得可能有助于改善病情的新药。在测试产品、收集有关问题的数据并最终将这些产品下架的过程中，其他消费者可能会因为使用危险产品而受到伤害。

还有许多其他的政府项目为公众提供服务。家庭还可以获得私人组织的援助，这些组织向家庭成员或公众提供商品和服务。美国有邻里互助和慈善活动的悠久传统。

▶前沿动态

阿片类药物危机和家庭[①]

家庭忧心的一个主要问题是家庭成员药物成瘾。药物成瘾的家庭成员不仅

① 来源：改动自 FDA (n.d.) and HHS. *gov (2021)*. FDA. gov and HHS. gov。

在个人身心健康方面，而且在经济和法律上都会受到毁灭性的影响。此外，家庭还会面临的是缺乏信任、遭到破坏或不健康的家庭关系。

阿片类药物通常被用于缓解医疗手术后的疼痛。这些药物极有可能导致一些人上瘾，他们会在不需要用药后长时间继续用药。滥用这些阿片类药物的人不仅包括病患，而且包括家庭成员和其他人。

21 世纪初的时候，美国食品药品管理局（FDA）开始注意到阿片类药物服用过量导致身体损伤和死亡的病例数量急剧增长，因此药物说明标注上增加了对潜在误用和滥用药物可能造成后果的严重警告。2010 年，FDA 批准了奥施康定的一种新配方，但过量服用的问题依然存在。FDA 开始开展相关教育，并实施更为严格的规定。

最近，美国疾控中心（CDC）报告称，截至 2020 年 6 月底，过量用药死亡人数增加了 21% 以上。尽管丁丙诺啡等药物在辅助治疗方面已获成功，但仍需通过认证以防止滥用。美国卫生与公众服务部（HHS）于 2021 年 1 月宣布，为了推进阿片类药物成瘾治疗的药物和手段的广泛灵活应用，不再需要“x—豁免”认证。

（四）消费者保护

美国公民拥有许多受保护的权利，这让他们在决策过程中面临多种选择，但一些备选方案受到保护消费者的法律的监督。很明显，马斯洛经典需求层次结构中最低层次的需求如食品、住房和水等的安全性影响着人们的选择。家庭成员只有获得合法许可才可以在禁猎季节狩猎。狩猎获得的食物可以供家庭食用；但是，如果不经过一系列的规范程序，就不能出售给他人。这些审批流程会提高肉类的最终价格。成年人可以建造满足他们基本需求的住房，但通常建造的住房必须符合当地、地区甚至国家的法规，才能获得居住许可证。达到这些标准最终会增加住房的成本。年幼子女的父母在选择汽车时，会受到汽车的大小和特性方面的限制。全美各州都要求儿童使用儿童座椅，这些设备对座位空间和安全带性能提出了要求。

消费者保护①（consumer protection）反映了一种文化信念，即保护消费者

---

① 消费者保护：政府颁布法规以保护消费者权益，例如要求企业披露产品的详细信息。

安全的责任不能完全委托给商品生产商和服务提供商。联邦贸易委员会消费者保护局（BCP）的职责是保护消费者免受可能的不公平、欺骗或欺诈行为的伤害。BCP 执行国会制定的各种消费者保护法律，以及由联邦贸易委员会（FTC）发布的贸易监管规则，其职权行为包括对公司和整个行业的调查、向行政机关和联邦法院提起诉讼、制定规则和程序、为消费者提供工具和进行商业教育等。此外，BCP 协助 FTC，告知国会和其他政府机构拟开展的行动计划可能对消费者造成的影响。BCP 的职权行使领域可分为七个领域：广告、执法、金融实践、营销实践、计划与信息、国际问题、消费者和商业教育。

广告事务部保护消费者免受欺骗性和未经证实的广告的侵害。其执法行为重点包括：

· 对膳食补充剂和减肥产品的欺骗性和欺骗性广告宣传质疑。
· 监管并防止针对公共卫生问题的欺骗性营销行为。
· 为新的广告技术制定有效的执行策略。
· 监督儿童类食品广告。
· 监督行业向儿童营销暴力电影、音乐和电子游戏的行为。
· 监督酒精和烟草的销售。

执法部开展各种各样的执法活动以保护消费者：

· 确保在消费者保护案件中遵守行政机关和联邦法院的指令。
· 调查并提起民事诉讼，以制止欺诈、不公平或欺骗性的营销和广告行为。
· 执行消费者保护法律、规则和指导方针。

金融事务部负责执行国家的许多消费者信用法规，其中包括：

· 能源规则，要求告知家用电器的能源成本、汽油的辛烷值、家庭隔热设备的能效等级。

· 绿色指南，指导如何做出关于消费产品的环保、可回收、不破坏臭氧层或可生物降解等方面的说明。

· “美国制造”执行政策声明，指导如何做出国内原产地声明。

· 邮件或电话订购商品规则，要求公司按照承诺发货。

· 纺织品、羊毛、毛皮和护理标签规则，要求纺织品、羊毛和毛皮产品要标明原产地和纤维含量，并在服装和面料上标识洗护方式。

· 珠宝指南，指导如何对贵重金属、宝石和珍珠做出鉴定说明。

营销事务部迅速果断地对层出不穷的欺诈营销行为做出反馈。它贯彻联邦消费者保护法，代表 FTC 向联邦地区法院提起诉讼，以阻止诈骗，防止诈骗行为人在未来再次实施欺诈行为，冻结诈骗行为人的资产，并为诈骗受害者申请赔偿。这个部门的工作重点包括：

· 杜绝每年骗取消费者数亿美元的网络和电话诈骗。

· 制止利用虚假和误导性信息骗取消费者钱财的欺骗性电话营销[①]（telemarketing）或直邮营销[②]（direct-mail marketing schemes）行为。

· 阻止欺骗性的商业骗局。

· 阻止“不打电话”和“CAN-SPAM”[③]等侵犯消费者隐私的行为。

计划与信息部收集和分析数据，以确立执法和教育工作目标，并评估 FTC 为保护消费者进行的相关活动的影响。该部门负责的项目和职能较多，包括：

· 消费者反馈中心：咨询人员通过电话、邮件和电子邮件回应消费者的投诉和询问。

· 身份盗窃项目：该部门负责协调 FTC 进行身份盗窃项目的开展，

① 电话营销：利用电话或互联网招揽业务。

② 直邮营销：通过邮件系统发布广告的误导性营销方案。

③ CAN-SPAM是英文Controlling the Assault of Non-Solicited Pornography and Marketing Act的缩写，译为《控制非自愿色情和促销攻击法案》，它对向客户发送广告邮件的行为做出了一系列的规定，以保护消费者。

根据法律规定，建立身份盗窃投诉的中心，消费者可致电或访问 www.consumer.gov/idtheft。

· 消费者哨兵数据库：这个跨国家、跨州的消费者欺诈数据库利用互联网为美国和加拿大的 150 多个执法机构提供了 20 多万份消费者投诉的安全访问路径。该网站为执法部门提供了获取 FTC 消费者信息系统数据库以及各执法部门和私营合作伙伴的关于电话营销、直邮和互联网投诉的访问路径。本网站亦提供其他有助于调查及检控的资料。

· 国际协调：该部门协调 FTC 的国际消费者保护工作，并协助促进消费者保护执法人员之间的国际信息共享。

· 运营：该部门管理 FTC 的核心财务、行政和诉讼支持事务。它管理 FTC 的消费者保护赔偿事务，并协调战略规划和绩效评估。

除了负责国内事务的相关部门，FTC 认识到国际贸易、电信和外包为全球消费者和企业创造了新的机会，因此近年来其工作重点落在了扩大国际合作和信息分享上，主要涉及四个核心领域：① 信息分享；② 调查援助；③ 跨境管辖权；④ 执行关系。

消费者和商业教育办公室（OCBE）为消费者提供他们所需要的工具，以便在了解产品和服务的基础上做出相关决定。该部门向订阅者推送博文和电子邮件提醒，还组织网络研讨会、培训、讲演以及其他全国范围内的推广活动。

虽然政府保护消费者，并加强公民自我保护的相关教育，但归根结底，消费者有责任意识到自己购买和消费的是什么。除政府提供的信息，监察组织还为消费者提供信息。拉尔夫 · 纳德（Ralph Nader）是消费者保护领域具有影响力的人物之一。他几十年的积极行动促成了保护消费者的立法。

▶现实思考

法规与房价

很多人关注的焦点是，为什么许多美国家庭都买不起房。影响房价的因素之一是地方政府制定并执行的一系列建筑条例。这些规定和准则对房价的影响主要表现在以下几个方面：

·当地法规规定了最小地块大小或新开发项目必须配备的土地面积。这些最低限定标准略有增加，就会减少新开发项目中可能的房屋数量。如果开发商的项目总成本不变，但由于地块面积的限制，一宗土地的可用地块数量从12块下降到10块，每个地块的定价就会高出16%以上，这意味着购买房屋的总成本要同比例上涨。

·许多社区对辖区内的每一幢新建房屋征收影响费和管理费。一些研究表明，在加州的一些社区，每幢房屋的此类费用加起来超过10万美元。

·旨在提高美国家庭能源使用效率的新能源法在全国范围内实施。虽然这一法规旨在减少供暖和制冷费用（这能够为购房者带来长效利益），但这些规定在初期会增加建筑成本，从而抬高房价。

·通过提高房地产税来支持地方政府和学校，增加了家庭的购房成本。当没有孩子的家庭觉得自己不应该为那些选择要孩子的人承担上学成本时，就会出现公平问题。这一问题在拥有大量退休人口的社区日益引发关注。

·建设和维护公共设施的成本从市政府转移到了房主和普通消费者身上。随着相关法规的出台和实施，政府承担的关于垃圾倾倒和卫生服务等问题的责任得以减轻，但相关服务的消费价格有所增加。城市用水的获取受到日益增加的垃圾处理成本的影响。

政府和其他法律成本及其对房价的影响：

·建造一幢房子的成本：170 000美元，包括材料、劳动力和土地价格。

·房地产中介费：12 000美元。

·当地许可证和费用：8 000美元。

·建造商利润：10 000美元。

·房屋购买价：200 000美元 。

·首付款：20 000美元，30年期抵押贷款，利率7% 。

·贷款金额：180 000美元 。

·不含税和保险的按揭付款：每月1 200美元 。

·每年的房地产税：每月200美元 。

·贷款人要求的房屋保险：每月100美元 。

·每月支付总额：1 500美元 。

如果建筑条例要求材料减少 5%，如果劳动力成本和地块大小限制没有导致一开始所说的地块成本增加 16%，如果当地的许可证和费用降低 50%，那么房屋购买价可能会降至 175 000 美元。即便房地产中介费和建筑商利润的比例保持不变，建造成本和房屋购买价也足以降低 12% 以上的价格。这样的话，每月的按揭还款额可以减少到 1 100 美元。房地产税会降低，因为购房价格会影响税收估值，保险费也会降低，因为房屋的重置成本会降低。从本质上讲，房主可以选择购买更大的房子，或者将按揭存款用于其他家庭资源需求。但由于建筑用材的减少，能源成本将增加，每月至少需要 300 美元，这证明原来的每月按揭付款是合理的。

三、私人资助项目

除了政府资助的项目，私人资助的项目也提供有价值的服务。非政府组织（NGO）是非营利性组织，其开展的项目有特定的目标，如社会性或宗教性目标。非政府组织的项目活动往往涉及人权、环境或健康等问题，其活动范围包括地方、国家或国际等层面。私人资助项目能够更快地对新出现的需求做出反应，能够侧重于特定人群，并且在资金使用方面更加灵活。不过，私人资助项目的资金往往比较小额，资金的持续投入性较难预期。

在美国，私人资助项目往往具有宗教信仰色彩，其资金来源多为宗教组织的捐款。许多私立医院都有基金会，从捐赠者那里募集资金，然后向无力支付医疗费用的病人提供经济援助。圣犹大儿童医院向所有患者提供护理服务，无论其是否有偿付能力。医院还资助研究和健康教育项目。“人类家园”（Habitat for Humanity）组织自 1976 年成立以来一直致力于解决家庭住房的需求，为全世界低收入者建造了 100 多万幢房屋。食物站和衣物捐赠中心多在当地和区域中心开展活动。还有很多私人资助项目满足人们其他方面的需求，这些项目涉及地方、州、区域、国家和国际等各个层面。

家庭服务专业人员面临的一项挑战是了解家庭需求，并帮助家庭对接现有的资源。互联网提供了获取相关信息和申请的方式。不过讽刺的是，那些非常需要这些项目的人却是相当难接触到计算机或难以获得与搜索、了解和完成申请等程序相关的培训的人。

四、义务教育

推行义务教育是一件美国人民一致认可的富有意义的事——源于这样一种信念——受过教育的公民是维系民主政府的必要条件。尽管美国《宪法》中没有明确指出，但公共教育是美国早期领导人的心之所向。各州的教育体系由各州自行规划，但联邦通过提供指导方针、目标和政策，以及拨付经费将这些学校联系起来。教育为个人和社会提供了机会，为雇主提供具有知识储备的劳动力。家庭在许多层面受到孩子教育问题的影响，包括孩子有没有学上，上什么学校，学校教育质量怎么样，等等。

（一）历史

早在 17 世纪 40 年代，现为马萨诸塞州的当地居民就将他们有限的一些资源拿出来用于创办学校并维持学校的运作。美国历史上这个时期的学校类似于今天的私立学校。它们通常归属当地教堂，开设宗教课程。1827 年，马萨诸塞成为第一个免除小学学费的州。到 1929 年，全美 50 个州、哥伦比亚特区，还有波多黎各已经制定了多种形式的义务教育法律。这种公共教育限于各州范围，所以具体的上学要求在各州之间有所不同。不上学通常被视为逃学，在法定上学年龄范围内的孩子如果没有达到最低出勤要求，将受到法律惩罚。大多数情况下，法律处罚是对父母或责任成年人处以罚款或监禁。

许多人认为，我们当代义务教育的真正基础源于工业革命。工业革命催生了对受教育劳动力的高需求，使得以家庭为中心的生产模式逐渐衰退，从而出现了对儿童和青少年不健康就业的保护。到了 20 世纪 50 年代，常规的、标准化的教育经历成为社会规则或规范。最近政府做出的进一步规范学校课程和评估的要求，就表达了这种期望。

（二）联邦

尽管只有 8% 的公共教育经费来自联邦政府，但这种财政支持对地方学校系统的运行至关重要。在联邦政府层面，有三个重要的部门与公立学校相联系——教育部、卫生与公众服务部和农业部。

“启智”（Head Start）计划和“早期启智”（Early Head Start）计划是综合性的儿童发展项目，服务从出生到5岁的儿童及其母亲和家庭。这两个项目以儿童为中心，总体目标是提高低收入家庭幼儿的入学能力。“启智”计划由儿童和家庭管理局［ACF，隶属卫生与公众服务部（DHHS）］管理。ACF地区办事处和“启智”计划管理局旗下的美国印第安人–阿拉斯加土著和移民及季节性项目分支机构直接向当地公共机构、私人组织、美国土著部落和学校拨款，以在社区一级实施“启智”计划。

“启智”计划具有提供全面和高质量服务的悠久传统，旨在促进低收入家庭儿童的健康发展。“启智”计划的受助机构和代理机构在教育和幼儿发展领域提供一系列个性化服务：医疗、牙科和心理健康；营养；家长参与。此外，整个“启智”计划具有广泛的适应性，会针对每个儿童和家庭的发展、种族、文化、语言和经历等制定相应的实施方案。

所有“启智”计划都必须接受项目绩效标准的检测。“启智”计划绩效标准定义了启智计划为服务儿童和家庭提供的服务内容，反映了“启智”计划受助人必须达到的期望和要求。其目的在于确保“启智”计划的目标得以成功实施，理念得以持续发展，所有受助人和代理机构在接受和提供“启智”计划服务时保持最高质量。“启智”计划自1965年开始实施，至今已经惠及了3 600多万名儿童。

（三）州

由于美国《宪法》中没有专门提到公共教育，因此公共教育属于州政府的职能范围。每个州的公共教育的管控和协调通常由州一级的教育部门负责。这些部门统一管理全州公立学校的课程、教学资格认定和培训、特殊教育等。这些部门提供财政拨款，用于提高学校的教学质量。联邦项目、基金与州立学校之间的联系也属于这些部门的职责范围。州税收是否支持学校的预算，取决于州立法者和投票选民的决定。

州级的教育经费负担往往是个问题，尤其是在经济衰退时期。虽然每个州的情况不同，但大约50%的学校经费来自州财政拨款。当州财政紧张时，州一级的预算削减会迫使学区缩减服务，增加地方财政经费则通常是通过提高财产税的方式。

（四）社区

美国的公共教育在地方一级开展运作。但地方的日常运营、预算制定和财政管理、政策制定等都需遵循州政府的指导方针。每个学区的所有孩子都能免费上学，这是一项基本权利。学校管理人员、教职员工和家长合力为社区儿童提供教育并进行监督和评估。当地学校董事会为其管辖范围内的学校制定政策和预算。因此，公共教育在地方开展，在州一级协调，在联邦一级获得少量支持（历来如此）。

因为大多数学校的经费来自地方财产税，所以可获得的经费数额可能会有所不同。当这种不平等导致了一些学区的教育质量差和资源匮乏，进而造成教育差距时，就会产生问题。

（五）家庭参与

美国的父母没有权利选择是否让孩子接受教育。不过，他们也有部分选择权，这些选择将在本章后面讨论。父母参与教育一直备受争议。一些家长选择不参与教育体系，被指责是“送孩子上幼儿园，然后在高中毕业时再去接他们”。从本质上讲，父母无法避免参与孩子的教育过程。他们在法律上有义务让孩子到校上课，他们至少需要按时接送孩子上下学。他们还需要帮孩子支付必要的服装、用品和参加学校活动所需的费用。实际上，大多数父母参与孩子教育的程度要远高于此。

在早期殖民地时期的教育中，家长被期望参与课程选择和监督以及教师评价。在 20 世纪初，学校变得官僚化，学校人员的组织变得更加专业化。这一变化导致了家庭生活和学校生活的割裂，父母被期望在家里支持学校所教的内容，而把课程和教学决定留给学校员工和行政人员（Barge & Loges, 2003）。最近，巴杰和他的同事（Barger et al., 2019）发现，父母的参与通常有两种形式。其一是一些家长会参与学校组织的活动，比如家长会、学校活动和实地考察。其二是在家参与，比如家长辅导孩子做家庭作业，鼓励孩子努力学习，或者设计一些能够刺激认知或智力发展的活动。各个群体的父母参与度虽然都有所上升，但仍然呈现出群体差异。有几项研究表明，低收入的少数族裔父母比高收入的非少数族裔父母参与度低。不过也有研究结果与此相反，称少数族裔父母在某些领域的参与度更高，而年龄较大、受教育程度较高的父母在其他领域的参与度更高，对于自己在教育过程中的角色应该是什么有更清晰的认识（Bornstein et al., 2010; Desimone, 1999）。当父母选择参与其中时，促成这一决定的必要资源包括时间、知识和精力，父母对这些资源投资产生积极的预期回报。

年龄是父母参与孩子教育的一个因素（Hornby & Lafaele, 2011）。蔻德瑞和威尔森（Cordry &Wilson, 2004）报告称，在 K-5 年级期间，大约 77.4% 的家长积极参与孩子的教育，而初中生家长和高中生家长的参与度分别下降至 67.4% 和 56.8%。他们还报告说，积极的家长参与对学生的士气、态度和学业成绩有积极的影响。那么，是什么原因导致家长在孩子的教育过程中"辍学"呢？

父母的参与往往存在阻碍。相关阻碍因素有教育水平、社会经济地位（SES）、家庭结构、文化差异等（Jafarov, 2015）。教师态度也会对家长的参与产生负面影响（Hornby & Lafaele, 2011）。超过 80% 的美国孩子就读于公立学校。然而，一些家长不相信公共教育能为他们的孩子提供合适的教学、课程以及价值观和道德教育。除了公共教育，家长还可以通过其他途径来达到州的强制法律要求。

（六）公共教育的备选方案

全美所有的孩子都有接受公共教育的权利。公民通过在联邦和州两级纳税，为公共教育相关服务和设施提供资金。但是，当公共教育被认为不甚理想时，备选方案应运而生。三种替代学校分别是特许学校、家庭学校和私立学校。

1. 特许学校

第一批特许学校脱胎于公立学校。面对公立学校所面临的困境，家长和其他组织性团体提出了新的、创造性的替代课程和管理办法。联邦为特许学校的规划和实施提供部分经费。一些州同意将学生的缴费作为经费资助特许学校，而有些州则不承认或拒绝资助特许学校。特许学校所需的额外办学经费通过家长或社区团体的赞助而筹得。虽然是由政府资助，但特许学校比其他公立学校拥有更多的自主权。他们可以根据社区的需要调整课程，而不必遵循州或国家的规定。认可特许学校的州会持续监督和支持这些学校。从本质上讲，州政府将一些学生的教育"外包"给了特许学校赞助团体。一些特许学校取得了成功，而另一些则发现经费的筹措十分困难。

2. 家庭学校

居家教育的做法源于美国拓荒先驱们。在任何一个地方，如果没有足够多的家庭定居或没有完善的交通，创建和维护公共教育设施在任何层面上都是没有意义的。在这种情况下，父母承担起在家中向孩子传授基本识字技能的责任。可以说，在这种教育形式中，父母对孩子教育的控制力度最大。美国立法者认同父母权利中存在一定程度的隐私，因此各州允许父母在家中教授符合各州要求的课程。根据《全国家庭教育调查》（Wang & Rathbun, 2019），在家上学的学生占学生总数的 3.3%。大多数选择让孩子在家上学的家长表示，对学校环境的担忧是他们选择这一教育方式的原因。

负责协调州立学校的机构对居家上学予以批准和监督。家长或任何负责开设课程的人必须获得批准，课程指南和材料由该机构提供或批准。这种教育儿童的方法需要高水平的资源投入，包括时间、精力、知识、空间和材料。

3. 私立学校

超过 10% 的美国学龄儿童就读于私立学校（National Center for Education Statistics, 2020）。这些学校没有公共税收经费用于学校经营或发放教职工工资。学校的经费部分来自学生学费，部分来自基金会赞助。私立学校在课程设置和教师期望方面享有较大的自主权；但是，为了满足义务教育的要求，这些学校必须在一定程度上遵循州的课程和教学规定。大多数私立学校具有宗教背景，其他赞助机构包括军校、寄宿学校和预备学校。除了规定的课程，这些学校可以依据赞助机构的指示和期望自由设置课程。

（七）教育选择

家庭必须确保孩子们进入州批准的教育机构或在家庭环境中接受教育。这一需求是义务教育法的产物。满足这一需求的备选方案包括公立学校、私立学校、特许学校或家庭学校。一些州还通过教育券[①]（school voucher）为家长提供另一种选择。一些州允许家庭选择公共教育之外的其他教育项目，并允许公共资金以代金券的形式注入这些替代教育项目用于家庭选择的教育项目。当家庭评估这些

① 教育券：一种证明父母有能力支付子女在他们选择的学校，而不是被分配到的公立学校上学所需的教育费用的证书。

选择时，他们的价值观、过去的经历和未来的目标将引导他们选择孩子的受教育方式。这个决定会产生机会成本，但也会给孩子带来不同的教育经历。父母和学龄儿童应不断评价这一决定及其结果，以确保家庭成员的需求获得满足。做出决定后，家长可以自由地改变想法，把孩子转移到其他可接受的教育环境中。

知识和技能是每个家庭成员为整个群体的福利做出贡献而需要的重要资源。人们期望教育能够提供并提高家庭成员做出正确决策的能力。随着儿童身体和认知能力的发展，他们在家庭生活中发挥作用的能力也会增强。家庭必须决定如何让这些新的、不断扩大的资源有助于家庭的整体运作。

家庭时间的管理在很大程度上受到了孩子教育决策的影响。所有正式的非家庭式教育需要遵循一个结构化的时间表。许多学校采用每年施教 9 个月的运作模式，但也有一些学校全年施教。每周和每天的日程安排在很多方面与职场相似。大多数学校都是周一到周五上课，每天上课 6—7 个小时。

五、供求关系和教育

美国的义务教育[①]（compulsory education）为教育创造了一个巨大的市场。所有儿童都可以接受公共教育。私立教育只对那些有能力支付学费或有资格获得学费减免的人开放。公立学校和私立学校都必须开设州规定的核心课程，在这点上两者没有太大区别，但公立学校和私立学校的教育质量可能不尽相同。即使是公立学校，不同的公立学校的教育质量也会存在差异。在 20 年前，孩子们上的公立学校完全由他们的居住地决定；现在，在许多社区这仍然是决定性因素。但如果家长认为家附近学校的教学质量达不到他们预期的标准，他们可以选择接受在家附近学校上学或支付学费让孩子去私立学校就读。

这种需求受到法律的保障，而学校的供给则由税收提供的资金所决定。质量是未知因素；由于选择和资源有限，确保所有公立学校一律平等是不现实的。很多经济学家和学者提出，父母的教育选择会因为竞争而最终使得教育质量获得全面提升。

---

① 义务教育：法律规定的必须接受的教育。

案例作业

目的：

✓ 本章案例作业的目的是将与税收相关的新知识应用到案例家庭工作成员的收入构成中。

预算：

你将完成案例家庭工作成员预算表的“税后收入”部分。你还将根据案例家庭描述输入案例家庭每月收到的子女抚养费或家庭补贴。

工资税。要确定每个月的工资中要扣除多少税款，可以上网搜索适用案例家庭的联邦、州和地方工资税计算平台。按要求输入信息，包括成年人士可以申报的免税额度。按每个家庭成员申报一份免税额的标准计算，然后除以案例家庭中的成年人数目。

房地产税。如果你的案例家庭拥有自己的房子，在大多数地方他们将需要每年支付房地产税。在他们居住地区的网站上，搜索房产税的链接，并输入你为他们选择的房屋地址。本案例作业中使用最近一年的税率，记住要将税率除以 12 个月。

汽车税和执照。使用同一个地区的网站，根据你为案例家庭成年成员选择的汽车的 VIN 号（车辆识别号码）确定每年的车辆税和执照费。同样要将税率除以 12 个月。

报告：

报告标题必须有正确的归档信息，包括案例家庭姓名、案例编号(8)、当前日期和你的姓名。使用案例作业 1 中创建的摘要段落作为本报告的引言。逐段讨论每个工薪家庭成员应该缴纳的工资税额，附上在线计算结果截图。

按导师的要求提交报告。

总结

生活在美国的家庭享有很多自由。不过，在美国社会努力保护公民的同时，美国公民的生活也受到若干约束，这些约束的初衷在于提高他们的生活质量。大型项目和政府支出的资金来自税收，这些税收义务减少了家庭可用货币资源的数量，但提供了其他对社会目标和家庭生存具有重要意义的资源。消费者保护和教育项目直接影响个人和家庭的资源获取和支出。家庭资源管理专业人士需要了解现有资源，并将其与现有需求相匹配，同时管理税务义务和个人责任。

复习和讨论题

（1）美国的所得税制度被批评过于复杂、评估比例不当——富人纳税较少。收入税、销售税、社会保障税和医疗保险税在这方面有何不同？

（2）美国食品药品管理局（FDA）需要处理一个微妙的平衡问题，那就是既要满足消费者对新型改良药物和食品的需求，同时又要确保这些新产品的安全性。列出媒体报道较多的三种新产品并讨论 FDA 该如何平衡。

（3）谁最终对消费者的安全负责——消费者还是政府？请讨论。

（4）公立学校和商业模式是如何相互依存的？时间怎么安排？课程怎么设置？

（5）公立学校能为家庭提供什么资源？又为家庭创造了什么资源需求？

第四部分

做出选择

决策模式

· 了解现有需求。

· 确定能够满足需求的备选方案。

· 评估已确定的备选方案。

· 选择并实施备选方案。

第九章　管理未来

第十章　决策过程中的沟通

第十一章　家庭决策过程中的个人

· 反思并评估已选择的备选方案

第九章 管理未来

目标

- 定义目标、目的和标准。
- 描述计划过程。
- 解释财务计划和家庭目标及需求之间的关系。
- 列述家庭在制订财务计划时需要考虑的因素。
- 讨论如何制订财务计划。

不付诸实施的决定毫无价值。一旦做出决定，个人或家庭就必须完成一系列新的操作。他们必须制订行动计划。

●案例 9-1

凯瑟一家认识到他们的信用卡债务太高了，因此一致决定要还清当前债务，并从此尽量少用信用卡。这类决定需要他们长期践行，并需要制订一个强大的行动计划来改变他们的行为。

大四学生卡伦·贝洛斯认为在她毕业求职前需要丰富求职简历的内容。她的导师与她见面谈了这事，他们一致认为卡伦需要多参加校园活动，这将帮助她达到市场营销领域的社会期望。卡伦计划这个学期加入两个学生组织，每周到当地救济厨房志愿服务 2—3 个小时。

这些计划是短期的，重点明确。

每个人都参与短期计划过程。这种行为对人类生存——满足基本需求至关重要。长期计划则具有跨文化、跨代行为的普遍特征。然而，个人相信自己控制未来的能力的文化差异会影响他做长期规划并执行决策的意愿（见第一章）。家庭资源管理过程高度依赖于规划过程。

一、目的、目标和标准

目的[①]（goals）是一个人想要努力达成的结果。它是一个人希望在由个人决定的时间范围内达到或完成的事情。目标[②]（objectives）是目的的子集（Palomba & Banta, 1999）。例如，如果目的是提升健康水平以提高生活质量，其目标可能包括体重管理、运动预期和营养变化。目标比整体目的具体、具有可测量性，可以作为参照标的，帮助我们衡量目的实现的进展情况。

设定、追求和实现目标有助于个人成长，提高对生活的满意度（Griffith & Graham, 2004; Wang et al., 2017）。目标帮助个体引导自我行为以完成任务和具体目标。在实现目标的过程中还会伴随其他的任务，比如自我调节和解决问题的技能。目标是基本价值观、态度和信念的反映。目标还受个人理解和经验的约束。教育常被认为是新移民的一个目标。对于家境贫困、文化程度不高的父母，他们的目标可能是为自己的孩子提供上小学和高中的机会。而对于那些大学毕业的父母，学士学位可能只是他们为孩子设定的更大目标（研究生学位）的一部分。但这并不意味着这两组父母的目的和期望不高。它反映的仅仅是每个家庭依据其对选择的了解和自身的教育经历而设定的可能实现的目标。

有很多方法可以对目标进行分类。短期目标[③]（short-term goals）一般可以在3个月内实现，中期目标[④]（intermediate goals）可以在1年内实现，而长期目标[⑤]（long-term goals）通常需要超过1年的时间来实现。

●案例 9-2

帕梅拉同意感恩节和圣诞节之间每周加班3小时，以赚取足够的钱为家人和朋友买节日礼物（短期目标）。为了在5月份毕业前提高最终GPA（平均学分绩点，中期目标），她也会花更多的时间学习。毕业后，她将开始专业学习，成为一名放射科医生（长远目标）。她同时有涉及不同时间长度的多个目标。

---

① 目的：一个人想要实现的事。
② 目标：实现目的的具体、可测量的手段。
③ 短期目标：可以在不久的将来实现的目的。
④ 中期目标：1年以内可以实现的目的。
⑤ 长期目标：通常需要1年以上才能实现的目的。

社会目标[①]（societal goals）反映的是更大的社会群体的规则和期望。减少美国人对国外石油的依赖是政府和生态学家们想要实现的共同目标。家庭目标[②]（family goals）为家庭成员提供了共同努力的动力，希望能够为家庭成员和整个家庭带来积极的变化。个人目标[③]（personal goals）具有个人特定性。当目标按来源分类时，总会有一些重叠。

●案例 9-3

塞吉奥是第一代大学毕业生，毕业后有好几个不错的工作机会。他实现了一个重要的个人目标。他的整个家庭都分享了这一成功；不过，他的父母和兄弟姐妹在支持他的过程中做出了牺牲。他前途无量的职业生涯也符合社会目标的标准，因为他即将摆脱贫困，并准备帮助他的家人改善生活。

在认识到每个人同时会设定好几个目标之后，我们需要了解他们如何集中精力、分清轻重缓急并且持之以恒地来实现目标，这点很重要。目标必须具有合理性、可理解性、可衡量性和具体性。

●案例 9-4

金姆想在工作岗位上获得晋升。具体来说，她想成为助理经理，并获得更高的薪水。她的合理目标应该是专注于目前行政管理系统中的一个合乎逻辑的岗位。她想让她的上级们都参与到这个过程中来，这样所有被她的目标所影响的人都能知道她的野心，了解他们可以如何帮助她，并且思考她的个人目标会如何影响他们的职位。她应该认识到晋升需要就一些渐进的步骤达成一致：季度评估——职业发展机会。当她获得晋升和加薪时，她就会知道自己完成了这个目标。

对目标负责或受目标影响的家庭成员应该参与到制定目标的过程中。当参

① 社会目标：通过更大社会群体中的规则和期望反映出来的目的。

② 家庭目标：对一个家庭所期望获得的未来理想条件的概括说明。

③ 个人目标：个人特定性的目的。

与人觉得自己的声音能在决策过程中被倾听，最终制定目标的人有考虑他们的需求时，他们对群体目标的接受度和实现群体目标的责任感就会增强。家庭目标和子目标提供了大局方向，并对家庭目前的情况、未来展望以及家庭成员如何为家庭成功做出贡献有所评估。目标的实现提供了满足感和成就感，丰富了家庭成员的生活体验，并激励其他目标的成功实现。

标准[①]（standards）或家庭内部可接受的最大程度也会影响目标。对于有些学生来说，成绩达到及格就足够了。对于有些学生来说，成绩必须达到优秀才可以。标准会随着时间慢慢发展，而家庭标准反映了多代人的发展历程。年轻人经常面临的一项任务就是调整他们的生活标准，从一个家具齐全、功能完备的家庭搬到自己的第一个独立公寓或共享住房居住。随着过去三代美国中产阶级生活水平的不断提高，这些家庭中的年轻人已经习惯了舒适甚至是过度舒适的生活。电视、微波炉和空调变成了期望而不是选择。当年轻人自己的资源无力支撑这种生活水平时，他们就会感到不适。这往往会导致他们不恰当地使用信贷，以未来的收入作为抵押来换取当下的满足和享受。

二、规划过程

许多决定在本质上是复杂的，需要全心规划才能完全实施。比如，决心戒烟既需要设定目标，也需要制订行动计划。无论实现这一目标的方法是立即戒还是循序渐进、讲求方式方法地戒，仔细规划行动都是必要的。规划过程[②]（planning process）从决定开始。这个决定必须根据实现固有目标所必需的活动进行分析。根据时间和难易程度，确定子目标或核心任务，给参与人员分配任务并达成一致。有些决定完全在一个人的控制之下，但在许多家庭的决策过程中，需要委派或分配特定的任务给某些成员，从而完成整个过程。这些决定和时间框架催生了一个正式或非正式的计划。不管计划最终是否完成，只要执行并做出最终评估，就算完成了规划过程。

---

① 标准：要求；优秀或成就的程度或水平。

② 规划过程：从确定某种情况需要采取行动开始而产生的过程。

· 确定需要采取行动的情况。

· 制订计划。

· 实施计划。

· 评估计划的成败。

计划[①]（plan）是为了实施决定——实现目标而制定的行动方针。每个计划实际上都是一系列按照顺序或步骤排列的决定和行动。随着计划的确定，时间安排[②]（schedule）也随之出炉。列表、时间表、日历、电子日程安排设备和计算机程序都是时间安排的相关内容，所有这些都是用于规划从任务和约定开始到结束的路径。时间安排取决于排序[③]（sequencing），即列出完成任务或目标所需的活动和资源的心理过程。这些活动的复杂性决定了需要花费的时间、精力和脑力。准备一顿饭需要准备食材和烹饪设备，并有目的地安排任务的先后顺序。蔬菜在烹饪前必须先清洗，然后需要切成可食用的小块。在加入酱汁之前，必须先把意大利面里的水排干。电动咖啡机必须先装满水和咖啡豆，然后才能启动冲泡按钮。不按顺序执行这些步骤中的任何一步都可能导致失败。撰写一篇研究论文需要先搜集资料、组织观点，然后进行论文的实际写作或文字处理。无论是有意识思考的结果，还是习惯性的潜意识行为，排序是规划的关键。

有些行动需要全身心的奉献和投入。完成一个高级代数方程或码好多米诺骨牌就是这样的行为。有些行动可能不需要投入那么多的注意力，但它们限制了你同时参与其他行动的可能性。许多行动只需要投入少许注意力就可以同时完成。独立性行为[④]（independent activities）彼此不相关。早上，你可以按照你喜欢的先后顺序完成刷牙、梳头和穿衣等行为。这些行为都不依赖于其他行为。依赖性行为[⑤]（interdependent activities）则具有时间性和顺序性。在这种关系中，系列行为中的某个行为必须在另一个行为之前完成。在美国，你必须

---

① 计划：为实现从某种情况到另一种情况的变化而提议或打算使用的方法。

② 时间安排：执行一个过程或程序的计划，会列出计划完成的事件和时间。

③ 排序：按逻辑、可预测的顺序做事。

④ 独立性行为：彼此不相关的行为。

⑤ 依赖性行为：需要先完成其他行为的行为，具有顺序性。

先取得汽车的所有权，然后才能考取驾照，购买保险。你必须取得驾照并给它上保险才能合法驾驶。在这种情况下，获得所有权、获得许可和上保险是相互依存的行为。

许多日常活动不需要太多注意力，可以实现多任务处理[①]（multitasking）。你或许可以在电视和收音机开着的时候或当着朋友和家人的面做作业。你或许能一边开车穿过车流，一边吃快餐。多任务处理确实能提高我们在短时间内完成更多事情的能力。然而，其最终结果质量和行为本身的安全性有待商榷。鲁宾斯坦等人（Rubinstein et al., 2001）发现，在所有类型的任务中，当研究受试不得不从一个任务切换到另一个任务时，他们会损失时间。这些时间成本随着任务的复杂性而增加。他们认为，个人在转换任务时需要经历两个截然不同的阶段。目标转换包括转换所需的决定和行动，而规则激活则是从第一个任务的规则转换到第二个任务的规则所需的过程。施特罗纳赫和他的同事（Strobach et al., 2018）认为，其他因素可能会影响同时处理多项任务的能力，比如年龄，或者一个人是否主动选择承担多项任务而不是被动地接受任务分配。

法律禁止开车时使用手机，这表明同时处理多项任务对道路安全是一个严重的隐患。但有些情况需要多任务处理，比如医院急诊室。沃尔特等人（Walter et al., 2016）发现，在他们的研究中，医学专业人员能够在干扰下调整注意力和必要的行动。医院急诊科的医生工作压力大，不时还会遇上危急情况，经常处于多任务状态。此研究表明了强大的沟通策略和充分准备的重要性。这两个因素最大限度地减少了多任务处理可能带来的负面结果。

●案例 9–5

乔什一边看着两岁的侄女，一边和女友煲电话粥，一边还在玩电脑纸牌游戏。他正全神贯注地向女友解释为什么今晚要迟点去接她，却在游戏中遇到了障碍。这时他会有意将注意力转移到游戏中（目标转移），并调出自己记忆中的规则和过去遇到相似问题时的应对策略（规则激活）。如果他的侄女这时发现了墙上的一个未受保护的插座，那么切换任务所损失的半秒时间就非常关键了。

---

① 多任务处理：一个人同时处理多项任务。

重复多次的决策或那些几乎没有风险或不需要投资的决策，往往是凭个人的直觉[①]（intuition）和过去的经验来制定的。家里的卫生纸快用完了。任何有能力购买物品的家庭成员都可以执行购买更多卫生纸的决定。卫生纸经常购买，所以不需要每次都核查喜好。这是一种低成本的购买决定，所以价格不是一个需要高度关注的问题，特别是在紧急情况下。

在涉及集体的情况下，比如家庭，可以通过头脑风暴[②]（brainstorming）来制订行动计划。多位成员会被要求提出关于该决定的可能性行动方案。这种规划方法确保了可能解决方案的多样性和创造性，但并不是一个高效的方法，因为需要对大量可能的计划进行梳理、评估、排序，然后决定采用哪个计划方案。不过，当风险高且时间充裕时，家庭成员可能会发现头脑风暴既实用又有效。

●案例 9-6

艾比一直想出国旅行。作为一名高三学生，她有资格参加她所在地区的学生交换计划。她有机会在西班牙度过高三下学期。但因为艾比的母亲是一个单亲妈妈，艾比还有一个姐姐、一个弟弟，艾比的离开会影响到其他三个家庭成员的生活。一家人坐下来讨论如何在不影响其他人的情况下实现艾比的梦想。

其中一个问题是弟弟杰克逊初中放学后怎么回家。学校离家 10 个街区远，本来都是艾比每天去接他，然后一直陪着他，直到妈妈下班回来。杰克逊提出他可以每天步行或骑自行车回家。

妈妈的想法是利用学校的课外项目，让杰克逊在学校多待两个小时以完成作业或参加学校安排的活动。姐姐泰尼尔提出她可以推迟下个学期的美容课程，转而做兼职，这样她可以去接杰克逊。虽然最后妈妈的想法多半会被采纳，但在这个头脑风暴的过程中，杰克逊和泰尼尔的想法得到了清晰的表达。杰克逊正寻求在家庭中变得更加独立、给予家庭更多支持的方法，而泰尼尔可能还不能确定她现在所学的专业项目是否是一个正确的选择。最后，艾比离开的问题会得到处理，所有的家庭成员都通过牺牲自己来支持艾比，并表达了重要的个人需求。

---

① 直觉：不需要做出明显努力就能获得理解；看似与之前的经历或经验知识无关的直接具备的洞察力。

② 头脑风暴：一种以小组所有成员自发贡献想法为基础的问题解决技巧；一人或多人为设计或找到问题解决方案而认真思考的行为。

显然，头脑风暴有利有弊。这需要时间、讨论和团队合作。并非所有头脑风暴产生的想法都是有用或实用的。但是，这种方式能让更多的成员参与到决策过程中来，因此当做出最后的决定时，成员对于决定的认同度会较高。这种决策方法也提供了更高水平的创造力和原创性。

（一）计划的类型

许多计划远没有上升到正式的书面文字的形式，它们只是储存在我们的脑海中，或只是与他人进行了口头分享。计划方案成功或完成计划目标的概率，随着计划的正式程度而增加。一项公开的计划比保密计划更有可能成功。这是因为一旦向他人公布了具体的细节，就会产生一定程度的问责机制。非正式计划或特别计划是个人在漫无目的的追求中产生的，而任何有目的的行动都需要一定的规划。结构化和正式的计划通常为多个一起工作以实现共同目标的人所采用，如军事战略、职业规划和财产规划等都属于这种。通常情况下，不太正式的计划在创建时以抽象想法的形式存在，并在维持和采用时仍然保持这种形式。较为正式的计划，虽然最初是以抽象想法的形式创建，但很可能会被文字记录下来，或以一种跨越时间和空间的多人可访问的形式存储，从而增加了计划执行过程中协作的可靠性。

●案例 9-7

杰米和朋友们去看戏剧。四个人都从城市的不同地方赶来，约好在戏剧开幕前在剧院碰面。杰米从来没有坐过地铁从工作的地方到剧院所在地，所以他打开手机上的导航程序，输入目的地，告诉老板自己要提前几分钟下班，然后就出发了。在途中，他从自动贩卖机里买了一份零食。他的出行计划比饮食计划更正式，而两者都成功完成了。

定向计划[①]（directional plan）使个人或团体沿着完成目标的道路前进。职业生涯管理就是一个例子。要成为一名建筑师，你必须先完成中学学业。然后，

① 定向计划：引领决策未来走向的战略规划。

你必须完成一个与建筑学硕士学位相匹配的学士学位。在获得硕士学位后，你必须从事一段时间的监理工作，参加并通过执照考试，最终向公众展示你是一个有执照的专业人士。

▶世界博览

不同文化的价值观和目标取向

研究表明，在看待不同文化的价值观和目标取向时，有几个因素需要考虑。不是所有的文化都尊崇同样的思想观念，这影响了特定文化背景的人为自己设定的未来目标。霍夫弗伯格和温伯格（Hofverberg & Winberg, 2018）认为有必要重新审视所有目标具有跨文化普遍性的观点。他们还认为，关于目标的研究应该包括其他更多维度的文化衡量方法，以确定目标选择的动机或原因。霍夫斯泰德的国家文化指数（Hofstede, n.d.）比较了六个文化维度，这可能有助于我们理解为什么有些东西对一种文化如此重要，而对另一种文化却不重要。以下是不同的文化中可能存在的一些差异，仅供参考：

- 掌控者和被掌控者之间的权力距离。
- 个人主义与集体主义——个人行动或为他人着想。
- 长期导向vs短期导向——着眼于某种情况的长期影响或着眼于当前需求。
- 个人生活掌控感vs无助感。

美国的年轻人通常会设定接受大学教育的目标。考虑到前面提到的因素，如果换一种文化背景，这个目标会有什么不同呢？

如第一章所述，在世界观的讨论中，不同群体对于社会关系、未来管理、团体重要行为等有不同的信念。美国人会将他们的工作、职业目标和物质获取的文化信念归结到美国移民的身上。与祖国的联系和情感纽带是一个人身份的核心内容。亲情不会随着地理距离的扩大而消散。移民，无论是合法的还是非法的，都是一种包含了高度规划和复杂家庭决策过程的决定。优先性、目的、目标是驱动因素。想要满足家庭基本需求，而不是为了提高个人生活水平——这是一种强大的驱动力。

有经验的规划者知道，计划必须具有适应[①]（adaptive）性才能成功。个人或家庭很少能在完全可控的环境下运作计划。意外和不可控的事件会使原计划无法实施。这些干扰可能很细微，只要做出适度改变就可以，也可能会很强烈，需要完全放弃计划。应急计划[②]（contingency plan）是基于可能出现问题的预期而与原计划同时制订的替代计划。风险的程度和成功实现目标的重要性决定了应急计划是否要成为规划过程的一部分。

●案例 9-8

梅莉亚 16 岁，正在寻找一份暑期工作。她向一家快餐店、一家狗狗日托所，还有当地图书馆提交了打工申请。快餐店的工作时间比较灵活，但即使快餐店不给她打工机会，她还有两个后备计划。梅莉亚可能会找到一份暑期工作——她朋友的妈妈是狗狗日托所的老板，她的姑姑在图书馆工作。

主动性计划[③]（proactive plan）有意识地努力避免意外和危机的发生。它们是基于对预期事件的预先思考而制订的计划。主动性计划制订者通过让事情发生来控制局面，而不是等到事情发生后才做出反应。由于预见到退休后的经济需要，一个工作的成年人可能会决定为雇主的退休计划做贡献，以获得更多的社会保障金。虽然没有办法知道一个人实际需要多少钱才能维持退休后预期的生活水平，但钱多显然比钱少好。

●案例 9-9

一家快餐店的经理注意到，员工们喜欢从大型油炸锅旁边走捷径，这存在人身安全隐患。她第二天就组织了一次安全会议，并为所有员工制订了一个关于油炸锅安全的短期教育培训计划。经理预料到可能出现的危险，并决定积极主动地避免可能出现的伤害。

---

① 适应：显示或具有适应能力或倾向；灵活应变的能力。

② 应急计划：为处理某一特定问题、紧急情况或事件而制订的计划。

③ 主动性计划：基于对预期事件的思考而制订的计划。

反应性计划[①]（reactive plan）是自发的，没有预先考虑，往往是为了应对不良事件而迅速制订的计划。一个靠工资生活的家庭将被迫对失业或失去住房迅速做出反应。他们将不得不降低生活标准，因为没有资源可以利用。他们可能会决定向其他家庭成员或朋友寻求帮助，或者申请旨在帮助应对这种紧急情况的公共项目。如果突然性地失去全部收入，那么他们将被迫立即采取行动。

●案例 9-10

来自纽约的麦格劳一家临时决定去加拿大的一个山地公园旅行。一个邻居问他们是否有美国和加拿大跨境所需要的证件。他们没有考虑过。办好所有的旅行证件要花好几天的时间，所以他们不得不调整计划。当他们试图在纽约北部的一个山区度假胜地办理入住时，发现没有空房间。他们决定直接开车往南走，看看能不能在沿海地区找到一个度假的地方。挫折和失望是反应性计划中可能存在的障碍。

当一个家庭以积极主动的方式进行具有方向性和目的性的规划时，他们是在实践战略规划[②]（strategic plann）方法。战略规划通常包括应急计划和持续性的问题解决计划。在高风险情况下，如军事作战、慢性病和致命性疾病的医疗、严重的社会危机，应用战略是必要的。越来越多地利用技术建立的个人医疗保健信息数据库，既给病人带来了希望，也带来了担忧。家庭和医生需要尽可能多的信息来制订战略性的健康计划。对信息的需求必须权衡这些信息可能产生的负面影响以及保护个人隐私的难度（Marvin, 2017）。

●案例 9-11

唐刚刚被确诊患有轻微的心脏病。医生断定他的两条动脉严重堵塞，提出了两种治疗方案，其中一种治疗方案的创伤性比另一种要小，但可能不那么有效。唐的家人对这种疾病了解不多，也没有家庭成员是医学专业人士。

---

① 反应性计划：自发的、没有预先考虑的计划。

② 战略规划：一种用来指明团队优先事项和未来目标的工具。

治疗费用主要由家庭的医疗保险承担，该家庭又咨询了另一位医学专家的意见。她建议唐在一家领先的医疗机构接受创伤性较小的那个手术，因为在她和她的同事看来，如果这个手术没有完全成功，唐还可以进行第二次手术。本质上，她提出了一个应急计划。在手术之前，唐将接受药物治疗，以增加他的生存和恢复机会。手术后，他将开始药物治疗、康复训练和行为矫正，以进一步巩固手术效果。该计划包括高风险因素、应急计划和主动行为——所有这些在战略规划过程中都是必不可少的。

（二）时间安排

计划以时间表的形式对谁、何时、何地做什么等内容做出正式的描述。家庭通常会尽可能高效地平衡各个成员的日程安排。通过使用列表、带有手动录入系统的日历和电子日程安排设备，父母安排孩子上学、参加活动并履行其他社会义务。成年人会想办法在维持工作安排和家务管理的同时，协调交通出行和监督职责。

这类时间表会以文字的形式详细列出关于活动、地点和时间的计划，以促进任务的完成。当一个人能够有效地计划和记忆信息时，时间表也可以采用电子形式，甚至是在头脑里制定。需要协调的人员、活动的复杂程度和数量将决定时间表的正式程度，以便于完成全部所需任务。

计算机和互联网的使用彻底改变了时间安排的模式。智能手机和便携式电脑可以通过编程来记录约会信息，提醒用户即将到来的约会，并记录时间跨度大的固定约会信息。如抵押贷款和公用事业账单等定期信用还款，可以通过银行的计算机网络安排或授权进行电子化处理。从政府项目中支付的工资和款项可以约定时间从付款账户自动存入支票账户。

在结束本节讨论之前，有必要谈谈美国当代家庭面临的一个问题：时间安排超量[①]（overscheduling）。对于繁忙的家庭而言，父母的工作时间，孩子的上学时间、课外活动和课后课程的时间等都必须一一协调。为一个事务繁多的家庭做好时间规划，可能会变得很复杂。一些人认为，日程安排过多的孩子错

① 时间安排超量：家庭成员的家庭活动过于忙碌，这是当代很多家庭面临的一个问题。

过了有助于发展想象力的自由玩耍时间。但是，凡德卡姆的（Vanderkam, 2009）报告提及，时间安排超量的现象对一些人来说可能不是问题，把空闲时间用于课外活动与取得更好的学业成绩和更低的体重相关。所以，问题可能不在于投入的时间，而在于是父母逼迫孩子参加活动，还是孩子自己选择参加活动。

前几年的新冠疫情极大地改变了家庭的时间安排，一家人都待在家里，所有既定的活动都取消或转为线上开展。日后的研究会揭示这种剧烈变化对家庭的影响。当家庭评估疫情期间的好处和挑战时，可能会做出永久性的改变。

（三）预算

预算[①]（budget）是另一种对家庭有用的计划形式。它是关于货币的计划，对家庭一段时间内预期的收入[②]（income）和支出[③]（expenses）做出描述。大多数有成年工薪族成员的家庭会每月做预算。当与准确的记录结合使用时，预算能帮助家庭找出不必要的支出项并调整支出以更好地实现家庭目标。最初制作预算时需要收集过去收入和支出的相关信息。记录的信息、收据、银行汇票和其他纸质及电子票据为创建预算提供了重要的历史信息。

预算通常分为两大块内容：收入和支出。收入包括家庭成员定期领取的薪水或工资。薪水通常指专业人士和管理人员的收入。工资是按时计薪的工人的收入。

●案例 9-12

艾莉森是一名护士。她在当地医院每小时挣 22 美元。她的周薪是 880 美元，也就是每月大约 3 520 美元。除非她的雇主愿意支付她每小时 33 美元的加班费（1.5 倍），否则她每周只能工作 40 个小时。

斯塔西亚是同一家医院的人力资源经理。她有固定的薪水，每月 4 000 美元。受薪职位没有自动加班的要求。如果艾利森偶尔加班，她每月的收入可能会更高。

---

① 预算：协调资源和支出的计划；可用于所要求或分配给某一特定目的的资金数额。

② 收入：一段时间内获得的金钱数额，如工作、货物或服务的支付款或资本获利。

③ 支出：为获得利益或结果而支付的款项。

在做家庭预算时，需要收集所有被期望对预算计划做出贡献的已工作家庭成员的收入信息。也可以做每周预算，但每月预算更实际，具有较少的重复性。将所有的预期收入加起来就是家庭总收入[①]（gross family income）。把家庭总收入输入预算表格（纸质或电脑表格）。总收入是指没有扣除税额和其他既定扣除款项前的收入。有关工资税的更多信息，请参阅第八章。这些款项将会被扣除，这是既定义务，因此扣除的钱将无法用于支出。在扣除所有应扣除款项后可支出的金额称为净收入[②]（net income）。其他可能加入预算收入的项目还包括储蓄账户的利息、联邦项目福利待遇（如社会保障遗属福利金），以及从政府获得的符合条件的食品券和其他福利项目的收入。确定所有可能的收入并相加，就是一个家庭的可支出收入。

支出的确定必须与计算的收入相比较。支出主要有两种：可变支出[③]（variable expenses）和固定支出[④]（fixed expenses）。不同周期的可变支出可能会出现变化，比如加油等汽车费用、服装、食品、娱乐、礼物、医药费和水电费等。固定支出从一个付款期到下一个付款期不会出现较大变化，如抵押贷款或租金、汽车贷款、儿童保育费、保险和某些税收。总的来说，这些支出代表了每个预算时期家庭的资金流出。固定支出比较容易确定，关于可变支出，回顾过去的支出可以提供一个可靠的方法来预估类似产品和服务的未来支出。

当总收入与预期支出总额相比较时，就会出现盈余[⑤]（surplus）或赤字[⑥]（deficit）。当有盈余时，即可用的钱多于所需要的钱时，家庭将要决定如何分配多余的钱。它可以用来偿还巨额债务，满足家庭成员的心愿，或用于未来投资。盈余资金的计划分配是很重要的一项内容。如果对这笔钱没有一个正式的规划，并且家庭中的核心成员都知道这笔钱，那么最终可能会给家庭带来损害。

如果一个家庭有盈余，需要考虑以下几点：

---

① 家庭总收入：扣税前的家庭收入。

② 净收入：总收入扣除纳税金额后可供使用的钱。

③ 可变支出：不总是一致并且会随着家庭内外环境的变化而变化的支出。

④ 固定支出：无论何种情况都保持不变的支出。

⑤ 盈余：高于所使用或所需要的部分。

⑥ 赤字：支出超过收入的部分；商业经营中的亏损。

- 是否有任何支出被低估了？
- 收入是否被高估了？
- 这些额外的钱可以用来提升家庭的经济地位吗？

如果出现赤字，考虑以下可能性：

- 是否有任何支出被高估了？
- 收入有被低估吗？
- 家庭目标和生活水平是否过高？
- 是否已确定所有可能的收入来源？

做预算[①]（budegting）是一个过程性行为，而不是一次性的行为。许多家庭觉得做预算既乏味又费力。另一些人则实行准预算，将收入记录在账簿上，或不断通过电子方式监控银行余额，然后在所需支出尚未全部支付时就将资金耗尽，或在工资周期末期出现盈余时进行计划外采购，这体现了被动性管理。

研究者们对家庭预算和支出进行了大量研究。约翰逊等人（Johnson et al., 2001）回顾了美国 100 年来的家庭预算情况。收集到的信息表明，相关数据收集的目的随着时间的推移而发生了改变。在 20 世纪的第一个十年，政府通过了解家庭生活条件，包括收入和支出来调查妇女的状况。最低生活标准就是在那个时候确定的。第一次世界大战后，政府收集信息以确定迅速上涨的物价对工薪家庭的影响。诸如“充足的食物”“体面的衣服”“卫生住房”和“最低限度必需物品”等术语成为新的标准。

为了应对 20 世纪 30 年代大萧条给美国经济带来的破坏，两种预算模式被提出，一种是维持性预算，一种是应急性预算。维持性预算满足最低需求，但低于标准。应急性预算是在对家庭功能造成最小伤害的情况下削减维持性预算的做法。第二次世界大战结束时，美国经济开始复苏。家庭维系和生存不再是问题。随着战争资金的筹集，税收问题浮出水面。国会担心低收入家庭纳税有

① 做预算：分配资金；计划或给出资金的具体使用方案。

失公允，因此花了不少力气制定生活成本表以供分析。自此以后，政府定期收集数据，并将结果作为普通家庭的描述性预算报告予以公布。收集到的信息（表9-1）为当代家庭比较收入和支出提供了指南，也为了解家庭与其他家庭的支出习惯提供了重要信息。

表 9-1　家庭主要预算项目和平均支出①

支出项目	数额 / 美元	2018 年比例 /%
饮食（在家和在外）	7 923	12.9
住房	20 091	32.8
衣服和服务	1 866	3.0
交通	9 761	15.9
保健	4 968	8.1
娱乐	3 226	5.3
教育	1 407	2.3
个人保险和退休金	7 296	11.9

三、家庭财务计划

在某种程度上，你未来的大部分目标都可能涉及金钱资源。美国的社会理想围绕着许多物质资源的获取——汽车、房屋和其他拥有物等。人口的流动性日益增强，对于中高收入群体来说，旅行和休闲机会更多的是一种期望，而不是一种奢侈品，因此对于成年人来说，从很小的时候就意识到财务规划的重要性很重要。在一个注重消费和使用信贷的社会环境中，储蓄的价值对许多人来说可能是模糊的。尽管良好的财务管理在任何年龄都很重要，但更重要的是要尽早开始。

家庭需求会随着时间而不断变化。当代社会家庭构成的多样性使得我们难以讨论整个生命周期中的典型家庭，但在某些时期，某些类型的购买和财务规划比较普遍（表 9-2）。在成年后的前 30 年，人们通常致力于探索并实现两个主要目标：一是个人的职业发展或工作与生活平衡的期望，二是家庭的组建。

① 来源：U.S. Department of Labor.（2018）. *Consumer expenditure survey*。

表 9-2 家庭的财务生命周期

阶段	财务计划
阶段 1：成年早期到中年	· 选择单身或结婚，或形成其他类型的家庭结构 · 开始为未来目标长期储蓄 · 确定并满足保险需求 · 买房 · 规划职业生涯
阶段 2：退休前	· 必要时调整退休计划 · 制订房产计划 · 调整保险以满足不断变化的需求 · 制订退休生活计划
阶段 3：退休	· 获取积累的退休金 · 适应家庭变化（寡居、医疗危机、混合式家庭）

在美国，年轻人被认为是生产力的活力要素，所以完成学业后做好职业准备和立即就业是人们的期望。教育是许多人的目标，旨在为未来的最初就业和发展做好准备。经济、健康、家庭义务和其他不可控因素会对一个人的发展产生积极或消极的影响。从 20 岁到 50 岁，成年人通常会积累一定的财富基础，以支撑他们当前的需求并规划未来的需求。与此同时，许多人会组建自己的家庭，从原来的家庭群体中独立出来。在美国，这种经历通常包括同居、结婚、离婚和再婚。有时，还包括一种意想不到的经历—— 丧偶。一个人必须供养的受抚养子女、伴侣和父母的数量在近几十年里可能会有很大的不同，或者一个人也可能会选择单身和独自生活。

一个人的职业生涯通常在 55 岁左右达到顶峰。在过去，这个年龄段的重点内容是临近退休、脱离工作岗位、制订休闲活动计划。但随着人类平均寿命的增加，继续这种模式可能并不现实。65 岁退休的女性预计还能再活至少 15 年。人口增长最快的群体是 80 岁及以上的老年人。如果继续鼓励员工在 70 岁前退休，经济能否保持正增长？人们是否希望在自己仍然健康有干劲的时候离开他们兢兢业业付出辛劳的企业和职业？

物质产品（资产）的获取也在家庭生命周期中呈现出某种特定模式。在组建家庭的过程中，住房、交通和抚养孩子的费用对提供资金的人来说是一个很大的负担。那些选择为人父母的人可能会在他们的职业生涯达到顶峰并稳定下来时面临孩子上大学的经济负担。年迈的父母也可能需要经济支持。退休后或接近退休年龄时换个小房子居住是最近几十年的一个趋势，在退休社区或度假区购买二手住房也是如此。“积极的成年人”这一理念正在推动住房市场进入新的发展领域——满足那些处于退休年龄和“新老年”之间的成年人的预期需求。

投资储蓄方面的财务规划同样也随着家庭生命周期而呈现出某种模式。许多雇主为员工提供退休储蓄计划。这就产生了一大批开始早期储蓄模式的年轻人。那些不享受员工福利计划的人可以有目的地投资独立储蓄计划，但这一群体在职业生涯早期就开始储蓄的可能性不大。税收和遗产规划（见第十二章）通常出现在 40—60 岁之间。

虽然刚才讨论的生命周期是一个根深蒂固的概念，但它并不像我们认为的那样普遍。贫穷、慢性病和经济不稳定等因素严重影响了许多美国人的生活。财务计划和预算是十分消耗时间和精力的事，还有许多成年人无法执行或坚持最初制订的计划。当这种情况发生时，他们未来的财务状况取决于生活环境。为了避免这种不受控制的依赖性，个人和家庭必须致力于财务规划和执行。

▶现实思考

人生选择和退休规划

艾琳 19 岁时离开了家乡小镇。当时正值第二次世界大战期间，她在太平洋西北部的一家啤酒厂找到了一份办公室经理的工作。她在一个相对安全的社区找到了住房。

“我在一栋新公寓楼的三楼找到了一套一居室的公寓，离我的办公室只有八站公交车的距离。我不需要车子，我每周的工资高于我的生活开支。那是一段疯狂的时光。年轻男孩很少，大多数都在服役，我们所有有工作的女孩都喜欢聚会，我们玩得很开心！”

艾琳一生都没有结婚。她有几个稳定的男性朋友，但从不觉得有必要结婚。在她 36 岁的时候，她遇到了一个男人——巴顿，他的妻子刚刚死于癌症。他们成了情侣，但没有结婚，两人都住在各自的住处。

"我在同一套公寓里住了55年！在过去的20年里，房东对我不太满意，因为我在租房合同中约定了租金上限，他不能按照市场行情涨我的房租。我在啤酒厂工作了25年，在飞机工厂工作了35年——都是很好的办公室的工作。我的银行账户和退休储蓄的钱越来越多。最后，在我79岁的时候，我决定退休，享受我剩下的人生。巴顿的健康状况变得非常糟糕，他的孩子们想让他搬到500英里外的一家养老院生活。那会伤透我和他的心，所以我搬到他家来照顾他。我的几个侄女和侄子帮我把我的东西从那间旧公寓搬出来。我有那么多垃圾要处理！"

艾琳照顾了巴顿3年。有一天，艾琳的一个侄女因为有一段时间没有她的消息了，就叫了一位朋友去看看他们俩的情况。朋友发现艾琳因糖尿病处于昏迷状态，巴顿处于休克状态。关于如何护理两位老人——这一重要决定必须由两个家庭共同做出。因为他们没有结婚，艾琳无法为巴顿的健康做决定。巴顿的女儿把他接到了南加州，住在她家附近的一家养老院。艾琳的侄女把艾琳带回了她多年前逃离的那个家乡小镇。

"我为退休做好了计划和储蓄，但到了最后，我还是无法照顾自己。我想念我的朋友们，我真的很想念巴顿。不过，我对自己的人生一点都不后悔。那是一段疯狂的时光，我真的活得很好！"

退休计划对每个人来说都是一件重要的事。虽然不可能预测哪些关系会持续到老，但许多成年人为退休和老年生活做好了规划，家庭成员和朋友是预期的支持来源。选择单身，或结婚而不生孩子，就排除了配偶或孩子成为支持来源的可能性。然而，这些决定并不一定要牺牲生活质量。财务规划和可靠的法律文件可以确保个人需求在任何情形下都会得到满足。

四、制订财务计划

个人或夫妻在规划时需要有一个新的视角，并了解长期规划所需的灵活性[①]（flexibility）。财务计划的一个内在目标是对最坏情况的管理。对许多人

① 灵活性：一种随时可以适应新的、不同的或不断变化的需求的能力。

来说，对意外做出预期是一个难以理解的概念。但事实是，任何家庭在很长一段时间内发生危机的概率很高。疾病、失业、死亡和经济危机是几代人的共同经历。计划可以创造备选方案和可用的财政资源，使一个家庭能够度过这些危机并继续前进。

可预期的支出，如大学、旅行、长期护理和购房等，需要财富的积累或储蓄。满足这些预期需求需要战略规划和应急安排。退休需求似乎太遥远，无法激励年轻的家庭做出计划，但每个人都需要积极主动地做出计划安排。虽然在若干年后可以获得社会保险金，但它们也只是作为一种补充，而不能完全替代收入。在一个家庭的整个生命周期中，积极管理税务也是必不可少的。家庭需要尽可能多地保留他们积累的资产，以满足未来需求，同时平衡他们的纳税义务。

对于所有参与长期财务规划的人来说，大致地了解金融投资和保险管理是必要的。重要的是认识到储蓄和投资是否需要专业指导；不过，积极参与家庭储蓄是很重要的一件事。没有人会比你自己更在乎你的钱！要时刻保持警觉。

与所有计划一样，财务计划也最好从确定目标开始。这些目标主要有长期目标、短期目标或两者的混合。家庭共同的财务目标包括：

- 积累应急基金
- 消除流动债务
- 为房子的首付存钱
- 创建大学基金
- 准备房屋修缮资金
- 为怀孕和生产准备资金
- 为退休留出资金

一个家庭有多个目标是很常见的。但是，重要的是要把这些目标从本质上区分开，因为某些投资更适合长期目标而非短期目标。同样重要的还有认识并认同这样一个事实：当目标实现时，新的目标会取代它们。生命周期的不同阶段会出现新的挑战，产生新的家庭需求。

目标需要行动计划的支撑。每个人的个人和家庭计划都是独一无二的，它反映了与特定目标相关的价值观和动机。如果创建目标就已经让人觉得不堪重负，那聘请一个专业的财务规划师可能会有所帮助。如果打算这么做，必须仔细权衡研究和收集数据所花费的时间与支付给这些专业人员的费用之间的比例。无论是专业人士制订还是个人自主制订，好的财务计划①（financial plan）都应该具有以下特点：灵活性、流动性②（liquidity）、保护③（protection）性和税收效能④（tax efficiency）。

财务计划必须足够灵活，能够应对家庭需求的变化和不可预见的危机。格雷沙姆（Gresham）规划法指出，人们通常会优先考虑短期紧急情况，从而转移对长期目标的注意力。

●案例 9-13

杰拉德和佩特拉开设了一个专门的存款账户，想用存款在城市中心地段买套公寓。每个月他们会往该账户存 500 美元。这个月杰拉德不小心打破了所住公寓的玻璃移门，夫妻俩决定挪用下个月的存款用于换门。

生活不可预计，家庭必须保持灵活性，以应对他们遇到的困难。太僵化的计划不利于实际体验，注定要失败。

尽管存钱似乎是出于责任心——为了抵制把钱浪费在不必要购买上的诱惑，但事实是每个家庭在遇到紧急情况或意外时都需要额外的资金来渡过难关。流动性指的是资金在需要时的可获得性。

---

① 财务计划：预算计划性文件，反映一个组织在某一年内计划使用其财务和人力资源的方式。

② 流动性：资产通过买卖行为迅速变现或转换的能力，不会引起价格的重大波动或只造成最小的价值损失。

③ 保护：防止某人或某物受到伤害或损坏的行为。

④ 税收效能：考虑纳税义务的财务计划。

●案例 9-14

特洛伊很想在完成最初职业培训的两年内买辆新车。他从每个月的工资中拿出 500 美元存入 6 个月的定期存单。当他的室友突然离开时，特洛伊不得不一边另找室友，一边独自支付三个月的房租，这让他的经济状况有点吃紧。他已经为买车准备了 2 000 美元，但是第一张存单还有两个月才到期。如果他取出那 500 美元，他将因提前取出而损失 50 美元。因此，他不得不借了 1 000 美元来支付房租。

个人和家庭需要一定数量的应急资金，要么是现金，要么是容易清算的储蓄计划。如果该笔资金大到足以提供安全保障，可以探索更长期的储蓄和风险更高的投资。

虽然灾难比电视和电影剧本中描写得少，但它们确实会发生。我们将在第十二章中对风险管理做充分阐述，但是在财务规划的讨论中提到保险还是很有必要的。除了可用的应急资金外，个人和家庭还应在发生火灾，遭遇重大疾病，面对造成残疾或死亡等重大灾难事件时享有保险保护。这些保险的保费必须认真做预算，必须从可承受性和风险最小化的角度考虑保险费率。

●案例 9-15

洛奇和麦迪在买订婚戒指。店家提出给戒指投保，以免丢失，每年的保险费是 100 美元。这对年轻夫妇手头很紧。这笔钱需要削减其他开支才能凑出。有必要投保吗？ 100 美元用于承租人的保险或增加人寿保险会不会更好？

纳税是公民应尽的义务，也是财务规划中一个重要的考虑因素。很多种投资收益都要纳税，但也有些是免税的。投资者需要确保他们的钱在扣除税收和通货膨胀后能获得最大的收益。可能在某些时候和情况下，花钱比存钱更划算。

●案例 9-16

你继承了 10 000 美元遗产，同时，你的电视坏了。如果你把这笔钱投资到一个年收益低于 5% 的储蓄账户，而且你属于高税收等级，你可能要支付 30% 的所得税利息［500 美元 −150 美元（税）= 350 美元（实际收入）］。如果一年后，更换电视的成本从 1 000 美元上升到 1 500 美元，更好的决定是购买电视，而不是投资储蓄。

按揭保险在个人所得税公式中是可扣除项。当利率较低时，投资房地产可能比投资股票、债券或定期存单更能获利，因为后者的收益需要纳税，但偿还房地产抵押贷款利息的钱是可以免税的，而且房地产可能会升值。

财务规划对实现长期目标至关重要。家庭的一个重要特征是具有长期稳定性，因此财务准备对所有家庭都是必不可少的。个人理财常识是成功创建和实施这些计划的基础。

▶前沿动态

社交媒体挽救灾区人民的生命

当涉及传播虚假信息、为欺凌提供平台以及协助跟踪行为时，社交媒体经常成为负面宣传的对象。家长们担心是否应该允许孩子接触各种形式的社交媒体，并经常采取设置限制等措施来保护他们。

然而，在灾难发生时，社交媒体被证明能够施以援手，甚至可以挽救生命。在美国，警报可以通过 Facebook 和即时通信应用程序（如 WhatsApp）发送，提醒用户火灾、洪水和天气情况，有时比新闻媒体的警报更快、更有效。

赖利和坦塔那斯（Reilly & Tantanasi, 2018）对社交媒体在许多灾难中的作用机制做了研究。在 2012 年的“桑迪”飓风和 2017 年的“哈维”飓风期间，人们使用社交媒体平台分享信息，帮助有关部门了解实时动态。在有关部门努力恢复服务和提供救援时，社会媒体也被用来提供有价值的信息。

应急管理人员利用信息收集平台帮助有关部门搜索由用户生成的社交媒体——如 Twitter 标签，为救援人员提供关于哪里最需要帮助的信息。社交媒体还可以招募志愿者从而以各种方式提供援助。

在前几年的新冠疫情期间，社交媒体成为与家人和朋友保持联系的最重要的方式之一。社交媒体应用程序为一群朋友提供了一起聊天和玩游戏的新方式。它还被用于寻求医疗和精神健康方面的支持。

五、应急行动计划

过去 10 年的全球经历表明了防灾准备和规划的重要性。尽管危机规划的重要性显而易见，但美国联邦应急管理局（FEMA）最近的一项调查显示，虽然 80% 的美国人的家乡遭遇了气候性灾难，但只有 39% 的美国人真正制订了应急计划（FEMA, 2015）。

应急计划的一个好策略是了解家庭可能面临的所有灾难。开展家庭讨论，讨论每个人在灾难情况下可以如何应对，这有助于了解计划，沟通家庭目前存在的优势和劣势。通过充分讨论劣势，他们可以制订更好的计划，让所有家庭成员为应对危机做好准备。需要考虑的重要问题包括：

- 如果……，我们 / 我可以去哪？
- 如果……，我们 / 我该对谁负责？
- 如果……，什么东西要随身携带？

从最近的灾难中吸取的一个重要教训是物资采购。在大规模灾害中，人们可能无法及时获得各种物资供应。Ready. gov 是一个美国的公共服务活动，教导美国人为诸如自然灾害等紧急事件做好准备。除了提供有关灾难和如何抗灾的信息外，他们还列出了灾难工具包里应该具备的物品清单，其中包括不易腐烂的食物和水、急救箱、现金、处方药、使用电池或手摇的收音机、火柴、纸制品、手电筒、哨子、睡袋和其他家庭专用物品。

六、计划的产生

第十章将探讨沟通在家庭决策中的重要性。沟通模式决定了产生于家庭成员行动决议的规划过程的涉及对象和内容。第十一章将讨论家庭领导成员如何在此过程中实现计划实施和角色分配。沟通与领导是家庭资源管理的重要核心概念。

案例作业

目的：

✓本章从财务的角度讨论了规划的含义。你将在本章案例作业中应用财务规划的概念，因为它与你的案例家庭息息相关。

预算：

本案例作业需要完成流动储蓄、退休储蓄和教育储蓄等预算项目。你需要计算出你的案例家庭每个月在这些项目上的增加额度，而不是他们已经存下的金额。

任务：

退休储蓄。案例家庭描述提供了有关案例家庭成员享有的退休储蓄计划的细节。计算他们每月的缴纳款，并将其输入预算表。

流动储蓄。参考有关流动储蓄的章节内容，帮助你的案例家庭创建一个计划，使 60 个月后的流动储蓄余额等于税后一年的总收入。使用在线储蓄计算器。在预算表中输入完成这个目标每个月需要节省的金额。

教育储蓄。在确定是否开始每月的教育储蓄计划时，要考虑你的案例家庭成员的情况，以及他们中任何一人在未来接受高等教育的可能性。如果你认为有此可能，使用在线储蓄计算器确定合理的月存款金额。

报告：

报告标题必须有正确的归档信息，包括案例家庭姓名、案例编号（9）、当前日期和你的姓名。使用案例作业 1 中创建的摘要段落作为本报告的引言。逐段讨论以上三项储蓄，附上计算页面截图。

按照导师的要求提交报告。

总结

规划是人类的自然行为。规划使个人和家庭把当前的资源集中于未来的目标，有利于家庭的长远发展。不同的目标需要不同的方法和策略，而负责做出这些决定的家庭成员必须对此有所了解和准备，或得到专业人员的协助，以便有效地维护所有成员的利益。财务计划和应急计划是家庭为未来制订的两种主要计划。

复习和讨论题

（1）财务规划的重要步骤是什么？

（2）为什么有些计划会失败？

（3）在任何一个家庭的生命周期中，目标和经济需求是如何变化的？

（4）规划如何影响你的日常生活？

（5）列出五个你为自己的未来（未来 20 年）设定的长期目标。你会做哪些规划以确保能够实现这些目标？

第十章　决策过程中的沟通

目标

- 将沟通理论应用于家庭沟通。
- 描述技术对家庭沟通和决策的影响。
- 解释沟通如何应用于家庭决策。

指导家庭确定需求并选择可满足需求的备选方案的决策过程在很大程度上依赖于另一个过程——沟通过程。高尔文和同事（Galvin et al., 2019）将沟通[①]（communication）视为“在独特的关系文化中，家庭成员彼此创造和分享意义的过程”。家庭沟通说明了这种创造和分享意义的过程，它揭示了家庭需求和备选方案，并最终完成决策过程。

家庭系统理论将这些达成的共同理解称为家庭规则。斯特朗等人（Strong et al., 2008）将家庭规则解释为模式化或典型的反应，通常是不成文的，它们在时间的积淀中形成，并且很难改变。这些规则呈现出等级性，按其对家庭的重要性排序。它们是在全员同意的情况下或通过家庭成员之间有意识或无意识的权力斗争而产生的。这些规则可以是公开的（家庭成员可见），也可以是隐秘的（隐藏、不为所知）。

一、沟通理论

沟通在一个框架内进行（图 10-1）。沟通涉及多个发送者、接收者和消息，因此是一个复杂的过程。噪声会在多个方面影响信息的传递。噪声[②]（noise）是任何有损于纯粹、有意传达的信息的内容。它可以是电话线路（通道）上的

---

① 沟通：个人之间通过符号、标记或行为等共同系统交换信息的过程。

② 噪声：任何损害既定消息的内容。

静态信号，也可以是给老师捎口信的朋友（通道）的坏心情。

消息——发送者进行编码
通道——发送者选择并加载
消息通过通道发送给接收者
接收者接收信息并解码
反馈——由接收者提供给发送者，发送者处理反馈

图 10-1　沟通过程[①]

（一）家庭沟通

沟通过程是连续且不断变化的。它具有相互影响性，因为当人们交流时，他们会对彼此产生相互影响。影响范围可以涉及内心、人际、群体内，也可以是外部世界。沟通可以是口头的或书面的，正式的或非正式的，言语或非言语的。

因为沟通在家庭中起着核心作用，克尔纳和菲茨帕特里克（Koerner & Fitzpatrick, 2002）认为任何家庭沟通理论都必须包括主体间性[②]（intersubjectivity）和互动性[③]（interactivity）。主体间性是涉及共享意义的沟通要素。当多个成员在沟通过程中相互交流时，理解信息含义是沟通成功的关键。家庭系统中的个体赋予了编码和解码行为的独特性。然而，家庭有共享的词汇表和记载的历史，可以作为信息编码和解码的参照点。互动性是家庭沟通的方式。家庭成员之间如何相互交流以传递信息是互动的重点。我们有必要了解这两点，因为它们在家庭沟通中同时发生。

沟通是家庭运作的中心，因为通过沟通，成员能够建立社会现实（Baxter & Braithwaite, 2002）。此外，家庭成员们参与沟通的重点是建立和维护关系，而不是体现个人参与者。

编码或解码过程受到诸多因素的影响，导致信息被误解的变量也很多。这些误解来自过滤和扭曲。过滤[④]（filter）使发送者和接收者相信发送的并不是

① 改自 Schermerhorn, Naumes, Naumes, and Schermerhorn（1996）。
② 主体间性：沟通共享的意义。
③ 互动性：家庭沟通的方式；两人或多人分享想法和反应。
④ 过滤：使发送者和接收者相信消息不是其真实的表达。

真实信息。例如，他真的不是这个意思。扭曲[①]（distorter）使发送者或接收者相信信息具有隐藏含义。例如，他的语气和措辞是什么意思？常见的过滤因素有文化和一厢情愿。如果一名女性从她的男上司那里收到一封带有性暗示的电子邮件，她和其他人可能会对此不屑一顾，认为这只是男人说着玩的，但实际上并不会这么做。如果父母收到正在夏令营的孩子写的便条，上面写着“我讨厌这里”，家长可能会把这理解为孩子还没有适应，但情况不至于那么糟糕。一厢情愿的例子在青少年中很常见。例如，他推我是因为他喜欢我。

常见的扭曲现象可能源于两性之间的差异。在沟通方面，男性和女性的期望和反应是不同的。坦能（Tannen, 1990）认为，男性通常使用报告式谈话[②]（report talk），旨在传递信息，而女性使用融洽式谈话[③]（rapport talk），旨在增进亲密关系。爱德华兹和汉密尔顿（Edwards & Hamilton, 2004）基于坦能的模型并没有发现性别是导致沟通困难的原因，相反男性和女性之间的差异因为支配和顺从的性别角色得到调和。与坦能早期的研究相反，他们认为顺从的特征导致了合作，这实际上减少了两性之间交流的困难。斯特朗等人（Strong et al., 2011）认为，在有冲突的对话中，妻子向丈夫传递的信息比丈夫传递给他们的更清晰。对从伴侣那里接收到的信息，女性的表现往往更加敏感，反应更加强烈。丈夫们往往要么给出中立的信息，要么退出对话。在争吵中，妻子们定下情绪基调，用消极的言语和非言语信息使冲突升级，或营造赞同的气氛使争吵降级。妻子比丈夫更倾向于使用情感诉求和威胁，而丈夫则倾向于寻求和解，试图推迟或结束争吵。

不同的世界观也可能是沟通中常见的扭曲因素。文化的差异体现在高语境和低语境上。美国人倾向于在较低的语境中沟通，在这种语境中，话语在对话中占据了大部分的意义。高语境国家允许肢体语言和其他行为与实际使用的语言具有同等的，甚至更高的意义。

---

① 扭曲：使发送者或接收者相信信息有隐藏含义的沟通元素。

② 报告式谈话：为了传达信息的谈话；通常用于男性。

③ 融洽式谈话：旨在加强亲密关系的谈话；通常用于女性。

●案例 10-1

嘉斯敏想把地下室的储藏室改成她私人房间。当她向她的父母说起这事时，她的父亲用了一种低语境的回答:“如果你愿意清理，自己动手改造，它就是你的了。”嘉斯敏的母亲在交流中最常使用高语境。“嘉斯敏，去做吧。”当她说这几个字的时候，她的眼睛会向上翻，她的肩部动作和手势表明她认为嘉斯敏永远不会兑现承诺，所以这个私人房间永远不会成为现实。母亲的言语和行为举止表达了两个截然相反的意思。嘉斯敏从经验中知道，她母亲的暗示性信息往往更加准确。所以在改造储藏室的努力中，嘉斯敏几乎无法指望得到母亲的支持。

家庭是文化的提供者。家庭成员们通过与年长家庭成员的互动学习更大群体的文化。事实上，家庭在其自身单位内有着独特的文化框架。当沟通在家庭决策情况下发挥作用时，这些共同的理解增加了沟通过程的复杂性。

1. 家庭沟通模式

家庭通常遵循两种类型的沟通导向：服从和对话（Koerner & Fitzpatrick, 1997）。虽然家庭通常适合其中这两种中的某一种导向，但有些家庭会出现混合。有服从导向①（conformity orientation）的家庭是期望有共同的态度、信仰和价值观的家庭。这类家庭反对冲突，强调服从父母或年长家庭成员的决定。对话导向②（conversation orientation）使各个年龄段的家庭成员都能自由地公开和表达自己的观点。这两种导向延伸出了四种家庭沟通模式（表 10–1; Fitzpatrick & Ritchie, 1994）。

表 10–1 家庭沟通模式与家庭类型③

家庭沟通模式	家庭类型	
	高对话导向	低对话导向
高服从导向	双向型	保护型
低服从导向	多元型	放任型

---

① 服从导向：父母在家庭中主张权力并控制沟通过程。

② 对话导向：各个年龄段的家庭成员都自由地公开、表达意见的模式。

③ 来源：Fitzpatrick and Ritchie, 1994; Galvin, Bylund, and Brommel, 2004; Koerner and Fitzpatrick, 1997。

双向型家庭[①]（consensual families）的对话度和服从度都很高。一个双向型家庭能够彼此沟通，并希望达成一致。

●案例 10-2

鲍勃和朱迪正在考虑全家去哪里度假。虽然两人都提了一些建议，但他们决定向三个十几岁的孩子征求意见。朱迪告诉他们："我们希望你们帮忙做决定，因为我们希望每个人都能快乐地享受这个假期。"每个人都提出了建议，最后确定了度假地点。

多元型家庭[②]（pluralistic family）是一类对话度高而服从度低的家庭。这些家庭善于沟通，但并不期望每个人会达成一致。

●案例 10-3

菲利普斯一家总是一起去教堂做礼拜，但有一天，最大的孩子保罗宣布自己不再去教堂了。保罗的父母一开始很难过，但后来和他坐下来，就他说不再去教堂的话进行了交谈。保罗解释说，他不确定自己的信仰是否符合教会的信仰，而且他也没有从教堂中收获任何东西。他的父母听了之后告诉他信仰对他们是多么重要。最后，他们说："保罗，你知道我们的立场，但我们会让你做决定。"

保护型家庭[③]（protective family）的人对话度低而服从度高。这类家庭希望每个人都循规蹈矩，认为不需要沟通。

---

① 双向型家庭：在沟通中既强调社会导向又强调观念导向的家庭，其结果是鼓励儿童探索周围的世界，但又不会破坏家庭已建立的社会和谐。

② 多元化型家庭：一类有交流但不期望每个人都达成一致的家庭。

③ 保护型家庭：一类不沟通，但期望每个人都遵守规则的家庭。

●案例 10-4

阿曼达刚满 16。在她拿到驾照的那天，她打算和朋友出去玩。她玩得太开心了，完全忘记了时间。当她意识到已经超过了她的宵禁时间时，她立即打电话给她的父母。她的父亲在电话里告诉她两周内不允许开车出门。他最后说："你知道规则，现在你必须承担后果。我不管你有什么借口！"

放任型家庭[①]（lasisez-faire family）的对话度和顺从度都很低。这类家庭不太交流，家庭成员经常在家庭之外我行我素。

●案例 10-5

蒂姆和黛安是高中同学。一天晚上他们参加了一个朋友的生日聚会。第二天，黛安注意到蒂姆在学校穿着同样的衣服。当她问起这件事时，蒂姆告诉她自己的车出了故障，在一个朋友家过的夜。当黛安问他的父母是否担心时，他说："我的父母甚至都不知道。我没有宵禁，他们通常在我起床上学前就去上班了。我想我不知道他们会不会担心，我们从来没有谈论过这个问题。"

2. 家庭沟通准则

对于理想的关系，每个人通常都有一套标准或信念，不过有许多标准都提到沟通。有些人认为，一段良好的关系应该敞开心扉，并会担心自己的伴侣是否有所隐瞒。有些人则认为有必要隐瞒那些可能会伤害伴侣的信息。因为每个家庭都是不同的，所以每个家庭的沟通方式会有很大的不同。代际和文化之间的差异，甚至家庭内部的亲密程度，都可能改变一个家庭沟通的方式。有些人成长在很少说话的家庭，而有些人成长在经常交谈的家庭。这些差异会给组建新家庭的夫妻带来问题。科洛林（Caughlin, 2003）提出了 10 个家庭沟通准则（表 10-2）。

---

① 放任型家庭：成员较少交流或彼此联系感弱的家庭。

表 10-2 科洛林家庭沟通准则（按频度排列）[①]

沟通准则	具体描述
亲密袒露	可以交流亲密话题，如情感、性行为等
消极或冲突	家庭倾向于某些冲突性行为，如批评、叫喊、咒骂等
尊重	对其他家庭成员表示尊重，不粗鲁、不骂人、不顶嘴
例行性接触	与其他家庭成员聊天或保持联系；认为询问别人他们是什么意思而不是揣摩他们的心思很重要
创造或展示凝聚力	认为家庭亲密或沟通很重要
平等对待彼此	每个人都有发言权；父母平等地和孩子说话（而非孩子不应该说话）；孩子们参与重要决策
对问题持开放态度	家庭成员是否应该公开谈论潜在的麻烦、问题或分歧
礼貌	家庭沟通被认为是适当和正式的（而非轻松）
纪律	规则设置：处理违规、宵禁、禁足等；这既包括父母为孩子制订的规划，也包括父母的行为规则
情感或工具支持	家庭成员在遇到困难时相互提供社会支持的方式或程度

在家庭沟通中，权力是一个微妙而重要的因素。一个家庭成员对另一个家庭成员行使权力可以通过多种方式表现出来。

权力可以有以下几种表现形式：

· 后退

“我不是在跟你说话。”

· 引发内疚

“你怎么能让我这么做？”

· 积极的胁迫

“亲我一下，帮我搬一下沙发。”

· 谈判

“如果你做这个，我就做那个。”

---

① 改动自：Caughlin, J. P. (2003). Family communication standards: What counts as excellent family communication and how are such standards associated with family satisfaction? *Human Communication Research*. Blackwell. Reprinted with permission of Blackwell Publishing, Ltd。

· 欺骗

“我用信用卡结账，他永远不会注意到。”

· 勒索

“如果你那样做，我会告诉他们关于你的……”

· 言语辱骂

“给我小心点。”

家庭内部的权力源自何处？西诺瓦茨（Szinovacz, 1987）提出了一种关于家庭权力的观点，并将其描述为一种动态的、多元的、有权力基础[①]（power bases）——与个别家庭成员相联系的过程。在做出影响全体家庭成员的决定时，家庭中的成年成员有能力奖励、胁迫和忽视年轻成员。除了年龄和财力，专业知识是另一个重要的权力基础。拥有较高技能的孩子在涉及计算机操作的情况下可能比父母拥有更大的权力。新移民的父母经常发现在新的语言环境中需要依赖孩子的翻译和沟通能力。

家庭内部的权力平衡也反映了家庭成员之间的关系。布拉德和乌尔夫（Blood & Wolfe, 1960）在他们的经典研究中提出了家庭权力资源理论。拥有最多资源的配偶或家庭成员被赋予较大的权力。反过来，在任何时候，从这段关系中获益最多的人也会最依赖其他家庭成员。幼儿就是一个很好的例子。他们的生存依赖于年长家庭成员的行为。随着青少年的慢慢成熟，他们会感觉到对年长家庭成员的依赖慢慢减少，从而改变了某些决策情况下的权力平衡。

家庭成员可以利用资源来增强对家庭的控制。麦克唐纳（McDonald, 1980）提出了作为家庭权力基础的五种资源：

· 规范资源[②]（normative resources），是指文化或社会认定谁应该在家庭中拥有权力的资源。例如，在一个重视传统家庭的社会中，父亲将拥有更多的总体权力，而母亲掌握着对孩子的权力。

---

① 权力基础：家庭成员在做出影响其他家庭成员的决定时拥有的权力地位。

② 规范资源：在家庭内部被文化或社会认定为应拥有某种特殊权威的人所具有的家庭权力。

· 经济资源[①]（economic resources），是指货币资源。那些为家庭提供金钱的人会有更多的权力，可能会做出更多关于财务的决定。

· 情感资源[②]（affective resources），是指那些关系性的资源。例如，妻子因为不赞成丈夫的行为而对他冷淡。

· 个人资源[③]（personal resources），是指家庭成员的性格或外表所固有的。性格外向的人更有可能在家庭中获得权力。另一个例子就是家里最小的孩子，他可能会吸引其他人为其做任何事情。

· 认知资源[④]（cognitive resources），让一个家庭成员因为智力而获得权力。例如，有人以理服人，从而从其他家庭成员那里获得权力。再例如，一个孩子学会了如何通过让父母相互对抗来得到自己想要的东西。

沃勒和希尔（Waller & Hill, 1951）讨论了最小兴趣原则[⑤]（principle of least interest）的影响，在婚姻和同居等情形中，对继续关系意愿更低的一方在这段关系中拥有最大的权力。过去几十年来，男性或女性依赖关系的变化使家庭决策和沟通变得更加复杂。一些家庭理论家质疑女性参加工作已经转变了其在家庭内部的权力关系——从属转地位变为平等地位的观点。

> 如果权力被定义为有意改变他人行为的能力，那么女性实际上拥有很大的权力。它植根于她们作为生儿育女者和亲情维系者的角色，超出了她们支持和指导他人成长的能力范畴。（Kranichfeld, 1987, pp. 42-56）

菲茨帕特里克（Fitzpatrick, 1988）认为成年伙伴互动中的权力动态和交流模式要么对称要么互补。当成年伙伴发出影响关系定义方式的类似信息时，就会发生对称型对话[⑥]（symmetrical conversation），即两个人采用相同的策略，

---

① 经济资源：一个经济体的基本投入或组成部分，如土地、劳动力和资本。

② 情感资源：与感情、偏好、价值观相关的资源。

③ 个人资源：家庭成员的性格或外表等固有资源。

④ 认知资源：注意力、记忆力、解决问题和推理能力等脑力技能。

⑤ 最小兴趣原则：最不想继续关系的一方在这段关系中拥有最大权力的现象。

⑥ 对称型对话：主导地位相平衡的对话。

但他们在沟通过程中具体使用的方法可能不同。如果双方都把这种关系视为竞争，双方都想打败对方，这就产生了竞争型对称[①]（competitive symmetry）。其结果就是争夺输赢，导致敌对行为不断升级。在对话中攻击对方的手段可以是两人之间曾经发生过的所有事。当两个人都不愿意承担做出决定和采取行动的责任时，就产生了顺从型对称[②]（submissive symmetry）。这种模式最终的目标也是输赢，只是在责任来回传递的过程中一方比另一方更持久。中立型对称[③]（neutralized symmetry）反映了对双赢结果的渴望。双方都尊重对方，并试图避免控制对方。各人都有所付出，双方都有收获。当两个个体采用不同的策略时，就会产生互补型互动[④]（complementary interaction）。一方必须接受支配地位，另一方必须接受服从地位。这种行为不应与行使权力相混淆，它体现一种相互妥协的关系，即个人为了相互促进而共同工作。

埃弗雷特一家需要决定今年圣诞节要做什么。我们假设其他家庭成员还太年轻，无法充分参与决策：

· 竞争型对称

母亲：我不想参加你们家的庆祝会，太远了。

父亲：比你家远不了多少。你只是不喜欢我妈。

母亲：我不喜欢你妈，她太专横了，而且不会做饭。

父亲：我妈太专横了。那你妈呢？

· 顺从型对称

母亲：我不在乎我们去哪里，我只是不想在我们家里搞圣诞聚会。

父亲：我也不在乎。我的家人不会不高兴的。

母亲：我的家人也不会不高兴的。你可能应该打电话问问你妹妹。

父亲：你为什么不给你哥哥打电话呢？

---

① 竞争型对称：对话双方都想要定义互动或主导互动的互动方式。

② 顺从型对称：对话一方接受另一方对互动的定义或表示屈从的互动方式。

③ 中立型对称：对话双方都不想占据主导的情形。

④ 互补型互动：在互动中，每个人都采用不同的对话策略，一个居于主导地位，另一个表示服从。

·中立型对称

爸爸：去年我们去哪里的？

妈妈：平安夜我们去了我家，圣诞节那天去了你家。

爸爸：这个安排我觉得不错。你觉得呢？

妈妈：我觉得今年交换一下也不错。

爸爸：听上去也不错。

·互补型互动

妈妈：我妈非常希望我们今年去她那儿。

爸爸：我父母会失望的，但他们会理解的。

妈妈：我们可以做点什么补偿他们。

▶前沿动态

数字化时代的亲子关系①

在过去的20年里，随着数字化时代的到来，亲子关系发生了最大的变化。这种变化在青春期孩子和父母之间的关系中表现得最为明显。人们下意识的反应是认为数字化时代恶化了父母和青春期孩子之间的关系。但当我们理智地看待这个问题时会发现，引发压力的因素一直存在，事实上，科技改善了父母和青春期孩子之间的关系。数字化时代改变了传统的等级化的亲子关系，使之比过去更加平等和亲密。

近10年来，数字化沟通的四个基本特征影响了亲子关系：

·持续性：传统的沟通准则“原谅并遗忘”，在数字化沟通中已经演变为“原谅但持续”。

·可变性：正如有些人半开玩笑地宣称的那样，技术永远处于测试阶段。科技工具的高换手率，以及数码原生青少年对它的适应能力，让父母经常处于一种落后的状态。

·可扩展性：过去，由于地域的限制，青少年的社交圈处于父母的掌控范

①来源：获准使用 Mobicp.（n.d.）. *Parental control software and internetfilter.* https://www.mobicip.com。

围之内。社交媒体的广泛使用使得这一点变得更加困难。

· 数据获取性：在过去被妈妈丢在电影院或类似地方不是多窘迫的事，但现在数据和信息的便捷获取会影响孩子和父母之间的关系。

不可否认的是，在育儿和亲子关系方面，数字化时代与之前的时代有很大的不同，但必须承认，数字化工具确实在这方面给育儿带来了方便：养育一个孩子所依赖的村庄现在变成了一个地球村。今天的父母已经不同于以往，但跟以往一样的是父母必须调整他们的育儿态度和行为以适应他们的孩子出生的数字化时代。这需要父母有意识地努力并不断做出调整，避开数字化工具的陷阱，强化这些工具给亲子关系带来的便利。

（二）沟通和冲突

不是所有的家庭交流都是积极的。一些沟通模式包含了通过内疚感或权力来操纵的消极策略。这些沟通习惯很难打破，可能会循环演化成为家庭的巨大问题和特殊情况。在沟通过程中，预见和预防冲突会很有帮助，但冲突仍会发生。冲突[①]（conflict）是一种不一致或不和谐的状态。它会造成一种紧张的局面，让一方或相关各方都感到不舒服。冲突解决[②]（conflict resolution）指朝一个积极的目标对冲突进行协商。这种协商可能涉及参与者之间达成共识或执行少数服从多数原则。

家庭中的冲突是不可避免的。家庭成员之间的关系是亲密的，但随着时间的推移，也会发生关于角色和期望的变化。每一个新的家庭成员都会使关系的建立和维护变得更加复杂，而每一个离开的家庭成员都会造成一个需要弥合或填补的鸿沟或空洞。我们的沟通模式从我们与父母、照顾者和兄弟姐妹的互动中演变而来。

家庭中最有害的冲突是人际冲突，即存在于个体成员之间的冲突。这些冲突动摇了家庭单位的基础。特别是破坏性的交流，会包含对个人的直接言语攻击。冲突一方从过去的经历中找到伤害个人自我认知的事件来攻击对方，从而

---

① 冲突：在戏剧或小说中引发戏剧性行为的人或力量的对抗；不一致或不和谐的状态。

② 冲突解决：人们对分歧进行讨论后达成共识的过程。

导致家庭分裂为对立的两方。这种破坏性的交流与较低的关系满意度和更高的离婚率相关（Lavner et al., 2016）。戈特曼（Gottman, 1995）提出了冲突中四种特定的沟通行为，它们预示着一段关系的破裂。这些行为被称为“启示录四骑士”（Four Horsemen of the Apocalypse），分别是批评（攻击对方的性格或个性）、蔑视（向对方表达厌恶）、防御（相信对方对整个冲突负有责任）和拖延（回避冲突和关系）。

金钱是婚姻冲突的主要来源。谁挣的钱？谁来决定钱如何分配？谁设定用钱的优先性？谁执行优先性？在以金钱为基础的家庭冲突中，有一个抑制冲突发生的因素是人们谈论金钱时的固有难度。在这种讨论中，人们既可能遮遮掩掩，同时又为自己辩护。此外，有关金钱的决定会影响家庭中的每个人，而那些做出决定的人会表现出权力和控制欲（Smith et al., 2016）。奥尔森和同事（Olson et al., 2019 年）提出了财务导致家庭冲突的其他原因，包括没有能力制定并坚持预算、严重依赖信贷、消费及储蓄习惯的差异，以及家庭成员对金钱意义的不同理解。

家庭单位或任何群体内部的一些冲突是必要的，也是健康的。当沟通的重点是问题而不是个人时，积极的解决问题的方法就会出现。克朗尼奇菲尔德（Kranichfeld, 1987）提出，几乎所有家庭都会发生冲突。

资源冲突的解决有三种结果：

- 协议[①]（agreement）。成员们在没有受到胁迫或威胁的情形下表示同意，慷慨付出而不怨恨。这个协议是建立在以后可知回报的基础上的。
- 讨价还价[②]（bargaining）。在人际关系中，公平是一个目标。家庭目标和关系是讨论的焦点。
- 共存[③]（coexistence）。当分歧无法解决时，选择接受。在不损害个人关系的情况下，话语在家庭关系中被吸收。

---

① 协议：认同的行为或事实；观点、行为或特点达成和谐。

② 讨价还价：就购买条款、协议或合同进行协商；砍价；达成协议。

③ 共存：共同或同时存在；彼此和平共处，尤其是作为一项政策使用时。

▶**世界博览**

文化水平对沟通的影响[①]

参与沟通的个体文化水平如何影响沟通过程？

（1）沟通方式不同：在不同的文化中，一些词汇和短语的使用方式不同。非言语沟通也存在文化差异。面部表情、手势、个人距离和时间感在不同的文化中可以传达不同的意义。一个家庭可能会把音量的增加看作谈得兴起的迹象，而另一个家庭可能会对此表示警惕。

（2）对待冲突的态度不同：一些文化认为冲突具有积极意义，而另一些文化则认为冲突应该尽量避免。有些家庭可能认为冲突是必要的，并鼓励正面处理出现的冲突。其他文化会觉得公开的冲突令人尴尬。

（3）决策风格不同：个人在决策中扮演的角色因文化而异。虽然有些文化重视个人决策，但有些文化更倾向于达成共识。

（4）对坦诚以待的态度不同：在某些文化中，坦承情感、冲突或误解背后的原因或个人信息是不合适的，而在有些文化中分享这些细节并没有问题。

（5）完成任务的方式不同：由于可获取的资源、关于重要事物的信念以及工作取向的不同，不同文化背景的人完成任务的方式会有不同，甚至不同文化对共事人员关系的认识也会影响任务的完成。

（6）了解世界的方式不同：人们了解世界的方式也反映了文化差异。欧洲文化基于对事实的测量收集信息。其他文化可能基于他们对世代相传的符号或故事的相关信息了解世界。

这些差异会如何影响跨种族婚姻？

这些差异会如何影响一对生活在美国的异国夫妇？

二、沟通和信息技术

广播、电视、互联网和智能手机都是美国家庭常见的通信手段，但它们同时也代表了一个巨大的消费市场。这些原本只是用于与外部世界联系和家庭娱

---

①改动自：DuPraw, M. E., and Axner, M. （1997）. Working on common cross-cultural communication challenges. *The Public Broadcasting Service*。

乐的手段，现在已经发展成一个数十亿美元的产业，对家庭产生了重要影响。传播媒介现在在维持家庭关系以及家庭与社会的联系方面发挥着重要作用。虽然家庭一直是儿童适应社会生活的社会化中心，但媒体的一个重要方面就是它的社会化作用。正是通过媒体，我们了解世界和自己。

（一）无线电和音频流媒体

无线电最初是一种军事通信手段，20 世纪 20 年代开始进入美国家庭。作为家庭中的第一种电子媒介，无线电广播被视为通向世界的重要窗口。美国人通过它，第一次能够实时获取信息。与此同时，也有家长担心成人广播节目对孩子有不良影响。

尽管无线电广播和其他音频流媒体仍然是一种流行的媒体形式，但它在过去 10 年中发生了巨大的变化。公共广播电台与私人电台争夺听众。接收方便、信号稳定的数字电视广播（DTR）和卫星广播不含商业广告，受到用户的极大欢迎。它们跟早年的无线电广播不同，全家人不用聚在一起收听，而是个人听个人的。听众们开始使用便携式电子设备，下载自己喜欢的音乐，从而避免了广播对社会、政治和经济的影响。购买这些电子产品、配件，以及支付下载许可费、订阅私人广播频道，都增加了音频娱乐的金钱成本。

播客使按需访问音频内容成为可能。这些音频文件涵盖了众多广播平台的各种内容，如国家公共广播电台（NPR）的节目、TED 等电子学习论坛演讲、行业活动和个人博客等。制作播客很容易，只要有合适的设备（电脑、麦克风等），成本也不高。正因为如此，播客的监管成为一个难题。希尔（Seale, 2019）报告称，未经审查的播客可能会有剽窃和其他违规行为，并可能受到诉讼。不过，如果播客制作人有酬劳，联邦通信委员会（FCC）可以制定标准化的管理条例统一管理。

（二）电视和网络视频媒体

当电视在 20 世纪 50 年代首次问世时，家庭把这种电器放在客厅或家里最显眼的地方，所有的家庭成员都可以观看，通常会一起观看。沃特拉和詹宁斯（Wartella & Jennings, 2001）报告说，在电视出现的早期，人们认为电视可以使家庭团聚，解决婚姻问题，让问题儿童远离街头，从而对家庭有益。

今天看电视与过去看电视不同。尼尔森公司（2019）报告称，96% 的美国家庭至少拥有一台电视，31% 的美国家庭拥有 4 台以上电视。有线电视和卫星电视为消费者提供了选择性观看电视节目的可能。此外，利用 Hulu 和 Netflix 等终端聚合或流媒体化视频，实现了电视与计算机技术的结合，使个人可以从各种设备观看视频。视频播客或视频博客（vlog）拥有庞大的用户基础。与博客或音频播客不同，视频博客通过视觉手段连接观众，从而可以更有效地演示如何做某事或展示产品。

20 世纪 70 年代末，政府开始调查电视对家庭的影响。珀尔等人（Pearl et al., 1982 年）进行了早期的研究，内容是儿童的攻击性和反社会行为，这些行为被认为与看电视有关。如今，大多数人都承认电视对儿童的认知、语言和行为发展有一些负面影响（Kuhhirt & Klein, 2020），而且对儿童的健康也会产生负面影响（Golshevsky et al., 2020）。在过去，人们普遍认为教育和保护儿童是家庭的责任。直到 20 世纪 90 年代，家长们才组织起来，除了要求打禁毒广告外，还要求对电视节目进行内容控制或内容标注等（Andreasen, 2001）。

研究发现，看电视对成年人也有负面影响，包括导致肥胖（Stiglic & Viner, 2019）、自我封闭（Russell & Chase, 2019）和心血管疾病（Henschel et al., 2020）。最近一项关于看电视对老年人影响的研究表明，即使是日常适度看电视，也会导致认知能力的下降（Fancourt & Steptoe, 2019）。

一些研究人员提出，人们对电视影响的关注可能会从电视对观众产生的消极或积极影响转向与培养理论相关的观点（Gerbner et al., 2002）。这一理论认为，电视或者其他所有媒体，都是人们通过长期观看或听到的内容来构建意义的过程的一部分。这种意义会影响他们对所生活的世界的理解。因此，人们每天互动的、持续的、不断变化的信息和娱乐会与他们所处的环境相结合，从而影响他们的世界观、假设和信念。

无论电视和其他网络媒体在家庭中的价值意义是什么，通过这种媒体形式接收到的信息已经对当前一代的社会风气和社会学习产生了影响。西尼奥雷利和摩根（Signorielli & Morgan, 2001）认为“电视是社会化进程的重要促进因素”，其意义更多在于描绘现实的家庭生活，而不是影响未来家庭生活的变化。另一些人则担心，从看电视中获得的社会化可能并不现实，而且是扭曲的。随着真人秀节目的急剧增加，姜（Jahng, 2019）发现，热衷于此类节目的观众可能更支持物质主义，更期望自己变得富有。这个立场可能会让人们争论一段时间。

▶现实思考

刷剧[①]

“刷剧”一词最早出现在2003年，指在同一场景下看多集剧集。那一年，Netflix发布了《纸牌屋》的13集全集，开启了流媒体内容的新时代。大多数美国人都承认自己喜欢看电视，千禧一代和Z世代更是其中的佼佼者。前几年的新冠疫情以及居家措施导致了刷剧的暴涨。

刷剧有好处吗？ProCon .org（2020）列出了刷剧的好处和坏处。

好处：

（1）刷剧可以培养与其他观众的群体意识。它能够促进朋友和家人之间的交谈，可以增进情侣的感情。

（2）刷剧可以缓解压力。它与大脑释放多巴胺有关，多巴胺能产生愉悦感，帮助人们放松。

（3）刷剧可以让你完全沉浸在复杂的故事情节中。因为剧集往往有着复杂的故事情节和人物角色，一次连看几集会让你更容易跟上，就像你放不下一本好书一样。

坏处：

（1）刷剧会导致心理健康问题。研究发现，看电视的人更容易感到沮丧、孤独，自我控制力也更弱。任何人都可能上瘾，其神经通路与其他有害上瘾类似。

（2）刷剧会导致身体健康问题。正如其他研究发现的那样，过度看电视会导致心脏病、睡眠不良和肥胖等问题。

（3）刷剧会降低看电视的乐趣。期待的快乐是连续观看多集剧集所无法获得的。

从你自己的刷剧经历来看，你觉得哪一方更有说服力？刷剧会给家庭带来怎样的负面或正面影响？

---

①来源：ProCon.org.（2020）. Binge-watching: Top 3 pros and cons。

（三）手机和移动设备

电话进入家庭代表了通信领域的一个重大变化。虽然大多数人对足不出户就可以与外界联系感到兴奋，但也有人担心家庭内部受到“入侵”，以及外界信息的缺失可能会削弱家庭关系或损害隐私。手机技术引发的不仅是家庭交流技术的改变，它是历史上发展最快的技术。手机和平板电脑、穿戴式电脑等其他移动设备仍在不断发展。96% 的美国成年人拥有手机，其中 81% 拥有智能手机（Pew Research Center, 2019）。现在和未来市场上的智能手表和其他设备无疑将再次改变我们沟通的方式。

手机的初衷是用于工作场合和安全保障。随着时间的推移，手机的优势扩大到了社交互动的范畴。现在，家庭将智能手机作为联系孩子、父母和大家庭成员的一种方式。智能手机通过提供即时信息（比如能够快速询问某人问题）和协调活动（比如在餐厅见面）等手段不断提高使用效率。史密斯（Smith, 2014）认为，人们使用智能手机不仅是为了交流，而且是为了通过互联网检索信息、娱乐、避免与周围的人互动。研究表明，短信回复的即时性特点有助于改善家庭关系（Barrie et al., 2019; Crosswhite et al., 2014）。

凌和耶特瑞（Ling & Yttri, 1999）发现青少年创造了新的交流和互动形式。微协调[①]（microcoordination）是指社交群体通过智能手机制订见面计划，确定在哪里见面并协调相关活动。超协调[②]（hypercoordination）是指智能手机不仅用于协调活动，还通过情感和社会交流建立群体规范。布朗（Brown, 2011）认为，这种交流形式不同于鼓励多样性的跨文化交流，而是衍生了“数字部落主义”，即人们使用技术与那些拥有相同信仰和价值观的人联系。

除了优点，智能手机也带来了一些弊端。最值得注意的是公共空间和私人空间之间变得缺乏界限。用户的居家生活和工作全天候连接，工作和居家之间没有分隔。商务会议、课堂和公共集会等场合下智能手机的干扰促使人们需要遵守手机礼仪。隐私、安全、健康影响和环境影响等依然能引起人们的关注。几乎所有的州都有法律禁止开车时发短信。

---

① 微协调：智能手机只用于协调活动。

② 超协调：智能手机通过情感和社会交流来协调活动并建立群体规范。

（四）互联网和社交媒体平台

电脑最初是作为一种节省时间的设备在家里使用的。文字处理和记录保存功能是个人电脑问世后被美国人购买的原因。因为有孩子的家庭更有可能在早期拥有电脑，所以家庭电脑的营销策略侧重恐惧心理营销，鼓动父母为孩子提供在数字化世界中竞争所需的东西（Wartella & Jennings, 2001）。

虽然电脑最初是用于教育，但它也用于娱乐，如玩游戏。今天，虽然台式电脑仍在家庭中使用，但更小的移动设备，如功能更强大的平板电脑或智能手机——允许多个用户同时使用，正在占据更大的市场份额。自从云计算出现，消费者现在有能力在他们的小型设备之外存储大量的数据，这些数据可以在任何地方访问。

互联网与其他媒体的不同之处在于它的互动性。与他人实时联系的能力使互联网不同于广播和电视这种单向媒体。随着越来越多的人花时间上网，我们与他人联系和发展关系的方式也发生了变化。约会网站曾经被认为是与潜在伴侣见面的非常规方式，如今却越来越受欢迎，成为一个价值数十亿美元的产业。最近的一项研究发现，近三分之一的成年人表示他们使用过在线约会网站或应用程序（Anderson et al., 2020），网站或程序的规则、界限和角色都与过去不同。网络约会已经逐渐让朋友和家人作为中间介绍人的必要性消失（Rosenfeld et al., 2019）。

在过去的 10 年里，社交媒体变得越来越重要。We Are Social[①]（2019）公司报告称，全球 45% 的人口积极使用社交媒体。毫无疑问，人们的决策受到了社交媒体的影响。虽然影响者（影响者多为名人）营销已经存在了一段时间，但如今社交媒体上的网红随处可见。在社交媒体上拥有众多粉丝、与粉丝联系密切的潮流引领者可以显著影响人们的购买决策。所以，现在许多公司的营销策略都会包含使用网络影响力大的人。

随着计算机工业和计算机营销服务的不断发展，人们获得信息、指导和物资的渠道变得越来越丰富。在线广告和销售为我们提供了沟通、支付账单、购物和日常生活的一种全新方式。在新冠疫情期间，视频会议、快递和教育

① We Are Social 是全球最大的社会化媒体传播咨询公司。——译者注

等领域的互联网服务急剧增加（De et al., 2020）。家庭被迫寻找新的生活方式，使用数字技术彼此联系、工作并获取所需商品。

自从互联网出现，家庭生活发生了巨大的变化。如果可获得的信息不会多得让人无所适从，这对家庭的决策过程是有益的。花在电脑上的时间不能倒流或从头来过，它会耗尽某些家庭资源。3/10 的美国成年人称他们经常上网，而 1/10 的人根本不上网（Perrin & Kumar, 2019）。虽然互联网技术为人们接触外部世界带来了许多新的机会，但它也可能改变家庭成员彼此交流的方式。互联网可以通过增进交流改善家庭关系，但它也可能导致家庭成员长期沉迷于个人活动而与其他家庭成员逐渐疏远。父母和孩子可能会在使用时间上产生较多冲突。家长们担心用电脑时间长对所有年龄段的人都有负面影响。此外，网上商品应有尽有，也会造成孩子们所见所想与父母的能力或购买意愿之间的紧张关系。

社交媒体的使用占据了青少年大部分的上网时间，45% 的青少年表示他们几乎一直在上网（Anderson & Jiang, 2018）。梅奥诊所（Mayo Clinic, 2019）报告称，虽然社交媒体可以为青少年提供有意义的支持，但也可能导致心理不健康、睡眠质量差和欺凌等问题。

奥克赛尔等人（Auxier et al., 2020 年）报告称，父母认为养育子女变得更加困难，部分原因归结于科技的发展。更困难的可能是，在涉及技术时，需要不断监控和设定界限。父母必须意识到，他们的孩子在上网时可能成为被侵害的目标。例如，他们可能会成为“鲇鱼”——创建并使用虚假在线资料以骗取钱财的人的饵料。性侵犯者也会以上网儿童为目标。家长们认识到，必须实现多层次监控——不仅要监控个人设备，而且还要监控网络服务。

家庭结构、种族和收入会影响电脑的拥有情况，这就造成了所谓的“数字鸿沟”[①]（digital divide）。尽管互联网接入比例在过去 10 年中有所增加，但戴维斯等人（Davis et al., 2020）报告称，统计结果远低于预期，仍有 15% 的人口无法接入互联网。他们发现，低水平的收入和教育造成了贫困的恶性循环，

① 数字鸿沟：能够获得和有效利用信息技术的人和群体与不能获得和有效利用信息技术的人和群体之间的差距。

无法上网使得这部分人无法获得关键的信息和服务。安德森和库玛尔（Anderson & Kumar, 2019）发现，一些可以接入互联网的低收入用户只能通过智能手机上网，这会限制他们的表现。例如，当智能手机是家里唯一联网的设备时，多个孩子完成家庭作业可能就会很困难。布鲁姆（Broom, 2020）认为，新冠疫情封锁进一步加剧了没有互联网使用经验的人在就业、教育和医疗领域的劣势。疫情期间，政府敦促互联网服务供应商提供帮助，为学生提供免费服务，并对那些难以支付网费的学生实施减免措施。

自无线电广播开始，大众传媒成为家庭的一部分已经将近一个世纪了。每一项新技术被引入家庭环境，就会开始一场关于媒体对家庭影响的辩论。我们可以做些什么来确保个人、家庭、企业和行业不仅从现有的技术中受益，而且在使用技术作为交流工具时是切乎实际且安全的？在政策和法律到位之前，我们需要牢记一些安全措施。用户需要注意每次提供信息时的网络连接，需要能够保障内容共享的安全性。共享的个人信息最终可能会落入那些可能利用它来对付你的人手中。总而言之，个人有责任监督和保护正在使用的技术。要意识到使用技术的决策是复杂的（多面的）和动态的（不断变化的）。

三、家庭决策中的应用

几千年来，家庭一直是管理财产、分配资源和确立劳动分工的主要组织。了解基本的沟通过程和缓解问题能够促使家庭成员之间就需求和解决问题办法做更积极有力的交流。

沟通在家庭的决定和解决问题过程中起着重要作用。言语和非言语信息、信息包含的含义、权力的使用、解决冲突的过程，都有助于增强家庭有效管理生活决策的能力。

虽然成年人对家庭的维系负有主要责任，但也必须顾及儿童和老年人的声音。同理心和耐心是必要的。倾听其他成员意见的能力至关重要。家庭内部的沟通不畅通常可以追溯到以下行为：

- 不懂得倾听
- 拒绝倾听
- 不愿意分享感受
- 缺乏理解和换位思考
- 拒绝承认他人观点的合理性
- 缺乏时间
- 喜欢并依赖于假设
- 自我需求高于他人（自私）
- 家庭成员自尊心弱

必须学习并训练倾听技巧，以促进积极的家庭沟通，从而达成良好的决策。

案例作业

目的：

✓ 第十章的主题是沟通。本章的案例作业在于计算家庭通过对话和媒体与他人保持联系的社会需求所产生的相关费用。

预算：

本案例作业需要完成手机、互联网、有线电视使用费的预算。

任务：

案例家庭的所有活动都涉及以上三种通信服务。浏览当地的手机服务供应商网站，选择适合案例家庭的套餐。在预算表中输入手机的每月费用。互联网和有线电视订阅通常会捆绑销售。同样浏览当地供应商网站，找到可以解决案例家庭需求的最佳套餐方案，并在预算表中输入费用。

报告：

报告标题必须有正确的归档信息，包括案例家庭姓名、案例编号（10）、当前日期和你的姓名。使用案例作业 1 中创建的摘要段落作为本报告的引言。逐段说明你对这三项服务的选择，并附上价格截图。

按导师的要求提交报告。

总结

沟通对于家庭的良好决策和互动至关重要。沟通的过程涉及发送者、接收者和信息，这些都对家庭成员产生相互影响。家庭沟通既有主体间性，又有互动性。性别、世界观以及信息发送和接收方式的差异会导致误解。家庭遵循并发展独特的交流模式和准则。在家庭沟通的过程中，权力结构带来了挑战和机遇。沟通可以是消极的，也可以是积极的。解决冲突的协商是必要的，也是有益的，能使家庭朝着积极的目标前进。信息技术对家庭来说有利有弊。沟通在家庭决策和解决问题中起着重要作用。

复习和讨论题

（1）描述解释沟通过程的理论框架。

（2）在家庭沟通中，主体间性和互动性的要素有什么不同？

（3）过滤和扭曲在误解中扮演什么角色？

（4）家庭遵循的两种沟通取向是什么？

（5）沟通标准如何影响家庭沟通？

（6）权力如何影响家庭沟通？

（7）为什么冲突是必要的？

（8）请解释信息技术如何对家庭产生积极和消极影响。

第十一章　家庭决策过程中的个人

目标

- 描述群体动态如何使家庭决策复杂化。
- 解释群体思维如何影响决策。
- 讨论领导力的概念及其如何应用于家庭资源管理。

任何时候，参与决策的人都不止一个，这大大增加了决策过程的复杂性。在家庭集体活动中，很少会有所有家庭成员完全同意并完全参与的情况发生。在这个过程中，会有人成为明显的领导者，这取决于具体的情境、事情的紧急程度以及所做的决定对他以及其他个体成员的最终影响。同一个人不会一直充当领导者的角色。这样的角色需要投入个人资源；如果家庭决定不会对某个家庭成员产生正面或负面的影响，他可能不会选择在当时投入必要的个人资源来充当群体的领导者。

一、群体动态

大多数家庭决策都受到群体过程的影响。丈夫和妻子、父母和孩子，甚至是亲戚们都会在影响家庭的决策中充当某种角色。决策过程涉及各种群体动态机制，这些机制对结果起重要作用。工作场所中的领导力和家庭中的领导力存在差异，这些差异同时揭示了家庭决策模式和其他组织决策模式的差异。索罗斯和迈耶斯（Sorrels & Myers, 1983）发现以下因素使得家庭群体受到的影响要小于其他外部群体：长时间专注于一个问题、有成员占据主导、坚定、不会过多涉及任务的情感或个人层面等。外部群体和家庭群体在决策过程中的相似之处包括：成员感觉自己能力不足、对其他想法和批评缺乏包容、获得一致性的压力、成员有私心。

爱、依恋和其他情感特征使得家庭成为一个具有动态机制的且不同于其他组织的群体。依恋、爱和忠诚为家庭注入了强大的情感因素，反叛、愤怒、嫉妒和怨恨也是如此。巴塞德（Barsade, 2002）发现情绪传染是群体动态的一个重要因素。因此，某个群体成员的情绪会影响其他成员在群体中的理解、态度和行为。此外，研究发现，积极情绪的传染与消极情绪的影响一样强大（Eisenkraft & Elfenbein, 2010）。

●案例 11-1

玛丽·安一直是一个积极向上的人。作为妻子，无论丈夫做什么，她都会给予鼓励。她对孩子们也表现得积极乐观，在任何情况下都会挖掘他们好的一面，无论孩子们取得的成绩多么微不足道，她都会给予赞扬。她的妹妹艾伦正好相反。她总是不忘指出丈夫的错误，孩子们有什么做得不对的也会立马予以纠正。她似乎在任何情况下都只看到消极的后果，好像总是知道不好的事情即将发生。这对姐妹的情绪会对家人有什么影响？这两姐妹做出的决定，会对她们各自的家庭产生怎样的不同结果？

在家庭结构中，成员也对群体的成功进行终身投资。与此同时，家庭关系的长期属性可能会对群体产生负面影响，因为悬而未决的问题或过去的经历会妨碍他们有效地解决问题或做出决定。

●案例 11-2

埃姆兰和塞安自结婚以来，一直在为家庭财务管理问题而苦恼。埃姆兰是一个节俭的人，而塞安习惯了大手大脚花钱。现在，他们需要决定如何为大女儿的大学教育提供资金。他们无法理性地讨论是寻求经济援助，还是将自己的房子抵押出去进行二次贷款，他们无法在不争吵、不拿旧事说事的情况下做出决定。

默顿和基特（Merton & Kitt, 1950）提出了人们所属的两种群体类型。人们因出生或生活环境而归属某个成员群体[①]（membership group）。这个群体的

---

① 成员群体：因为出生或生活环境而归属的群体。

成员身份不是自愿的，而是基于种族、民族或性关系而形成的。参照群体[①]（reference group）是成员出于选择而属于的群体。家庭可以同时属于这两种类型。在家庭决策过程中，个人会有自己的价值观、信仰和态度，当与家庭中的其他人结合在一起时，就产生了独特的动态机制。

不是所有的家庭都会做出同样的决定，同样的决定也不一定产生同样的结果。社会阶层、文化或民族规范、沟通方式、权力结构和以前的家庭经验等因素也可能影响家庭的动态机制和他们所做的决定。家庭的社会经济地位也可能对家庭产生影响。例如，低收入家庭做出的决定可能需要他们在两种不利的选择中做出选择，是购买药品还是食品，是从事第二份工作还是申请政府援助。来自低收入家庭的青少年可能不会向家庭群体寻求帮助来购买他需要的运动鞋，因为他知道这是不可能的，而来自社会经济地位较高家庭的青少年可能会向家庭提出购买申请。

文化或民族规范也影响家庭群体动态。个人文化的世界观会决定家庭决策的方式。例如，重视集体认同的文化认为，决策应该符合每个人的最大利益。在这样一个社会中，每一个决定都是家庭集体的决定。相比之下，在崇尚个人主义的社会中，人们会基于自己的利益最大化做出决定。还有其他文化取向会进入许多家庭问题的决策过程，包括养育子女、性别认同和代际互动等。

●案例 11-3

智子对于处于癌症末期的母亲的治疗正面临着一个艰难的抉择。虽然她一生中的大部分时间生活在美国，但她仍然恪守日本传统的孝道文化取向，对家中的老人给予高度的权威和尊重。智子希望能够居家照顾母亲，但这个决定让她很痛苦，因为她知道自己对如何使用减轻母亲痛苦的药物和治疗毫无头绪。她决定让母亲做决定。

在智子母亲住院的医院大厅里，另一个家庭也面临着同样的选择。斯特凡诺和他的兄弟姐妹们都聚集在候诊室，和医生谈论他们父亲的病情。在得知父亲患了绝症后，他们都同意不让父亲知道自己只剩几个月的生命了。他

① 参照群体：一种自我选择的会员身份，从中人们可以收到对其行为的反馈。

们所遵循的文化规范是以爱和尊重的方式积极保护病人。他们决定尽可能地让他舒适，并假装对他的康复充满信心。

还有一个家庭要为他们年迈的父母做决定。这个家庭根据他们的个人需求做出决定。乔迪结婚了，有一份全职工作，还需要照顾的家庭。沃恩是一名会计，工作繁忙，他同时还是一位父亲，以及某个民间组织的领导人。他们都觉得自己无法照顾父亲，所以决定让他住进养老院，在那里他会得到需要的关注。

三个家庭所做的决定是如何受其文化影响的？

家庭成员之间沟通的方式会影响到团队的动态和他们的决定。就像在任何一个群体中一样，有些成员更有发言权，而有些人很少表达自己。此外，能够清楚表达自己并能迅速让团队理解自己思维方式的家庭成员比不能很好表达自己的家庭成员有优势。

家庭的动态机制和由此做出的决定受到群体内部权力结构的影响。在家庭中拥有最大权力的家庭成员可能会影响决策过程。此外，当家庭成员组成联盟时，他们可能会因为其多数代表权而影响群体的决定。

●案例 11-4

卡尔文和梅琳达有三个孩子。随着孩子们的长大，家庭决定在很大程度上是由整个家庭参与做出的。卡尔文最近召开了一次家庭会议，讨论他的工作晋升。这次晋升需要他们搬到几个州以外的地方去。家庭成员权衡了这个决定的利弊，了解了新职位加薪和额外津贴的相关情况，同时也意识到他们将会离开熟悉的朋友，并讨论了接受新职位的一些其他负面后果。最后，孩子们对在高中最后几年背井离乡的抗议，超过了这个新职位带来的积极结果。卡尔文拒绝了这次晋升。如果卡尔文在家庭内部拥有绝对的独裁权力，这个决定的结果会有什么不同？

一个家庭群体所做的决定可能会受到过去群体成员经验或行为的影响。其中一些行为在本质上具有循环性，可以一代又一代地延续下去。一个很好的例子就是育儿行为。父母很少和孩子讨论他们的育儿选择。但是，除非你有意识地做出改变，否则你养育孩子的方式可能与你被养育的方式类似。身体虐待尤其如此（Capaldi et al., 2019）。你所看到的榜样行为模式会成为你采用的行为模式，它可能会延续几代人。

另一个例子是家庭暴力。伦恩曼恩等人（Lunnemann et al., 2019）发现，目睹家庭暴力的儿童会受到这种经历的显著负面影响。孩子们会自动观察周围的环境并从中学习。即使是表现出 A 型人格特征的父母（如时间意识、竞争力和控制能力）也会影响并将这些特征传递给他们的孩子（Forgays, 1996）。关于酗酒或药物成瘾对家庭成员的影响是引发更多争议的问题。一些人认为上瘾行为是遗传的，因此不能从别人那里习得。其他人则认为，这种行为是通过环境和观察他人而习得的。大多数人都同意环境影响因素会产生一定作用。研究发现父母的酗酒行为会影响并遗传给孩子。父母关系的质量（Miles et al., 2005）、对家庭内部风险承担的关系（Feldstein & Miller, 2006）以及父母的心理健康（Molina et al., 2010）都是环境影响因素。从过去的经验中观察和学习的结果将对现在和未来的决策产生影响。

家庭群体动态是如何演变的？父母和其他成年家庭成员形成了合作或抵制的文化。满足其他家庭成员，尤其是孩子需求的敏感性育儿，促进了依恋的发展，鼓励了合作和顺从（Brooks, 2013）。由于大多数家庭资源管理决策是由家庭群体中的成年人做出的，因此了解成人关系如何最终影响所有家庭成员的选择很重要。

冲突可能产生不愉快，但是它对于改变是必要的，比如，一对已婚夫妇可能不愿意因为扔垃圾的事起争执，但他们有必要就此事沟通，然后才能做出决定和改变。其他的矛盾包括个人的愿望和群体的利益矛盾（丈夫希望事业有所发展与基于家庭利益的选择）、自我曝光和隐私的矛盾（女儿关于帮助她对抗抑郁的需求与保持隐私的需求）、权威和顺从的矛盾（儿子赡养酗酒的父亲的需求与他作为一个孩子的角色）。

二、群体思维

群体思维[①]（groupthink）探讨了群体动态如何干扰有效的决策。“群体思维”是欧文·詹尼斯（Irving Janis）在20世纪70年代初创造的一个词，用来描述当群体面临保持团结的压力，但群体拒绝或忽视与整体思维方式背道而驰的想法时所发生的情况。詹尼斯（1972）在他的《群体思维的受害者》（*Victims of Groupthink*）一书中指出，一个受群体思维影响的群体可能会成为高估成功的受害者，可能会遭受失败，即使这个群体可能是由聪明、有思想的人组成的。他描述了妨碍良好决策的群体思维的八种症状。

群体思维的症状如下：第一，一种无懈可击的错觉，即群体成员认为自己是不可战胜的，认为自己做出的任何决定都是正确的。第二，群体成员怀疑或排斥任何与他们的思维相悖的想法。从某种意义上说，他们忽视了自己的思维方式可能有缺陷的警示。第三，群体思维涉及群体成员相信他们是基于道德来做决定的，但他们经常不考虑行为的后果。他们常常认为自己所做的事情是为了“所有人的利益”，并为自己为他人着想而感到自豪，但从未停下来思考这将如何影响每一个人。第四，这个群体依赖于相互的刻板印象来验证他们的思维。无论这些刻板印象多么不准确，所有的群体成员对人或观念的态度都是相同的。第五，群体思维包括顺从、赞同群体思维的压力。持不同意见者被视为不忠，会成为被针对的对象。伴随着这种压力的是自我审查的第六个症状。当一个群体成员质疑或表达反对意见时，他会成为群体审查的对象，或结果会令他们产生不适，以至于他们只能把想法放在心里。群体思维的第七个症状是，群体成员认为其他人都同意所做的决定。个人可能会有这样一种感觉：“如果其他人都认为这是一个好的决定，我就不需要质疑它。”如果没有人站出来说话，群体内部的沉默会增强这种信念。第八种症状是所谓的“心灵守卫”。这些成员自以为是地认为自己承担着保护群体不受任何人或任何事情影响的角色，以避免造成不和谐。詹尼斯（1982）进一步提出，为了避免群体思维，群体必须采用警惕的决策过程，包括鼓励群体成员自由思考、允许出现各种观点、收集可信的信息来帮助做出明智的决定，以及有相应的决策应急计划。他警告说，

① 群体思维：群体成员具有思想和行为的一致性，特别是未经思考就接受多数人的意见。

群体的领导人做事需要公正公开。

虽然群体思维是政治领域发展的产物，但也可能会出现在家庭决策过程中。

●案例 11-5

托马斯和玛莉索是一个大家庭的成员。每个星期天的晚上，他们都会在一起聚餐。整个晚上，大家会讨论各种话题，包括当地新闻、国内和国际政治以及家庭问题。虽然讨论有时会变得很激烈，但每个人最终都会趋于赞同。当托马斯刚成为玛莉索家庭的一员时，他很高兴能加入如此庞大而亲密的群体。由于父母在他青春期就离了婚，所以他的家庭关系并不十分亲密。但是，现在他有时会觉得玛莉索的家人太亲密团结了，他们不总是能看到其他人的观点。例如，下面是上周日晚上发生的一段对话。

玛莉索的哥哥："你们看到报纸上那篇关于有人提议建一个新的商业街的报道了吗？我真不敢相信市政府会允许他们在离我们这么近的地方建那个东西。接下来是什么，在教堂旁边建一家大型沃尔玛吗？！"

玛莉索的父亲："是的，我看到了。那些富人以为他们可以为所欲为，而市民的想法总是跟他们相反。"

玛莉索的姑父："应该有人告诉他们，我们这里不需要他们的大把钞票！没人想要购物中心。"

玛莉索的姑姑："我听说要开一家星巴克。谁需要它——为什么有人会花 4 美元买一杯咖啡？"

托马斯："他们可能是想吸引年轻一代。"

玛莉索的哥哥："这些年来，没有他们，我们过得很好，今后，没有他们，我们也会像往常一样做生意。"

玛莉索的母亲："哦，就是说嘛——我们想的都是一样的，不是吗？这里的人都是一样的！"

好几秒钟谁都没说话，然后玛莉索问："谁做的那个红辣椒沙拉？我真的很喜欢——能告诉我食谱吗？"

这个家庭群体思维的症状是什么？托马斯在这个家庭里扮演什么角色？玛莉索的母亲扮演什么角色？对这个家庭来说，群体思维有什么危险？

詹尼斯（1982）还指出了可能促成群体思维的先决条件或现有特征。这些条件包括群体与外部思想相隔绝、群体内的高度凝聚力、公正的领导、对有效决策过程知之甚少、同质的成员、来自外部威胁的压力以及低自尊。这些特征是在家庭成员身上发现的，这使他们容易受到群体思维的影响。在前面的例子中，玛莉索的家庭很有凝聚力，有着相似的文化和社会经济信念。他们谈论过去，觉得有必要维持现状，这可能表明他们不知道或不愿意调查社区正在讨论的决策中关于改变的原因和必要性。这也表明，家庭内部的领导人物或强势人物不愿考虑外界的意见或看待问题的其他方式。这些都是为什么这个家庭很容易成为群体思维的受害者的原因。

群体需要制定策略来避免陷入错误的群体思维模式。策略包括营造一种广开言路、乐于倾听不同意见的氛围。此外，领导者不仅要带头维持这种开放的氛围，还必须更多地充当促进者而非独裁者的角色，包括接受批评（Janis & Mann, 1977）。家庭需要仔细考虑这些策略。在开放的氛围中，在保持对领导者的尊重的前提下应该允许家庭成员对解决方案发表不同的意见。本章后面提到的变革型领导模式更适合这种策略，其工作模式与群体思维模式正相反。

▶现实思考

异教组织和家庭的相似性[①]

参与异教组织的后果之一是打破了构成“虚幻家庭”的纽带，使得人们致力于营造的“虚幻家庭”沦落为社会中的功能失调性家庭和虐待性家庭。有时异教组织使用的语言暗示他们就像一个家庭（父亲、孩子等；Whitsett & Kent, 2003）。许多异教组织的成员和支持者并不清楚某一特定群体内部可能发生的操纵或剥削。在外人看来，异教组织的行为似乎是非理性的，可能会让朋友和家人感到不安。

克里斯蒂安森（Christiansen, 2020）认为，最危险的是那些正在遭受孤独、低自尊或只想被人接受的人。异教组织领袖有时被视为能够减轻这些弱势群体痛苦的人，能够给予他们集体的温暖和归属感。他们通常被视为有魅力、有爱心，

① 来源：Christiansen, L. (2020, July 6).The psychology of cults and groupthink. *Straight Talk, STC Tech*。

甚至是家长式的人物。一旦进入组织，成员通常会与家人和朋友相隔绝。异教组织利用群体思维把外界的人视为威胁。成员可能因受到威胁、胁迫或被洗脑而相信其行为具有正当的理由。虽然不是每个异教组织都有宗教渊源，但大多数都是。领导人常以宗教为武器强迫成员信仰和服从。

有一些家庭的状态和构成跟异教组织很像。正如逃离异教组织的人可能需要帮助以重新融入社会，在不正常的家庭中，家庭成员可能也需要专业顾问的帮助来帮助他们在今后的人生中发展健康的关系。

人们作为一个群体所做出的决定往往不同于他们独自做出的决定。这种现象被称为群体转移[①]（group shift），可能表现为冒险转移[②]（risky shift）和谨慎转移[③]（cautious shift, Stoner, 1968）。当在决策中发生冒险转移时，群体成员可能会假设其他群体成员持有更极端的观点，从而导致他们调整自己的观点，以支持比自己的观点更激进的观点。冒险转移导致群体成员作为一个群体承担的风险比他们单独做决定时承担的风险要大。

●案例 11-6

达林成年后的大部分时间都在做维修工作。高中时，他就开始在当地的杂货店工作，在放学后和周末帮维修部主任做各种各样的维修活儿。高中毕业后，他进入该地区最大的一家工厂担任维修人员。20 年过去了，他还在做着同样的工作。达林考虑过创办自己的维修公司，但从未真正付诸行动。最近，他在一次家庭聚会上向弟弟表达了自己的梦想。在谈论了几分钟后，他的弟弟召集了其他亲戚，很快，整个房间都在嗡嗡地谈论着达林的想法。他的弟弟说："你会成为一个伟大的老板。"他的表弟说："关于维修，你什么都懂；毕竟，你已经做了 20 年——你都可以写一本关于维护的书了！"聚会结束后，达林准备开始计划辞职，创办自己的公司。他的家人给了他迈出第一步的信心。

---

①群体转移：当作为一个群体做决定时，人们做出的决定与单独做出的决定不同。

②冒险转移：群体同意采取比单独做决定时更极端的行动。

③谨慎转移：当群体中的个体有意规避风险时，对群体产生的社会影响。

达林在创业的决定上做出了一个冒险转移。尽管他会失去稳定的收入，创业也可能会以失败告终，但他还是冒险做出了这个决定，因为群体给了他信心，而且群体的一致态度似乎减轻了一些做决定的负担。和群体思维一样，如果达林做出决定的基础不是基于能够理性、系统地引导他获得最佳结果的信息，他可能会犯错误。

谨慎转移反映的是群体内部的反向效果。一个群体在做决定时也可能会过于谨慎，尤其是在小组讨论之后。

●案例 11-7

安东尼奥六周后就要结婚了。他的未婚妻是六年级时就认识的漂亮女孩。他的同事们说他是世界上最幸运的男人，但最近，他对自己结婚的决定有些怀疑。一天晚上和家人在一起时，他表达了自己的担忧。他们都认为他很成熟，有稳定的经济收入，而且性格平和，但他还是对婚姻的不确定性充满担心。安东尼奥痛苦地问道："我会成为一个好丈夫吗？我是否能够长期维持这段关系？如果我找别人了怎么办？"虽然他的家人觉得这些担心可能有点临阵退缩的意味，但他们倾听并思考着他的困境。经过一番讨论，他们一致认为安东尼奥还没有准备好结婚。第二天，安东尼奥取消了婚礼。

安东尼奥的决定是出于谨慎的考虑。虽然之后他可能还是会决定结婚，但他的家人帮助他做出了当时对他来说正确的决定。他的家人给了他勇气，让他做出了不愿意单独做出的决定。

迈耶斯和拉姆（Myers &Lamm, 1976）认为群体转移的结果可能具有极化效应。他们注意到，讨论后做出的决定往往比讨论前个体成员的平均意见更为极端。但也有一些家庭决定不会导致群体转移。其中一个例子就是政见。政见分歧可能会对家庭关系构成风险（Afifi et al., 2020），这可能也是只有约三分之一的美国成年人报告说会与家人分享政治观点的原因（Oliphant, 2018）。

三、领导力

每个群体，包括家庭，都有领导者。领导职能是任何组织中重要的职能之一。然而，领导力[①]（leadership）很难定义。诺尔（Nall, 2005）引用了一个来自20世纪20年代的定义，认为领导力即领导者将自己的意志强加于被领导者。这与朗格尼（Langone, 2004）的定义不同，后者将领导者定义为“为组织设定未来方向的人。领导力包括审视环境和组织的使命，并决定追求哪些愿景、活动和目标”。领导者确保组织的目标得以实现，影响他的追随者的行为、态度和行动。虽然家庭通常不被认为是一种组织，但两者有一些相似之处：它们的一个重要目标都是保持长期的可持续性。

布莱恩克（Blank, 2001）提出，天生的领导者有三大技能：基础技能、领导方向技能和领导影响力技能。他指出，基础技能是其他领导技能的必要条件，也是成功的基础。基础技能包括自我意识，即人们理解自己行为的能力；建立融洽关系，或与他人合作的能力；阐明团队期望并使每个人理解的能力。这些能力或许可以解释为什么有些领导者能够从底层员工成功上升到高层。这些人很容易理解追随者，并能表达他们的心声。

领导方向技能是指提供引导的能力。通常，面对问题或变化时，追随者很难采取行动。有效的领导者会指明方向。领导方向技能还包括从团队内部培养领导者的能力。这些技能使人能够独立思考，并让人即使在危机面前也能出色地解决问题。

领导影响力技能指那些能够构建忠于团队的情感基础并创造前进动力的技能。好的领导者会通过承诺而不是武力来施加影响。这些技能包括建立在领导者和他们的追随者之间的信任感。团体前进的动机是为了所有人的利益。

要成为一个好的领导者，态度是最重要的因素之一。态度可以延伸到行动，并影响组织的结果。麦克斯威尔（Maxwell, 2003）解释说，诸如不愿承认错误、不愿谅解、嫉妒、傲慢、挑剔，以及把所有的功劳都揽在自己身上的态度会使一个团队无法成功。领导者还必须时刻关注追随者的态度。当态度是积极的时候，

---

① 领导力：个体影响、激励和使他人为其所属群体的有效性和成功做出贡献的能力。

团队可以利用其潜力走向成功。坏的或消极的态度具有传染性，会阻碍前进的动力。一个好的领导者会充分意识到人们的行为，并理解人们为什么这么做。

在家庭组织中，父母的领导很重要。克里滕登（Crittenden, 2004）提出，为人父母者具备四种可转换的技能，则是潜在的领导者，这四种技能分别是：多任务处理、人际交往、发展人类潜能，以及培养良好性格或美德。多任务处理对于必须兼顾家庭和工作的父母来说是显而易见的。克里滕登认为，“处理每个年龄段不理性和不成熟的个体的能力，理解双赢谈判的重要性，倾听他人心事的能力，有耐心，表达同理心，尊重个体差异都是优秀的领导必备的技能”。好的职场领导以及好的父母能够通过发展他人能力来培养他们的优势。好的领导能够让人们从错误中成长，并且仍然在一个安全的环境中提供他们需要的结构和反馈。最后，一个好的领导者和一个好的家长应该树立正直和正确的观点，这有助于塑造他人的性格。

组织中的领导与家庭中的领导有什么不同？海德和托马斯（Hyde & Thomas, 2003）认为组织中的角色更为复杂，领导层更有可能发生变化，因为成员更频繁地进出组织。而在家庭中，除非发生死亡或离婚，否则成员都是相同的。组织的稳定不会因为一个人的离开而受到威胁，就像在一个家庭中那样，除非领导是组织中的主导人物。但是，领导的变化将需要组织重新谈判，确定边界，关系可能必须进行调整。

人们一般认为，作为成年人的父母会是家庭的自然领导者。但是，多代同堂的家庭结构有时会把多组成年人和父母聚在一起，在这种情形下，主要领导仍然是必要的。

●案例 11-8

鲁比奶奶已经83岁了，是个寡妇。她有5个成年子女，22个孙辈和曾孙辈。就在最近，她的健康状况表明，她应该从生活了50年的家搬到一个能为她提供全面健康管理的机构。鲁比奶奶指定她最小的女儿艾尔作为她的医疗保健全权代理，但不想让艾尔承担更多的法律责任，所以她让剩下的4个孩子决定由谁来帮助她选择哪一种住房，并帮助她办理出售房子和签订住房合同的手续等事宜。鲁比奶奶唯一的儿子认为这些应该由他来做。剩下的

3 个女儿争论不休，拒绝接受他的领导。艾尔注意到她的母亲对她的兄弟姐妹的行为感到绝望，于是介入并掌管了一切。虽然她是几个孩子中最小的，还是女性，但她的社交技能和所受的教育一直让她与众不同。鲁比和她的其他孩子们将更有可能接受艾尔做出的决定。

虽然对家庭领导力的研究有限，但从逻辑上讲，领导原则应该是相似的，而不应该存在很大差异。成功的父母、强大的家庭、有效的管理和其他家庭职能表明，家庭生活需要有意识的领导。

（一）理论

在探讨家庭领导之前，我们先来探讨一些领导理论。大多数领导理论可以分为行为理论和情境理论两大阵营。领导力的行为理论是基于这样一种观点：领导者的个人素质和技巧决定了他们成为什么样的领导者。早在 20 世纪 50 年代，麦格雷戈（McGregor, 1960）等人就开始基于“领导者是天生的还是后天培养的”这个问题,发展出一种领导力模型。对领导力的研究衍生了 X–Y 理论，构成了有效领导的方法。根据这一理论，X（组织的需求）和 Y（员工的需求）需要整合，而有效的领导者能够使两者都得以实现。麦格雷戈总结说:“由于传统组织理论不完整充分,今天关于企业人力方面的创新性管理严重受阻。”此外，弗莱什曼（Fleishman, 1953）的“俄亥俄州州立大学领导力研究”项目是第一个关于文化和气候在组织中作用的研究之一。

20 世纪 50 年代的其他行为研究发展出了一种“更新的管理理论”（Likert, 1961），其中包括支持关系的原则。李克特（Likert）指出:“组织的领导和其他过程必须是这样的……每个成员……把这段经历看作对自己有所助益的，是建立和维持个人价值感和重要性体验的一部分。”李克特（ 1967）提出了四种主要的关于决策的领导风格。尽管这些风格——剥削式权威、仁慈式权威、协商和参与，反映了领导在群体内部的不同参与度，但它们通常仍然认为领导者是做出最终决定的人。

最近，莱夫顿和巴佐塔（Lefton & Buzzotta, 2004）提出了一个领导力行为模型，该模型包含了四种基本模式。根据 20 世纪 40 年代和 50 年代进行的早期研究，维度模型[①]（dimensional model）有两个维度（图 11–1）。一个维度包括支配和顺从，另一个维度包括敌意和温情。支配代表的是那些实施控制和领导的人。他们想要控制周围的人。在这个维度的另一端是顺从。这些人希望有人告诉他们该怎么做。他们不想控制别人或做决定。敌意包括自我专注和对他人需求不敏感。相比之下，温情体现为能够为他人着想，并具有乐观精神。有敌意的人往往不相信别人，而温暖的人对别人更加包容。这些维度构成四个象限或四种领导风格。

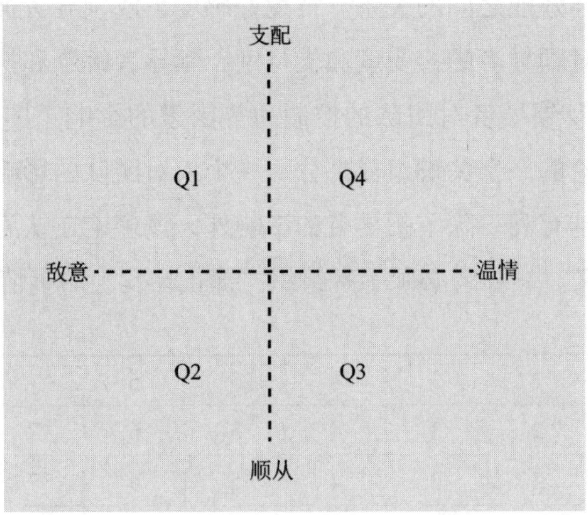

图 11–1　维度模型[②]

专制的领导者（Q1）使用权力和恐吓来控制他人。这种领导风格往往由领导者一个人做出所有的决定，领导者关心的是结果而不是过程。虽然这种领导风格可以做成很多事情，但就人们对组织的观感以及他们留在组织内的时间而言，代价是很高的。不自信的领导者（Q2）通过拖延、敷衍决定、遵循传统或旧的做事方式来逃避真正的领导。他们不愿冒险且经常对周围发生的事情漠不关心。他们倾向于既不奖励也不惩罚，这经常导致他们周围的人也变得冷漠。随和的领导者（Q3）将他们的领导风格集中在士气上。比起规则，他们觉得关系更重要。产出结果并没有让员工在组织中保持快乐那么重要，这导致他们不

---

① 维度模型：一种领导行为的模式，由支配和顺从、温情和敌意两个维度构成。

② 来源：Lefton, R. E., & Buzzotta,V. R. (2004). *Leadership Through People Skills.* London: McGraw-Hill。

重视产出、做事界限不清。没有人知道自己做得好还是不好，因为他们即使表现平平，也能很轻易就获得领导的表扬，因此当他们的表现并不令人满意时，他们自己也不会知道。协作型领导（Q4）具有理想的领导风格。这些领导者设定目标，期待结果，同时创造一个积极的环境，让其他人感到自己有价值、有能力。协作型领导者会为组织承担责任，知道什么时候介入，什么时候退出。

领导的情境理论关注的是预测领导有效性的情境或外部因素。费德勒（Fiedler, 1967）提出的权变模型，在意识到领导者的情境控制的前提下考察了领导风格和领导效能之间的关系。情境好感度，或领导者拥有多少权力和控制权，受到团队对领导者的接受度和支持度、领导者解释和执行目标（结构化任务）的能力以及领导者对团队的控制力等因素的影响（图 11-2）。领导者的影响力是该理论的一个关键组成部分。一个人对团队的影响力越大，他作为领导者的处境就越有利。除了领导者的影响外，该理论还认为人际关系对于有效领导有重要意义。领导者必须了解组织内部正在发生的事情。

不友好	1	2	3	4	5	6	7	8	友好
不合作	1	2	3	4	5	6	7	8	合作
敌意	1	2	3	4	5	6	7	8	支持
防备	1	2	3	4	5	6	7	8	开放

图 11-2　应变的模式[①]

路径目标理论（House, 1971）是另一种情境理论。这一理论基于这样一种观点：有效的领导者能够通过增加奖励、明确目标或满足个人需求来激励他人。尽管有些人不支持这一理论，但它确实在良好的领导力和激励人们追随领导的因素之间建立了某种联系。

最后，情境领导理论（Hersey et al., 1992）植根于这样一种观点，即有效的领导可以通过领导者的行为和追随者的准备程度之间的关系来衡量。通过矩阵法，任务行为和关系行为形成了四种领导风格：参与决策并促进决策的领导

---

① 来源：Fiedler, F. E. (1967). *A Theory of Leadership Effectiveness.* New York: McGraw-Hill。

者、解释决策并在必要时阐明决策的领导者、做出决策并监督任务的领导者、将任务交给下属自行决策的领导者。成熟度是要考虑的另一个方面，因为领导者必须决定下属是否有能力（意愿、信心、责任心、教育、经验等）执行任务。

（二）领导和育儿方式

今天，我们对领导风格的理解不仅吸收而且扩展了过去的相关理论。新出现的三种关于预测领导效能的领导风格，分别是交易型领导①（transactional leadership）、变革型领导②（transformational leadership）和自由放任型领导③（laissez-faire leadership）。交易型领导通常被用来描述分属两个理论阵营的领导者行为和情境细节的结合。交易型领导者是通过与下属的互动帮助做出决策，但最终掌握控制权的人，通常在组织中掌握权力。领导根据下属的表现给予激励或施加规范，而不考虑组织的结果。这种领导风格经常出现在自上而下的组织中，这类组织有一个明确分层的领导结构。

交易型领导风格在过去很有成效，但现在变革型领导风格已经变得更常见，是人们在职场所喜闻乐见的一种领导风格。领导者仅仅实施领导和做出决定是不够的；变革型领导者为组织创建愿景并提供灵感。通常，变革型领导者很有魅力，能够使下属发挥超出自身潜能的工作能力。巴斯和阿弗里奥（Bass & Avolio, 1997）提出了变革型领导者的五个特征：

- 理想化属性：能够影响他人、可信、正直、真实、有牺牲精神、懂得鼓励他人。
- 理想化行为：展现榜样行为，激励他人敬仰或效仿。
- 励志动机：通过增进对目标任务的认识和理解来激励他人，能够表达任务的目的和意义，并能够创建愿景。
- 智力刺激：能够引导下属超越寻常的思考，鼓励他们发展独立思考。
- 个性化考虑：指导他人并提供促进成长的机会。

---

① 交易型领导：基于情境的指导，即奖励或惩罚取决于表现。

② 变革型领导：建立在领导者和追随者可以相互提升到更高的动机和道德水平的信念之上的领导风格。

③ 自由放任型领导：领导者允许追随者对组织的结果有更多控制权的领导风格。

另一种当代领导风格是自由放任型领导。这种风格的领导者参与度降低，尤其是在决策方面，这使得下属对组织的结果有更多的控制。乍一看，这种风格似乎是对下属的一种积极领导，使他们能够控制自己的工作环境。但是，组织内部必须存在某些因素，才能产生积极的结果。人们必须有能力和动力做出自己的决定，必须能够在领导的监督之外很好地工作。在这种风格下，虽然团队的各项任务之间存在相互依赖的关系，但团队领导不需要协调各方面的工作。

什么样的领导风格对家庭最好？让我们来看看当代的三种领导风格（交易型、变革型和放任型）会如何影响家庭职能。交易型领导通常与传统家庭相联系，父亲是公认的领导者，母亲执行父亲的决定，并要求孩子一起执行这些决定。

●案例 11-9

奥萨瓦一家由父亲、母亲和两名学龄儿童组成。奥萨瓦是一名电气工程师，而奥萨瓦太太则是全职家庭主妇。奥萨瓦是一家之主，大部分决定都由他做出。虽然奥萨瓦太太负责购买家里大部分的食物、衣服和家庭用品，但奥萨瓦控制着预算并支付账单。如果孩子表现不好，则由奥萨瓦决定做出什么样的管教。如果孩子们需要管教，则由奥萨瓦太太来确保管教的执行。虽然奥萨瓦会征求、听取太太的意见，但他是家里做出最后决定的人。奥萨瓦一家表现出交易型领导风格。

家庭内部与交易型领导风格相关的问题与非家庭组织中该风格的问题相似。如果追随者感觉领导者未考虑他们的最大利益，那么领导者和追随者之间的分歧可能会变大。当这种情况发生时，两者之间的信任关系就会被破坏，并可能导致朝着一个目标工作的动力缺失。以奥萨瓦一家为例，当孩子们进入青春期后，以前有效的交易型领导风格将不再有效。

●案例 11-10

杰瑞克·奥萨瓦刚满17岁，他很喜欢和朋友们还有一些足球运动员在一起。事实上，如果他父亲允许的话，他会把所有的空闲时间都用于和他们在一起。虽然杰瑞克知道，有时候他需要和家人在一起，也需要帮忙做家务，但他似乎比妹妹承担了更多的责任。他开始怨恨自己要做这么多的事，试图找更多的借口离开这个家。杰瑞克不想见到他的父亲，因为他不想父亲再叫他做什么事。他迫不及待地想要满 18 岁，这样他就能离开这个家自己生活。奥萨瓦对此感到生气，因为杰瑞克总是拒绝帮忙做事，而且杰瑞克对自己要求他做的每件事都很生气。奥萨瓦回忆说，他年少时绝不会质疑自己父亲的权威；尽管他并不总是同意，但他害怕不尊重父亲的后果。是什么让交易型领导风格在今天的职场和家庭中都变得不那么有效？

变革型领导风格的家庭表现出一种共同的目标感。一家人会一起讨论如何合作解决问题。尽管领导者（或领导者们，如在平等的关系结构中）是做出最终决定的人，但家庭会以有利于家庭整体的方式努力满足每个成员的需求。作为回报，成员们给予领导者信任和尊重，因为他们知道这样做会带来好处。

●案例 11–11

加西亚一家由父亲里克、母亲格洛丽亚和 3 个孩子组成。加西亚一家总是一起做决定，包括如何抚养他们的孩子。当家庭出现问题时，加西亚一家人会坐在一起，每个人都公开表达自己的意见和愿望。然后，里克和格洛丽亚会权衡这些信息，共同做出决定。虽然不是所有的问题都能按照每个人希望的方式解决，但他们都觉得这种方法对家庭是最好的。最近，15 岁的茱莉娅被邀请参加一个朋友的生日聚会，并在朋友家过夜。当她问自己能不能去时，里克和格洛丽亚犹豫了，因为他们需要她在第二天早上照看弟弟和妹妹。他们知道她会很累，第二天早上他们需要上班的时候，她很难赶回家。茱莉娅很难过，因为她要错过朋友的派对了，尽管她知道自己照顾弟弟和妹妹的角色对这个家庭很重要。这家人终于想出了一个解决办法：他们决定让茱莉娅晚上去参加聚会，但不在那里过夜。这一解决办法为所有人所接受，并保持了家庭团结。

加尔布莱斯和史范尼凡尔德特（Galbraith & Schvaneveldt, 2005）认为，变革型领导风格对家庭有很多好处，包括：儿童参与共同的愿景或事业；积极的榜样示范；家庭团结、信任、合作、团队协作；家庭成员之间的责任感；以健康的方式使用权力；克服问题、为个人和家庭的积极结果而努力的集体主人翁意识。

在关于变革型领导风格的讨论中，发展出了真正领导的概念（Luthans & Avolio, 2003; Peterson & Youssef-Morgan, 2018; Walumbwa et al., 2008）。阿沃里奥及其同事（Avolio et al., 2009）认为，真正的领导者指那些实践良好决策、使用道德标准自我调节行为、公开分享信息和感受、知道自己的长处和弱点以及自己的世界观的人。家庭同样需要良好的领导，甚至比任何组织都更需要。这种类型的领导能够增强家庭的凝聚力，使家庭成员能够成功地适应并改变周围的环境。

虽然不建议家庭采用自由放任的领导方式，但它在许多家庭中得到了认同和实践。事实上，这种风格甚至可以被称为“非领导风格”，因为使用这种风格的人拒绝完全承担领导的角色。在一个家庭中，自由放任型的领导者会逃避处理重要的问题，推迟做决定，不愿参与日常的家庭生活（Galbraith & Schvaneveldt, 2005）。

●案例 11–12

加里和珍妮丝·威廉姆斯已经结婚28年了。珍妮丝在一个传统的家庭长大。她的父亲是“一家之主”，家里的事一应都是他说了算。在她十几岁的时候，珍妮丝憎恨父亲严厉的管教和母亲的顺从。她发誓绝不嫁给她父亲那样的人，后来她的丈夫也的确不像她的父亲。在他们的婚姻中，大多数决定都是珍妮丝做的。要让加里在任何事情上表明自己的立场都很困难。珍妮丝对于做决定一事感到很不舒服；虽然她不喜欢自己父母的模式，但她觉得她的丈夫至少有时应该表现出一点兴趣。刚结婚的时候，珍妮丝会问加里的意见。加里平时没什么意见，有一天终于说：“珍妮丝，我不在乎你做什么。别拿细节来烦我！”虽然加里不想做决定，但当珍妮丝犯错误时，他会指出来。几年前，珍妮丝让他们16岁的女儿去参加一个朋友家的聚会。从那以后，他们的女儿遭受了一段漫长而痛苦的吸毒历程。也是从那天晚上起，加里就一直提醒珍妮丝这是她的错：“如果你能多注意一下你让她做的事情，她就不会陷入这种困境了。”

尽管自由放任的领导风格可能在一些企业环境中起作用，因为它允许有能力和有动力的人自己做决定，但这种风格往往不利于一个正处于成长中的家庭。因为一个家庭既包括大人也包括孩子，所以放任型的领导方式会影响到整个家庭，可能会使所有的家庭成员都不满意。在前面的场景中，加里对珍妮丝的决定不满意，珍妮丝对加里的不参与也不满意。孩子们缺少与父亲的互动，受到了父母冲突的影响，而且家里缺乏积极的领导榜样。

正如本章前面所介绍的，父母管教孩子的方法也适用于家庭决策的讨论。专业人士经常提到四种具体的育儿方式：专制型、权威型、放任型和不参与型。每一种管教和指导的方式都有其具体的后果，家庭往往会形成一种独特的组合或策略，使他们在决定适当的方法之前能够考虑个人和情况。

专制型育儿[①]（authoritarian parenting）表现为刻板地期望孩子会严格遵守规则，而不会质疑大人的动机或处境。在这种环境下，儿童无法参与资源管理的决策。成年人做出的决定会被接受，很少或完全不会受到质疑。这种家长领导风格的一个缺点是，孩子发展解决问题的能力或谈判能力的机会非常有限。

权威型育儿[②]（authoritative parenting）是家庭领袖会制定规则，并希望成员遵守这些规则，但如果孩子或家庭成员要求说明理由或质疑规则，他们的声音会被听到。来自权威型家庭结构的孩子更善于做决定并懂得避免危险的情况。他们更有可能表达自己的观点，肩负社会责任。

在放任型育儿[③]（permissive parenting）家庭中，家庭成员很可能会出现危险行为。父母过于宽容，直到出现严重的问题才施加权威。行为不端几乎没有什么后果。通常，放任型父母寻求的是朋友的角色，而不是父母。因为孩子没有获得足够的限制，他们在这些情况下往往会感到焦虑和没有安全感。他们被迫做决定，因为成年人不愿带头。他们可能不够成熟或缺乏认知能力，从而无法做出最好的决定并承受相应的后果。

不参与型育儿[④]（uninvolved parenting）也可以被定义为疏忽型育儿。这种

---

① 专制型育儿：高期望、低回应的育儿方式。

② 权威型育儿：要求合理、回应度高的育儿方式。

③ 放任型育儿：低要求、高回应的育儿方式。

④ 不参与型育儿：对孩子的需求缺乏回应的疏忽型育儿方式。

疏忽源于无法满足基本需求或因为缺乏信息或功能受损（如滥用药物或精神健康问题），而无法做出良好决定。年轻的家庭成员在缺乏成功所必需的成熟身心的前提下被迫承担成年人的角色和决策职能。他们可能需要假扮父母的角色来照顾父母的需求。

还有其他一些因素会影响家庭中的领导力。于和米勒（Yu & Miller, 2005）发现，不同时代的人偏好不同的领导风格。知道这一点不仅在组织或商业环境中很重要，在几代同堂的家庭环境中同样很重要。婴儿潮一代[①]（baby boom generation，1946 年至 1964 年出生的人）经历了不止一个领导风格阶段。早年，领导可能侧重于控制和监督。因此，婴儿潮一代重视对领导者的忠诚，并期望组织内部形成一个指挥链。

X 一代[②]（Generation X，1965 年至 1980 年出生的人）更看重个人满足感和自由，而不是忠诚。他们不怕频繁换工作，因为他们已经习惯了改变，处事更加灵活。Y 一代[③]（Generation Y），或者说千禧一代（millennial），对领导力的要求则又有不同。于和米勒指出，Y 一代的人和之前的人一样精通技术，但他们在更年轻的时候就已经如此。他们普遍受过良好的教育，往往能更清晰地表达自己和自己想要的东西。Z 一代[④]（Generation Z）正在步入成年和职场。Y 一代和 Z 一代人生活在数字化的世界中，他们在工作和家庭生活中都寻求变通（Klein, 2018）。Y 和 Z 两代人都更青睐更具合作性的领导风格，如果需要向领导者学习，他们便会追随。在由不止一代人组成的家庭中，领导可能是一个挑战。

不同的领导风格并没有优劣之分。不同情况和团队需求将决定最佳的领导风格。对于家庭来说也是如此。随着时间的推移，基于地位的领导风格——通常被称为自上而下的领导风格，可能会被基于信息或合作性的领导风格取代。有些人可能会认为这对家庭有害。

---

① 婴儿潮一代：1946 年（含）至 1964 年的出生者。

② X 一代：婴儿潮一代之后的一代人；1965 年至 1980 年出生的人。

③ Y 一代：20 世纪 80 年代到 90 年代初出生的一代人，也被称为千禧一代。

④ Z 一代：1995 年以后出生的人。

●案例 11-13

米莎和丈夫结婚快 10 年了，有两个孩子，一个 5 岁，一个 8 岁。当孩子出生时，米莎发誓永远不会重复她父母在她成长过程中对她的那种教育方式。米莎的父亲是个专制的人，严于律令。一旦规则被打破，就会受到惩罚。米莎 16 岁的时候，有一次回家晚了几分钟。当她试图解释她晚回来是因为她的车在回家的路上爆胎时，她的父亲举起手说："我不想听！"尽管米莎看得出母亲很同情她，但她的母亲从来没有质疑过她丈夫的决定。米莎的父亲是一家之主，所有的决定都是他做的，所有的规矩都是他制定的。现在米莎有了自己的孩子，她允许家里的每个人自己做决定。她和丈夫认为团队合作是促使家庭和睦的最好方式。两个孩子都可以决定什么时候在哪里吃什么，什么时候睡觉，每天做什么。这种领导风格对家庭有用吗？为什么有用或为什么没用？

除了代际领导风格外，领导风格也存在性别差异。尽管关于男性和女性是否天生具有不同的领导风格，以及这种差异源于人们对于个体的期望因性别而有所不同还存在争议，但有一些特征导致男性和女性的领导风格不同。克罗斯卡和卡森（Kroska & Cason, 2019）指出，男性表现出更多的主体性特征，如果断、自信和竞争力，而女性表现出更多的公共性特征，如更关心他人、乐于助人和善良。女性往往更具变革精神，在领导风格上不太可能表现出放任主义。巴尔布托等人（Barbuto et al., 2007）发现，在低教育水平的人群中，男性和女性的领导风格存在较大差异，女性更多使用压力策略来激励下属。

管理和领导的区别是什么？管理者需要技术技能，比如知识和熟练程度；人际技能，比如与人合作的能力；涉及概念性技巧的细节方面的工作，比如接受一个概念并将其实施。而领导者更积极主动——他们能够激励他人，具有远见卓识，并能长期专注于某个目标（Ricketts, 2009; Zeng, 2019）。这在家庭中是如何运作的？家庭管理者和家庭领导者有区别吗？

●案例 11–14

克莱门特一家和李一家都是住在大都会区的中产阶级家庭。这两个家庭的家庭收入相似，两对夫妻都有全职工作。克莱门特夫人是管理者。她十分擅长计划、安排、采购和组织等事宜。多年来，家务和家庭责任基本上都是她亲力亲为，但她也会要求家人分担家务和责任。相比之下，李夫人在她的家庭中扮演着领导者的角色。每到星期六，李夫人就会把全家人聚在一起，围坐在餐桌旁，分配每周的任务，倾听家人关切的事，并一起制订即将发生的事情的计划。克莱门特夫人和李夫人的领导风格有什么不同？如果克莱门特夫人和李夫人突然患上危及生命的疾病，每个家庭在维持家庭职能方面将面临什么样的后果？

▶前沿动态

Z 一代和家庭购物[①]

美国零售联合会（NRF）的一份新报告表明，与自己小时候相比，近 90% 的 Z 一代的父母在家庭购物方面给了孩子更多的发言权。报告指出，虽然前几代孩子对父母的购物有一定影响，但 Z 一代的孩子最为独特。

这种变化的一个原因是人们可以在网上搜索产品，查看是否有货或是否为最低价格。家长们说，他们让孩子参与购物决定，因为孩子是使用物品的人，父母重视他们的意见，并教他们做决定。

据估计，Z 一代孩子的整体消费能力每年有大约 1430 亿美元的，这让他们更多地参与家庭购物决定。Z 一代的孩子也在更多地使用自己的钱来购物。

玩具、衣服、食品、娱乐和个人护理都是 Z 一代的孩子对父母消费影响最大的类别。不过，Z 一代孩子的父母称，孩子们还参与了 36% 的家庭用品购物决定。家长们表示，他们的孩子对特定品牌以及对家庭很重要的产品的购买决定起支配作用。

Z 一代的孩子会到实体店或网上选购商品。他们会阅读商品评论，仔细研

---

①来源：Mullen, C.（2019, October 11）. Why Gen Z kids play a bigger role in family buying decisions. *Bizwomen: The Business Journals*。

究商品目录。超过一半的人将商品添加到他们的购物清单或在线购物车中。

毫无疑问，Z 一代的父母在家庭消费方面采用了与过去不同的领导风格。

▶世界博览

不同文化背景下的家庭领导和性别

在不同文化中，家庭领导和决策的性别差异很复杂。家庭在努力维持其良好状态时有许多任务要完成。关于谁应该负责哪些任务的决定，特别是当时间变得越来越紧张时，可能会导致家庭冲突和家庭压力的增加。

父母如何协商有偿工作和无偿工作的时间分配可以反映出性别不平等。大多数研究报告显示，与父亲相比，母亲花在无偿工作上的时间更多（Chesley & Flood, 2017）。家庭内部的权力体现在劳动力的分工——家庭维继和儿童保育上。当女性拥有更多的机会并能够挣钱时，她们就能更容易地争取平等。

钱和塞耶（Qian & Sayer, 2016）对四个东亚国家和地区（中国、日本、韩国等国的城市和中国台湾地区）的性别化家务期望做了对比研究。他们报告说，东亚的传统婚姻建立在性别等级制度、父权制和严格的性别化婚姻角色之上。这些社会中的妇女仍然承担着大部分的日常家务。在他们的研究中，日本女性关于性别平等的愿望和实际的劳动分工之间的落差最大——所报告的婚姻满意度最低。尽管中国大陆和台湾地区已婚男女的婚姻满意度低于西方媒体的报道，但他们比日本的已婚男女拥有更高的婚姻满意度，并且更平等地分担家务。

格雷西娅和卡尔米基恩（Gracia & Kalmijn, 2016）发现，在西班牙，不管母亲从事何种有偿工作，其参与亲子互动的程度都要高于父亲。父亲在照顾孩子方面受母亲工作日程的影响要比他们自己的小得多。这反映了西班牙“工作—家庭”体系中“传统”的性别分工。西班牙的另一个变量因素是，大多数在职父母依靠老人来照顾孩子，如果他们必须把孩子送到日托机构，这些机构往往与他们的工作时间不同步。

性别和性别期望影响成年人担负起领导责任和平等参与资源管理决策的能力。文化和传统支持并促进这些做法。全球化增加了我们与他人的接触和互动，文化意识的重要性变得至关重要。

案例作业

目的：

✓ 家庭成员表达个人喜好的一个显见方式是休闲活动。这些活动还可以让家庭成员聚在一起分享经历和回忆。本案例作业涉及家庭在休闲、放松和娱乐方面的支出。

预算：

本案例作业涉及六个休闲消费项目：电影或戏剧、俱乐部会员、旅游、体育赛事、爱好和儿童培训（教育或体育）。

任务：

电影或戏剧。家庭购买电影、戏剧和展览门票或办理相关的会员卡。可以在案例家庭描述中找到一些相关的消费信息，但如果你认为对家庭有益，也可以考虑增加参加这些活动的次数。利用当地娱乐场所的网站估算每月的支出。

俱乐部会员。你的案例家庭成员是某些俱乐部的会员，这些可以在他们的家庭描述中获知。这些俱乐部可能是运动俱乐部或特殊兴趣团体。在相关网站上查找价格信息。

旅游。大多数家庭每年至少计划并组织一次家庭度假。给你的案例家庭提出这样的旅行建议，并浏览旅游网站获取价格信息，包括旅行的费用——油费、火车票或飞机票、食物、门票、住宿等。将度假的预计总费用除以 12，生成每月的分摊额度，以备在需要时支付费用。

体育赛事。如果你的案例家庭描述中提到有家庭成员参加或观看特定的体育赛事，查阅当地体育赛事的门票价格。

爱好。如果你的案例家庭描述中提到了家庭成员的特定爱好，查阅相关活动的成本，然后每个月留出相应额度的钱用于这些活动。

儿童培训。许多孩子会参加体育项目、舞蹈和音乐辅导班，以及其他类型的培训活动。你可以在案例家庭描述中找到相关信息。这些项目通常需要费用以及交通费。特殊的装备和服装费用涵盖在以前案例作业的衣服和装饰一栏中，所以本案例作业不用考虑这些费用。

报告：

报告标题必须有正确的归档信息，包括案例家庭姓名、案例编号（11）、当前日期和你的姓名。使用案例作业 1 中创建的摘要段落作为本报告的引言。逐段说明你在预算表上输入的金额，并附上关于价格具体信息的截图。

按导师的要求提交报告。

总结

领导是任何团体的重要职能，包括家庭。领导者是能够为团队设定方向、有效领导团队进行决策的人。领导者需要具备基础技能、领导方向技能和领导影响力技能。一个好的领导者还知道态度如何影响团体的结果。有效的家庭领导者还拥有一些其他技能，包括多任务处理能力、人际交往能力、发展人类潜能的能力和塑造性格的能力。一些领导理论包括 X–Y 理论、三要素理论、维度理论、权变模型、路径目标理论和情境领导理论。领导效能可以通过交易型、变革型和放任型领导风格来预测。

大多数家庭的决定都是由家庭成员做出的。这个过程不同于非家庭群体的决策过程，因为家庭包含了爱、依恋、终身投资等特征。家庭可能会根据社会阶层、文化或民族规范、沟通方式、权力结构和过去的经验等因素做出决定。

当家庭没有采取警惕性的决策实践时可能会受制于群体思维。为了避免错误的思维，家庭需要营造一个欢迎不同意见的环境。群体可能做出个体成员独自不会做出的决定。这个过程被称为群体转移，包括冒险转移和谨慎转移。

复习和讨论题

（1）一个有效的家庭领导者与其他组织的领导者有什么不同？

（2）父母的领导风格如何影响他的育儿方式？

（3）讨论家庭动态如何影响他们的决策。

（4） 陷入集体思维的家庭会面临什么后果？

（5）什么样的家庭在做决定时会分别选择冒险转移和谨慎转移呢？

第五部分

实施决策与评估

决策模式

- 了解现有需求。
- 确定能够满足需求的备选方案。
- 评估已确定的备选方案。
- 选择并实施备选方案。

第十二章：付诸实施

- 反思并评估选择的备选方案。

第十三章　定义成功

第十四章　当前和未来的挑战

第十二章　付诸实施

目标

- 总结实施过程的各个方面。
- 描述遗产规划的过程。
- 阐述家族生意继承的可能问题。
- 识别管理风险的方法。
- 描述家庭计划实施后的完成和反思过程。

决策很少是单一的不涉及未来行动的行为。通常，一个决定会导致其他决定，并形成一个需要监控和调整的持续过程。为了达到大的目标，家庭必须有目的地努力实现一个个小目标。在动态环境中，这些小目标可能需要修改才能达成。

●案例 12-1

伊藤一家决定节约水电气费，用省下来的钱充实退休基金。他们的目标是降低 25% 的电费和煤气费，方法包括：①对门窗进行密封处理；②在主要的家庭照明设备上安装调光器和定时器；③调整暖气和空调的温度阈值。实施这些措施后的第一年，伊藤一家节约了近 30% 的费用。不过，第二年的水电费上涨了 15%，这是因为该年是寒冬，取暖费用比往年要高。虽然伊藤一家的做法仍然很重要并且也节约了一些水电费用，但他们的目标将需要根据费率的变化（这属于不可控因素）而做出调整。计划依然是可行的，但必须降低期望，或者想出更多的节约方法。

家庭的决定和由此产生的计划并不是在真空的环境中产生或实施的，而是会受到社会、经济和政治变化的影响。如果家庭成员不顾实际，没有做好灵活应变的心理准备，就会遭受挫败，导致参与热情减弱。需要团队成员支持的计划容易受到个体成员的态度和行为的影响。

一、实施

雇主健康计划出现于20世纪70年代，并在2010年《平价医疗法案》（奥巴马医改）实施后获得了长足的发展。其背后的理念在于人们相信，健康的员工能使企业降低医疗保险成本。但最近的研究对这些项目的有效性提出了质疑。虽然项目报告称，定期锻炼和控制体重的员工比例上升，但这些项目对改善员工的整体健康状况或业绩表现（如缺勤或工作表现）没有显著影响（Song & Baicker, 2019）。虽然提前计划的必要性已经众所周知，但在当代家庭管理中，很多时候并不能严格执行计划。为什么个人和家庭制订了计划，但却无法实施？有几个可能的原因。

一个原因是大多数个人和家庭希望利用有限的资源实现很多的目标。在这种情况下，必须做出选择，确定哪些目标是最重要的。在确定优先目标的过程中，有一些目标及其实现计划被完全抛弃，还有些被推迟，以便在以后合适的时候再重新考虑。

●案例 12-2

马克斯计划在八个学期内完成大学学业。第二个学期开学后不久，他意识到为了支付学费、书本费和生活费，他需要比原先预算支付更多的钱。他决定休学一学期，找份全职工作来增加他的银行存款，然后在下一个学期继续学习。

在这种情况下，马克斯并没有放弃接受大学教育的目标，而是推迟了这一计划——根据现实因素进行调整。如果马克斯能找到一份他喜欢的、有未来潜力的全职工作，他可能会重新考虑他的大学目标，也许会决定不回学校上学。

家庭没有完全实施计划的另一个原因是危机管理。因为家庭在一个动态的、不断变化的环境中运作，可能会发生突发事件。期待已久的假期计划可能会因突发医疗事故或死亡而戛然而止。攒钱买新电器可能会让位于修理家里的汽车。失业可能会导致许多长期计划无法实现。家庭必须挪用资源以处理这些危机，不那么重要的目标将被推迟或遗忘。

家庭计划不能完全实施的第三个原因是格雷欣计划法[①]（Gresham's law of planning）。这种现象（见第九章）表现为短期的、更紧迫的需求使满足需求的优先性从既定计划转移到短期计划上，从而导致既定计划的实施周期延长。例如，如果发现房屋地基中有之前未被发现的渗水现象，可能会推迟厨房改建。

家庭计划失败的另一个原因是缺乏动力。第十一章讨论了群体决策的复杂性。在决策和规划阶段存在的因素也同样存在于实施阶段。重要的是，所有受到计划影响的家庭成员都不能有一种置身事外、与己无关的心态。这时需要有领导者站出来，肩负起监督、调整和完成计划所必需的责任。他的领导风格必须适合于计划和所有参与的个人。成员需要有一个共同的愿景，以便保持他们实现目标的动力。四个重要的概念——策略、授权、问责和动机，是计划管理成功的关键。

（一）策略

积极心理学（Seligman, 2002）和情商（Bar-On & Parker, 2000）的研究为三组策略提供了支持：情感调节[②]（affect regulation）、人际策略[③]（interpersonal strategies）、解决问题策略[④]（problem-solving strategies）或任务管理策略。情感调节处理家庭成员在实施阶段经历的情绪反应。目标的实现往往会受阻或受到威胁，人们必须学会管理消极的情绪反应，如焦虑、抑郁和愤怒。孩子们可能会发脾气，用言语表达沮丧，但发展理论表明，人在失望的时候会有不同层次的行为。成年人通常有一整套的应对策略，使他们能够表达情感性的想法和感受。放松、冥想和减压技巧通常是在实施计划过程中管理情绪的有效策略。乐观主义是一种期望事情朝最好方向发展的内在渴望（Seligman, 2002）。如果这种情感倾向是建立在对每一种情况的理性评估的基础上，那么它是积极有效的。悲观主义是一种认为事情总是会产生消极结果的倾向。这种情感反应是没有成效的，那些表现出悲观态度的人几乎总是会阻碍计划的成功实施。

乐观主义者报告说，他们能更好地适应许多类型的压力源，包括升入大学、

---

① 格雷欣计划法：规划活动压倒非规划活动的一种普遍趋势。

② 情感调节：自我调节情感。

③ 人际策略：使用非支配性的主张式交流方式来鼓励他人参与。

④ 解决问题策略：用于寻找解决方案的正式计划行动的集合。

怀孕、家里有长期患病的家庭成员和个人健康威胁（Jackson et al., 2002）。费瑟（Feather, 1990）发现，当人们相信目标可以实现时，更有可能采取行动并坚持实现目标。关于2020年新冠疫情的研究发现，心理弹性和乐观性可以帮助成年人减少新冠病毒相关压力的影响，让他们更快地重新投入生活（Arslan et al., 2020）。

●案例 12-3

当被告知学校会采用新的测试来测评他们的外语水平时，凯尔和特里斯坦的反应完全不同。凯尔告诉她的朋友们，她有能力并且愿意全力以赴来准备测试。特里斯坦则抱怨说，每个人都找他出去，他都没有时间充分准备考试。

如果凯尔能理性地评估环境——强大的语言技能和能力，那她的乐观态度将为她的成功奠定基础。但是，如果她不具备成功所需的条件，她会感到失望。特里斯坦的悲观情绪会对他的测试准备和态度产生负面影响，但如果他真的失败了，这也为他提供了借口。如果家庭中的领导者能够通过传达计划是合理的、成员拥有足够的资源、个人投入和最终回报是有价值的，以及计划实施有所进展等信息来增强家庭成员对于计划的掌控感，那么成员继续参与完成目标的可能性就会大大提高。

人际策略指不支配他人的主张式沟通行为。使用这种策略要求表达出愿意为一个共同的目标与他人合作共事的意愿。策略方法包括积极倾听、提供支持或在需要时向他人寻求帮助。解决问题策略或任务管理策略，包括自我监督和持续环境监督。在实施计划阶段出现的问题被认为只是实现目标过程中的感知和期望之间的差异。

●案例 12-4

弗农是个善于解决问题的人。当他的辩论队在几个月的成功合作之后表现出分崩离析的迹象时，他先审视自己的表现和作为，然后再审视过去和最近比赛表现的差异。茱莉亚使用人际关系策略来处理团队问题。她召开会议讨论团队成员关切的问题，并探讨团队努力改进的可能性。詹姆斯也是团队的一员，他更倾向于使用情感调节，通过探究自己和其他团队成员的情绪表达来寻找最近失败的原因。他们三人采用了不同的策略，但如果目标一致——增强团队的协作能力，他们的策略都将会很有帮助。

抗逆力[①]（resilience）是即使一个人在过去经历了巨大的损失仍能从逆境中反弹、克服障碍、取得成功的能力。艾玛特和同事（Amatea et al., 2006）提出了家庭抗逆力的观点。这种旨在了解家庭成员和家庭如何在不利的情况下取得成功的方法，认为家庭和外部环境之间的每一次互动都是加强家庭克服逆境和实现家庭目标的能力的机会。关注低收入家庭所面临困境的研究支持了这种抗逆力观点，指出这些贫困家庭在制定策略帮助孩子克服消极生活状况时表现出了惊人的抗逆力和创造力。

实现目标的策略受到可用资源、机会和支持来源的影响（Griffith & Graham, 2004），仅仅采用一项策略是不够的。日常的压力和对家庭资源的争夺会消耗实施行动计划的精力。因此，重要的是，在实施计划之前和整个过程中，需要保证所有相关人员参与，使策略成为优先执行内容。这个过程需要对计划的意图和结构进行出清晰的沟通，并通过定义参与者的角色和明确完成计划后的预期收益将每个参与计划的人联系起来。策略的另一个重要组成部分是不断地评估并向所有人反馈在前进过程中取得的进展和必要的调整。

●案例 12-5

在新冠疫情期间，詹姆斯和妻子都是大城市一家大型医院的一线工作人员。随着疫情的发展，他们被迫做出一些艰难的决定。他们决定把两个孩子送去200多英里外的一个小镇和年迈的父母住在一起，这样会更安全。虽然分离很痛苦，且会让祖父母承受较大的压力，但在詹姆斯感染了病毒后，这个决定被证明是很明智的。由于他的健康状况恶化，他被送进了医院，被戴上了呼吸机。虽然他的妻子没有出现症状，但她被迫独自在家隔离，不能见詹姆斯和孩子们。詹姆斯的健康状况逐渐好转，但他在重症监护室待了近6周。除了近3个月的分离，他们现在还面临着经济危机——失业和不断增加的医疗费用。

---

① 抗逆力：适应和前进的能力。

当一个家庭中的任何一个或多个个体面临生活方式的改变时，他们需要其他家庭成员的支持。他们需要了解这些变化为什么会影响个人以及会如何影响。他们需要庆祝成功，同时承担失败的责任。应对任何新的行为变化都需要家庭中的每个人具有应变性，愿意去适应改变。变化会给家庭带来一定程度的不适，但它总是存在，是家庭生存的必要条件。沟通、参与和共同的愿景有助于家庭实施重要的短期和长期计划。

（二）授权

在计划实施过程中，个人参与的一个重要内容是活动和责任的授权①（delegation）。领导者将实施计划的部分任务授权委托给其他人，就能将时间和精力集中在其他事情上，且所有成员都能在完成委托责任的过程中成长和成熟。当参与成员对部分计划负责时，他们也会感觉与整个计划的联系更紧密。但是，授权是一项复杂的活动，有一些基本原则可以促进这一进程的成功：

· 确定哪些事情需要你亲自关注和行动，哪些事情可以在没有你直接监督的情况下由他人完成。评估那些你想要授予责任的人的心智和社会成熟度。

· 认识到授权行为可能并不总是符合你的个人标准。年纪较小的孩子在割草时可能不会割得很整齐。问问你自己，这些“不完美”是否会严重损害计划的实施过程。如果不会，那就关注进展，而非过程。

· 不要低估他人的能力。他们可能需要一些指导和监督，但委托他们完成的每项任务都能够为他们将来应对更复杂的任务做准备。

· 在授权过程中注重沟通。在表达你的期望时，要清晰简洁。解释你为什么要把这项任务委托给他人。在他被授予责任的时候，以及在实施过程的间隙，对个人可能提出的问题保持开放的态度。

· 保证授予的任务足够容易完成，但同时富有挑战性和乐趣。

· 因为所有的决定都需要未来决定的保障，所以授予他人需要做出某

---

① 授权：授予他人从事特定行为的权力和责任。

些决定的任务，并给予他足够的权力。

· 始终支持并监督参与计划实施的家庭成员。对他们问责，但这只限于他们能控制的事情。不要事无巨细地管理他们，而是告诉他们你希望他们在什么时候以什么形式报告计划实施的进度。

· 当实施过程结束后，公平、诚实地评估成员完成所授予任务的表现和最终结果。适时给予赞美，必要的时候给予建设性的批评。确保所有参与计划实施的成员都参与到最后的庆祝活动中（Webb, 1991）。

在关于成功实施计划的讨论中，良好沟通的重要性不断浮现。授权的成败取决于授权人和被授权人之间的一种积极的双向关系，以及建立在相互尊重和信任基础之上的沟通。领导者希望他人在决策过程中发挥更积极主动的作用，但他们并不总是乐于将任务的控制权交给他人。一些团队成员认为领导者希望他们听命行事，保守为好。但是，这些成员报告说，他们希望在如何完成任务方面有更大的自由度，并能更多地参与决策过程。虽然具备待挖掘的潜力，但这些认知往往会阻碍计划的实施——在家庭环境中确实存在这种可能性。由于低估年幼和年长家庭成员的实际能力而在授权给这些成员时有所保留，会降低整个家庭的产出效能。

（三）问责

参与实施计划的所有成员都应在责任和权力之间取得平衡。没有人应该对他无法控制的事情负责。任务授权应该反映这种平衡。家庭成员对计划成功实施所担负的责任应遵循问责的一般准则：

· 确保每个成员充分理解其负责实施的任务，并拥有完成这些任务所需的资源。

· 沟通预期的反馈间隔，明确如果出现问题应该通知谁。

· 对成员经过努力所取得的进展给予经常性的反馈，并谨慎地平衡积极和建设性的批评。

人们对父母和师长的一个基本期望就是给予指导。儿童和年轻人通过观察年长的家庭成员和完成任务来学习承担责任。这些任务能够提高与他们年龄相适应的责任水平。大量的研究和教育项目都探讨了赋权[①]（empowerment）的概念，以及它给家庭和工作环境中的个人带来的益处（Myers–Walls, 2020）。

奎因和斯普雷策（Quinn & Spreitzer, 1997）发现企业管理层关于赋权存在两种相互竞争的观点。一组人认为，赋权是指在明确规定的范围内下放决策权。另一组则更多地将其视为冒险、成长和改变。赋权不是经理或领导对下属做的事情，而是反映了个人在实施任务过程中对自己角色的一种心态。被赋权的家庭成员认为自己有选择权，与家庭紧密相连，对自己的能力有信心，能够对家庭的进步产生影响。

（四）动力

当一个人是家庭群体的一部分时，他的行为会影响到其他群体成员和整个群体的结果（Dewitte & De Cremer, 2001），这在追求个人利益和群体利益之间产生了冲突。德维特和德克里默（Dewitte & De Cremer, 2011）把这种情况称为混合动机情境[②]（mixed–motive situation）。在这些情况下，自我控制和延迟满足[③]（delayed gratification）变得很重要。为群体的长期利益做出牺牲的能力会推迟实现某些短期个人目标的可能性。当一个家庭成员能够理解并概念化这么做会在未来给自己以及家庭带来益处时，他更有可能支持群体的计划。

长期计划尤其容易受到拖延和障碍的影响。本章前面讨论的所有因素都会激励家庭成员实现目标。然而，特定的策略对某些群体来说往往是必要的。例如，人们发现，当向青少年解释一个目标对他们的价值，以及这个目标将如何从内在[④]（intrinsic）使他们或他们的家庭受益时，会增强他们实现目标的动力。外在[⑤]（extrinsic）的激励因素，如财务上的成功、权力和形象，在实现目标方面

---

① 赋权：赋予官方权威或法律权力。

② 混合动机情境：一个人的个人行为会影响其他成员和整个团队的结果。

③ 延迟满足：为了得到自己想要的东西而付出等待。

④ 内在：某事物或行为的本质性的、特定性的特征或性质，完全独立于任何其他物体、行为或结果。

⑤ 外在：非本质或内在的特征。

效果较差。范斯蒂科斯特等人（Vansteenkiste et al., 2005）认为，青春期的外在激励因素会使青少年的注意力转移到更僵化、更狭隘、更肤浅的参与行为上。他们还发现，当青少年能够认同活动中的个人重要性，并在对他们有所期望的任务范围内拥有适当水平的自主权[①]（autonomy）时，他们会更有动力。成年人在自主性方面更可能尊重其他成年人的需求，但在处理青少年家庭成员时需要努力采用类似的方法。

●案例 12-6

马库斯今年 15 岁，在上学期间做兼职。他的父亲坚持要马库斯把 75% 的收入存起来。他希望儿子上常春藤大学，并不断强调到时的花费会多么庞大。而马库斯的母亲则鼓励他把钱存起来，这样当他有意去哪所大学的时候，他会有更多的选择。

内在和外在目标动机的研究表明，如果马库斯认为这将为他以后提供选择，他可能会更愿意存钱。他母亲的鼓励是基于内在的、自主的因素。他的父亲更注重形象（外在），使用了控制性较强的策略。

孩子们通过不愉快的经历和犯错来发展自我控制、独立和纠正不良行为的策略（Lynch et al., 2002）。研究发现，父母的赋能[②]（enabling）或过度保护和操纵——将孩子与这些不舒服的学习经历相隔绝，会对孩子对自我行为负责的能力产生负面影响。另一个类似的概念是控制点[③]（locus of control，Rotter, 1973），指的是一个人相信自己有能力控制分配给自己的任务的结果。有外部控制点的儿童和成人认为，环境和该环境中的他人对他们完成任务的能力有实质性的影响。那些有内部控制点的人相信他们能控制发生在他们身上的事情。无论是儿童还是成人的韧性都和内部控制点有关。

① 自主权：自我导向的自由，尤指道德上的独立；一个自治的国家。

② 赋能：为他人做他们能做并且需要自己做的事。

③ 控制点：心理学中的一种理论，最初用来区分两类人——内部人（将事件归因于自己的控制）和外部人（将生活中的事件归因于外部环境）。

二、遗产规划

个人或家庭所肩负的重要、参与度高的规划和实施任务之一是将积累的资产分配给下一代。遗产规划[①]（estate planning）是一个管理家庭未来财务健康的过程。这一概念反映了一种信念，即后代应该从当前家庭成员的工作和储蓄计划中获益。历史上时有记载，一个家族的财产会传给下一代的特定成员，通常是长子。当代的观念倾向于子女间的公平分配。如果家庭成员去世前没有制定分配方案，那么遗产分配将遵循复杂的法律规定。

一个人的财产[②]（estate）包括他积累的所有有价值的东西，包括房屋、车辆和家具等。财产还包括所有的金融资产——存单、股票、债券和现金等。为了确定一个人的财产价值，需要编制一份资产清单，资产的当前价值根据这些资产所欠的负债或信贷进行调整。最后的数值通常被称为财产净值[③]（net worth）。从本质上讲，这是一个人死后要传给他的继承人的财产。这类遗产可以在物主去世前进行管理，以尽量减少未来继承人的纳税义务，并确保财产得到良好的保护和投资。

在过去十年中，联邦一级的遗产税[④]（inheritance tax）波动很大。后来，联邦政府出台法律废除了遗产税，但通过法定遗嘱或法庭程序继承金钱和财产可能要纳税。一些州还在征收遗产税。对于那些继承有价值遗产的人来说，咨询专业人士了解当前政策要求很有必要。赠与税[⑤]（gift tax）是规划遗产赠与时要考虑的另一个重要因素。根据法律，个人每年可以向任意数量的人捐赠一定数额的钱，而接受捐赠的人不需要纳税。目前，无税赠与的上限为 1.5 万美元左右（2020 年）。

---

① 遗产规划：规划死后有效转移资产的行为。

② 财产：所有权人对其土地或其他财产在程度、质量、性质和范围上获得的利益。

③ 净值：个人或公司总资产减去总负债后的资产值。

④ 遗产税：对因继承或法定继承获得的资产所征收的税，往往根据所继承的财产价值予以测算。

⑤ 赠与税：由捐赠者为每名受捐赠者每年超过 15 000 美元的捐赠支付的一种累进的联邦税。

●案例 12-7

2012 年，乔治娅给她的五个孙辈和两个好朋友每人赠与 1 万美元。她计划在 2013 年和 2014 年做出同样的赠与。她的孙子孙女和朋友们不用为这笔赠与缴税，在 3 年的时间里，每人获得赠与的总额计 3 万美元。如果乔治娅在她死后的遗嘱中给了每个人 3 万美元，那么根据现行的税法，这笔钱可能要纳税。

美国的遗产税很复杂，各地的情况也不尽相同。研究这些税收是遗产计划的重要组成部分，人们可以寻求专业指导。

个人在死亡时没有留下合乎法律规范的遗产计划将被视为无遗嘱[①]（intestate）。在这种情况下，需要遵循复杂的法律程序来处理死者的遗产。如果一个人希望对自己的遗产分配有更多的控制权，那么必须在死前采取法律措施。遗嘱[②]（will）是说明一个人死后想如何分配自己资产的法律文件，类似于保险条款，遗嘱会指定受益人，并说明遗产如何在这些个人之间进行分配。为了处理遗产分配，遗嘱中会指定一个遗嘱执行人[③]（executor）。这个人负责执行法律遗嘱中解释的所有意愿。遗嘱是一项重要的遗产规划技巧；不过，遗嘱中的任何内容都必须经过遗嘱认证[④]（probate）——遗嘱的确认和法律执行，这个过程往往比较缓慢且花费巨大。

在遗产规划过程中，还有两个重要的法律文件需要考虑。如果你因身体或精神问题而无法自行做出决定，可以签署永久授权书[⑤]（durable power of attorney）以保护你的财产。这个被授权人由个人选择，可以作为他的法律代表。被授权人不会影响现有遗嘱的效力，其影响的是授权人在世时丧失行为能力的时间段里的授权行为。另一种更为具体的法律授权行为是生命遗嘱[⑥]（living will），它可以在某人被认为无法为自己做出医疗决定时提供重要的决定。在该

---

① 无遗嘱：死者拥有财产但没有立有效遗嘱或其他有约束力的声明。

② 遗嘱：说明如何处理死者财产的具有法律效力的声明。

③ 遗嘱执行人：由订立遗嘱人指定执行遗嘱的人。

④ 遗嘱认证：处理死者遗产的法律程序。

⑤ 永久授权书：一个人指定另一个人代表自己行事的书面法律文件。

⑥ 生命遗嘱：具体说明护理者如何给予看护治疗的法律文件。

文件中，卫生保健代理人（有时称为卫生保健委托书或事先声明）被授权为已丧失做出此类决定能力的个人做出维持生命的决定。在办理入院治疗手续时通常需要提供此类文件，虽然它不是治疗的必要条件。

了解有关资产转移的现行法律是成功进行遗产规划的一个主要条件。这里提出一些建议，但在考虑合理的遗产规划决定时，有必要进行法律咨询。所有权的类型和信托的使用会以特有的方式影响遗产分配。

生者共同财产所有权[①]（joint ownership with right of survivorship）是一种不涉及税收的转让财产的方法。如果一项资产是共有财产，如房屋或车辆，在没有遗嘱确认的情形下该资产自动转让给活着的所有者。夫妻共同财产[②]（community property）是某些州的婚姻法规定的另一种形式的共同所有权。在这些州，共同财产是指在合法婚姻期间获得的任何东西。在丈夫或妻子死亡时，活着的另一半将获得一半的共同财产，另一半财产将根据遗嘱或州继承法进行分配。

信托[③]（trust）是委托人[④]（grantor）所成立的可以代表他人持有和管理的财产或金钱的法律实体。如果有人担心自己的指定受益人可能无法管理遗产，信托将是一种有利的解决办法。

●案例 12-8

弗雷德一生中积累了一大笔钱。他结婚很晚，70 岁的时候两个孩子还在上小学。他的妻子刚去世了，他的健康也每况愈下。弗雷德担心，如果自己出了什么事，他年幼的孩子们将如何生存，所以他为两个孩子创建了一个信托基金。如果他在孩子们 25 岁之前去世，他遗嘱中留给孩子们的钱将由他的好朋友兼法律顾问里科管理。根据这一法律安排，两个孩子在年满信托文件中规定的年龄（25 岁）之前，他们所有的生活费用将需要在获得里科批准的前提下从他们继承的遗产中支出，而当他们年满 25 岁之后每个人将获得自己账户中的钱的完全控制权。

---

① 生者共同财产所有权：两个或两个以上的人共同拥有的财产将在其中一人死亡时转让给生存者的条款。

② 夫妻共同财产：夫妻共同拥有的财产。

③ 信托：为了他人的利益而委托给某人使用或管理的财产。

④ 委托人：在法律交易中转让某物的人。

阿斯彭是雅克的单身母亲，雅克是一位患有唐氏综合征的成年人。为了确保雅克在她死后能得到足够的照顾，阿斯彭创建了一个信托基金，将她死后的全部人寿保险额存入雅克的名下，以帮助支付雅克在她死后可能需要的照顾和监督费用。

信托为遗产继承的指导和监督提供了保障。它们在以下情形中特别适用：

- 规避遗嘱认证过程。
- 规避遗嘱经常遇到的法律挑战。
- 减少遗产税。
- 对委托人认为不知情或不负责的人进行专业管理。
- 确保保密性，因为遗嘱会公开，而信托不会。
- 为有特殊需要的遗属提供帮助。
- 负责地保管金钱，直到孩子长大成人。
- 为目前已解除婚姻家庭的子女提供无争议的遗产。

有几种类型的信托可以在遗产规划过程中合法建立。每一种类型都专门针对了规划人员面临的税务或责任问题。建立和执行信托较为复杂，强烈建议听从法律和金融专业人士的意见。

大多数人都认识到遗产规划的重要性，但许多人并没有制定或实施符合自己和遗属最大利益的策略。任何对他人——伴侣、子女、父母、兄弟姐妹，负有责任的个人都应该起草一份法律遗嘱并将其存档。除了这些因素，遗产的规模和关系的复杂性将决定一个人遗产计划的复杂性。

三、家族企业继承

如果没有充分的规划，家族纠纷和未能妥善处理的遗产税问题可能会迫使家族企业在创始人丧失能力或死亡时被拆分或全部出售给外部竞标者。年老成员去世后，家族企业的过渡或分配往往导致家庭关系紧张。要在确保当前与未来商业成功的商业战略和公平、平等地将资产分配给所有遗属的需求之间实现平衡十分困难。

对家族企业的过渡进行规划至关重要，这有两个重要原因。第一，当家人哀悼失去父母或其他家庭成员时，情绪会很激动。第二，处理复杂的商业决策和未来商业领导的问题可能会使家庭成员在这个时候承担太多，在这样的压力下做出的决定可能会在后来遭受质疑，使家庭成员产生对立。

继承方案应该是任何家族企业不可或缺的一部分。这些计划方案应该被所有受影响的家庭成员接受和理解。塔博尔和瓦达曼（Tabor & Vardaman, 2020）还指出必须制订非家族成员员工回购公司股票计划，这对家族企业成功过渡十分必要。这需要能够清晰地传达意图，建立牢固的关系，并培养下一代领导人。

●案例 12-9

特丽和丈夫在过去的 30 年里创办了一家建筑公司，在丈夫逝世后她决定设计一个投资策略来保护她和丈夫积累下来的财富。公司的收益都需要纳税，因此她想重组公司，这样她的孩子们就可以在她去世时平分她的所有财富。在签署完申请文书和法律文件后，她现在确信，在她死后，公司里属于她的那部分会直接转给孩子们，不需要经过遗嘱认证或法律程序。

莱拉是她母亲的遗产执行人。她母亲警告过她，她的哥哥勒罗伊会对遗产分配方案不满而找麻烦。莱拉不相信她的哥哥会不讲道理。然而，在母亲死后的几周内，勒罗伊雇了一位律师来查证母亲的遗嘱是否有效。因为这个，莱拉已经 10 年没和她哥哥说话了。

四、风险管理

大多数决策都包含一定程度的不确定性，而任何计划的成功实施都需要评估可能的风险和后果（Heller, 1998）。威廉姆斯等人（Williams et al., 2006）将风险管理定义为识别、评估、管理、监控风险和不确性以应对可能出现负面结果的系统过程。风险可以凭直觉或者基于效果的无意识推理来进行管理。过去的经验提供了一个更易于理解的可以分析未来可能风险的方法；然而，重大决策往往是直觉反应的结果。

威廉姆斯等人（Williams et al., 2006）提出了风险管理的三个重要步骤：

- 风险识别。
- 风险排序。
- 风险管理。

家庭中的风险包括关系受损、经济不稳定和家庭单位不稳定。必须对这些风险进行分析以了解可能的后果。当意识到家庭在持续的风险可能性下运作时，成员必须确定他们可以接受的风险范围。不可接受的风险可以通过以下四种不同的方式来处理：终止引发风险的情形或行为；通过控制措施或应急计划处理或管理风险；决定接受风险并接受任何结果；将风险影响转移到另一个实体，如保险。

●案例 12-10

米茜和厄尔在加州海滨地区拥有一幢房子，他们就居住在那。在过去的几年里，附近的房屋都沉入了大海。在这种情况下，他们面临的风险包括生命危险、失去家园或现有房子可能遭到破坏。意识到这些风险因素后，他们可以搬离房子，并试图卖掉它或它的一部分（终止）。他们可以投资加固房屋，试图防止未来的损害（处理）。他们可以试着说服自己，该发生的总会发生，到时他们总能找到应对的方法（容忍）。如果可能的话，他们还可以投资保险，如果风险确实发生了，保险将支付损失（转移）。但是，如果风险太高，保险公司不太可能为房屋提供保险。

在有风险的情况下总是有不同的解决方法可供选择，家庭对于不同解决方法的接受程度会因家庭而异。

世界观（见第一章）提出了另一种理解家庭和文化群体之间风险评估差异的方法。如果你不相信自己能控制自然过程，比如侵蚀和飓风，你就不会花时间和金钱试图管理这些现象带来的潜在风险。家庭做出不投保的决定并不总是由于经济能力不足或缺乏明智决策的头脑。不同的视角会导致相似情境下的不同选择。

（一）保险

随着时间的推移，个人和家庭会面临许多风险。火灾、事故、疾病和法律问题每天都在威胁着家庭的安全。保险作为当代家庭风险管理的一部分，在资源管理中发挥着重要的作用。从世界观的角度来看，为人和物投保以防止损失，源于一种信念，即对未知事物有且应该有一定程度的控制。被保险人相信，未来的损失可以得到补偿，这种货币替代将使事情恢复正常，至少在某种程度上是这样。

保险[①]（insurance）是一种合同，其表现形式为保单，个人或实体可以从保险公司获得关于损失的财务保障或赔偿。保险公司将客户的风险集中起来，降低了被保险人所要支付的费用（Kagan, 2020）。那些购买保险的人向保险公司支付保费[②]（premiums），并获得承诺：如果他们未来经历了保单涵盖的灾难性遭遇可以获得赔付。当然，他们很可能永远不会真正遭遇保单里所提到的灾难。保险公司根据自己的风险测算提出保单内容。从数学上讲，你家的房屋被毁坏的概率很小。如果你和 100 万个邻居购买了房屋保险，那么你就是通过保险机构将保费集中起来。保险机构测算投保人房屋损失的可能性，并设定保费，以覆盖每年预期的索赔。

●案例 12-11

某保险公司向纽波特的 2 000 个家庭出售了房屋保险。每个家庭每年平均支付 1 200 美元保费（共计 240 万美元）。去年，保险公司保单下的两处房屋被大火烧毁，保险赔付金额为 80 万美元。赔付和收取的保费之间有 160 万美元的差额，构成了公司的利润，然后这些利润被用于在社区雇用代理人，以及支付公司的整体开支。但是，如果这个社区经历了飓风或龙卷风的破坏，索赔可能会超出保费收入数百万美元。因此，保险公司会使用数学公式来对冲他们自己的风险。

---

① 保险：公司为客户遭受损失或伤害（如盗窃或疾病）时提供财务保障，以换取支付的保费。

② 保费：为购买保险并使其生效而向保险公司支付的费用。

在上面提到的事例中，有 1998 个家庭没有从保险公司获得赔付，虽然他们支付了 1 200 美元的保费，但是最后他们被告知只有当他们个人遭受这样的灾难时才能获得赔付。有几种类型的保险可供家庭选择以保护自己免受可能的毁灭性损失。这些保险有一些共同的概念：免赔额[①]（deductible）、自付额[②]（co-pay）和止损限额[③]（stop-loss limit）。正如在第八章中所讨论的，免赔额是指在保险赔付激活之前，患者所需支付的金额。自付额是指病人在保险赔付后仍需自行承担的部分医疗费用。止损限额是被保险人在指定时间内需自付的最高总金额。

●案例 12-12

罗金有一份汽车保险，免赔额为 500 美元。当一块石头砸破了她车上的挡风玻璃时，她发现更换玻璃的费用是 450 美元。她需要支付修理挡风玻璃的全部费用，她甚至不会联系她的保险公司，因为每次修理事故她都要先自行支付 500 美元。她的健康保险每年有 250 美元的免赔额。每年，她都需要先自行支付 250 美元的医疗费用，然后才能享受保险赔付。除了免赔额，她还需要支付 20% 的自付额。扣除免赔额后的 100 美元的医药账单，她只需要支付 20 美元，其余 80 美元将由她的保险公司支付。她的保单还有 1 000 美元的止损限额，也就是说，一旦她支付了 250 美元的免赔额，20% 的自付费用她只需最高支付 750 美元，接下来的医药账单将由她的保险公司在相同的指定时间内（通常以一年为周期）100% 支付。

（二）健康保险

大多数健康保险[④]（health insurance）包含住院、外科手术和内科诊疗的费用。住院保险将涵盖部分住院费用，如病床费、护理费、医药费以及手术设施的使用费等。大多数健康保险对客户的诊疗费用和每次住院时间都有限制。保

① 免赔额：在保险赔付激活前由病人自行支付的账单金额。

② 自付额：被保险人在免赔额之外自行支付的金额。

③ 止损限额：传统保险规定的按比例计算收益后得出的最高支付数额；在达到止损限额后，保险赔付率为 100%。

④ 健康保险：针对疾病或人身伤害损失的保险。

险公司将支付一定比例的经公司批准的必要手术费用。赔付范围通常不包括实验性治疗。保单也可能包括住院以外产生的医生诊疗费用，如门诊和化验费。

在发生紧急健康状况时，没有医疗保险的个人和家庭会面临两种可能：放弃治疗或寻求公共援助、私人基金会资助以支付治疗费用。无保险人士的常规医疗保健比例比那些即使只有最低保险的人要低。大多数医疗保险计划的一个重要组成部分是支付定期健康检查的费用，以尽早发现可能的问题或避免以后的疾病发展。

牙科和视力健康保险往往需要支付额外的保费。那些担心患上癌症的人可能会购买保险以期支付与疾病和治疗相关的费用。当基本医疗保险成为家庭的整体生活计划的一部分后，用于额外保险内容（通常被称为附加条款）的钱将影响家庭决策。因此，需要重新评估这类特殊的保险计划在家庭生活变化中的必要性。

●**案例 12-13**

当科恩夫妇最小的孩子巴里结婚后，科恩夫妇分析了他们新的健康保险需求。夫妻俩都使用老花镜，不需要佩戴其他功能的眼镜，而视力保险计划包括了每年一次的检查和每年一副眼镜，很明显，这个计划已经不再有必要了。视力保险计划的费用是每月 20 美元（每年 240 美元），也就是说，科恩夫妇为保单支付的费用超过每年两次眼科检查的费用。当他们最小的两个孩子还在保险受益范围内时，这个计划是划算的，因为两个孩子都需要戴眼镜或隐形眼镜。

管理型医疗保健[①]（managed health care）的概念源于公司为员工提供健康保险的需求日益增长。为了减少保险成本和索赔支付，公司与某些医疗服务机构合作，后者同意在就诊病人基数较大的情况下降低每次就诊或治疗的费用。管理型医疗保健计划对于提供医疗服务的医生有限制，往往限于预先批准的名单上的医生。有些则有权利选择其他有额外成本或更高自付额的医疗机构。

有两种不同类型的管理型医疗保健计划：健康维护组织计划（HMO）和首选提供者组织计划（PPO）。健康维护组织计划属于预付型保险，允许成员使

---

① 管理型医疗保健：由医院或其他诊疗机构提供的一种服务，可能由外部公司管理。

用计划内医生和医疗设施的服务。成员支付固定费用以获得参与计划的资格，并可能有一定比例的自付金额。健康维护组织计划十分划算，可以节省高达40% 的医疗费用（Keown, 2003）。这类计划的缺点在于对医疗服务提供方的选择有限、对于护理和复杂的转诊要求人性化不够。

首选提供者组织计划介于传统的医疗保健计划和健康维护组织计划之间。公司与多个医生和医疗机构协商降低费率，制定出可供被保险人选择的医生和医疗机构名单。如果被保险人坚持在未与保险方签订合同的医生或医疗机构处治疗，他们将不得不支付更高额度的自付费用或罚款。

健康保险涉及雇主、协会、专业团体和个人等四个方面。团体保险计划的成本比同类个人保险要低 25% 左右，因为较大的团体有更高的议价能力来降低服务成本。对参保者而言，成本降低往往意味着可以少缴保费。当雇主无法提供保险时，个人可以寻求其他团体（俱乐部、金融机构和专业组织等）参与这些集中的、低费率的保险计划。

▶现实思考

医疗危机对家庭资源需求的影响

今年早些时候，杰西卡和布兰登面临了生命威胁，并顽强地维持了自己的生活。布兰登刚参加完餐厅管理培训课程回到家，在洗澡时突然倒在了新家的浴室里。当天晚些时候，刚入职的杰西卡接到了一个令她难忘的电话。布兰登被诊断出患有白血病。一周之内，布兰登住进了一家离他们的家和公司 200 英里的医院接受治疗。杰西卡需要同时兼顾住院的丈夫、18 个月大的女儿和新入职的工作，她感到自己的世界都要崩塌了。

“了解我们的健康保险赔付范围是我们首先想到的事情之一。要花费多少钱？如何支付？老实说，我不知道如果没有保险我们会怎么样。我想我们可能不得不卖掉我们的房子，宣布破产。我们没有存款来支付高昂的医药费。第一，我们需要支付 500 美元的免赔额。这几乎是在跟医生碰面后医生做出诊断前就需要支付的。第二，1 500 美元的止损额意味着在保险公司开始支付 100% 的医疗费用之前，我们将有总计 1 500 美元的自付费用（包括免赔额和自付额）。知道我们只需要拿出 1 500 美元，真是松了一口气。这比布兰登前 6 周治疗和护理花费的24.8万美元要好得多。”

医疗费用只是这个家庭危机中所面临的经济问题的一部分。布兰登所住的医院离家有200英里远。杰西卡为了照料他，同时要照顾他们的女儿，满足自己工作的需要，还会产生一些个人开销。

“幸运的是，我是一个受过教育的人，我知道其他可用的资源。保险不支付配偶的食宿，但成为医院社工可以包吃住。没了这些担忧，我可以专注于我丈夫还有我们女儿的需求。”

在家庭面临危机的时候，金钱并不是生存所必需的唯一资源。杰西卡发现她的家庭、朋友和同事等社交网络很有帮助。

“公司允许我安心照顾丈夫。在布兰登确诊后，我立刻离开了办公室，因为我知道我的同事会在需要的时候为我打掩护。公司允许我通过电脑和互联网完成大部分日常工作。我的雇主还为我配备了笔记本电脑。这让我能够一边陪着丈夫，一边在情况不那么严重的时候继续工作。工作是例行公事，我需要例行公事来缓解局面带来的无助感和我感到的失控感。”

在骨髓移植后，布兰登能够回家了。杰西卡仍然全力承担起养家和支付保险的全部责任。而随着布兰登的全面康复，可以预见这个家庭最终将回到原来的轨道—— 一个双职工、双薪家庭。但在此之前，他们将继续利用危机期间出现的资源。风险管理在很多方面给他们带来了回报。

在美国，只要有资金、保单和合格的健康状况，所有人都可以享受健康保险。通常，18—30岁的年轻人认为经历毁灭性疾病和伤害的可能性不大，所以他们选择以更现实的方式使用他们的钱，比如消费商品和服务。虽然30岁以后患病和残疾的可能性迅速上升，但对于那些选择放弃医疗保险的30岁以下的人，如果真的生病或遭受重大伤害，将是极大的不幸。没有医疗保险可能会使布兰登和杰西卡的未来偏离轨道，迫使他们接受价格较低、可能效果较差的治疗方案。

（三）人寿保险

人寿保险[①]（life insurance）为死亡造成的收入损失提供保障。当家庭成员依

① 人寿保险：保单所有人与保险人之间的合同，保险人同意在被保险人死亡时支付一笔款项。

赖于某个成年成员的收入生活时，失去这种收入就会造成经济压力。一个没有受抚养人的单身人士所需要的人寿保险不需要超过他最后的开支。有小孩的已婚人士可能将人寿保险视为一种方法，以部分取代没有发生死亡时他可能为家庭贡献的收入。被保险人死亡时，向指定受益人[①]（beneficiary）一次性或分期支付保险金。单个或多个受益人可以用这笔钱来弥补死者损失的收入。

如果一个人决定购买人寿保险，下一个决定将涉及所需的保险金额。专家建议个人购买足以弥补5—15年收入损失的人寿保险。更为复杂但使用较多的一个方法是预估遗属未来的需求。

●案例12-14

安德鲁·索现年65岁，没有配偶，也没有债务。他去世时需要的只有丧葬费。如果他没有足够的钱来支付这些费用，他可能会想买一份人寿保险。超过所需数额的钱将会分给他活着的家庭成员。他的儿子坦恩，40岁，有一个妻子和三个不到10岁的孩子。坦恩的妻子没有外出工作，他们的存款很少。坦恩可能想要有足够的人寿保险来代替他的收入，直到他最小的孩子完成教育。未来他可能希望支付的其他费用包括教育、抵押贷款，以及因为他的身体原因无法再对家庭做出贡献而产生的相关替代费用，如草坪护理和家庭维护。

人寿保险有三种主要类型：定期寿险[②]（term insurance）、终身寿险[③]（whole-life insurance）和万能寿险[④]（universal-life insurance）。定期寿险是最简单的一种人寿保险。你根据自己的寿命预期，在风险因素统计分析的基础上，支付一笔固定的保费。作为回报，你的受益人将在你死后得到一笔固定数额的钱。这种类型的保单只在有限的时间或一定期限内有效，例如10年。如

① 受益人：被指定接收信托财产收益的人；被指定（如在保单中）接受收益或福利的人。

② 定期寿险：低成本的人寿保险，只在规定的时间内有效，没有现金返还价值或贷款价值。

③ 终身寿险：在死亡或到期前具有现金价值的保单。

④ 万能寿险：一种灵活的永久性人寿保险，既能像定期寿险一样提供低成本保护，又具有储蓄功能（就像终身寿险），可用以投资以实现现金价值累积。

果期限到期，保险公司可能会在不增加保单价值的情况下增加保费金额。如果你不同意支付增加的保费，原保单届时可能会被取消。如果你在保险期内没有死亡，你支付的保费将全部不予退还。

终身寿险既支付死亡抚恤金，又允许被保险人通过长期缴纳保费积累现金价值[①]（cash value）。保险公司将每笔保险费中的一小部分投资到储蓄账户中，账户余额会随着每笔保费累积和利息而有所增加。这个储蓄账户被称为保单的现金价值。保单所有人可以以该现金价值做抵押借款保留保险，也可以终止保单并从储蓄账户中提取款项。

万能寿险融合了定期寿险保障功能与现金价值积累、递延税款储蓄等内容。保费支付分为三部分：定期保险支付、储蓄和管理费。被保险人可以增加或减少缴纳的保费。缴纳的保费越多，存入储蓄账户的金额就越多。缴纳的保费越少，储蓄金额就越少，如果缴纳的保费太低，不足以支付管理费用和定期保险费用，保险公司可以从储蓄账户中提取不足的部分，从而确保人寿保险不失效。这类人寿保险需要被保险人持之以恒地缴纳保费。如果不加以密切监控，被保险人在较长时间内减少保费缴纳额度可能导致保单失效。

如果家庭中的成年人决定用人寿保险来对冲死亡风险，决定买多少和买什么类型的人寿保险会是重要的决定。保费可以通过银行汇票、工资扣除或公司提供的优惠券等形式自动缴纳。保费缴纳是家庭支出项目，必须纳入家庭常规预算计划。错过缴纳可能导致保险被取消，如想恢复保单，个人必须证明当前的可保险性。

●案例 12-15

布鲁斯和妻子每个月都在努力偿还债务。他们决定让他的人寿保险失效一段时间，等他们的财务稳定后重新申请。三个月后，布鲁斯被诊断出患有癌症。人寿保险公司在签发保单前将会审查他的健康记录。即使他愿意支付更高的保费，也不太可能有保险公司同意为他提供保险。

---

① 现金价值：消费者可获得的存入人寿保单的金额。

（四）车险

如果一个人购买汽车是为了在公共街道和高速公路上驾驶，那就必须购买车险。美国所有州都要求车辆在上牌前提供保险证明。车险的覆盖范围因州而异，但有两种基本类型的车险可供消费者选择：责任险和碰撞险。

责任险可保护车主免于陷入因交通事故而引发的诉讼。它涵盖事故中受伤人员的人身伤害和任何因事故造成的财产损失等一系列经济赔偿。医药费包括在预先规定的限度内支付乘车人和驾车人的医药费和丧葬费。许多州要求购买无险驾车人保障责任险，以在驾车人没有购买保险的情况下保护受害人的权益。

如果你的车辆被盗或遭到损坏，碰撞险将提供金钱赔偿。综合意外损伤险涵盖火灾、风暴和其他重大灾难造成的损失。这种保险在不追究谁对损失负有责任的基础上赔付损失。建议保险金额与汽车的现金价值相等。此外，大多数碰撞险都有免赔额。

车险的费用是由很多因素决定的，有些受被保险人控制，有些由保险公司经统计计算后决定。车险费用最重要的决定因素包括：

- 车辆类型。保险公司评估特定车型的风险，并将其纳入保险费。评估涉及汽车的造型、动力，甚至颜色。
- 车辆使用情况。发生事故的概率随驾驶方式和使用频率的增加而增加。
- 驾车人特性。保险公司根据研究数据确定较易引发事故的生活方式或人口等风险因素。统计数据显示，年轻未婚男性发生事故的概率更高；因此，他们需要支付更高的保费。年龄、性别和婚姻状况都是决定保费的相关因素。
- 驾车人的驾驶记录。有过交通违规行为，或以前发生过事故，或遭到逮捕的驾车人将支付更高的保险费用。
- 地理位置。一个地区的人口越稠密，发生事故的可能性就越大。生活在城市地区的人通常需要比生活在人口不稠密地区的人缴纳更多的车险费。驾驶的路面状况也会是一个参考因素，因为相比铺平的光滑路面，粗糙的、砾石覆盖的道路可能会导致更多的人身伤害。

汽车司机可以享受许多折扣[①]（discount）以降低车险费。保险公司提供不同类型的折扣，但常见的折扣包括：良好的驾驶记录、同一保单给多辆汽车投保、完成防御性驾驶课程，以及良好的高中和大学记录。其他降低保费成本的方法包括选择更高的免赔额、改善驾驶记录，以及选择保险成本较低的车型。

▶前沿动态

性别不再成为某些州计算车险费率的参考因素[②]

现在，美国有几个州已经或正在出台政策禁止汽车保险公司在计算保险费率时把性别作为一个参考因素。到目前为止，车险费率的参考因素主要集中在性别、婚姻状况和信用评分上。消费者权益倡导人士认为，这么做不公平或毫无相关性。

现在，保费的重点可能更多地转向驾驶行为，比如驾驶里程数、驾驶速度或事故记录等。分心驾驶的罚单可能会导致保费上涨20%之多。一些保险公司正在寻找其他评估风险的方法。有人建议可以监控驾车人的驾驶习惯，包括检查个人社交媒体和其他形式的技术。

忽略性别差异可能会使保费最多下降500美元，但这很可能会造成这样一种情况，即风险较低的年轻女性司机为风险较高的年轻男性司机的保费买单，这使得后者的保费降低。

（五）房屋险

拥有住房会使家庭承担更多的责任。非家庭成员来家探访时受伤会构成法律问题。屋主需要对所有访客在其房屋中受到的伤害承担责任，无论访客来访是否得到许可或屋主是否对访客来访知情。除了责任，火灾、洪水和其他灾难也会破坏或摧毁房屋，给家庭带来巨大的生理和心理压力。消费者可以购买房屋险[③]（home insurance）来帮助管理这类风险。房屋险通常被称为房屋所有人保险，其涵盖的内容不仅限于住房。房屋险以不同的组合出售，可以承保由于

---

① 折扣：从某物的总量或总值中扣除一定量或价值；正常价格或标注价格的减价。

②来源：Kunkle, F.（2019, February 22）. Gender can longer be used to auto insurance rates in California and other states. *The Washington Post*。

③ 房屋险：一种既承保房屋及其所有物，又承保可能发生在房屋中的事故责任的保险种类。

自然灾害、人为危险造成的损失，以及可能的责任索赔。

房屋所有人保险中的财产险包括置换房屋、盖于房屋之上的其他建筑、房屋内的个人财产以及在更换或修理房屋所需的时间内房屋无法正常使用所产生的相关费用等。但并不是所有的保单都涵盖所有这些内容，房屋所有人需要全面了解自己购买的保单条款，这点很重要。对于特殊情况，还有其他类型的补充保险。流动财产险[①]（floaters）为珠宝、金银制品和有价值的收藏品等个人财产提供了更广泛的财产保险。

由于置换房屋的成本在投保时以及房屋遭损毁时都难以确定，保险公司鼓励房屋所有人为他们的房屋购买全额保险。许多保险公司要求房屋所有人承担至少 80% 的房屋置换成本（80% 法则）。

●案例 12-16

圣克莱尔一家的房子价值 20 万美元。保险公司要求他们购买至少 16 万美元的保险。最近一次风暴给圣克莱尔一家造成了 15 万美元的损失。保险可赔偿全部损失。如果购买的保险低于 80% 的房屋置换成本，圣克莱尔一家必须承担共同保险[②]部分。

如果有人在房屋中受伤并因此提出人身伤害或医疗费用赔偿，房屋所有人保险中的责任险能够帮助投保人及其家人承担经济损失。虽然家庭很少会预料到这类事情会引发严重的法律纠纷，但在追责案件处于历史高位的情况下，这类保险可以对冲此种风险。如果家里有游泳池、热水浴池、蹦床、露台或屋顶花园，这就显得尤为重要。

房屋保险费的主要决定因素有：①房屋的地理位置；②房屋本身的状况；③保险覆盖范围和类别。房屋的地理位置决定了由于某些天气条件和一定程度的盗窃、破坏，以及一般犯罪而造成损失的可能性。年代较久远的建筑和用不太耐用的材料建造而成的房屋的保险成本更高，而那些建筑标准超过最低标准

---

① 流动财产险：为个人财产提供更广泛保险的保险种类。

② 共同保险指当被保险人投保保险金额低于实际价值时，被保险人对其不足额部分自行承担保险责任。——译者注

或使用合格材料并按标准施工建成的房屋可以享受保费折扣。此外，保单覆盖范围越广，房屋置换成本越高，保费就越高。不过，有几种方法可以降低保费：提高免赔额比例、给房屋安装安全设施、在同一家保险公司购买多个保险（车险、房屋所有人险和健康险等）。

▶**世界博览**

新冠疫情和世界各国的应对准备[①]

2020 年的新冠疫情影响了全世界的人。因为我们与世界的联系比以往任何时候都要紧密，这使得病毒迅速蔓延。全球供应链和旅游助长了这种传播。但是一些国家对这一疾病的准备比其他国家更充分。

世界上一半以上的人口生活在城市，因此病毒传播很快。世界经济论坛（Muggah & Katz, 2020）指出，城市不仅是新冠疫情相关问题的一部分，而且它们也可以是解决方案的一部分。他们认为，城市可以准备好应对、缓解并适应疫情。在新冠疫情期间，世界各国城市的应对准备差异很大。城市贫困和不平等程度较高的城市更容易受到伤害。那些致力于增加资源、不那么拥挤、更具包容性的城市在疫情中表现更好。此外，更开放、更透明并致力于合作应对的城市能够更好地管理疫情。

为了加强应对，几个世界组织呼吁采取措施，帮助世界各地的国家和城市有效管理未来疫情。乔治敦大学全球健康科学与安全中心创建的城市卫生安全快速评估方法（RUHSA）就是这样一种措施。该工具旨在帮助决策者确定能够提高卫生安全的策略的优先次序，加强并落实策略。随着全球化日益加强，当另一场大流行病向我们袭来时，我们必须采取更协调一致的努力。

五、完成和反思

为什么有这么多的计划——无论设计得好或不好，个人和家庭难以成功实施？计划不再存在的原因有三个：①计划被放弃；②计划被修改或重新设置成

① 来源：Muggah, R., & Katz, R.（2020, March 17）. How cities around the world are handling Covid-19—and why we need to measure their preparedness. *World Economic Forum*。

一套新的目标；③计划完成。不是所有的计划都应该坚持完成，特别是在监控过程中发现计划存在缺陷或出现新的情况使计划没有必要继续实施时。如果计划不再能满足个人或家庭需求，或者继续实施计划将使家庭处于危险之中，这时放弃计划是正确的做法。马拉松运动员正在为即将到来的比赛做准备，但如果他受了伤，可能就不得不退出比赛。放弃并不总等同于失败。家庭成员或个人放弃计划，可能是由于计划不合理或参与者缺乏决心。缺乏决心或动力可能会暴露计划中的缺陷。

规划行为存在于一个动态的环境中，需求和资源会随着时间不断变化。这些变化可能会导致原计划和当前情况不相适应。但是，许多计划可以在不完全放弃的基础上于实施过程中予以调整。

●案例 12-17

雪莉是一名单身女性，工作年限很长，有很丰厚的退休储蓄。她最初的遗嘱是把遗产平均分给她的兄弟姐妹。现在，60 岁的她失去了两个兄弟。早逝的两个兄弟的配偶都再婚了，并各自与再婚的配偶有了孩子。如果雪莉的遗嘱按原来的遗嘱不变，那么两个已逝兄弟的原配偶就可以向法院申请主张雪莉分给她两个已逝兄弟的那部分财产。雪莉有一个在世的妹妹，有过严重中风，余生都需要医疗护理。雪莉立了一份新的遗嘱，把她的财产重新分配给她在世的兄弟姐妹，但是她把大部分财产放在信托基金中，以照顾她生病的妹妹。

最初的遗嘱是一个很好的、可靠的计划。但是，情况已经发生了变化，新计划所做的改变防止未来可能出现的问题，并帮助解决已确定的新需求。

完成是计划顺利实施的自然结果。然而，决策过程并没有就此停止。接下来还有重要的一步——评估。一个计划并非成功实施就算成功了。如果最终的结果不符合最初的期望，或者如果个人或家庭的需求没有得到完全和积极的满足，承认计划或实施过程中的不足是未来规划的一个重要部分。重复过去的错误对家庭的健康和幸福是有害的。从错误中吸取教训在各个层面都很重要。

案例作业

目的：

✓ 家庭通过购买保险来管理生活中的风险。保险的目的是为遭受损失的家庭提供经济援助。如果大型资产有贷款，如汽车和房屋，则可能需要投保。大多数地方政府要求汽车在上牌前必须购买责任险。本案例作业将探讨你的案例家庭的保险费用。保险费用主要包括房屋险和车险。其他保险可以有多种选择。帮助你的案例家庭选择最能保障他们未来的保险。

预算：

每月的保险费涉及车险、房屋险或租房险、医疗保险、人寿保险和工资替代险。大多数保险都要求免赔额（在保险开始覆盖之前，家庭必须自行支付的金额），所以这也会被计算并输入预算表中。记住年保费必须除以 12。

任务：

车险。你在以前的案例作业中为你的家庭选择了汽车。这些车辆的信息都包含了车辆识别码。你可能需要这个识别码以确定保费。车险必须包含责任险。如果车辆没有贷款，你可以自行选择购买或不购买替代险。浏览可以计算保费的网站，但不要在网站上分享你的任何个人信息。如果你有个人保险代理人，可以与他联络以获取可靠的信息。

房屋险。在前面的案例作业中，你为你的案例家庭选择了一个真正的家。如果你的案例家庭租房住，在网上寻找合适的租房保险。如果案例家庭拥有无贷款的房子，他们就没有必要全额投保，但不投保会有风险。同样，你可以查询保险公司的在线报价，但一定不要泄露你的个人信息。联系你的个人保险代理人是一个很不错的办法。

医疗保险。许多保险公司都提供医疗保险。建议你选择你所在大学全职员工享有的医疗保险作为案例家庭的医疗保险。可以与学校人力资源部门联系以获取相关信息。本案例作业只需涵盖基本险种。如果有牙科和视力等保险，你可以自行选择。

人寿保险。在一个人去世之后，人寿保险才成为一项资产。它能帮助家庭在失去某个家庭成员后继续前进，为逝去的家庭成员提供丧葬费用，补偿家庭因失去家庭成员而遭受的工资损失，帮助家庭偿还债务等。大多数雇主为员工提供较低费率的团体保险计划。一些雇主甚至为员工承担部分保险的保费。伴侣、配偶和孩子也可以享有保险。利用与医疗保险相关的资源来分析案例家庭的可能选项。分析时需要考虑案例家庭的债务情况。当一个家庭成员去世时，债务仍需继续偿还。

工资替代险。大多数有工作的成年人可以通过社保获得残疾补助，但这并不能完全弥补成年人因不再工作而损失的工资。你选择的健康和人寿保险的福利计划为员工提供了工资替代或残疾保险。这是一个自由选项，所以你需要思考如果案例家庭中的主要收入来源者无法继续工作会对案例家庭产生怎样的影响。

免赔额。如果你的案例家庭没有至少 6 个月的流动储蓄收入，他们可能需要每月预留出一部分资金，以支付车险、房屋险和健康保险等所需的免赔额。思考案例家庭健康保险的年度免赔额，并将其除以 12 以满足免赔额支付的需求。

报告：

报告标题必须有正确的归档信息，包括案例家庭姓名、案例编号（12）、当前日期和你的姓名。使用案例作业 1 中创建的摘要段落作为本报告的引言。逐段解释你在本案例作业中关于每个保险类别的选择缘由。附上费用信息的截图。

按导师的要求提交报告。

总结

执行一个决定就是将一个计划付诸行动。成功执行决定取决于许多因素：实际的计划、所涉及的家庭成员的动机，以及执行决定过程中不断变化的环境。在计划的制订和整个实施过程中有必要做风险管理。对于个人和家庭而言，改变是一个复杂的过程。减少压力、争取最大化利益很重要。随着时间的推移，计划可能会失败或不再有效。任何时候都需要使计划保持弹性，并对其做持续监测。一旦计划完成，应该及时总结执行计划过程中的经验教训，以应用于今后决策。

复习和讨论题

（1）策略是计划实施中的一个重要概念。请针对本章中提到的两种策略举例。

（2）大学阶段是一段充满压力的时期，需要不断地做规划和调整。如果一个人在大学最后一个学期出现健康危机，他的抗逆性会发挥什么作用?

（3）在你人生的这个阶段，法律遗嘱重要吗？为什么?

（4）对当代家庭来说，什么保险是必不可少的？哪些可有可无?如何判断?

（5）回想你创建的一个最终被放弃的计划。你遇到的主要问题是什么？它们是在规划时就已经存在，还是在实施计划的过程中慢慢产生的?

第十三章 定义成功

目标

- 解释企业和环境如何相联系。
- 明确家庭在社会中的责任。
- 描述个人对家庭和社会的责任。

定义成功的方法有很多。当谈到成功时，人们通常会联想到财富或名声。事实上，成功也可以包括无形的元素，如自信或坚持自己的信念。做出的任何决定都必须经过评估，以确定它能否成功。家庭所做的关于如何使用资源以及使用什么资源来满足需求的决定是否成功可能需要在不同层面上加以衡量。家庭中的每个人都有自己的目标和满意度，因此家庭成员之间偶尔会发生摩擦。但家庭作为一个整体，需要考虑的是整体满意度以及这个决定对他们在其他家庭和朋友中的地位的影响。个人和家庭可能会从社交圈、社区、国家，甚至全球层面来评估决定的影响。

那些做出良好选择并对自己所做的决定感到满意的家庭，更有可能感到自己尽到了为他人做贡献的社会责任[①]（social responsibility）。但社会责任是非常主观的感受。我们如何衡量谁对社会有贡献，谁没有贡献？

●案例 13-1

哈罗德和琼是社区的活跃分子。他们参加了好几个志愿服务项目，积极参加志愿服务组织，并四下为心脏病、糖尿病和肌肉萎缩病人筹款。他们还积极参加自己的教会和政党组织的活动，积极参与城市的自愿回收项目。哈罗德和琼被认为对所在社区和世界尽到了社会责任。

---

① 社会责任：消费者出于关切和敏感而必须实施某种行为，并意识到他们的行为对他人，尤其是弱势群体的影响的认识。

是什么让这对夫妇比隔壁那对过去10年里每天都在承担照顾年迈父母责任的夫妇更有社会责任感？一个人志愿参与非营利组织活动，却没有时间照顾自己的家庭成员，这是尽到了社会责任吗？这类问题正是本章要讨论的内容。

一、社会责任

企业社会责任[①]（corporate social responsibility）在美国企业界和世界各地获得认可和开展研究已经有一段时间了。卡罗尔（Carroll, 2015）回顾了企业社会责任的发展史，他发现企业社会责任至少有37种不同的定义。早期的定义敦促企业考虑其对社会的影响。在当前世界全球化的背景下，大多数企业社会责任的定义包括保护社会和改善社会福利两个主要方面。维护员工的健康和安全、保护地球资源、企业报告体现良知、生产高质量的产品是人们对企业社会责任的期望。

▶现实思考

探讨病人药物需求背后的伦理问题

奥斯卡带着从医学网站和电视广告上收集到的一种药物的信息走进了医生的办公室，他相信这种药物能缓解他经常出现的消化不良。在医生开始检查之前，他跟医生分享了他的自我诊断并提出他想让医生帮他开的药物处方。他带着那张处方离开的可能性有多大？

克拉维茨（Kravitz, 2000）派演员到家庭医生的办公室去探究这种可能性。这些演员扮演被诊断患有抑郁症的患者，他们提出让医生开某种特定的药或开一般性药物或完全没有提出开药。结果表明：如果演员要求开药，医生更有可能诊断出相关疾病——76%的演员被诊断为普通抑郁症。当患者要求开某种特定的药物（帕罗西汀）时，他们获得药物的概率为27%；但他们没有特别要求开这种药物时，获得药物的概率是4%。

一些人认为，在与医生交谈之前了解某种特定药物的信息可以让患者与医

① 企业社会责任：对公司所有决策的意义和影响的认识、接受和管理。

生进行更深入的交谈，从而扩大对可用医疗手段的认识。美国食品药品管理局（FDA, 2015）报告称，当病人向医生寻求某种特定的药物时，88%的情况下医生能诊断出这种药物可以治疗的病症。

谁从直接面向消费者的药品广告中获益最大？答案很复杂。自美国食品药品管理局允许这种做法以来，这些产品的销量大幅增长。目前，美国和新西兰是仅有的两个允许普通药店直接向患者销售药物的国家。

企业和环境是紧密联系的，这种联系不仅使得企业为了实现可持续发展而对未来的投资变得有意义，而且当客户被其环境吸引时，这对企业也是有好处的。随着越来越多的人开始关注全球变暖、空气质量、水污染以及能源消耗等问题，企业希望自己能够不被视为是造成这一问题的助力者。商品被打上“绿色”或环境友好的商标（标识和其他宣传内容），已成为一种重要的商业行为。最近的一份报告显示，近三分之二的美国消费者如果信任某家公司，更有可能购买该公司的产品（Bonnell, 2015）。根据尼尔森公司（Nielsen, 2014a）的数据，全球60个国家55%的线上消费者表示，他们愿意为能够促进积极的社会和环境结果的产品支付更多的钱。联邦贸易委员会（FTC, n.d.）创建了“绿色指南”，以确保企业关于环保生产标准的市场宣传能够得到消费者的信任。绿色产品的附加标准包括对电子产品和建筑材料的生产和处置的具体要求。虽然有些人可能会为了对环境有利而购买绿色产品，但也有证据表明，这种行为可能与地位有关，因为人们希望别人知道他们有资源可以贡献（Griskevicius et al., 2010）。

社会作为一个整体对地球负有责任，最终是为了那些居住在地球上的人的利益。但如何实现这一目标，环保人士和那些希望利用土地获得经济利益的人之间展开了激烈的论辩。在涉及资源的环境和社会责任问题上，政客们往往被迫表明自己的立场。环保人士审评政治领导人的环保立场，与此同时，那些以土地为生的人也在密切关注着他们。

这两个群体意见极为相左的一个领域是食品生产。产品标签上标的“环境安全”“有机”和“自产”等字眼很容易引起混淆。许多消费者不知道其中的区别，而事实上这些产品之间存在巨大的差异。生态标识[①]（ecolabeling）是一个自主性的标识体系，它意味着产品以对环境有利的方式生产。这些受到青睐的标准是由利益相关者在产品或服务的一个或多个生命周期阶段制定的。需要记住的是，这些是自主性的标识行为，不受法律监督，不具有强制效力。美国环境保护署（EPA）与私营生产商合作，制定了一系列标准并加以推广实施。这些自愿遵循的一致性标准可以产生对环境有益的做法，如在制造或种植期间减少水污染和土壤侵蚀。保障野生动植物安全的做法具有长期影响，包括提升人们道德规范意识的做法。美国环境保护署和生态标识还促进了地方农业的发展。生态标识通过要求给予农民体面的待遇和帮助小农户保持竞争力的公平贸易做法体现了社会责任。这些做法不会让食物更美味，也不能保护资源，但它们体现了对社会的责任。

2021 年，有机食品销售额仅占美国食品销售额的 4% 多一点。有机食品通过传统杂货店、天然食品店和直接面向消费者的市场销售。虽然有机食品行业从 20 世纪初就开始运营，但直到 1990 年，美国的《有机食品生产法》（OFPA）才颁布，为有机市场建立了国家行业标准，而各州制定的相关政策差异很大（Mosier & Thilmany, 2016）。在食品上使用"有机"标签是由美国农业部（USDA）规定的。有机食品的种植和加工是根据联邦指导准则进行的，该指导准则对土壤质量、杀虫剂和化肥的使用以及家畜饲养等进行监测。喂食有机肉类动物的饲料必须是不含抗生素和激素的有机饲料。

美国农业部还负责多成分食品的标准监测，禁止人造防腐剂、香精和色素的添加。食品中可以添加生产过程中必要的非有机成分，如酸奶中的酶和面包中的小苏打。贴上"有机制造"标签的包装产品必须含有至少 70% 的有机成分。

另一个有争议的食品生产话题涉及转基因生物[②]（genetically modified organism; GMO）。美国大多数加工食品中的转基因生物是合法的，但不能存在于贴有有机标签的产品中。转基因生物包括任何可以减少农药使用的转基因物质，虽然它们增加了作物产量，降低了作物成本，但人们怀疑它们可能对

① 生态标识：表明产品符合自主性环境标准的标签或标识。

② 转基因生物：任何遗传物质通过生物工程技术被改变的生物。

人体健康和环境有害。消费者对非转基因产品的需求有所增加，美国农业部官网为消费者提供了一份生物工程食品清单。美国生产的大多数玉米、大豆和甜菜都是转基因产品。支持使用转基因生物的人认为，美国人已经使用转基因产品很多年了，仍然没有可信的证据表明它们会造成危害（Consumer Reports, 2015）。

为了努力解决美国人的肥胖问题，并遵守美国食品药品管理局（FDA, 2020）强制执行的法律法规，很多餐馆和快餐公司在菜单上标出了与营养相关的信息。菜单标识规则适用于规模达20家的名称相同、菜单相同的连锁餐厅。餐厅必须在菜单上标出食物所含卡路里和每日建议摄入的卡路里。其他信息，如总热量、脂肪热量、总脂肪含量、饱和脂肪含量、反式脂肪含量、胆固醇、钠、总碳水化合物、纤维、糖和蛋白质等，必须按要求一一列明。食品自动贩卖机也要求张贴有关卡路里含量的说明。

人们较少关注土壤保护[①]（conservation），尤其是那些生活在城市地区的人。然而，那些了解风沙侵蚀的严重性的人会对此表示赞赏。1935年4月14日被称为“黑色星期天”，这一天是土壤保护史上特别有纪念意义的一天。就在这一天，美国大平原的大部分地区被厚厚的灰尘笼罩，甚至阻隔了阳光。这是由耕种和极度干旱造成的，土壤被吹开，飘浮在空中，形成了类似于暴风雪的现象。据估计，在这段时间里，大平原上肥沃的农田损失了8.5亿吨土壤。因此，政府成立了土壤保护机构。

土壤改良措施防止了更多的土壤流失；然而，今天这片土地面临着新的威胁。随着人口的增长，消费者希望以更低的价格购买更多的食物，而遏制土地开发使得某种食物只能在少量的土地上种植。虽然美国农民已经成功地生产出世界上最便宜的食物，但并非没有后顾之忧。尽管政府已经成立了每年耗资高达17亿美元的休耕土地补贴项目，暂停了约3 200万英亩（1英亩≈4 046.86平方米）农田的生产（U.S. Department of Agriculture, 2011），但土壤损耗仍然是一个问题。

水资源保护受到更多关注，因为每个人都需要水。水是生命所必需的。人

---

① 保护：在转换或反应过程中物理属性的保留。

类不仅需要水维持生存，也需要水来维持其他生态系统。淡水只占地球上水资源的一小部分，是一种有限资源。淡水包括地表水（湖泊、河流、水库等）和地下水（地下含水层）。管理水资源十分困难。相互竞争的用水企业，特别是在城市地区，会十分强调水的珍稀性。

在美国，有时需要通过立法来仲裁用水权和水资源的分配。法律问题集中在流动水的所有权上。水源所在的州对流经另一个州的水拥有所有权吗？此外，对地下水的滥用导致地下水位下降也是一大问题，据估计，我们排水的速度是水源自然更替速度的两倍。例如，位于南达科他州、内布拉斯加州、科罗拉多州、堪萨斯州、俄克拉何马州、新墨西哥州和得克萨斯州部分地区的高原（奥加拉拉）含水层，自 1950 年以来已经减少了 35%，而且枯竭的速度比更替的速度更快（Konikow, 2013）。

随着人口的增长以及灌溉和工业用水的增加，水资源保护可能会面临一场重大危机。经济合作与发展组织（OECD）认为，水是未来 30 年最重要的环境相关优先事项之一，据其预测，到 2050 年，世界上 40% 的人口将面临用水问题（OECD, 2012）。2016 年，密歇根州弗林特市因公共供水系统铅含量超标所引发的对政府的抨击表明了预算决策对公共卫生的负面影响。我们大多数人想当然地认为，当我们打开水龙头时，水就会流出来，且干净、安全、好喝。大多数人认为刷牙或洗菜时让水流着没什么大不了的。根据美国地质调查局（Maupin et al., 2014）的数据，美国人每天使用约 3 550 亿加仑（1 加仑 ≈ 3.79 升）的水，但其中大部分不是用于日常消耗，而是用于工业和灌溉等。

●案例 13-2

利兹是一名大四学生，她搬出了宿舍，住进了一间一居室的公寓。在新公寓的第一个晚上，她躺在床上时听到有滴水的声音，但她很快就睡着了。随着学期生活变得繁忙，她没有想太多水龙头滴水的事，她发现如果把海绵放在水龙头下，就听不到滴水的声音了，但她没有去想这样一年下来会浪费多少水。一个漏水的水龙头平均每年会浪费 1 000—2 000 加仑（1 加仑 ≈4.55 升）的水！漏水的水龙头是谁的责任？

关于节约能源的争论已经持续几十年了。这次依然是消费者引发了争论，因为能源价格上涨使得他们的预算减少了。从家用燃料油到天然气和汽油，美国人离不开能源。争论的焦点包括我们对产油国的依赖、是否应该允许在可能影响环境的地方开采石油、不可再生能源的枯竭和炼油厂的利润等问题。

虽然有些努力提高了国人节约能源的意识，但有些努力并没有产生效果。例如，2016 年年度能源展望报告（U.S. Energy Information Administration, 2016）预计，随着技术改进和环境保护局（EPA）所定标准的提高，能源消耗将在 2040 年之前有所下降。不过，尽管能源消耗有所减少，但并非所有成本都将继续上升。2003 年至 2008 年间，美国油价翻了一番多，从每加仑 1.77 美元涨到 4.10 美元（Litman, 2011）；但是，自 2012 年以来，油价逐年下降，在 2016 年初降到每加仑 1.99 美元（DeHaan & Laskoski, 2016）。当汽油价格较低时，人们节约能源的动力就会减少，消费者就会较少购买节能型汽车。

能源之星计划是一项志愿性的政府计划，旨在帮助企业和个人通过提高能源效率来保护环境。2005 年的《能源政策法案》为房屋改造、节能汽车、太阳能系统和燃料电池提供了最初的税收抵免。政府每年都会更新一些税收抵免政策，并计划持续到 2021 年。结果显示，自 1992 年以来，通过使用能源之星计划推荐的产品和做法，美国人的公用事业账单节省了 3 620 多亿美元（Energy Star, n.d.）。

更为重要的是，其中一些成本与能源浪费有关。不关灯和不使用节能材料都会增加成本。美国人还对政府在解决能源消耗相关问题上似乎缺乏主动性感到沮丧。每个人都认同，发展风能、太阳能和燃料电池等新兴能源技术是必要的。然而，美国只有 17% 的电力来自可再生能源，远远低于许多其他发达国家。埃利奥特（Elliott, 2013）认为，政府监管不能常态化和政策频繁变动是美国可再生能源政策不能前后贯彻的原因。在能源消耗方面做出巨大改变需要时间和金钱。美国人必须致力于做出必要的改变，并耐心等待结果。

资源的使用导致了对废弃物处理的需求。美国被认为是一个即抛型社会。我们购买了过多的食物和衣服，这些产品往往很快过时。产品的外包装占到被丢弃垃圾的近三分之一。根据美国环保局（EPA, 2018）的数据，美国人一年会产生 2.92 亿吨垃圾，其中：

· 23% 是纸张和纸板；
· 22% 是食物；
· 12% 是塑料包装和其他塑料制品；
· 9% 是衣物和其他纺织品；
· 4% 是啤酒和汽水玻璃瓶及其他玻璃制品。

在过去的 60 年里，美国产生的垃圾数量增加了两倍。当我们把垃圾处理和节约与社会责任联系起来时，我们可能会想到回收利用①（recycling）。虽然美国人平均每人每天产生 4.9 磅（1 磅≈ 0.45 千克）的垃圾，但可回收垃圾的数量也在增加。在经历了 1980 年到 2000 年的急剧增长之后，垃圾回收量开始趋于稳定（EPA, 2018）。但是，垃圾回收市场有所缩减，影响了垃圾回收点提高回收效率的能力。目前，利用最多的回收材料包括报纸、纸巾、铝包装物、塑料软饮料瓶、玻璃饮料瓶、金属罐和塑料洗衣液瓶。回收垃圾还会产生其他的经济效益，比如就业岗位、工资和回收过程产生的税收。

在过去的几年中，参与回收利用的人数也趋于稳定，但政府正在积极探索以动员更多人参与回收利用。虽然大多数人相信回收很重要，但并不是每个人都参与其中。有些人可能会想到把垃圾分类装进垃圾箱或袋子里，再把它们运到回收中心，记住回收日，以及其他处理家庭垃圾的耗时费力的方法。大多数美国人表示，如果回收能够变得更加便利，如附近就有回收点，他们会乐于参与回收（LeBlanc, 2016）。

费尔德曼和佩雷兹（Feldman & Perez, 2012）发现，奖励回收比惩罚不回收更有效。他们还发现了出于内在动机（内部奖励驱动，例如觉得自己是在做好事）参与回收和出于外在动机（金钱奖励或经济收益）参与回收的人群之间的差异。例如，年长的美国人更愿意参与回收，他们认为这是正确的事情（LeBlanc, 2016）。他们建议地方政府在制定回收政策以提高参与度之前，可以先调查自己社区人员的动机，这样做能够事半功倍。

我们认为回收是分捡垃圾和可回收物品的过程，但其实它还包括许多其他

① 回收利用：将材料再加工成新产品的过程。

的资源再利用方式。“我之垃圾，你之宝贝”，这样的想法似乎是一个正确看待回收的不错的表达。有许多方法可以为使用过的或剩余的物品找到新家。举办车库售卖会、吊牌拍卖或捐赠给非营利组织和慈善机构，比把它们扔到当地的垃圾填埋场更利于我们的环境。互联网也成了回收商品的售卖平台，包括 eBay 和 Craigslist 在内的好几个网站都致力于销售二手商品。

如前所述，在美国，绿化[①]（greening）一般意味着某种形式的资源节约和保护。它可以有很多表现形式。当一个公司宣布它“走向绿色”，这意味着它正在积极寻找保护自然资源的方法，使用环境友好的产品，或正在寻找资源再利用的方法。有许多方法可以实现这一点，例如使用热感应或动作感应灯具来节约能源、安装低冲水量的水龙头和马桶以节约用水、使用无毒的建筑材料和清洁用品等。能源与环境设计（LEED）认证建筑正在改变建筑的建造方式和社区的设计方式。美国绿色建筑委员会（U.S. Green Building Council, 2016）表示，绿色建筑具有成本效益，因为前期成本预计在短短 7 年内就能收回。它还有效地利用自然资源，减少不可再生资源的消耗，最大限度地减少浪费。

其他增加绿色空间的尝试正在成为社区发展的一部分。一些城市要求所有新建筑都要为草地和树木等留出空间，或者实施保护地役权计划来保护现有的绿地。全国各地的一些社区都发现，当被视为不可用的土地被改造为绿色空间时，它获得了新的生命，不仅增添了美学价值，而且有助于保护环境。

总体而言，社会有责任维护地球，但与此同时，我们生活在地球上，需要利用它的资源来生存。这两种需求之间的平衡被称为可持续性[②]（sustainability）。可持续发展使地球的资源、居住在地球上的人类以及为人类带来资源的经济活动都能在无害的情况下受益。美国环境保护署把可持续发展的概念解释为由三大支柱——环境、社会和经济构成的一个结构体。环境层面重点内容包括关注自然栖息地和生态系统的健康、消除有毒物质、提高空气和水的质量标准以及减少浪费等。社会层面重在提升环境正义、人类健康、教育平等、资源安全和可持续社区建设。经济层面涉及创造就业机会和降低成本以实现可持续发展。

---

① 绿化：创造一个对环境负面影响最小的世界。

② 可持续性：满足当前需求的同时，不损害未来世代的需求。

这是一种系统架构的方法，旨在努力厘清三大支柱之间的相互作用和相互依赖关系，以及这些行为对所有公民产生的积极影响。

怎样才能使社会重视可持续发展，使经济发展遵循可持续的最佳实践？在过去，这些转变往往是通过立法或政府法规来强制推行的，创建濒危物种名单就是一个例子。但现在，美国人正慢慢意识到经济发展的环境代价。为了减少人们对资源贪得无厌的消耗，我们需要制定激励措施，我们更需要停下来看看我们对世界的影响。

●案例 13-3

卡尔和他的家人住在一个小镇的边缘。卡尔认为自己是个好公民。他积极纳税，挣钱养家。

几个月前，政府颁布了一项新的城镇法令，禁止在城镇范围内焚烧垃圾。卡尔反对这项法令，他说："多年来，我一直把车库后面的垃圾烧掉。它不会伤害任何人，我有权继续在我的地盘上做任何我想做的事情。"现在处理垃圾变得一点都不方便，卡尔和他的家人必须开车把垃圾送到几英里外的垃圾处理和回收中心，并支付一小笔费用。他注意到，他的财产税也将上涨，以涵盖垃圾处理和回收中心的相关费用。

卡尔不顾妻子的反对，继续焚烧垃圾。虽然他小心翼翼地选在风不大的时候焚烧，但有一天火蹿到邻近的田地里烧了起来。因为这片地计划用于开发新住宅，曾经种满庄稼的地里现在满是作物残茬和枯草，很快就烧着了。大火向附近的新房蔓延开去。当地消防部门最终控制住了火势，而卡尔也因他的行为受到了传讯。

虽然卡尔对自己的财产拥有所有权和使用权，但他没有意识到新法令是为了维护包括他自己在内的每个人的利益。随着城镇的扩张，明火失控的新风险出现了。一些物品燃烧产生的烟雾对他周围的人也是一种危害，这也包括他的家人。现在，小镇开始对可再生和可重复使用的资源负责，开始了回收计划。

本章迄今为止所介绍的大部分内容都集中在社会责任的经济方面。如果需要付出代价，即使最终会在经济上受益，我们也可能缺乏动力为这个世界做出决定和改变。一个很好的例子是邻避主义[①]。许多人都赞成一些似乎对世界或环境有利的事情，但前提是不会影响他们个人。如果这会让他们付出代价或给他们带来不便，他们就会反对。然而，经济因素并不是社区发展所必须考虑的唯一因素。霍乔其卡（Hochachka, 2005）提出了内在性[②]（interiority）思想，认为这对于社会可持续发展具有重要意义。内在性包括伦理或文化需求，这些需求往往不那么引人注意，但却是社会责任的重要促成因素。做出合乎道德规范并顾及社会文化历史的决定，与决定是否具有经济意义一样重要。一家新企业的经济效益是否比其产品蕴含的道德问题更重要？如果州和联邦政府资助的家庭服务对象认为家庭服务是对其文化的冒犯，家庭服务还有意义吗？

其中一个伦理问题涉及保护弱者的社会责任，这是一个备受争议的话题，引发了社会各阶层的争论。保护儿童不受侵害或起诉那些钻老年人空子的人这类问题似乎很少存在争议。然而，人们对干细胞研究、安乐死或堕胎等问题的观点却并不明确，而且随着时间的推移，人们的观点会改变和左右摇摆。

舆论往往反映了当代政治影响；但是，许多人认为，不管政治气候如何，社会应该对最弱势的人类群体抱有一种关心和负责的态度。为那些不太可能被倾听但会受到他人决策影响的人发声，这是一种社会责任。这不仅包括前面提到的弱势群体，还包括其他群体，如智障人士、无家可归者和移民。

▶世界博览

穿越边境

2021 年 1 月 22 日，新当选的美国总统乔·拜登签署行政命令，停止基石输油管道延伸建设（Keystone XL）项目，该管道旨在将加拿大焦油砂原油经美国输送到墨西哥湾沿岸的炼油厂。该项目是现有输油管道网络的延伸，10 多年来一直受到几个实体机构的反对。由于管道起点在加拿大，从蒙大拿州北部

---

① 英文是 NIMBY，not in my backyard 的英文缩写，意思是别在我家后院，指知道有些举措利国利民，如建垃圾场、核电站等，但强烈反对建在自己住所附近。——译者注

② 内在性：考虑经济利益前先考虑道德伦理和文化需求。

进入美国国境后，其大部分用于终端加工燃油将被运往海外，因此这是一个具有全球影响的国际项目。

在加拿大，投资者已经花费了大量的资金并做了大量前期准备，满心期待这条管道能够建成，希望它能够促进本国的经济发展。从焦油砂中提取原油是一种复杂而有争议的方法，经常受到本国环保组织的抗议。对于加拿大公司及其背后的加拿大政府而言，他们所下的赌注——希望这条新的管道线路能极大地扩大焦油砂市场，但最终被证明代价巨大。

由于这条管道经过蒙大拿州、南达科他州和内布拉斯加州，然后接入现有的管道，美国的公民和环保组织公开表示反对。当该项目在2008年被提出时，美国民众的抗议和国会辩论迫使当时的美国总统签署行政命令中断项目建设。2015年，时任美国总统奥巴马否决了该管道建设项目，做出这一决定的依据就是内布拉斯加州地下含水层可能发生的渗漏和污染以及其他对气候、生态系统和公共健康的威胁。

2017年特朗普上任总统后不久就签署了一项行政命令，允许重新启动该项目。但是，由于来自另一个领域的法律争斗，项目进展被延迟。影响这个跨国项目的除了经济、环境和政治因素外，还有强烈的文化关切。这条拟建的管道跨越了美国的农业耕地和美国土著部落的土地。农民、牧场主和印第安人领袖发起了一场强大的草根运动，在多个地方拖延项目进程。

这场跨国原油拉锯战对家庭的影响还有待观察。保护清洁水源、农业生产和文化传统可能是最显而易见的结果。基石输油管道延伸建设项目争议为气候和健康问题的国际谈判提供了经验教训，这可能是这场争议最大的价值所在（Davenport, 2014）。

二、家庭责任

社会责任和家庭责任的相似之处在于，它们都要求参与者考虑行为对他人的影响。家庭要对家庭成员负责。当一个家庭成员做了对其他家庭成员产生负面影响的决定时，他就是不负责任的。

●案例 13-4

马克和雪莉结婚14年，有两个孩子，一个8岁，一个10岁。在过去的一年里，雪莉开始审视自己的生活，因为她感觉自己不被需要。经过一番思考之后，她的生活发生了一些变化。首先，她决定花更多的时间和一个一直鼓励她的同事在一起。其次，她决定加入健身俱乐部和自行车俱乐部，以保持身材，增强自信。虽然雪莉开始有了更多的自信，身材也变得更好，但她做的决定对她的家庭产生了负面影响。马克嫉妒她和同事在一起的时间，他很难相信她，因为他不相信他们之间仅是友人的关系。她的孩子们注意到她从来没有在他们身边帮助他们或参加他们的活动，因为她总是在健身俱乐部或参加自行车活动。虽然雪莉的决定对她自身的幸福很重要，但作为一个家庭成员，这些决定是不负责任的。除了自己的幸福外，雪莉应该考虑到她的家庭的幸福。

在评价一个家庭是否幸福时，我们必须考察其健康状况。健康不仅仅是身体健康，它还包括生活满意度。哈尔伯特·邓恩（Halbert Dunn, 1961）是第一个创造"健康"[①]（wellness）一词的人，并将其定义为"一种旨在最大限度发挥个人潜能的综合性方法"。在他之后，各路学者纷纷对此做出定义，其中一种说法就是健康是选择一种生活方式，一种意识到并为了更成功的生存做出选择的积极过程。大多数定义还认为健康涵盖整个人，包括身体、思想和精神。

健康作为个体和家庭研究中的一个概念，在文献中已被应用于几种不同的理论模型中。大多数模型把健康概念延伸至一个人的社会、职业、精神、身体、智力和情感等领域。这些理论把健康视为一个系统性的、相互依存的概念，认为每一个组成部分的健康运作对个人的整体健康和幸福都很重要，它们最后会辐射到家庭的整体健康和幸福。任何一个部分存在不足都会对家庭造成负面影响。图 13-1 揭示了这些组成部分的交互作用。换句话说，当一个部分发生变化时，它会影响到其他部分。当我们认识到健康如何随着时间和生命周期而变化时，理解这一点极有必要。

---

① 健康：意识到并实践健康的选择，以创造一个更成功和平衡的生活方式的交互过程。

健康是社会各方面都在考虑的话题。无论是职场还是医疗界，健康似乎被宣传为解决个人、家庭和社会问题的关键所在。虽然健康是整个社会的问题，但我们的讨论主要集中在家庭对健康的责任上，并基于之前明确的任务聚焦于健康的六个领域：社会、身体、职业、精神、心智和情感。

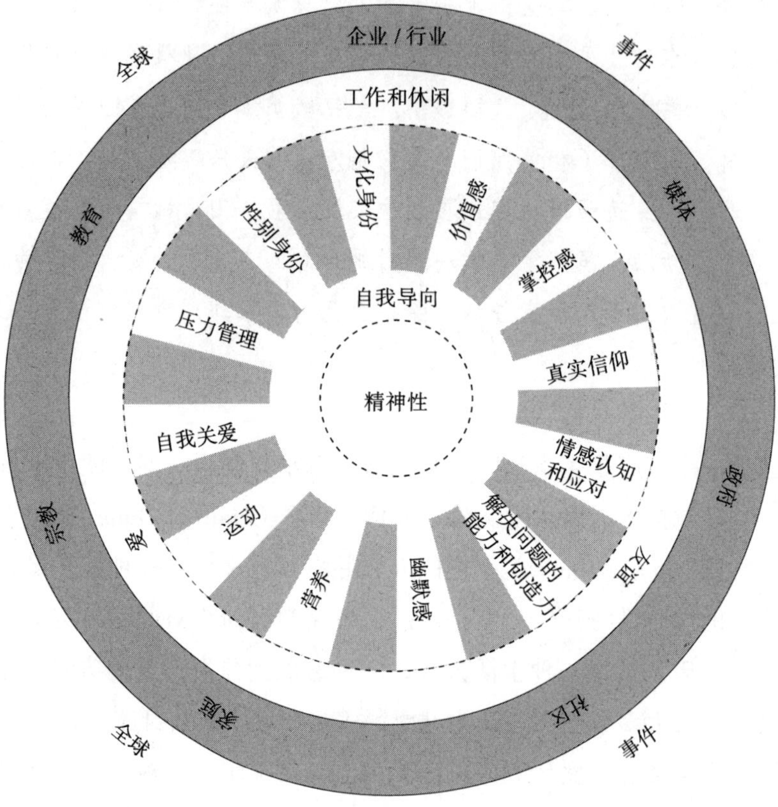

图 13-1 健康转轮①

（一）社会健康

社会健康②（social wellness）涉及许多家庭因素。它们与社区的联系提供了一种归属感和安全感。当一个家庭遇到困难时，朋友和熟人组成的社交网络可以帮助他们。我们都目睹过无数由朋友和邻居发起的筹款活动，以帮助一个

① 来源：Myers, J. E., and Sweeney,T. J. (2005). *Counseling for wellness: Theory, research and practice.* American Counseling Association. Reprinted with permission。

② 社会健康：意识到、参与并感觉与社区紧密相连。

付不起医疗费或者遭受了火灾的家庭。

生活环境的质量对个人来说很重要。绿色空间已被证明与心理健康有关，如可以减少抑郁和压力，并且对身体健康也有直接和积极的影响，如可以降低血压（Bowler et al., 2010; Cohen–Cline et al., 2015）。但这并不意味着每个家庭都应该生活在城市之外的农村地区，城市中也有公园和休闲区等形式的绿色空间。社会健康还包括家庭可利用的社会资本。我们可能认为一个低于贫困线的家庭的社会幸福感会较低；但事实上，这取决于他们生活社区的资源。如果资源充足，比如有保障住房和食物救济站，可以享有服务和其他资本，这个家庭就很有可能生存下来，甚至还可能过上不错的日子。而生活在孤立环境中的家庭，周围都是贫困家庭，不容易获得服务，那么幸福的可能性会较小。金和奥格尔（King & Ogle, 2014）发现，贫困家庭集中的环境会对健康产生负面影响。不过，以资源形式存在的社会资本并不是唯一的因素。与社区紧密联系的社会支持，以及邻里之间的合作和信任，同样有助于社会健康。

社会健康在很大程度上取决于家庭对自身状况的控制感。种族歧视、社区各群体之间的不尊重、收入不平等和居住隔离等情况往往会超出相关人员的控制范围。

对一些家庭来说，社会健康的另一个重要方面是文化认同。虽然美国的大多数人口不一定认同某一特定的文化遗产，但少数人更有可能认同某一特定的种族群体。歧视和隔离对健康有害，但强大的、相互依赖的文化网络可以增强移民的幸福感。

（二）职业健康

职业健康[①]（occupational wellness）对家庭生活很重要，因为很难区分家庭和工作这两种环境。对于许多家庭成员来说，工作占据了他们大量的时间，而且这种情况在我们的社会中正变得日益普遍。正因为工作和家庭之间存在重叠，所以会产生溢出效应。促进员工健康的最佳方式是增强员工对自己时间表的控制，减少工作和家庭之间的相互影响。工作和家庭之间可能产生的冲突会

---

① 职业健康：职场的健康。

带来各种各样的负面后果，包括家庭关系糟糕和工作效率低下。

●案例 13-5

就在快下班的时候，西莉亚的老板要求她在离开前完成一份非常详细的报告。这使西莉亚心情很不好，她很生气。回到家后，她咆哮着对孩子们发号施令，又因为丈夫布伦特不帮忙做家务而对他大喊大叫。西莉亚和布伦特之间产生的压力就是一种溢出效应。西莉亚工作上的问题影响到了她的家庭生活。

虽然大多数时候溢出效应被认为是对家庭有害的，但格罗斯沃尔德（Grosswald, 2003）却提出溢出效应不一定总是负面的。她指出，在两个世界发展的天赋和技能可以相互受益。例如，在职场上学到的谈判技巧和在家学到的组织能力、多任务处理能力可以融会贯通。

大多数人认识到他们的职业和家庭生活是彼此联系的，他们的职业满意度对他们的生活具有重要意义。一个人对工作的满意度与他对工作的重视程度直接相关。国际研究团队提出了工作意义（Meaning of Work; MOW）的五个主要维度（Snir & Harpaz, 2002）：

- 工作中心。工作是一种生活角色，是人们最基本的社会活动。它比休闲时光更重要。
- 经济导向。人们工作的目的和动力是获得工作收入。我们工作的原因是维持生命和满足自身需要。
- 人际关系。人类需要互动，找到归属感。我们工作的目的之一是获得与他人相处的满足感。
- 内在导向。个人需要挑战，并努力在工作中展现能力。人们工作是因为工作激发了兴趣和自我决定意识。
- 权利或义务。人们工作是因为应该工作。这是社会的期望，同时人们也有工作的权利。

通过了解自己的工作取向，个人对工作的期望可以变得更加切合实际，从而获得更大的满足感。合作伙伴也需要了解对方的工作取向，以免产生误解。例如，如果合作双方都以工作为中心，当一方因为工作而错过家庭聚会时就不会产生问题。

雇主们开始意识到职场健康对他们有莫大的好处。吸引和留住员工的一个方法就是让他们能够维持工作和家庭生活之间的平衡。家庭友好政策允许员工选择弹性的工作安排，包括弹性工作时间、居家工作、压缩工作周或提供孩子托管服务，这很受有家庭员工的欢迎。雇主们意识到，当工作和家庭不能平衡时，员工对工作的满意度就会降低，而且可能会出现一些消极的工作行为，如缺勤[①]（absenteeism）、表现不佳或辞职。另一个在企业界掀起风浪的问题是出勤主义[②]（presenteeism），它指的是员工来上班，但由于疾病或健康状况阻碍了工作表现而不能充分发挥作用。如果一个员工有严重的健康问题，他通常会待在家里（缺勤），但出勤主义往往与慢性疾病有关，可能不需要旷工，如过敏、背痛、头痛，甚至抑郁。据估计，抑郁会导致缺勤，每年造成高达515亿美元的损失（Greenberg et al., 2015）。因为出勤主义给雇主带来的间接成本可能比他们支付的直接医疗成本更高，所以强调职场健康对雇主来说是有利的。帮助员工找到应对压力并学会关爱自己的策略，这不仅对员工有益，对企业也有利。此外，个人健康和家庭健康是相互关联的。当成年人为关心健康的公司工作时，无论其动力如何，家庭都会得到更好的服务。

▶前沿动态

美国准备好实行6小时工作制了吗？[③]

彼德斯（Peters, 2015）报告称，瑞典的企业正在尝试6小时工作制的理念，初步结果是积极的。在瑞典，越来越多的人希望有更多的时间和家人在一起，自己能有更多的自由时间。这是一种趋势，不仅在瑞典，而且在世界各地，越来越多的公司正在做出这种尝试。

---

① 缺勤：所有者长期不占有其财产；长期缺席（旷工或旷课）；也指缺席的比例。

② 出勤主义：员工带病上班所导致的问题，可能会对企业业绩产生负面影响。

③ 来源：Block (2015); Greenfield (2016); Peters (2015); and Savage (2015)。

每天工作6小时并不是什么新鲜事。塞维奇（Savage, 2015）发现，自20世纪90年代以来，缩短工作时间的试验就一直在进行，但此前没有数据可以衡量缩短工作时间的效果。现有数据表明缩短工作时间大有裨益。第一个也是最明显的好处就是，员工能够有更多的时间与家人和朋友在一起，也有更多的时间放松。

格林菲尔德（Greenfield, 2016）发现，在瑞典，实行6小时工作制后，员工请病假少了，人也变得更开朗，从而提高了工作效率。一项研究表明，工作效率实际上会随着工作时间的增加而下降，尤其是在每周工作50小时的制度中。

在美国，人们对6小时工作制的态度可能与此不同。塞维奇（Savage, 2015）报告称，瑞典的职场情况跟美国不同，在瑞典，同事在工作场合以外受到的尊重程度高于美国。在瑞典，下班后，同事之间很少有联系，而在美国，晚上和周末打电话或发电子邮件十分常见。此外，瑞典的许多公司要求员工在工作时远离社交媒体和私人电话，以提高他们在工作时间的工作效率。

一些人认为，6小时工作制在美国永远不会奏效，因为美国是一个"工作狂"的国家。格林菲尔德（Greenfield, 2016）报告称，根据合作与发展组织的数据，美国人每周的工作时间约为38.6小时。他们平均每年只有不到8天的带薪假期；根据美国劳工统计局（U.S. Bureau of Labor and Statistics）的数据，只有大约四分之三的员工有带薪休假。

布洛克（Block, 2015）引用美国劳工统计局的数据称，自1947年以来，美国人的总产出几乎每年都在增长。

在美国，改变我们对工作的看法的一种方法是从细微的改变开始，让员工对他们的工作、生活有更多的控制。工作场所的弹性安排可以帮助家庭优先考虑并选择和孩子在一起所需要的时间。把工作效率和工作时间分开可能也会改变我们对完成工作方式的看法。未来的几代人将继续努力解决平衡工作和家庭的问题。

（三）精神健康

精神力被许多健康领域的专业人士认为是平衡状态的重要组成部分。很难描述精神力的特征，因为它有不同的含义，而且每个人的精神力都是高度个性化的。精神力可以包括生活目标、道德或伦理信仰以及一个人对自己在世界上所处位置的认知。这些思想渗透到生活的方方面面，并成为决策和行为的基础。

大多数人把精神力和宗教等同起来，但它们是有区别的。宗教是精神力的一部分。对许多人来说，宗教是他们表达精神力的方式。这也意味着信仰宗教可以拓展一个人对精神力的理解，但并不意味着那些不信仰宗教的人就没有精神力。内在精神指的是舒适、平和或内在的力量。外在精神通常指与他人的联系性或与世界融为一体的感觉。

在过去，宗教和医学自成体系。人们普遍认为，宗教关注的是内在的自我，而医学关注的是物理的自我。近来，精神力在健康研究中占有了一席之地。信仰有助于治疗是一个早已有之的观点，尽管起初人们对精神力并不了解，但现在越来越多的人开始关注精神力的力量。

精神健康对家庭有什么好处？拥有精神健康的家庭为家庭成员的处事态度、行为和目标的实现奠定了基础，可以帮助家庭成员理解他们是怎样的个体以及该如何与他人互动。当家庭面临逆境时，精神健康对家庭尤为重要。

●案例 13-6

里卡多和他的家人正经历一段困难时期。里卡多全家从墨西哥搬到美国，最近拿到了美国绿卡。起初，他们很难找到房子和工作，但最终还是在离里卡多工作的配送公司不远的地方租了一间小房子。最近，里卡多听说他的公司要裁掉20%的员工，因为他是最近才被录用的，他估计自己会被裁掉。他每天去上班，心里都会想着收到裁员的通知。除了工作的不确定性带来的压力，上周，他身体一向不好的大女儿被诊断出患有一种罕见而严重的肺病。里卡多和他的家人认识到精神力在他们生活中的作用。尽管很不容易，但他们明白生活总是充满了不确定性，该来的总会来。里卡多正在体验所谓的精神超越，包括超越人类认知的极限。为了度过这段艰难的时期，里卡多和他的家人需要从他们的信仰、家人和朋友那里汲取力量。

（四）身体健康

最显而易见的一种健康是关于营养和锻炼的身体健康。医疗保健费用很高，而且还在持续上升，如果有家庭成员健康状况不佳，可能会导致家庭失去收入，增加贫困的风险。世界卫生组织（World Health Organization, 1947）早期将“健康”定义为“一种……幸福安康的状态”，而不是简单地定义为某人没有生病或没有患有疾病。然而，对于大多数美国人来说，主动预防疾病并不包括在健康的行为规范内。人们对健康理念接受度的差异，可以用一个连续体来说明，在这个连续体的一端是以治疗疾病为目的的医学，另一端是积极的预防策略。

除了对健康的态度，家庭还需要考虑其他会影响家庭成员身体健康的因素。家庭成员的居住和工作地点、他们做出正确决定的技能和能力、家庭的遗传倾向，以及他们所在地的医疗保健系统的可及性和医疗能力等，都将对家庭的健康产生影响。贫困、失业、交通不便、社会孤立和缺乏充分的医疗保健等风险因素已被确定为与健康相关并影响许多美国家庭的因素（Abbott & Williams, 2015）。

当今美国最紧迫的健康问题之一是肥胖。根据美国疾病控制中心（Centers for Disease Control and Prevention, 2019）的数据，超过 40% 的美国成年人和 18% 的儿童有肥胖问题。健康风险如高血压、糖尿病和睡眠呼吸暂停在肥胖人群中很常见。甚至体重循环（反复增重和减重）和一些食疗方法与肥胖、饮食失调、Ⅲ型糖尿病和高血压有关（Montani et al., 2015）。除了身体健康风险外，肥胖人员还会遭受心理健康风险，他们会因为体型肥胖而被人嘲笑。身体健康强调的不是减肥，而是预防和减少危险因素。建立在这个基础之上的健康的生活方式是我们所追求的目标，能够让我们的生活态度变得更为积极。

锻炼是健康的一个重要方面，因为它对身体健康和精神健康都有利。体育活动有助于减轻体重，保持身体健康，也有助于降低与健康状况不佳相关的风险因素。研究表明，锻炼对心理健康有益。然而，参与身体健康项目显示出好坏参半的结果。虽然公司推行的健康项目越来越多，公司的投资回报率可以达到 600%，但并不是每个人都会参与。兰德公司（RAND）最近的一份研究报告显示，只有 20% 的员工参加了没有额外激励措施的公司健康计划，但如果向员工提供超过 100 美元的激励，参与比例将增加到 51%（Soeren et al., 2014）。

（五）心智健康

在社会中，心智健康是社会资本的一个方面。在家庭中，心智健康包括生活技能的准备和提高。说到技能，我们首先会很自然地想到通过教育获得的技能和知识。然而，通过人际关系和生活经验学习到的技能对心智健康同样重要。

我们生活在信息时代，教育可以为学生提供成功所需的信息。教育不仅对学习某些我们终身需要的能力（如阅读）很重要；还有一些社会技能也是在教育过程中习得的。美国国家科学院（Pellegrino & Hilton, 2012）指出，在学校习得的非认知型社交技能分为内省技能（人们如何管理自我）和人际技能（人们如何与他人互动）。

人们在教育应该如何为学生的未来做好准备这个问题上存在分歧。有些人认为孩子只需要基本的知识，而另一些人认为孩子需要包括技术技能在内的各项能力。有很多家长担心学校的教育质量。一些父母选择自己教育孩子，以确保孩子学到的通常是在对他们来说很重要的一套价值体系内的基本知识。无论父母是选择送孩子去公立学校还是私立学校，或是选择让孩子在家学习，重要的是他们要参与孩子的教育。

那些期望学校能满足孩子所有教育需求的家长将会感到失望，他们会觉得学校教育并没有让孩子对未来做好准备。事实上，父母有责任教授或巩固孩子的社会技能，让他们接触新思想，并为他们提供发挥潜力的机会。关键是父母愿意花时间和孩子在一起。

尤为重要的是，父母要学习并实践好的解决问题和决策的技巧，然后为孩子树立榜样。经历困难的家庭需要好的解决问题的策略才能获得成功。

●案例 13-7

杰米和德尔玛正在为德尔玛的母亲玛格丽特的情况而纠结。玛格丽特已经 83 岁了，仍然独居，杰米和德尔玛担心她一个人住会越来越危险，因为她在上个月跌倒了两次。德尔玛希望能够确保玛格丽特的安全，但杰米觉得玛格丽特有权决定自己的未来。

一天晚上，他们坐下来讨论各种选择。一整个晚上，他们冷静地讨论了所有既能保证玛格丽特的安全又能让她保持独立的方式。他们最后找到了一个解决方案——能够符合所有人需求的理性决定。虽然讨论是在他们三人之间进行的，但杰米和德尔玛的两个女儿目睹了整个讨论过程。尽管她们没有参与其中，但她们所看到的示范将帮助她们在未来做出正确的决定。

在经济层面上，教育通过为家庭——最终为社会增加资源而促进健康。根据 QS 分析（QS Analytics）机构 2018 年的一份报告（B2B Marketing, 2019），高中毕业生（730 美元）和 4 年制大学毕业生（1 200 美元）之间的平均周薪差异很大。但只从经济角度看待教育也有不利的一面。哈格里夫斯（Hargreaves, 2003）认为"知识经济"是知识和教育以追求增长和利润为核心的一种经济模式，会导致腐败和贪婪。他提出，企业丑闻和秘闻的增多以及贫富差距的扩大多是过于强调经济的结果。

与其他健康因素不同，心智健康是难以测量的。社会健康可以通过所提供的服务来衡量，身体健康可以通过预期寿命长短来衡量，而心智健康则取决于许多其他变量，包括家庭的社会经济水平、对正规教育的态度、家庭中成年人解决问题的能力、父母和孩子之间的关系等。

（六）情感健康

情感健康很大一部分是对自己的情绪感到舒适的能力，无论是愤怒、恐惧还是爱。这意味着能够理解自己的感受，并适当地向他人表达。训练情感健康的最佳环境是在家庭中。孩子们应在富有安全感的家中学会控制自己的情绪。随着时间的推移，他们慢慢就会了解到，为了得到想要的东西，发脾气是没有用的，或者因为失望而生气并不能解决问题，反而会导致更糟糕的后果。

那些难以识别和表达自己情感的成年人可能会选择其他方式来管理自己的情感，比如从事会导致情绪压力甚至健康问题的冒险行为。

情感健康也意味着你必须接受自己，包括缺点。在生活中感到失败是自卑的表现。失败的感觉是痛苦的，会影响享受生活和幸福。它会导致友谊和人际关系问题。它会产生焦虑、压力、孤独和抑郁。良好的自尊要求个体在生活中清晰认识自己和世界，接受自己本来的样子，意识到要对自己的选择负责，坚持自己的信仰和价值观，认同并朝着目标努力，并信守自己的承诺（Branden, 1995）。自尊是心理健康、成就、个人幸福和家庭内外积极关系的基础。

困境会破坏情感平衡。有时，愤怒、悲伤、嫉妒或其他负面情绪会进入我们的生活，破坏我们的个人和家庭关系。个人和家庭如果能够适应变化，以健康的方式应对压力，享受生活而不受失望和挫折的影响，就能够获得情感健康。

一个抗压性强的家庭能够做出调整和改变，尽管这很困难，但他们知道这将使他们长期受益。例如，尽管许多研究都强调了离婚对孩子的负面影响，但家庭可以通过一些方式扭转这一毁灭性的人生阶段。做点什么而不要无所事事，可以减少离婚引发的焦虑和压力，从而帮助家庭成员应对这种情况。

幽默是一种有益于健康的情绪，但经常遭到忽视。幽默感不仅仅是风趣，更是一种看世界的方式。应用与治疗幽默协会（The Association for Applied and Therapeutic Humor, n.d.）报告称，快乐与幽默直接相关；那些能对生活环境一笑置之的人比那些发现不了生活中的幽默的人快乐指数要高 30%。幽默在我们的生活中有很多好处。笑可以减轻压力，刺激免疫系统，降低血压，振奋精神。有时，我们对日常活动和工作太过认真，以至于忘记了娱乐。

适度的幽默感可以缓解压力，可以润滑我们的人际关系。笑还可以帮助一个人把问题放到一个更为实际的角度来看待。幽默在婚姻中也很重要，无论是情感上还是身体上。婚姻中的幽默使夫妻关系更亲密，更能保持新鲜感。当问题出现时，能够自嘲或嘲笑自己处境的家庭成员通常会感觉更能从容面对。每个人应该都能回忆起自己生活中的幽默经历，在紧张的情况下，幽默使得解决冲突和释放压力变得轻松。为人际关系增添幽默，在一天中寻找有趣的时刻并与彼此分享，回忆过去发生的幽默或尴尬的时刻，一起观看有趣的电视节目和电影，重复只有家人才懂的有趣的单词或短语。

三、个人责任

个人角度的责任有多种表现形式。我们可以通过贡献金钱、时间或其他资源来回馈社区、国家或世界。志愿者每年的经济贡献高达数十亿美元。但是，志愿者的数量似乎总是赶不上需求。正如第六章所讨论的，尽管志愿服务正在发生变化，但它仍然有强大的生命力，并将继续下去。

罗西（Rossi, 2001）指出，个人社会责任的作用因素主要包括三个社会人口变量：教育、性别和年龄。那些受过更多教育的人比那些没有受过高中以上教育的人更有可能接触更广泛的社交圈。他们更有可能通过志愿服务、参加服务组织、为有价值的事项捐款来对社会做出贡献。一个人受的教育程度越高，就越觉得有必要对社会负责，而不要求获得任何回报。

性别也是个人社会责任的一个变量。虽然男性和女性都对社会责任有所贡献，但似乎存在一些差异。男性更可能贡献金钱和经济资源，而女性更可能贡献个人时间。这一发现与女性一生大部分时间都在照顾他人的事实是一致的。

年龄在个人的社会责任中也发挥着作用。在人的一生中，个人为社会做贡献的意愿会随着年龄的增长而增强。到了中年，一个人的工作和家庭义务可能会减少，这时他回馈社会的意愿会增强。这可能是成熟或生命传承的结果（例如指导、建议）。典型的美国志愿者具有以下特征：中年、政治活跃、关心时事、参加一个或多个团体（尤其是社区内的团体）、积极与朋友和家人联系、使用互联网、住在中西部、参与宗教活动（Corporation for National and Community Service, 2010）。作为个人，我们有责任保持自己的个人满足感和幸福感吗？保持我们的个人幸福是社会责任吗？比起这些问题，自问不快乐是否是对社会不负责任的行为可能更有益。根据埃里克森（Erikson, 1963）的社会心理发展理论，人类经历了一系列的发展阶段，每个阶段都以危机为标志，衍生出对解决问题的需求。

成年人的生活开始关注生活目标和实现的阶段。那些刚步入成年的人要么积极能干，要么变得无聊和自我放纵。在人生的这个阶段，他们要么对社会做出贡献，从而获得个人成就感；要么成为社会的负担。

随着成年人年龄的增长，晚年阶段会出现两类人。有些人坦然地面对晚年，知道自己对别人产生了积极的影响。另一类人则带着遗憾步入晚年，他们感到绝望，因为没有足够的时间让他们有机会做出改变。第一类人对自己的幸福负责，并在这个过程中获得了智慧。第二类人只会责备自己和他人。

不快乐会对社会产生负面影响。工作场所的不快乐会导致工作效率的降低和高流动率问题。家庭生活的不愉快会导致离婚。个人生活中的不快乐会导致我们将资源转移到我们认为会让自己快乐的事情上。

●案例 13-8

南希很担心她的丈夫道格。在过去的两年里，她注意到道格不再像以前那样喜欢做好玩的事情了，而且他在大多数时间里似乎都不开心。他的不快乐所带来的影响是深远的。就他个人而言，他拒绝了朋友们邀请他去打高尔夫球、参加球类比赛和钓鱼。大部分时间，他要么睡觉，要么看电视。因此，他的体重增加了不少。

南希想表示支持，但每当她提出解决方案，道格都会生气。在情感上，她感到担心和受伤，最近，她开始向几个朋友倾诉这个问题。她已经停止与道格讲道理，她觉得他们的婚姻濒临危险。

道格对他十几岁的孩子们越来越不耐烦。他对孩子们的态度使得孩子们不愿与他有任何接触。为了避免冲突，他们经常偷偷溜出门。

在工作中，他的老板注意到他工作效率低，对工作自我评价低。他的同事也避免与他发生冲突。他的老板不想解雇他，提议给他换个岗位。

道格对他自己、他的家庭和他的雇主有责任表现得快乐吗？他不快乐的代价又是什么？

根据美国《宪法》，追求幸福是一种权利，尽管幸福可能非常主观化、难以衡量。让一个人开心的事情可能并不能让另一个人开心。很多人认为金钱是开启幸福之门的钥匙。毫无疑问，如果那些努力维持生计的人有能力支付账单，他们会感觉更好。然而，也有痛苦的富人和快乐的穷人。对一些人来说，当眼睁睁地看着钱从指缝间飞快地溜走时，中彩票也变成了一场噩梦。

获得的金钱或收入通常是工作的结果。加薪会让人更快乐吗？“享乐跑步机”[①]（hedonic treadmill）思想认为，随着收入的增加，期望也会增加，我们总是一再提高基准想要更多（Easterlin, 2001）。研究还表明，工作满意度与工作状态的关系可能比与薪水的关系更大（Henry, 2011）。

个人的职业生活是否应该在社会责任中扮演更重要的角色？今天，许多人似乎都在纠结工作对生活的意义，而忽视了工作对社会的贡献意义。对社会来说，有偿工作和志愿工作一样重要——所完成的工作是建设经济的重要内容，创造了重要的社会效益。那些消极对待工作、只顾享受周末或远离工作的人，

① “享乐跑步机”是 1971 年菲利普·布里克曼和唐纳德·T. 坎贝尔提出的理论，又被称作“快乐适应”理论。该理论指出即使生活充满坎坷起伏，但人们最终仍然会回到最初的幸福水平上。——译者注

正在错失工作所能激发的社会感和共同目标意识。

最后，作为家庭成员，创造和维持健康的家庭生活是个人的责任。如果说家庭是社会的基本单位，那么它就成了社会建立的基础。家庭的崩塌是社会崩塌的开始，家庭问题带来的负担最终会落到社会身上。根据第二章所讨论的“结构—功能”家庭理论，家庭在社会中发挥着基本的职能。当家庭不履行这些职能时，社会就必须介入，利用资源来满足家庭的需求。不过，虽然社会提供的保障网在某些情况下是必要的，但如果所有家庭都不能对其成员负责，社会就会变得混乱。想想看，如果所有没有监护权的离异一方不承担支付子女抚养费的责任，会发生什么。为满足这些孩子的需求而给社会造成的困难将是巨大的，政府和社会经济将陷入严重的困境。

对家庭、世界和我们自己负责是生存的必要条件。只有负责任的家庭才会感受到喜悦。

案例作业

本章介绍了个人和社会成功的概念，个人和家庭如何衡量其决策的影响以及如何分配现有资源。本案例作业将帮助你将这些概念应用到你的案例家庭的开支预算中。

目的：

✔ 确定需要分配以满足家庭当前和未来的个人和社会目标的开支。

预算：

你要完成的预算支出包括学费、杂费、用品、礼物交换和捐款。

任务：

教育。你的案例家庭描述会告知目前是否有家庭成员正在上大学，或者正在上 K–12 私立学校。请登录你所就读大学的网站，了解上大学的费用，检索当前的学费和费用表。如果你的案例家庭中是成人在职就读大学，那就把每学期的课程限制在一门。如果案例家庭的孩子在私立学校上学，可以在网上搜索当地的私立学校，检索学费和费用表。不要忘记作为教育支出的一部分的书籍和其他辅助费用。创建一个年度计划表，但要将总费用分摊到 12 个月。在报告中附上截图。

礼物。每个家庭的礼物交换情况不尽相同。考虑你的案例家庭全年的生日、重大节日和可能会被列入送礼清单的案例家庭成员。对于你列出的所有的礼物给出合理定价，然后将年度总成本额除以 12。请在报告中充分解释并证明你的决定的合理性。

捐献。这也是一项情况各异的家庭支出。有些家庭承诺将一定比例的收入捐赠给附属教会。很多家庭捐赠额外的钱给当地慈善机构、学校募捐者和社区机构。假设你的案例家庭会捐出他们 10% 的税后收入，在预算表中输入计算好的金额，并在报告中说明案例家庭成员可能会捐赠的事项——基于他们的兴趣和年龄来推算。

报告：

报告标题必须有正确的归档信息，包括案例家庭姓名、案例编号（13）、当前日期和你的姓名。使用案例作业 1 中创建的摘要段落作为本报告的引言。逐段解释你输入预算表的每一项支出。

按导师的要求提交报告。

总结

为了生活在地球上的人类的利益，社会有责任维护地球。个人和企业、行业都必须为我们未来资源的可持续性承担责任。我们必须小心谨慎，以确保我们的食物、土壤、水和能源得到合理利用，并为下一代保护或补充它们。内在性包括道德或文化需求，虽然很容易被忽略，但对于社会责任来说却是必需的。家庭要对他们的成员负责。这种责任包括健康的不同层面：社会、身体、职业、精神、心智和情感。个人也要对自己负责。他们必须意识到，快乐和个人满足感不仅会影响自己，还会影响周围的人，并最终影响整个社会。

复习和讨论题

（1）为什么社会责任很重要？

（2）为什么企业要对社会负责？

（3）环保主义者和企业之间的争议有哪些？他们怎样才能达成妥协？

（4）哪个环境影响因素对我们的世界最重要：食物、土壤、水还是能源？

（5）美国应该采取什么措施来改变“即抛型社会”的形象？

（6）绿地对你有什么影响？它是社会的必要条件吗？

（7）可持续发展在美国实现了吗？世界范围内呢？

（8）钱能让人快乐吗？

第十四章　当前和未来的挑战

目标

- 讨论技术对家庭资源和决策的影响。
- 了解未来家庭结构可能发生的变化。
- 描述当前和未来有效管理自然资源所面临的挑战。
- 解释人口结构的变化趋势。
- 了解可能的人口结构变化。

第一章到第十三章探讨了决策过程的背景和进程。最后一章将对家庭决策和家庭资源管理的未来进行展望。对于家庭来说，变化是永恒的。虽然变化颇具挑战性，会引起不适，但同时也能够促使我们研究更优的决策，寻求解决问题的答案，提高解决问题的能力。

将来会影响家庭生活的主要变化是什么？技术、家庭结构、自然资源的可获得性和不断变化的人口结构都将迫使社会政策、经济政策和家庭职能发生变化。

一、技术

在你读完这一段之前，可能就有新的创新技术公布于世。这些更新式、更快捷、更精细的工具将以某种方式改善个人和家庭生活，但也可能会使之复杂化，甚至受到伤害。然而，我们没有回头路。科技已经深入商业、政治和家庭生活中。

（一）生活方式的改变

你准备关掉工作用的笔记本电脑走出房间。在关电脑之前你点击了一个按钮，它会自动激活家里的恒温调节器，把冰箱抽屉调成烤箱模式准备加热你的晚餐，打开过道的照明，拉上窗帘，开始给浴缸放水。只要安排好线路再安装相应的设备，这一切目前已经可以实现。未来，你的生活方式会有更多的改变。智能手机和其他设备可以连接烟雾报警器、湿度监测器和振动传感器。你可以追踪谁进过你的房子，在你进房间时帮你打开灯，离开时关上门窗。你还可以使用 3D 打印机创建自己的产品，定制你喜欢的外观。

这些创新不仅对忙碌的成年人有用，还可以帮助老年人和残疾人实现较高程度的生活自理。技术可以用来扫除最危险的障碍，如孤独、隔离和行动不便。摄像系统、电子邮件程序和视听设备等可以提供持续的监督和社交互动。杂货和医疗用品可以便捷地订购和运送。电动椅、食物准备设备和清洁设备可以减少对护理人员的依赖。

就网上购物的数量及其对我们的思维方式和日常生活的改变而言，网上购物的发展已经超出了每个人的预期。即使是那些主要做门店生意的企业也开始提供线上购物平台。顾客可以线上预定然后到路边取货，或者让人送货上门，以缩短购物时间。旅行也只要敲敲手指就能搞定。网上订票和电话办理登机手续可以让你在火车站或机场更顺利的通行。

▶世界博览

可能改变世界的新兴技术[①]

在科技的世界里，能让我们的生活变得更美好的产品层出不穷。有些可能永远不会为人所知，但它们有改变世界的力量。例如：

（1）Theia 电子导盲技术：一只可以手持的“导盲犬”，可以为视障人士在室内和室外空间提供导航。

（2）实时绘图和定位技术：地理跟踪技术使之成为可能。

（3）汗液充电智能手表：其特殊材料会被佩戴者的汗水浸湿，从而通过电化学反应产生能量，因而不需要使用普通电池。普通电池对环境有害，如果电池中的化学物质泄漏，会对佩戴者的皮肤造成伤害。

（4）修复型混凝土：这种由沙子、细菌和凝胶混合而成的物质可能是地

---

① 来源：*Science Focus Staff.*（2020, August 12）. Future technology: 22 ideas about to change our world. *Science Focus*。

球上第二大消耗物，它可以有效承重，并能有机地修复自身裂缝。

（5）Zenobots 生物机器人：这些微小的混合机器人由青蛙胚胎中提取的干细胞形成，可以在人体内移动，提供有针对性的医疗干预。

（6）扬声灭火器：声音本质上就是压力波，它可以用来影响维持森林火灾的空气条件。通过无人机的运载，这项灭火技术可以干扰大火的氧气供应，不会对人造成危险，也不使用有害化学物质。

（7）凸起状食品标签：食物浪费是一个环境问题，而食品上标注的“保质期”则加剧了这个问题，事实上保质期从根本上说只是对这些产品多久以后将会变质无法食用的猜测。随着时间的推移，这种新型食品标签会随着包装内食物的变质而发生变化，变得凹凸不平，从而可以让消费者通过标签是否凸起确定食物是否安全。

（二）医疗保健

可以说，生活在美国的个人和家庭享有较为优越的医疗保健服务。虽然美国的人均医疗保健支出高于其他国家和地区，但在最近的民意调查中，美国并没有进入十大最健康的国家之列（Cigna, 2019）。强制性医疗保险和全民医疗保健的概念在过去 10 年里就被提出了，但到现在还没有被完全接受。关于国家医疗保健制度的辩论可能还会持续一段时间。

护理、管理和药物行业的最新发展不断给消费者带来新的希望。而与此同时，特殊利益集团之间的斗争愈演愈烈，它们都极力游说联邦政府增加对其特定疾病或病因的研究支出。资源显然无法满足全部需求。未来的医疗保健会走向何方呢？

美国人现在预计，在未来 50 年里，人类将可以定制器官移植（Smith, 2014）。肾脏、肝脏和心脏等器官可以人工培育，这将使很多排队等着移植器官的病人更快地实现心愿，器官排斥的恐惧将不复存在。甚至还能人工培育出新的耳朵、鼻子和皮肤。这些技术的进步还有助于控制某些疾病，比如糖尿病。

另一个健康问题是脐带血的银行存储。孩子的脐带血可以在出生时收集并储存起来以备将来使用。脐带血可以储存在私人或公共银行。血液被收集后就可以在捐助者本人或其他病人需要治疗时使用。但如果血液储存在私人银行里，则只有血液提供者才能使用，除非他人获得使用许可。这些血细胞可以治疗的疾病越来越多。如果孩子有相关疾病的家族史，那么家庭将血液储存起来可能是一种为未来考虑的安全预防措施。选择什么银行存储血液完全取决于家庭。因为私人银行的存储费用委实不低，有能力这么做的多是那些富有的家庭。这些引发了关于特权的伦理问题。

干细胞研究备受争议，但同时吸引了很多科学家的目光。医学研究有可能将干细胞的再生能力扩展到多种疾病的治疗中，如大脑和脊髓损伤、心脏病、神经系统疾病等。关于这些细胞来源的争议，尤其是当细胞取自人类胚胎时，就出现了难以回避的伦理问题。随着医疗技术以越来越快的速度不断地被提供，必须对如何以及为什么应该使用这些新技术的决定做仔细分析。

而在生命周期的另一头，随着人口老龄化加快，老年人的医疗保健预计将在未来几十年面临重大挑战。虽然他们将是历史上最健康的老年人群体，但衰老的身体需要更多的身心保健服务。虽然阿尔茨海默病一直是老年人面临的常见健康问题，但世界卫生组织（World Health Organization, 2016）预测，到2050年，患阿尔茨海默病的人数将增加两倍左右。

医学的进步，如关节置换和神经外科手术，将增加对医疗财政资源的需求和使用。慢性病会随着年龄的增长而增加，而对缓解症状甚至治疗这些疾病的药物的需求将会增加公共项目资金的税收。

（三）教育

科技将如何影响未来的教育？计算机化教学已经对大学课程和项目产生了巨大的影响。在线课程为那些地理位置偏远、有工作或其他受时间限制的人提供了学习的机会。对以在线形式提供的高等教育课程和项目的需求和使用量的增加将最终改变上大学的体验模式。传统的大学场地建设和日益紧缩的教育预算之间的紧张关系，造成了对校外课程越来越依赖的环境。

毫无疑问，技术和教育在未来将以一种强有力的方式结合在一起。《赫芬顿邮报》（*Huffington Post*, 2014）提出了一些他们认为即将发生的变化。随着集成触摸屏和互动课程的出现，课堂的科技性将大为增强。据预测，大规模在线开放课程（MOOCs）将继续发展壮大，把学生与世界各地的信息连接起来，改变正规教育的面貌和大学教育的成本。随着新技术的发展，教学将需要适应这些变化。

不过，信息获取和交换日益依赖于技术，并非全无问题。学校和家庭成为新技术的获取平台会造成经济上的鸿沟，使各个教育层次的学生在获取必要信息的能力上出现不公平的两极分化。

（四）技术的影响

虽然技术进步提供了许多便利，但也有缺点。技术压力[①]（technostress）一词被用来描述信息逐渐在我们的生活中出现过载的现象。它可能源于一种被困感——由于不切实际地渴望与技术保持紧密联系而较少有时间思考或分析，从而产生的一种感受（Tarafdar et al., 2011）。最近的研究发现，某些心理特征可能会导致一些人比其他人更容易受到技术压力的负面影响。李等人（Lee et al., 2016）发现，那些时间管理不善、有社交障碍或其他相关困扰（如失眠或害羞）的人更容易经历技术压力。

旨在节省时间的“节时机器”的发展实际上可能会导致标准的提高。电脑被认为可以帮助我们实现无纸化社会，大家都认为这对环境有益。但有很多人质疑电脑是否真的减少了纸张的使用，是不是最终增加了纸张的消耗，还有电子垃圾等后续处理问题。

多个电脑、电视和电子游戏系统在许多家庭中营造了一种疏离的环境。人们彼此分隔的时间越来越多，他们待在不同的房间里，独自处理各自的任务。年轻一代往往更喜欢使用科技产品，当他们拥有使用新产品所需的知识，而他们的父母和祖父母毫无准备并感到无助时，权力的平衡可能会发生变化。

53% 的美国人对科技的未来持怀疑态度（Smith, 2014）。允许信息自动共享的技术可能会使人们很容易遭受欺诈和欺骗。随着对设备小型化和便捷性操作的需求日益上升，可以预计，保持长久连接的身体植入或其他设备的出现可能会引发更多的风险。

---

① 技术压力：人与新技术引入之间的负面心理联系。

▶**前沿动态**

老年人的科技应用①

尽管老年人对科技的接受率一直低于其他年龄群体，但这一群体与数码技术的联系比以往任何时候都要紧密。事实上，一些老年人群体——比如那些更年轻、更富裕、受教育程度更高的人，拥有和使用各种技术的比例与 65 岁以下的成年人相似。

尽管如此，在美国，年轻人和老年人之间仍然存在显著的数字鸿沟。许多年龄较大、不太富裕或受教育程度较低的老年人仍然与数字技术保持着疏远的关系。

在过去 5 年里，美国的智能手机拥有量翻了一番多，美国人正以极快的速度拥抱移动技术。尽管老年人的智能手机使用率仍然落后于其他年龄群体，但自 2013 年以来，65 岁及以上的成年人拥有智能手机的比例上升了 24 个百分点（从 18% 上升到 42%）。如今，大约一半拥有手机的老年人使用的是某种类型的智能手机；2013 年，这一比例仅为 23%。

就像人口整体情况一样，老年人上网的比例在过去的 15 年里一直在稳步增长。皮尤研究中心在 2000 年初开始追踪互联网的使用情况，当时的数据显示只有 14% 的老年人是互联网用户。但如今，65 岁及以上的老年人中有 67% 的人表示会上网。

订购家庭宽带服务的老年人比例也在上升——尽管比互联网使用的增长速度慢。大约有一半（51%）的老年人说他们家里安装了高速网络，比 2013 年略有上升，当时使用宽带的老年人的覆盖率为 47%。

社交媒体正日益成为人们查阅新闻和信息、分享经验以及与朋友和家人联系的重要平台。正如老年人的互联网使用率和智能手机拥有量有所增长，老年人使用社交媒体的比例也在增长。

如今，在 65 岁及以上的美国人中，34% 的人说他们使用 Facebook 或 Twitter 等社交网站。这比 2013 年增长了 7 个百分点——2013 年使用社交媒体的老年人的覆盖率为 27%。尽管如此，不使用社交媒体的老年人仍为多数，使

---

① 来源：Anderson, M., and Perrin, A.（2017, May 17）. Tech adoption climbs among older adults. *Pew Research Center*。

用社交媒体的老年人的覆盖率相比其他年龄人群要低得多。

老年人在科技应用方面面临的一个挑战是，许多人根本不相信自己有能力了解并正确使用电子设备。除了对自己使用数字技术的能力缺乏信心外，老年人也比其他年龄段的人更有可能表示他们需要别人教他们如何使用新设备。另外，老年人也可能面临身体上的挑战，这可能会使使用或操作设备变得困难。

一旦上网，大多数老年人会把上网作为日常生活的一部分。大约四分之三的老年互联网用户至少每天会上网，其中17%的人说他们每天上网一次，51%的人说他们一天上网几次，8%的人说他们几乎不间断地上网。在拥有智能手机的老年人中，这一数字甚至更高：76%的人每天会频繁上网。

二、家庭结构

在过去的50年里，离婚率持续上升，最终趋于稳定，这对美国的家庭结构产生了显著的影响。同居、单亲家庭和同性婚姻的兴起挑战了现有的政策和观点。未来预测显示，到2030年，单亲家庭将增加12%，无孩家庭将增加37%，一个人的家庭将增加35%（Organization for Economic Co-operation and Development, 2011）。根据历史分析，家庭结构随着时间的推移而发生变化是合理的预期。这些变化最终将影响到家庭资源管理。

（一）婚姻和稳定的伴侣关系

21世纪的婚姻制度发生了变化。虽然今天约有80%的年轻人表示会在未来结婚（Hymowitz et al., 2013），但由于各种原因，这条道路似乎变得更加漫长了。切尔林等人（Cherlin et al., 2014）认为，向成年过渡时期的转变是其中一个原因。34%的人报告说财务安全是婚姻的障碍（Wang & Parker, 2014）。结婚和生育都被推迟了，尤其是那些受过教育的人。这扩大了受过教育的年轻专业人士与只有高中学历、更早结婚、更早生孩子的同龄人之间的经济差距。

正如第二章所讨论的，作为婚姻替代方式的同居[①]（cohabitation）变得越

① 同居：像已婚夫妇一样一起生活。

来越普遍。虽然许多人将同居视为通向婚姻的途径，但伴侣的意图和体验却大相径庭。在未来，同居率可能不会像过去那样急剧上升，因为舆论和个人信仰将继续影响这一趋势。

在西方社会，另一种新兴的关系是分开同居（living apart together, LAT）。这种关系通常出现在那些不想住在一起，但希望被认为是夫妻的中老年夫妇身上。夫妻选择这种稳定的伴侣关系模式，是因为这让他们可以分享亲密，同时保持经济独立。班森（Benson, 2015）报告称，很难确定选择这种关系的人数。为了预测未来的趋势，还需要对这种关系进行更多的研究。

据预测，在未来 40 年里，由于经济不平等的加剧，阶层、种族和地区差异将持续扩大，并改变家庭的组建和构成（Cahn et al., 2016）。受过高等教育的中上阶层群体可能会与其他群体渐行渐远，因为他们善于采取新的策略，利用现有的机会。据预测，这一群体更加重视婚姻，离婚率也更低。

（二）孩子

推迟结婚、采取节育措施、越来越多的女性参加工作，这些都是过去 30 年生育率下降的原因。自 20 世纪 70 年代以来，女性不生育的比例有所上升，目前在 40 岁出头女性中的占比为 20%。只想维持伴侣关系通常是不生孩子的原因；也有一些成年人是因为养宠物而不生育孩子，对他们来说，和宠物建立情感联系是一件很重要的事。此外，尽管自愿不生孩子在过去被视为不正常，但这种观点可能正在改变，尤其是在那些经济地位较高的人群中（Blackstone, 2014）。

对一些人来说，养育子女意味着更多的债务，更少的储蓄，以及无法按照某种生活方式生活，这足以影响他们的生育决定。最近发生的恐怖主义和校园枪击等事件也可能影响是否生育孩子的决定。运用偏好显现原则[①]（principle of revealed preference）来分析这种现象可能会有所帮助。这一原则认为，消费者的行为揭示了真正的偏好。在生育这件事上，虽然很多人说他们重视家庭，希望有自己的孩子，但他们真正的价值观从较低的生育数据中暴露了出来。有人可能会说，不应该单单用经济学原理来预测生育趋势，因为这种分析只是基于

① 偏好显现原则：将心理偏好纳入经济模型用以解释所做的选择。

养育子女的成本，而没有考虑情感回报。

越来越多的女性选择未婚先育。根据国家婚姻项目的统计，到25岁时，44%的女性已经生育孩子，而只有38%的女性已经结婚；到30岁时，大约有三分之二的女性的第一个孩子是未婚生育（Hymowitz et al., 2013）。切尔林等人（Cherlin et al., 2014）认为，当前，青年向成年过渡的时期大幅延长，这种对成年期早期的新定义将持续到未来，伴随而来的是教育差距将继续导致收入差距的扩大。研究人员表示，家庭的不稳定性仍将延续，从而会对儿童的未来成长产生不利影响（Lundberg et al., 2016）。

也许比生育率和家庭的未来规划更重要的是生育子女的社会风气的变化。这种态度的变化表现在美国生活的许多方面。没有孩子的好处无处不在。从强调单身生活便利的住房项目到把父母描绘成傻瓜并美化单身生活的电视节目，这些似乎都揭示了一种从生育社会向不生育的成人社会的转变。

不过，尽管近年来社会上出现了不生育孩子的趋势，还出现了一些关于育儿负面意义的研究，但很多人并没有放弃为人父母的梦想。但是，消费者调查显示，随着越来越多的父母试图在家庭和工作生活之间找到平衡，他们正在“外包”家庭生活。霍赫希尔德（Hochschild, 2012）的研究记录了父母如何利用市场来打理个人生活，几乎涉及方方面面。艾普和维拉盖勒蒂（Epp & Velagaleti, 2014）认为，外包家庭生活的原因包括上班族父母的时间限制、没有家人可以帮忙、育儿标准的提高等。虽然外包的可能只是不那么重要的任务，比如打扫房子，但也可能适用于照顾孩子，尤其是当父母认为请人照顾孩子和自己照顾孩子一样时。

（三）离婚

尽管离婚率在20世纪70年代和80年代急剧上升，但在过去的20年里已经趋于稳定，并略有下降。有两个因素似乎对离婚率下降起了主要作用。结婚年龄和较高的教育程度为婚姻的稳定性做出了贡献（Hymowitz et al., 2013）。史蒂弗曼（Steverman, 2016）指出，婚姻的平均持续时间更长，年轻夫妇的离婚率比婴儿潮一代低。如果保持目前的趋势，未来离婚率将继续下降。

有一个问题似乎是引发争议的源头，并有可能成为未来讨论的话题，即无过错离婚法。在20世纪70年代和80年代初，离婚法经历了通常所说的离婚“革命”，美国大多数州都颁布了无过错法，准予其可以作为离婚的理由。在此之前，配偶只有在有证据证明配偶有婚姻不端行为的情况下才可以提起离婚诉讼。准予无过错离婚的原因包括希望减轻法院离婚程序的负担、促进婚姻财产分配更加公平、允许前伴侣有再婚的自由等。离婚的法律成本降低了，因为夫妻不再需要证明对方有错。谈判可以在庭外与调解人进行，而不必有法官或陪审团的参与。

家庭科学家更为关心的是离婚对孩子及其未来关系的影响。几乎每一项关于离婚对孩子影响的研究都会指出一些负面影响；然而，大多数研究得出的结论是，这些负面影响对孩子的影响并不是绝对的（Amato, 2010; Ribar, 2015）。收入、父亲的参与、父母的身心健康、育儿质量和家庭稳定性似乎是最能预测所有家庭结构中儿童情感和社会幸福度的几大因素。里巴尔（Ribar, 2015）指出，即使干预措施或政策到位——提高父母收入、增加父母花在孩子身上的时间，或为离婚父母的孩子提供其他实物服务，这些也只能部分替代完整的婚姻本身。

▶现实思考

未来——疫情后

“适应”和“保持距离”是2020年和2021上半年的关键词。专家认为，行为需要重复2个月到一整年的时间才能成为一种习惯。这次的新冠疫情为一些重大的行为改变提供了足够的时间，这些改变将影响家庭行为和家庭在这10年中所拥有的资源。

1. 交流

在疫情期间，我们学到了哪些关于个人和专业交流的新知识？首先，面对面会议对企业或家庭保持联系和完成任务来说并不是必要的。我们再也没有借口因为天气或距离而取消会议。家庭会适应这种新的常规的“聚会”方式，并增加互动吗？还是说这种聚会方式的非个人化特征会最终使得家庭成员间的有意义互动减少，进而削弱家庭关系？工作会永久性地进入家庭环境吗？

2. 住房

随着商业中心更多地转向社区化发展模式，城市生活的区位因素可能会发生变化。随着人们宁愿牺牲通勤时间住在有绿地的大平层里，郊区住房区域是否会激增并扩大？太阳能和风能公用事业会改变社区的规模和外观吗？新兴技术如何在不影响安全和个人隐私的前提下融入生活空间？

3. 卫生保健

在新冠疫情期间，人们对社会经济和种族群体不平等情况的关注为地方、州和联邦政府以及医疗专业人员提供了一个锐意改革的机会，以为所有家庭提供更好的卫生保健服务。新型疫苗的研发为医疗创新和提高预防疾病的能力打开了大门。随着卫生保健的可负担性和可获得性成为舆论、立法和实践的中心，药物和服务的可获得性将是一个核心挑战。

4. 贫困和饥饿

随着世界从被动反应转向主动关注，找到解决体制性贫困和难以获得健康食品等问题的解决方案的机会也随之出现。各国是否能够通过内部合作来解决这些问题？各国能否团结起来，改善全球所有公民的生活？

5. 接下来会是什么？

刚刚过去的经历对未来的影响正在显现。家庭科学将成为个人和家庭生活改善和解决问题的一个组成部分。

三、自然资源

自然资源的可获得性是现在和将来需要考虑的一个非常重要的问题。自然资源通常被定义为食物、水、能源和矿物。正如我们所知，这些资源对维持生命至关重要。世界经济论坛（World Economic Forum, 2014）展望了未来自然资源可用性的四种范式，并提出了未来20年将展现的具有挑战性的场景。

第一，应该关注自然资源的枯竭。有限的资源供应正在以惊人的速度被消耗，而对资源的需求持续增长。目前，解决这一问题的新技术的开发和采用速度还不足以满足未来的需求。第二，有必要关注自然资源成本不断上升的问题。价格上涨不仅是因为资源供应正在耗尽，而且监管力度的加强、生产成本的提高以及风险性更高的开发地点也在推高价格。第三，应鼓励开发新资源或寻找替代资源。第四，社会不公平导致自然资源配置不公平。“尽管世界有能力养活所有人，但地球上仍有七分之一的人每天在挨饿”（World Economic Forum, 2014, p.14）。控制资源获取的群体将从中受益，并可能认为他们有特权享有更多资源。这些问题将导致未来的挑战。政治和恐惧将导致资源供应的广泛变化。例如，经济制裁不仅可以对世界的某个地方引发恐慌，而且还可以对世界的其他地方产生影响。决策带来的社会后果也是一个挑战。例如，用“水力压裂”法开采页岩气可以增加该自然资源的开采量，但同时可能影响附近的水资源供应。第五，向更多的可再生资源转移所需的新技术需要时间，而且成本高昂。例如，在开发新技术的同时，仍需消耗传统资源。在这一转变过程中，新技术是否具有成本效益，甚至是否能够提供所需的资源，仍然存在疑问。

汽车已经在使用替代能源了。现在，路上有些（但不多）车辆使用的燃料是乙醇、回收食用油和电力。制造商们正在开发能够使用这些替代燃料的新型高效汽车。城市地区正在加大力度扩大公共交通网络，希望能够缓解马路上的私家车拥堵情况。我们不能指望个人和家庭会有意识地减少他们旅行的渴望。随着企业和家庭在地理上的扩张，飞机出行率将继续上升。越来越多的老年人在退休后会去旅游。

此外，还必须关注对电力的依赖性日益增长的问题。利用风能和冲浪能并将其转化为可用的电力是工程领域的两个重要研究和设计领域。消费者对无线技术和柔性产品的需求与对便携式能源的兴趣相一致。可充电燃料电池在产品设计的许多领域得到了推动。

粮食和水短缺是未来地球面临的两大挑战。伍蒂奇和布鲁伊斯（Wutich & Brewis, 2014）认为，尽管美国不像其他国家那样存在饥荒或安全饮用水供应方面的问题，但也存在一些资源不安全问题。如果气候变化或人口增长改变了我们获得资源的能力，我们要能够判断早期的预警信号并对未来做好规划，这将有助于我们做好预防。随着住宅和工业综合体的不断发展，用于粮食生产的土地正在减少。我们需要不断研究在不耗尽土壤资源的情况下增加粮食产量的粮食生产新方法。有效的垃圾管理方法也很有必要。第十三章解释了社会责任，我们的未来将会因为我们是否接受这个重要概念而受到正面或负面的影响。

四、人口变化

使用人口统计信息不仅是了解正在发生的变化的重要工具，而且也是帮助决策者和社区领导做出明智决定的重要依据。根据不断变化的人口信息对新出现的趋势做出判断，使得人口预测成为可能。美国的变化表明人口老龄化正在加剧，人口构成变得更加多样化，宗教信仰减弱，人们变得更加开放。这些人口统计研究表明，造成年轻人和老年人、穷人和富人，以及政党间冲突的差距正在扩大（Taylor, 2014）。

（一）多样性和移民

术语“第三次人口转型”（third demographic transition; Coleman, 2009）指的是美国从一个以本土出生人口为主的低生育率国家转变为一个具有文化和种族多样化的高生育率人口国家。1900 年，88% 的移民来自欧洲，而现在美国移民中只有 12% 来自欧洲国家（Pew Research Center, 2013）。这些变化将对贫困、平等和政策等重要问题的讨论产生重大影响。

据预测，到 22 世纪，美国白人将只占美国总人口的 43%（1960 年为 85%）。到时，西班牙裔和美国黑人将占美国总人口的 45%（Restuccia, 2014）。如今，超过 50% 的移民来自拉丁美洲（Pew Research Center, 2013）。

跨种族通婚也促成了人口结构的变化。正如第五章中讨论过的，近六分之一的新婚夫妇与本种族或民族以外的人结婚，而在 50 年前，许多州与本种族以外的人结婚仍然是非法的（Taylor, 2014）。随着多样性和跨种族婚姻的增多，种族划分在未来可能没有太大意义。美国人口普查局现在允许个人识别自己的种族或民族背景，而不是要求他们在完成人口普查时从预先确定的选项中选择。

围绕合法和非法移民的争议一直是政客和公众争论的焦点。这个问题不容易解决，这场争论可能会持续。在过去的几十年里，移民在改变美国的种族和民族构成方面发挥了重要作用。美国是世界上多元化的国家之一，从历史上看，开放的移民政策使来自世界各地的人们来到美国并在美国生活。2020 年美国选举提高了少数族裔声音在政治进程中的重要地位。

在我们为未来做准备时，认识和理解人口多样性的变化至关重要。多样性的增长改变了群落动态。食物随着人的迁移而迁移，但当它与他人的好恶混合在一起时，其真实表达就会发生变化。想想那些提供“美国化”民族食品的快餐店。萨尔萨辣酱已经取代番茄酱成为头号调味品，玉米片的销量超过了薯片（Laboy & Hirsch, 2013）。

商品和服务需要改变，以满足不同群体的需要。商业策略和实践必须改变以适应目标市场的独特性。美国政府的政治结构日益多元化。作为当前美国最大少数族裔之一的西班牙裔文化已经改变了美国社会。从广告、标识到电视上的儿童节目，西班牙语已经被引入许多领域。音乐、娱乐和体育界都不乏拉丁裔明星，比如流行歌星詹妮弗·洛佩兹、女演员索菲亚·维加拉和美国职业棒球大联盟的亚历克斯·罗德里格斯。

（二）经济分化

美国梦总是与这样一种观念联系在一起：无论你的起点在哪里，都可以成功；然而，富人和穷人之间的鸿沟正在扩大。萨兹（Saez, 2013）报告说，现在的收入不平等水平是经济大萧条开始以前 1928 年以来最高的。种族骚乱和新冠疫情对少数族裔社区的影响加剧，这使人们更加意识到社会文化鸿沟仍在持续扩大。是什么造成了这种日益扩大的经济差距？这种差距未来还会继续扩大吗？研究指出了这种现象背后的几个原因。

首先，最贫困的儿童的家庭收入，尤其是单亲家庭的收入下降了。吉莱斯皮（Gillespie, 2013）发现，穷人和工薪阶层家庭的收入下降，而前 5% 的“经济精英”出现收入增长。尽管人们认为美国遍地都是机会，但社会阶层跨越已经变得不太可能。那些在富裕环境下长大的人比那些在贫穷环境下长大的人更有可能在成年后过上富裕的生活。家境不太富裕的孩子无法获得相应的家庭资源，这会削弱他们成年后在经济上实现跨越的能力。

其次，自 2007 年至 2009 年经济衰退以来，种族和民族的收入差距一直在扩大。在低收入家庭长大的孩子中，超过一半是少数族裔（Population Reference Bureau, 2015）。虽然在过去的几年里，这种情况略有改善，但黑人的收入仍然只有白人的 63%（Pew Research Center, 2013）。除非制定政策解决弱势群体获得教育和培训机会的问题，否则这种差距将持续到未来。

再次，收入不平等与教育机会差距的扩大有关，父母对子女投资的差距也在扩大。这些机会包括改进性支出，如私人课程和家教、资助孩子的大学教育等。除了金钱，时间花费也是在孩子身上投资的一种方式。拥有大学学历的母亲每周陪伴孩子的时间比那些只有高中或更低学历的母亲多4.5个小时（Guryan et al., 2008），这使得孩子的词汇量更大，并使孩子在其他方面受益。

最后，两个收入组的负债率存在显著差异（Gillespie, 2013）。美国的金融体系允许消费者依靠债务来满足他们的需求。在经济繁荣时期，美国人依靠极易申请的信贷增加了消费。在上次经济衰退期间，许多人已经深陷债务。债务，再加上房价的急剧下跌，加剧了美国本已巨大的贫富差距（Mian & Sufi, 2014）。

（三）人口老龄化

预计到2030年，美国65岁及以上的人口将达到7 000万（American Geriatrics Society, 2016）。几乎可以肯定的是，社会的人口结构将继续变化，不仅表现在经济上，而且涉及许多其他方面。显然，经济保障、健康、寿命等方面的变化将给进入下一个人生阶段的老年人带来相当大的社会影响力。工商业界已经开始关注婴儿潮一代的喜好，并将他们作为商业目标，以获得更大的消费市场份额。在未来的几年里，广告商可能需要将注意力从只针对年轻人的产品转向针对成年人的产品，这些成年人相比同年龄段的上几代人年龄更大、更富裕、更懂技术、更注重健康。

20世纪末，提前退休的趋势发生了逆转。社会保障制度的变化迫使许多人延长工作时间，技术进步改善了工作条件，美国老年人更加健康，这些都使得退休年龄有所提高，预计这一趋势还将继续。美国退休人员协会（AARP）（Peterson, 2015）报告称，未来对社会保障的需求很大，因为它将为二分之一的美国老年人提供至少一半的收入，为四分之一的老年人提供大部分收入。这种情况在未来很可能不会改变，因为来自其他方面的退休财政支持并没有增加。养老金和个人退休账户不足以替代社会保障。国家退休保障研究所的统计数据表明（Rhee & Boivie, 2015），接近退休年龄的人群的中等水平退休储蓄余额只有1.45万美元。此外，62%接近退休年龄的工薪家庭的退休储蓄只有不到1年的年收入。

虽然社会保障制度使老年人在经济上受益，但它给工作的年轻人带来的经济压力最终将产生相反的效果。从现在到 2030 年，每天将有 1 万名婴儿潮一代出生的老年人开始享受社会保障和医疗保险（Taylor, 2014）。这一庞大的退休群体将使工作的年轻人难以支持他们自己的老年生活。

美国老龄化调查（United States of Aging Survey, 2015）发现，美国老年人对未来有一些担忧，包括保持身心健康、日常生活成本增加、保持独立以及获得所需的支持等方面。美国老年人正在寻找保持健康和敏锐的方法，保持积极的态度是他们策略的一部分。能够待在家里、保持独立是正步入老年的成年人群的目标。许多人提出，虽然他们能够改善自己的家居环境以实现居家养老，但他们也认识到自己社区的一些基础设施对他们的老年生活不友好。不过，老年人确信，当有需要的时候自己能够找到帮助和支持，尽管他们认为年轻人不像过去那样支持老年人。这份报告中还提到了为老年人服务的专业人士的意见。这些专业人士对老年人的未来持不同意见，他们还对日益增多的金融诈骗和高房价表示担忧。他们也不太相信美国老年人已经为老龄化进程做好了准备。

（四）地理位置和住房

典型的家庭人口结构变化和其他人口变化导致了住房和城市发展的变化。在未来的 25 年里，我们的生活地点和生活方式将会发生一些变化。87% 的成年人在选择居住地时，最优先考虑的是环境质量（Urban Land Institute, 2015）。

尽管都市化曾被认为是那些因为郊区“无序扩张”而想要搬离的人兴起的一种新兴趋势，但似乎大多数美国人仍然喜欢住在郊区，他们可能对市中心的繁华和潮流化的公寓空间不太感兴趣。对于居家工作的日益依赖使得为了离雇主近而住在城市中心的需求不再有必要。为住在市中心付出高成本最终可能只是一场献祭，随着住房需求远离城市，城市住房的租金和购买价格可能会下降。

其他因素，如安全和更好的教育系统，也是有孩子的家庭所关注的问题（Kotkin et al., 2015）。在千禧一代中，75% 的人想住在独栋住宅里，66% 的人想住在郊区。虽然千禧一代中只有 10% 的人想住在市中心，但住在市中心的千禧一代的比例要高于其他世代的人，尤其是单身人士（Urban Land Institute, 2015）。尼尔森公司（Nielsen Company, 2014b）报告称，不住在城市的千禧一代仍然希望自己的居住环境有“大都市的感觉”。这包括附近有娱乐场所、商店和餐馆，能够享受步行即可到达的便利性。超过一半的美国人以及63%的千禧一代想要生活在不需要用车的地方（Urban Land Institute, 2015）。繁华小城镇的主要街道，把商业和工业迁出城市，建立社区集体意识，这些都是让郊区生活更有吸引力的方法。

在房地产“泡沫”破灭并于2008年导致经济衰退之后，尽管房价再次出现上涨，房地产业还是出现了衰退。在始于2020年的新冠疫情期间，房屋购买和建造需求再次激增。家庭住房支出约占支出的35%，高于1985年的30%。租金也急剧上涨，一些城市中心的租房支出占租房者收入的50%（Kotkin & Cox, 2015）。但许多人仍然无力负担房价，再加上可负担住房的短缺，这种现象看起来在未来不会改变或改善（White, 2015）。

随着千禧一代的进入，住房市场和房屋建筑业将继续发生变化。根据全国房屋建筑商协会（National Association of Home Builders, 2015）的报告，未来的房屋将会更小，家用科技将会增加，房屋将会更节能。千禧一代想要更大的橱柜和更多的存储空间，以及独立的洗衣房、办公空间和健身区，但他们对户外厨房、两层楼高的门厅或独立的家庭活动室不太感兴趣。如果买不起离工作地点较近的房子，他们也不介意开车较远、空间较小的房子；然而，他们不愿意在材料质量上妥协。他们更喜欢混合式的住所（独栋住宅和公寓等），希望所在社区有不同年龄段和不同文化、背景的居民（Urban Land Institute, 2015）。新开发的材料，如太阳能砖瓦，为减少对大宗能源生产的依赖创造了机会，太阳能家庭安全设备、汽车和电器降低了能源成本。对现有房屋的重新利用和翻新反映了对“可持续性”的日益重视，创造了一个独特的怀旧市场。

老年人的房屋需求主要集中在有自己的居所，有配套的支持性服务机构，房屋能针对他们身体状况做出合适的改造。他们不想或不需要郊区的大房子，而更愿意住在不需要太多维护的小房子里，但他们仍然更有可能购买郊区的房子，而不是城市的房子。不过，随着婴儿潮一代成为空巢老人，他们意识到大房子的资产净值可以让他们生活得更加精致，他们会更看重新居住环境的豪华性而不是空间大小。多户老年住宅社区也满足了婴儿潮一代中年纪尚轻的老年人对方便护理、方便出入和社区设施的需求。

一种新的住房趋势正在显现，即家庭在地理位置上变得靠近，甚至形成一个多代同堂的家庭。这样不仅能让几代人共享资源；同时还反映了他们增强家庭关系的愿望（Kotkin et al., 2015）。因此，未来可能会有更多的住宅拥有多个生活空间、独立的姻亲套房，或适合大家庭的叠加别墅。

无论美国人生活在哪里，都会对未来他们与家人和社区打交道的方式产生影响。在未来，千禧一代比上一代人更希望与他人紧密联系，从而产生以家庭为导向的住房和更紧密的社区的需求。随着父母将工作和教育转移到家庭环境以适应2020年的危机，以及旨在促进这些行为的产品的兴起，工作将不再只集中于工作场合，而是包括了居家工作和弹性工作，这些将有助于促进工作和家庭生活的平衡（Connely et al., 2021）。

案例作业

家庭与环境的各个方面相互影响，随着经济的变化、自然灾害的打击、政治领导体系的变化，以及科技的进步，家庭将成为这些必然变化的舵手，适应并维持与各方面的关系。你与你的案例家庭一起制定的预算是基于他们目前的情况而制定的，需要经常复核，并根据需要修改。

目的：

✔ 家庭必须平衡他们消耗的资源和他们现有的资源。你已经将案例家庭的当前收入和支出都输入到了预算表中。此时的他们要么有一些剩余的钱可以分配，要么有赤字——支出的钱比收入的多。在最后一项案例作业中，你的任务是帮助他们平衡预算。

预算：

注意预算表底部的每月支出总额，然后将其与每月税后收入总额进行比较。这些必须达到平衡—— 平衡栏中显示为“0”。

任务：

如果你的案例家庭税后收入比支出多，你就需要把多余的钱分配到其他支出项中。如果案例家庭支出超过收入，你需要调整之前的预算。有两种主要的平衡策略：增加家庭收入或减少他们目前的支出。这两种方法都会对这个家庭产生影响，因此应该认真评估任何改动。

增加收入。额外的工作时间会带来一些负面影响，比如失去与家人在一起的时间、额外的保育费用、生理压力和人际关系紧张等。假设目前的工作可以加班，但每周最多只能工作 40 个小时。超过这个范围，雇主需要支付加班费，但不能假设现任雇主都同意这种做法。无论是给现任雇主加班还是换第二任雇主都需要返回案例作业 7 和案例作业 8 重新做出计算并提交解释报告。如果你的案例家庭中有一个成年人是老年人，并且他已经可以开始支取退休储蓄（60 年），每月一次的提取额可加入每月的流动资金。

减少支出。主要有两个减少每月开支的方法。一种方法是用现有储蓄偿还贷款。从退休账户中支取钱款会面临 10% 的罚息（支取 5 000 美元将导致余额减少 5 500 美元），但是如果家庭的贷款余额利息达 10%，而成年人有足够的时间在退休前补齐退休账户，应该考虑这个方法。另一种减少开支的方法是重新审查所有支出项并确定当前是否有可以调整的支出项。但是一定不要不切实际，因为如果家庭预算被限制太多往往会导致忽略预算或增加信贷支出以作为补充——两者都会对他们未来的财务状况带来负面影响。出售房屋或车辆涉及税收和服务费用，所以不应该作为一种减少支出的方法。任何支出的削减必须在报告中给出充分解释。

报告：

报告标题必须有正确的归档信息，包括案例家庭姓名、案例编号（14）、当前日期和你的姓名。使用案例作业 1 中创建的摘要段落作为本报告的引言。对你所做的每一项预算更改做出充分解释。如果你使用以前案例作业中使用过的计算工具调整了本案例作业中的收入或支出，请附上截图。预算表必须平衡。

按导师的要求提交报告。

总结

家庭及其如何管理必要的资源以满足他们的需求和愿望，本质上是一个动态的过程。家庭内部和外部环境的变化都会影响未来的需求和决策过程。虽然无法预测未来，但对当前趋势的分析可以预测可能的变化。技术肯定会继续在许多层面上给个人和家庭带来持续且令人困惑的变化。家庭结构一直在演变，并且可能会持续演变，以适应社会的期望和环境。在自然资源的需求和供应方面，预期的未来危机将带来挑战，必须开发替代能源。人口内部的变化将为家庭带来新的机会和挑战。改变既是压力，也是动力。满足这些新兴需求所需的资源和资源获取仍将是家庭的一项主要职能。

复习和讨论题

（1）近来的科技进步对你的个人生活有哪些影响？对你的教育经历呢？

（2）新发明会显著增加休闲时间和活动吗？

（3）技术是如何影响你所追求的教育进程的？

（4）家庭结构的哪些重大变化会对资源管理产生最大影响？

（5）有哪些策略可以提高资源回收参与率？

（6）列出老龄化对家庭资源管理可能产生的五个长期影响。

参考文献

Aassve, A., Alfani, G., Gandolfi, F., & LeModlie, M. (2020). Pandemics and social capital: From the Spanish flu of 1918–19 to Covid–19. *VOX CEPR Policy Portal.* https://voxeu.org/article/pandemics–and–social–capital.

Abbott, L. S., & Williams, C. L. (2015). Influences of social determinants of health on African Americans living with HIV in the rural southeast: A qualitative meta synthesis. *Journal of the Association of Nurses in Aids Care,* 26(4), 340–356.

Afifi, T. D., Zamanzadeh, N., Harrison, K., & Torrez, D. P. (2020). Explaining the impact of dif– ferences in voting patterns on resilience and relational load in romantic relationships during the transition to the Trump presidency. *Journal of Social and Personal Relationships,* 37, 3–26. https://doi.org/10.1177/0265407519846566.

Aldrich, N. W. (1996). *Old money: The mythology of wealth in America.* Allworth.

Allport, G. W. (1935). Attitudes. In C. Murchison (Ed.), *A handbook of social psychology* (pp. 798–844). Clark University Press.

Amadeo, K. (2020, March 13). Universal health care in different countries, pros and cons of each: Why America is the only rich country without universal health care. *The Balance*. https://www.thebalance.com/universal–health–care–4156211.

Amatea, E. S., Smith–Adcock, S., & Villares, E. (2006). From family deficit to family strength: Viewing families' contributions to children's learning from a family resilience perspective. *Professional School Counseling,* 9,277–313.

Amato, P. R. (2010). Research on divorce: Continuing trends and new developments. *Journal of Marriage and Family,* 72, 650–666.

American Association of Family and Consumer Sciences (AAFCS). (2001). *The essence of family & consumer sciences: State of the profession at the dawn of the 21st century.* Author.

American Federation of State, County and Municipal Employees (AFSCME). (2017). *AFSCME's comprehensive guide to understanding the Family and Medical Leave Act.* www.afscme.org/news/publications/health–care/afscmes–comprehensive–guide–to–understanding–the–family–and–medical–leave–act/general–provisions.

American Geriatrics Society. (2016). Fueling future progress for 46 million older adults at 2016: AGS annual scientific meeting. *Science Newsline: Medicine.* https://www.sciencenewsline.com/news/2016041312580004.html.

Anderson, G. L. (1997). *The family in global transition.* Paragon House.

Anderson, M., & Jiang, J. (2018). Teens, social media & technology, 2018. *Pew Research Center.* https:// www.pewresearch.org/internet/2018/05/31/teens–social–media–technology–2018/.

Anderson, M., & Kumar, M. (2019). Digital divide persists even as lower–income Americans make gains in tech adoption. *Pew Research Center.* https://www.pewresearch.org/fact–tank/2019/05/07/digital–divide–persists–even–as–lower–income–americans–make–gains– in–tech–adoption/.

Anderson, M., Vogels, E.A., & Turner, E. (2020).The virtues and downsides of online dating. *Pew Research Center.* https://www.pewresearch.org/internet/2020/02/06/ the–virtues–and–downsides–of–online–dating/.

Andreasen, M. (2001). Evolution in the family's use of television: An overview. In J. Bryant & J. A. Bryant (Eds.), *Television and the American family* (pp. 3–30). Lawrence Erlbaum.

Appiah, D., Qzuem, W., Howell, K. E., & Lancaster, G. (2019). Brand switching and consumer identification with brands in the smartphone industry. *Journal of Consumer Behavior,* 18(6), 463–473.

Arslan, G., Yildirim, M., Tanhan, A., Bulus, M., & Allen, K. (2020). Coronavirus stress, optimism–pessimism, psychological inflexibility, and psychological health: Pyschometric properties of the coronavirus stress measure. *International Journal of Mental Health and Addiction.* https://doi.org/10.1007/s11469–020–00337–6.

Arvey, R. D., Segal, N. L., Bouchard, T. J., & Abraham, L. M. (1989).Job satisfaction: Environmental and genetic components. *Journal of Applied Psychology,* 74, 187–192.

Asay, S. M., Younes, M. N., & Moore, T. J. (2006). The cultural transformation model: Promoting cultural competence through international study experiences. In R. R. Hamon's (Ed.), *International family studies: Developing curricula and teaching tools* (pp. 84–99). Routledge.

Association for Applied and Therapeutic Humor. (n.d.). *About AATH.* https://www.aath.org/about–aath.

Aulette, J. R. (2002). *Changing American families.* Allyn & Bacon.

Auxier, B., Anderson, M., Perrin, A., & Turner, E. (2020). Parenting children in the age of screens: Two–thirds of parents in the U.S. say parenting is harder today than it was 20 years ago, with many citing technologies—like social media or smartphones—as a reason. *Pew Research Center.* https://www.pewresearch.org/internet/2020/07/28/ parenting–children–in–the–age–of–screens/.

Avolio, B., Walumbwa, F., & Weber, T. J. (2009). Leadership: Current theories, research, and future directions. *Annual Review of Psychology,* 60, 421–449.

B2B Marketing. (2019,June 29). What effect does education level have on wealth? *QS.com.* https://www.qs.com/ what–effect–does–education–level–have–on–wealth/.

Bade, R., & Parkin, M. (2015). *Essential foundations of economics* (7th ed.). Pearson.

Bakan, D. (1966). Behaviorism and American urbanization. *Journal of the History of the Behavioral Sciences,* 2, 5–28.

Barbuto, J. E., Fritz, S. M., & Matkin, G. S. (2007). Effects of gender, education, and age upon leaders' use of influence tactics and full range leadership behaviors. *Sex Roles,* 56, 71–83.

Barge, J. K., & Loges, W. E. (2003). Parent, student, and teacher perceptions of parental involvement. *Journal of Applied Communication Research,* 31, 140–163.

Barger, M. M., Moorman Kim, E., Kuncel, N. R., & Pomerantz, E. M. (2019). The relation between parents' involvement in children's schooling and children's adjustment: A meta–analysis. *Psychological Bulletin,* 145(9), 855–890.

Bar–On, R., & Parker, J. (2000). *The handbook of emotional intelligence theory, development, assessment, and application at home, school, and in the workplace.* Jossey–Bass.

Barrie, C. K., Bartkowski, J. P., & Haverda, M. (2019). The digital divide among parents and their emerging adult children: Intergenerational accounts of technologically assisted Family Communication. *Social Sciences,* 8(3), 83. https://doi.org/10.3390/socsci8030083.

Barsade, S. G. (2002). The ripple effect: Emotional contagion and its influence on group behavior. *Administrative Science Quarterly,* 47, 644–677.

Bass, B. M., & Avolio, B. J. (1997). *Full range leadership development: Manual for the multifactor leadership questionnaire.* Mind Garden.

Baumoel, D., Trippe, B., & Spencer, K. (2020). The progenitor's dilemma: Avoiding entitlement when transferring wealth. *International Family Offices Journal,* 15. https://www.globelawandbusiness.com/journals/ the–international–family–offices–journal.

Baxter, L. A., & Braithwaite, D. O. (2002). Performing marriage: Marriage renewal rituals a cultural performance. *Southern Communication Journal,* 67, 94–109.

Beblo, M. (2001). *Bargaining over time allocation economic modeling and econometric investigation of time use within families*. Physica–Verlag.

Becker, G. S. (1991). *A treatise on the family*. Harvard University Press.

Beder, S. (1998). Is planned obsolescence socially responsible? *Engineers Australia,* 52.

Beecher, C. E. (1869). *The American woman's home*. J. B. Ford.

Bem, D. J. (1972). Self–perception theory. *Advanced Experimental Social Psychology,* 6, 1–62.

Benner, A. D., Boyle,A. E., & Sadler, S. (2016). Parental involvement and adolescents' educational success: The roles of prior achievement and socioeconomic status. *Journal of Youth Adolescence,* 45, 1053–1064.

Benson, J. J. (2016). Living–apart–together (LAT) relationships. *The Encyclopedia of Adulthood and Aging*.

Bertalanffy, L. V. (1969). *General system theory*. G. Braziller.

Bertocchi, G., Brunetti, M., & Torricelli, C. (2012). *Is it money or brains? The determinants of intra–family decision power*. Center for Economic Research, University of Modena.

Bialik, K., & Fry, R. (2019). Millennial life: How young adulthood today compares with prior generations. *Pew Research Center*. https://www.pewsocialtrends.org/essay/ millennial–life–how–young–adulthood–today–compares– with–prior–generations/.

Bindley, K. (2012, June 1). Domestic partner health insurance benefits grow for heterosexual couples, too. *The Huffington Post*. http://www.huffingtonpost.com/2012/06/01/domestic–partner–health–insurance–unmarried–heterosexualcouples_n_1532584.html.

Blackstone, A. (2014). Doing family without having kids. *Sociology Compass,* 8(1), 52–62.

Blank, W. (2001). *The 108 skills of natural born leaders*. AMACOM.

Blau, F. D., & Kahn, L. M. (2017). The gender wage gap: Extent, trends, and explanations. *Journal of Economic Literature,* 55(3), 789–865. https://doi.org/10.1257/ jel.20160995.

Block, J. (2015, November 9). As millennials eye better work–life balance, is the US ready for a 6–hour workday? *Today Money*. www.today.com/money/millennials–eye– better–work–life–balance–us–ready–6–hour–t54886.

Blood, R. O., & Wolfe, D. M. (1960). *Husbands and wives: The dynamics of married living*. The Free Press.

Blum, R. W. (2002). *Mother's influence on teen sex: Connections that promote postponing sexual intercourse*. Center for Adolescent Health.

Bond, A. E., Mandleco, C. L., & Donnelly, M. (2003). Needs of family members of patients with severe traumatic brain injury: Implications for evidence–based practice. *Critical Care Nurse*, 23, 63–74.

Bonnell, A. (Ed.). (2015). *The state of sustainability in America 2015: Trends and opportunities.*

Market Research .com.

Bornstein, M. H., Cote, L. R., Haynes, M., Hahn, C.-S., & Park, Y. (2010). Parenting knowledge: Experiential and sociodemographic factors in European American mothers of young children. *Developmental Psychology,* 46,1677–1693.

Bossard, J. H., & Boll, E. S. (1943). *Ritual infamily living.* University of Pennsylvania Press.

Bovet, A., & Makse, H. A. (2019). Influence of fake news in Twitter during the 2016 US presidential election. *Nature Communications,* 10, 7. https://doi.org/10.1038/ s41467-018-07761-2.

Bowler, D. E., Buyunk-Ali, L. M., Knight, T. M., & Pullin, A.S . (2010). A systematic review of evidence for the added benefits to health of exposure to natural environments. *BMC Public Health,* 10, 456–466. https://doi .org/10.1186/1471-2458-10-456.

Bram, J., Karahan, F., & Moore, B. (2019). Minimum wage impacts along the New York–Pennsylvania border. *Federal Reserve Bank of New York.* https://liberty streeteconomics.newyorkfed.org/2019/09/minimum-wage-impacts-along-the-new-york-pennsylvania- border.html.

Branden, N. (1995). *The six pillars of self-esteem.* Bantam.

Brazelton, B. T., & Greenspan, S. (2000). Your child—learning: Our window to the future [Special issue]. *Newsweek,* 34–36.

Bristow, D. N., & Mowen, J. C. (1998). The consumer resource exchange model:Theoretical development and empirical evaluation. *Marketing Intelligence & Planning,* 16, 90–99.

Bronfenbrenner, U. (1994). Ecological models of human development. *In International Encyclopedia of Education* (2nd ed., Vol. 3). Elsevier.

Brooks, J. (2013). *The process of parenting* (9th ed.). McGraw Hill.

Broom, D. (2020). Coronavirus has exposed the digital divide like never before. *World Economic Forum Global Agenda,* https://www.weforum.org/agenda/2020/04/ coronavirus-covid-19-pandemic-digital-divide-internet- data-broadband-mobile.

Brown, A. (2011). Relationships, community and identity in the new virtual society. *The Futurist,* 45(2), 29–34.

Brown, P. L. (2000). Silicon Valley wealth brings new stresses on children. *The New York Times,* p. 1A.

Bubolz, M. M., & Sontag, M. S. (1993). Human ecology theory. In P. G. Boss, W. J. Doherty, W. R. LaRossa, W. R. Schumm, & S. K. Steinmetz (Eds.), *Sourcebook of family theories and methods: A contextual approach* (pp. 591–625). Plenum.

Burgess, E., & Locke, H. (1945). *The family: From institution to companionship.* American Book.

Cahn, N., Carbone, J., Lavine, H., & Blankenhorn, D. (2016). *Two perspectives on demographic change and the future of the family.* The Center for American Progress, the American Enterprise Institute, and the Brookings Institution.

Capaldi, D. M., Tiberio, S. S., Pears, K. C., & Kerr, D. C. R. (2019). Intergenerational associations in physical maltreatment: Examination of mediation by delinquency and substance use, and moderated mediation by anger. *Development and Psychopathology,* 31(1), 73–82.

Carroll, A. B. (2015). Corporate social responsibility: The centerpiece of competing and complementary frameworks. *Organizational Dynamics,* 44, 87–96.

Catalyst. (2020, October 14).Women in the workforce—United States: Quick take. https://www.catalyst.org/ research/women–in–the–workforce–united–states/.

Caughlin, J. (2003). Family communication standards: What counts as excellent family communication and how are such standards associated with family satisfaction? *Human Communication Research,* 29, 5–40.

Centers for Disease Control and Prevention. (2019). Overweight & obesity: Data & statistics. https://www .cdc.gov/obesity/data/index.html.

Cherlin, A. J., Talbert, E., & Yasutake, S. (2014). *Changing fertility regimes and the transition to adulthood: Evidence from a recent cohort.* Paper presented at the Annual Meeting of the Population Association of America, Boston.

Chesley, N., & Flood, S. (2017). Signs of change? At–home and breadwinner parents' housework and child– care time. *Journal of Marriage and Family,* 79, 511–534.

Chesley, N., Siibak, A., & Wajcman, J. (2013). Information and communication technology use and work–life integration. In D. A. Major & R. Burke (Eds.), *Handbook of work–life integration among professionals: Challenges and opportunities* (pp. 245–266). Edward Elgar.

Cho, M., Bonn, M. A., & Han, S. J. (2018). Generation Z's sustainable volunteering: Motivations, attitudes and job performance. *Sustainability,* 20(5), 1400. https://doi .org/10.3390/su10051400.

Christiansen, L. (July 6, 2020) The psychology of cults and groupthink. *Straight Talk, STC Tech.* https://www.straighttalkcounseling.org/post/the–psychology–of– cults–and–groupthink–by–lauren–christiansen.

Cigna. (2019, July). *Healthiest countries in the world.* https://www.cignaglobal.com/blog/healthcare/top–10–healthiest–countries–world.

Cilluffo, A. (2019). 5 facts about student loans. *Pew Research Center.* https://www.pewresearch.org/fact–tank/2019/08/13/facts–about–student–loans/.

Cohen–Cline, H., Turkheimer, E., & Duncan, G. E. (2015). Access to green space, physical activity and mental health: A twin study. *Journal of Epidemiology and Community Health,* 69, 523–

529. https://doi.org/ 10.1136/jech-2014-204667.

Coleman, D. (2009). Divergent patterns in the ethnic transformation of societies. *Population and Development Review,* 35, 449–478.

The College Board. (2018). *Trends in college pricing.* https://research.collegeboard.org/pdf/ trends-college- pricing-2018-full-report.pdf.

Collinge, R. A., & Ayers, R. M. (2000). *Economics by design principles and issues.* Prentice Hall.

Connley, C., Hess, A. J., & Liu, J. (2020). *13 ways the coronavirus pandemic could forever change the way we work.* https://www.cnbc.com/2020/04/29/how-the-coronavirus- pandemic-will-impact-the-future-of-work.html.

Consumer Reports. (2015). *GMO foods: What you need to know.* http://www.consumerreports. org/cro/magazine/2015/02/gmo-foods-what-you-need-to-know/index. htm.

Coontz, S. (2000). Historical perspectives on family studies. *Journal of Marriage and the Family,* 62, 283–297.

Cordry, S., & Wilson, J. D. (2004). Parents as first teacher. *Education,* 125, 56–57.

Corporation for National and Community Service. (2010). *Civic life in America: Key findings on the civic health of the nation.* Author.

Coverdill, J. E., Lopez, C. A., & Petrie, M. A. (2011). Race, ethnicity, and the quality of life in America, 1972- 2008. *Social Forces 89(3)*, 783–805.

Crittenden, A. (2004). *If you've raised kids, you can manage anything leadership begins at home.* Gotham Books.

Crosswhite, J. M., Rice, D., & Asay, S. M. (2014). Text messaging among US young adults: An exploratory study on texting and its use within families. *Social Science Journal,* 51(1), 70–78.

Davenport, C. (2014, November 18). Keystone Pipeline pros,cons and steps to a final decision. *The New York Times.* https://www.nytimes.com/2014/11/19/us/politics/ what-does-the-proposed-keystone-xl-pipeline-entail. html.

Davenport, T. H., & Prusak, L. (1998). *Working knowledge: How organizations manage what they know.* Harvard Business School Press.

Davis, J. G., Kuan, K. K. Y., & Poon, S. (2020). *Digital exclusion and divide in the United States: Exploratory empirical analysis of contributing factors.* AMCIS 2020 Proceedings, 1. https:// aisel.aisnet.org/amcis2020/ social_inclusion/social_inclusion/1.

De, R., Pandey, N., & Pal, A. (2020). Impact of digital surge during Covid-19 pandemic: A viewpoint on research and practice. *International Journal of Information Management,* 102171. https://www.sciencedirect.com/ science/article/pii/S0268401220309622?via%3Dihub.

DeFrain, J., & Asay, S. M. (Eds.). (2007). *Strong families around the world: Strengths based research and perspectives.* Routledge, Taylor & Francis.

DeFrain, J., & Stinnett, N. (2002). The family strengths perspective. In J. J. Ponzetti (Ed.), *International encyclopedia of marriage and family relationships* (pp. 637–672). Macmillan.

DeHaan, P., & Laskoski, G. (2016). *Gas buddy fuel price outlook 2016.* Gas Buddy.

DeLorey, C. (2003). The health consequences of being female or male. *Healthcare Review,* 16, 12.

Desimone, L. (1999). Linking parent involvement with student achievement: Do race and income matter? *Journal of Educational Research,* 93(1), 11.

Deutch, P. J. (2005). Energy independence: High oil prices have everyone talking about energy independence again. *Foreign Policy,* 151, 20–25.

Dewitte, S., & De Cremer, D. (2001). Self–control and cooperation: Different concepts, similar decisions? A question of the right perspective. *Journal of Psychology,* 135(2), 133–154.

Dickson, A. (2004). 2004 catalyst survey: Most top women execs want CEO job. *InnoVisions Canada.* http:// www.ivc.ca/studies/us/index.htm.

Doherty, W. J. (1997). *The intentional family: How to build family ties in our modern world.* Addison–Wesley.

Doyal, L., & Gough, I. (1991). *A theory of human need.* Guilford.

Dunn, H. L. (1961). *High–level wellness.* R.W. Beatty.

Dupont, H. (1994). *Emotional development, theory and applications a neo–Piagetian perspective.* Praeger.

Easterlin, R. (2001). Income and happiness: Towards a unified theory. *Economic Journal,* 111, 465.

Eaves, L. J., Eysenck, H. J., & Martin, N. G. (1989). *Genes, culture, and personality: An empirical approach.* Academic Press.

Edgar–Smith, S. E., & Wozniak, R. H. (2010). Family relational values in the parent–adolescent relationship. *Counseling and Values,* 54, 187–200.

Edleson, J. L., & Tan, N. T. (1993). Conflict and family violence: The tale of two families. In P. Boss (Ed.), *Sourcebook of family theories and methods: A contextual approach* (pp. 382–384). Plenum.

Edwards, B., Baxter, J., Smart, D., Sanson,A., & Hayes, A. (2009). Financial disadvantage and children's school readiness. *Family Matters,* 83, 23–31.

Edwards, R., & Hamilton, M. A. (2004). You need to understand my gender role: An empirical test of Tannen's model of gender and communication. *Sex Roles: A Journal of Research,* 50(7–8),

491–505.

Eisenkraft, N., & Elfenbein, H. A. (2010). The way you make me feel: Evidence for individual differences in affective presence. *Psychological Science,* 21(4), 505–510.

Elliott, E. D. (2013). *Why the United States does not have a renewable energy policy.* Environmental Law Institute. https://www.cov.com/~/media/files/corporate/ publications/2013/02/why_the_united_states_does_ not_have_a_renewable_energy_policy.pdf.

Energy Star. (n.d.). *About Energy Star.* https://www.energystar.gov/about.

Epp, A. M., & Velagaleti, S. R. (2014). Outsourcing parenthood: How families manage care assemblages using paid commercial services. *Journal of Consumer Research,* 41(4), 911–935. https://doi.org/10.1086/677892.

Erikson, E. H. (1963). *Childhood and society.* Norton.

Fancourt, D., & Steptoe, A. (2019). Television viewing and cognitive decline in older age: Findings from the English longitudinal study of ageing. *Scientific Reports,* 9, https://www.nature.com/articles/s41598–019–39354–4?fbclid=IwAR3Zu0D5bWtF3mEiARVKmUlJWRlZGGOYud4Qmq0TX6MhVUIXtWvn8nIdcRg.

Feather, N. T. (1990). Bridging the gap between values and actions: Recent applications of expectancy–value model. In R. M. Sorrentino & E. T. Higgins (Eds.), *Handbook of motivation and cognition foundations of social behavior* (pp. 151–192). Guilford.

Federal Emergency Management Agency (FEMA). (2015). *Sixty percent of Americans not practicing for disaster.* https://www.fema.gov/news–release/2015/04/28/sixty– percent–americans–not–practicing–disaster–fema–urges– everyone–prepare.

Federal Trade Commission (FTC). (n.d.). *Green guides.* https://www.ftc.gov/news–events/media–resources/ truth–advertising/green–guides.

Federal Trade Commission. (2019). *About the FTC.* https://www.ftc.gov/about–ftc.

Feldman, Y., & Perez, O. (2012). Motivating environmental action in a pluralistic regulatory environment: An experimental study of framing, crowding out, and institutional effects in the context of recycling policies. *Law and Society Review,* 42(2), 405–442. https:// doi.org/10.1111/j.1540–5893.2012.00493.x.

Feldman, D., Wall, M., Hosea,J., Banker, L., & Ponce,J. (2015). The millennial impact report: Cause, influence and the next generation work force. *Achieve.* www.themillennialimpact.com/sites;default/files/reports/ 2015–MilenialImpactReport_01_0.pdf.

Feldstein, S. W., & Miller, W. R. (2006). Substance use and risk–taking among adolescents. *Journal of Mental Health,* 15(6), 633–643.

Fiedler, F. E. (1967). *A theory of leadership effectiveness.* McGraw–Hill.

Finnigan, B. (2017). Buddhism and animal ethics. *Philosophy Compass,* 12(7), e12424.

Fishbein, M., & Ajzen, I. (1975). *Belief, attitude, intention, and behavior: An introduction to theory and research.* Addison–Wesley.

Fishbein, M., & Ajzen, I. (1980). *Understanding attitudes and predicting social behavior.* Prentice Hall.

Fishbein, M., & Ajzen, I. (2010). *Predicting and changing behavior: The reasoned action approach.* Psychology Press.

Fitzpatrick, M. A. (1988). *Between husbands and wives: Communication in marriage.* SAGE.

Fitzpatrick, M. A., & Ritchie, L. D. (1994). Communication schemata within the family: Multiple perspectives on family interaction. *Human Communication Research,* 20, 275–301.

Fleishman, F. E. (1953). Leadership climate, human relations training, and supervisory behavior. *Personnel Psychology,* 6, 205–222.

Foa, U. G. (1971). Interpersonal and economic resources. *Science,* 171, 345–351.

Foa, U. G. (1993). *Resource theory: Explorations and applications.* Academic Press.

Folbre, N. (2001). *The invisible heart economics and family values.* New Press.

Foner, N., Deaux, D., & Donato, K. M. (2018). Introduction: Immigration and changing identities. *RSF: The Russell Sage Foundation Journal of the Social Sciences,* 4(5), 1–25.

Forgays, D. K. (1996). The relationship between type A parenting and adolescent perceptions of family environment. *Adolescence,* 31, 841–862.

Galbraith, K. A., & Schvaneveldt, J. D. (2005). Family leadership styles and family well–being. *Family and Consumer Sciences Research Journal,* 33, 220–239.

Galvin, K. M., Braithwaithe, D. O., Schrodt, P., & Bylund, C. L. (2019) *Family communication: Cohesion and change* (10th ed.). Routledge.

Gasana, P. U. (2009). Relative status and interdependent effects in consumer behavior. *Journal of Socio–Economics,* 38, 52–59.

Gentzler, Y. S. (2012). Home economics: Ever timely and forever complex. *Phi Kappa Phi FORUM,* 5–7.

Gerbner, G., Gross, M., Signorielli, N., & Shanahan, J.(2002). Growing up with television: Cultivation processes. In J. Bryant & D. Zillmann (Eds.), *Media effects: Advances in theory and research* (2nd ed.; pp. 43–67). Lawrence Erlbaum.

Gericke, N., Carver, R., Castéra, J., Neima, A., Menezes, E., Coiffard Marre, C., & El–Hani, C. N. (2017). Exploring relationships among belief in genetic determinism, genetics knowledge, and social factors. *Science & Education 26,* 1223–1259. https://doi.org/10.1007/ s11191–017–9950–y.

Gerlagh, R., & Sterner, T. (2013). Rio+20: Looking back at 20 years of environmental and resource economics. *Environmental and Resource Economics,* 54, 155–159. https://doi.org/10.1007/s10640–012–9627–6.

Gibbs, T., & Campbell, J. (1999). Practicing polygyny in Black America: Challenging definition. *Western Journal of Black Studies,* 23, 144–153.

Gillespie, M. D. (2013). The economic deterioration of the family: Historical contingencies preceding the great recession. *American Journal of Economics and Sociology,* 72(2), 329–360. https://doi.org/10.1111/ajes.12007.

Goethals, G. R. (2003). A century of social psychology. In M. A. Hogg & J. Cooper (Eds.), *The SAGE handbook of social psychology* (pp. 3–23). SAGE.

Golshevsky, D. M., Magnussen, C.,Juonala, M., Kao, K., Harcourt, B. E., & Sabin, M. A. (2020). Time spent watching television impacts on body mass index in youth with obesity, but only in those with shortest sleep duration. *Journal of Paediatrics and Child Health,* 5(5), 721–726. https://doi.org/10.1111/jpc.14711.

Gordon, L. (1979). The struggle for reproductive freedom: Three stages of feminism. In Z. R. Eisenstein (Ed.), *Capitalist patriarchy and the case for socialist feminism* (pp. 107–136). Monthly Review Press.

Gottman, J. (1995). *Why marriages succeed or fail and how you can make yours last.* Simon & Schuster.

Gough, E. K. (1971). The origin of the family. *Journal of Marriage and Family,* 33, 760–771.

Gracia, P., & Kalmijn, M. (2016). Parents' family time and work schedules: The split–shift schedule in Spain. *Journal of Marriage and Family,* 78, 401–415.

Greenberg, P. E., Fournier, A., Sisitsky, T., Pike, C. T., & Kessler, R. C. (2015). The economic burden of adults with major depressive disorder in the United States (2005 and 2010). *Journal of Clinical Psychiatry,* 76(2), 155–162. https://doi.org/10.4088/JCP.14m09298.

Greenfield, R. (2016, May 10). The six–hour workday works in Europe. What about America? *Bloomberg.* www.bloomberg.com/news/articles/2016–05–10/the–six– hour–workday–works–in–europe–what–about–america.

Greenhouse, S. (2001). Problems seen for teenagers who hold jobs. *The New York Times*, pp. A1, A22.

Griep, Y., Hyde, M., Vantilborgh, T., Bidee, J., DeWitte, H., & Pepermans, R. (2014). Voluntary work and the relationship with unemployment, health and well–being. A two–year follow–up study contrasting a materialistic and psychosocial pathway perspective. *Journal of Occupational Health Psychology,* 20, 190–204. https://doi .org/10.1037/a0038342.

Griffith, B. A., & Graham, C. C. (2004). Meeting needs and making meaning: The pursuit of goals. *Journal of Individual Psychology,* 60, 25–41.

Griskevicius, V., Tybur, J. M., & Van den Burgh, B. (2010). Going green to be seen: Status, reputation, and conspicuous conservation. *Journal of Personality and Social Psychology,* 98(3), 392–404. https://doi.org/ 10.1037/a0017346.

Grosswald, B. (2003). Shift work and negative work–to– family spillover. *Journal of Sociology and Social Welfare,* 30,31–56.

Gupta, S. (1999). The effects of transitions in marital status on men's performance of housework. *Journal of Marriage and the Family,* 61, 700–711.

Guryan, J., Hurst, E., & Kearney, M. (2008). Parental education and parental time with children. *Journal of Economic Perspectives,* 22(3), 23–46.

Gutis, P. S. (1989). Family redefines itself, and now the law follows. *The New York Times,* p. 6.

Habibi, M. R., Laroche, M., & Richard, M.–O. (2016). Testing an extended model of consumer behavior in the context of social media–based brand communities. *Computers in Human Behavior,* 62(C), 292–302.

Hamilton, I. (Ed.). (1992). *Resources and industry.* Oxford University Press.

Hargreaves, A. (2003). *Teaching in the knowledge society education in the age of insecurity.* Teachers College Press.

Hart, D., & Youniss, J. (2018). *Renewing democracy in young America.* Oxford University Press.

Hawley, A. H. (1986). *Human ecology: A theoretical essay.* University of Chicago Press.

Heller, R. (1998). *Making decisions.* DK.

Henley, W., Lamond, E., Cunningham, W., & Grosseteste, R. (1890). *Walter of Henley's husbandry.* Longmans, Green.

Henry, P. J. (2011). The role of group–based status in job satisfaction: Workplace respect matters more for the stigmatized. *Social Justice Research,* 24(3), 231–238.

Henschel, B., Gorczyca, A. M., & Chomistek, A. K.(2020). Time spent sitting as an independent risk factor for cardiovascular disease. *American Journal of Lifestyle Medicine,* 14(2), 204–215. https://doi.org/10.1177 %2F1559827617728482.

Hersch, P. (1998). *A tribe apart: A journey into the heart of American adolescence.* Fawcett Columbine.

Hersey, P., Blanchard, K. H., & Johnson, D. E. (1992). *Management of organizational behavior: Leading human resources* (6th ed.). Prentice Hall.

Hesiod. (1999). *Theogony and works and days* (M. L. West, Trans.). Oxford University Press.

Hess, B. B. (1995). *Sociology.* Allyn & Bacon.

HHS.gov. (2021, January 14). *HHS expands access to treatment for opioid use disorder* [Press release]. https://public3.pagefreezer.com/browse/HHS%20 –%C2%A0About%20News/20–01–2021T12:29/https:/www.hhs.gov/about/news/2021/01/14/hhs–expands– access–to–treatment–for–opioid–use–disorder.html.

Hochachka, G. (2005). Integrating interiority in community development. *World Futures,* 61, 110–126.

Hochschild, A. R. (2012). *The outsourced self: Intimate life in market times.* Metropolitan.

Hofstede Insights. (n.d.). *National culture.* https://hi.hofstede–insights.com/national–culture.

Hofverberg, A., & Winberg,M. (2018). Challenging the universality of achievement goal models: A comparison of two culturally distinct countries. *Scandinavian Journal of Education Research,* 64(3), 333–354. https://doi.org/10.1080/00313831.2018.1544170.

Hooghe, M., & Stiers, D. (2020). Political discussion begins at home. Household dynamics following the enfranchisement of adolescent children. *Applied Developmental Science.* https://doi.org/10.1080/1088869 1.2020.1712207.

Hornby, G., & Lafaele, R. (2011). Barriers to parental involvement in education: An explanatory model. *Educational Review,* 63(1), 37–52.

House, R. J. (1971). A path–goal theory of leader effectiveness. *Administrative Science Quarterly,* 16, 321–338.

Howitt, R. (2001). *Rethinking resource management justice, sustainability and indigenous peoples.* Routledge.

Huffington Post. (2014). *What education of the future will look like.* http://www. huffingtonpost.com/2014/07/25/ education–of–the–future_n_5549193.html.

Hughes, K. (2006). *The short life and long times of Mrs. Beeton.* Oxford University Press.

Hyde, P., & Thomas, A. B. (2003). When a leader dies. *Human Relations,* 56, 1005–1024.

Hymowitz, K., Carroll, J. S., Wilcox, W. B., & Kaye, K. (2013). *Knot yet: The benefits and costs of delayed marriage in America.* The National Marriage Project.

Illich, I. (1978). *Toward a history of needs.* Pantheon.

The Institute for College Access and Success. (2019). *Student debt and the class of 2018.* https://ticas.org/wp– content/uploads/2019/09/classof2018.pdf.

Internal Revenue Service. (n.d.). *Dependents.* https:// apps.irs.gov/app/vita/content/globalmedia/4491_dependency_exemptions.pdf#:~:text=Dependents%20are%20either%20a%20qualifying%20child%20or%20a,tax%20return%20if%20they%20meet%20the%20filing%20requirements.

Irvin, B. L., & Acton, G. J. (1996). Stress mediation in caregivers of cognitively impaired adults: Theoretical model testing. *Nursing Research,* 45(3), 160–166.

Jackson, T., Weiss, K. E., Lundquist, J. J., & Soderlind, A. (2002). Perceptions of goal–directed activities of optimists and pessimists: A personal projects analysis. *Journal of Psychology,* 136(5), 521–533.

Jafarov, J. (2015). Factors affecting parental involvement in education: The analysis of literature. *Khazar Journal of Humanities and Social Sciences,* 18(4), 35–44.

Jahng, M. R. (2019). Watching the rich and famous: The cultivation effect of reality television shows and the mediating role of parasocial experiences. *Media Practice and Education,* 20(4), 319–333. https://doi.org/10.1080/25741136.2018.1556544.

Janis, I. L. (1972). *Victims of groupthink.* Houghton Mifflin.

Janis, I. L. (1982). *Groupthink psychological studies of policy decisions and fiascoes.* Houghton Mifflin.

Janis, I. L. (1989). *Crucial decisions: Leadership and policy making in crisis management.* The Free Press.

Janis, I. L., & Mann, L. (1977). *Decision making: A psychological analysis of conflict, choice, and commitment.* The Free Press.

Jee, E., Misra, J., & Murray–Close, M. (2018). Motherhood penalties in the U.S., 1864–2014. *Journal of Marriage and Family,* 81(2), 434–449.

Johnson, D. S., Rogers, J. M., & Tan, L. (2001). A century of family budgets in the United States. *Monthly Labor Review,* 124(5), 28.

Johnson, L. (1998). Strengthening family and self. Goodheart–Willcox.

Kagan, J. (2020). What is insurance. *Investopedia.* https://www.investopedia.com/terms/i/insurance.asp.

Karney, B. R., Loughran, D. S., & Pollard, M. S. (2012). Comparing marital status and divorce status in civilian and military populations. *Journal of Family Issues,* 33(12), 1572–1594.

Kennedy, L. (1991). Farm succession in modern Ireland: Elements of a theory of inheritance. *Economic History Review,* 44, 477–499.

Kenrick, D. T., Griskevicius, V., Neuberg, S. L., & Schaller, M. (2010). Renovating the pyramid of needs: Contemporary extensions built upon ancient foundations. *Perspectives on Psychological Science,* 5(3), 292–314.

Keown, A. J. (2003). *Personal finance: Turning money into wealth.* Prentice Hall.

King, K., & Ogle, C. (2014) Negative life events vary by neighborhood and mediate the relation between neighborhood context and psychological well–being. *PLoS ONE,* 9(4). https://doi.org/10.1371/journal.pone.0093539.

Klein, P. (2018). Leadership perspective on the new generations (Generation Y and Generation Z). *International Journal of Business and Social Science,* 9(10). https:// doi.org/10.30845/ijbss.v9n10p4.

Kluckhohn, F. R., & Strodtbeck, F. L. (1961). *Variations in value orientations.* Row, Peterson.

Koerner, A. K., & Fitzpatrick, M. A. (1997). Family type and conflict: The impact on conversation orientation and conformity orientation on conflict in the family. *Communication Studies,* 48, 59–74.

Koerner, A. K., & Fitzpatrick, M. A. (2002). Toward a theory of family communication. *Communication Theory,* 12, 70–91.

Kohlberg, L. (1984). *The psychology of moral development the nature and validity of moral stages.* Harper & Row.

Konikow, L. F. (2013). *Groundwater depletion in the United States* (1900–2008). U.S. Department of the Interior.

Kotkin, J., & Cox, W. (2015). The cities doing the most to address the U.S. housing shortage. *Forbes.* http://www.forbes.com/sites/joelkotkin/2015/12/17/the–cities–doing–the–most–to–address–the–u–s–housing– shortage/#1b66d45f7430.

Kotkin, J., Cox, W., Schill, M., & Modarres, A. (2015). *Building cities for people.* Chapman University Press, Center for Demographics and Policy.

Kranichfeld, M. L. (1987). Rethinking family power. *Journal of Family Issues, 8,* 42–56.

Kravitz, R. L. (2000). Direct–to–consumer advertising of prescription drugs. *Western Journal of Medicine,* 173, 221–222. https://doi.org/10.1136/ewjm.173.4.221.

Kroska, A., & Cason, T. C. (2019). The gender gap in business leadership: Exploring the affect control theory explanation. *Social Psychology Quarterly,* 82(1). https:// doi.org/10.1177/0190272518806292.

Kuhhirt, M., & Klein, M. (2020). Parental education, television exposure, and children's early cognitive, language and behavioral development. *Social Science Research,* 86, 102391. https://doi.org/10.1016/ j.ssresearch.2019.102391.

Kurtines,W. M., & Gewirtz,J. L. (Eds.). (1991). *Handbook of moral behavior and development.* Lawrence Erlbaum.

Kurtz Landy, C., Sword, W., & Ciliska, D. (2008). Urban women's socioeconomic status, health service needs and utilization in the four weeks after postpartum hospital discharge: Findings of a Canadian cross–sectional survey. *BMC Health Services Research,* 8(203), 1–9.

Laboy, S., & Hirsch, J. M. (2013). As US demographics change, so does the menu. *AP News.*

Lamanna, M. A., Riedmann, A. C., & Stewart, S. D. (2015). *Marriages, families, and relationships: Making choices in a diverse society* (12th ed.). Wadsworth.

Lamanna, M.A., Riedmann, A., & Stewart, S. (2018). *Marriages, families, and relationships: Making choices in a diverse society*. Boston, MA: Cengage Learning.

Langholtz, H., Marty, A., Ball, C., & Nolan, E. (2003). *Resource allocation behavior.* Kluwer Academic Press.

Langone, C. A. (2004). The use of a citizen leader model for teaching strategic leadership. *Journal of Leadership Education,* 3(1), 82–88.

LaRossa, R., & Reitzes, D. C. (1993). Symbolic interactionism and family studies. In P. Boss, W. J. Doherty, L. LaRossa, W. R. Schumm, & S. K. Steinmetz (Eds.), *Sourcebook of family theories and methods: A contextual approach* (pp. 135–162). Plenum.

Lathrop, Y. (2019, December 23). Minimum wage will increase in record–high 47 state, cities, and counties this January. *National Employment Law Project.* https://www .nelp.org/publication/ raises–coast–coast–2020/.

Laverie, D. A., Kleine, R. E., & Schultz, S. (2002). Re–examination and extension of Kleine, Kleine, and Kernan's social identity model of mundane consumption: The mediating role of the appraisal process. *Journal of Consumer Research,* 28, 1–25.

Lavner, J. A., Karney, B. R., & Bradbury, T. N. (2016). Does couples' communication predict marital satisfaction, or does marital satisfaction predict communication? *Journal of Marriage and the Family,* 78(3), 680–694. https://doi.org/10.1111/jomf.12301.

LeBlanc, R. (2016, April 30). Who recycles more, young or old? *The Balance.* https://www. thebalance.com/ who–recycles–more–young–or–old–2877918.

Lee, Y.–K., Chang, C.–T., Cheng, Z.–H., & Lin, Y. (2016). Helpful, stressful cycle? Psychological links between type of mobile phone user and stress. *Behaviour & Information Technology,* 35(1), 75–86. https://doi.org/ 10.1080/0144929X.2015.1055800.

Lefton, R. E., & Buzzotta, V. R. (2004). *Leadership through people skills.* McGraw–Hill.

Levinson, D. J. (1978). *The seasons of a man's life.* Knopf.

Levinson, D. J. (1990). A theory of life structure development in adulthood. In C. N. Alexander & E.J. Langer (Eds.), *Higher states of human development* (pp. 35–54). Oxford University Press.

Lewton, A., & Nievar, M. A. (2012). Strengthening families through volunteerism: Integrating family volunteerism and family life education. *Marriage & Family Review,* 48, 691–712.

Likert, R. (1961). *New patterns of management.* McGraw–Hill.

Likert, R. (1967). *The human organization.* McGraw–Hill.

Lindahl, K. M., & Malik, N. M. (1999). Observations of marital conflict and power. *Journal of Marriage and Family,* 61, 320–330.

Ling, R., & Yttri, B. (1999). "Nobody sits at home and waits for the telephone to ring": Micro and hyper–coordination through the use of the mobile telephone. *Perpetual Contact,* 30, 1–27. http://www.mendeley.com/research/nobody–sits–home–and–waits–for–the– telephone–to–ring–micro–and–hypercoordination–through–the–use–of–the–mobile–telephone/.

Litman, T. (2011). Appropriate response to rising fuel prices: Citizens should demand, "Raise my prices now!" *Victoria Transport Policy Institute.* http://www.vtpi.org/ fuelprice.pdf.

Livingston, G., & Brown, A. (2017). *Intermarriage in the 50 years after Loving v. Virginia.* Pew Research Center.

Lovelace, B., Jr. (2019). FDA proposes tighter opioid rules that would make new drugs less addictive. *CNBC.* https://www.cnbc.com/2019/06/20/fda–proposes– tighter–opioid–rules–that–would–make–new–drugs–less– addictive.html.

Lundberg, S., Pollak, R. A., & Stearns, J. (2016). Family inequality: Diverging patterns in marriage, cohabitation, and childbearing. *Journal of Economic Perspectives,* 30(2), 79–101.

Lunnemann, M. K.M.,Van derHorst, E. C. P., Prinzie, P., Luijk, M. P. C. M., & Steketee, M. (2019). The inter– generational impact of trauma and family violence on parents and their children. *Child Abuse and Neglect,* 96. https://doi.org/10.1016/j.chiabu.2019.104134.

Luthans, F., & Avolio, B.J. (2003). Authentic leadership: A positive developmental approach. In K. S. Cameron, J. E. Dutton, & R. E. Quinn (Eds.), *Positive organizational scholarship: Foundations of a new discipline* (pp. 241–258). Berrett–Koehler.

Lynch, L. (2015). Attorney general Lynch announces federal marriage benefits available to same–sex couples nationwide. *U.S. Department of Justice.*

Lynch, S., Hurford, D. P., & Cole, A. (2002). Parental enabling attitudes and locus of control of at–risk and honors students. *Adolescence,* 37, 527–560.

Macdonald, M. (1995). Feminist economics: From theory to research. *Canadian Journal of Economics, 28,* 159–176.

Maenpaa, E., & Jalovaara, M. (2013). The effects of homogamy in social–economic background and education on the transition from cohabitation to marriage. *Acta Sociologica,* 56(3), 247–263. https://doi .org/10.1177/0001699312474385.

Makridis, C. (2020). More marriage, less COVID: How communities with more marriage are weathering the storm. *Institute for Family Studies.* https://ifstudies.org/ blog/more–marriage–less–covid–how–communities– with–more–marriage–are–weathering–the–storm.

Manning, G. L., & Reece, B. L. (2001). *Selling today creating customer value* (9th ed.). Prentice Hall.

Marling, K. A. (1994). *As seen on TV: The visual culture of everyday life in the 1950s.* Harvard

University Press.

Marr, C. (2016, April 15). Top 10 federal tax charts. *Center on Budget and Policy Priorities.* https://www.cbpp .org/blog/top–10–federal–tax–charts–1.

Marshall, C., & Rossman, G. (1995). *Designing qualitative research.* SAGE.

Marvin, K. C. (2017). Health information technology: Integration, patient empowerment, and Security. *American Journal of Health–System Pharmacy,* 74, 36–38.

Marx, K., & Engels, F. (1967). *Capital.* International. (Original work published 1867).

Maslow, A. H. (1954). *Motivation and personality.* Harper & Row.

Maslow, A. H., & Frager, R. (1987). *Motivation and personality* (Rev. ed.). Harper & Row.

Maslow, A. H., Stephens, D. C., & Heil, G. (1998). *Maslow on management.* Wiley.

Matheny, K. B., & Curlette, W. L. (2010). A brief measure of coping resources. *Journal of Individual Psychology,* 66(4), 384–407.

Maupin, M.A., Kenny,J. F., Hutson, S. S., Lovelace,J. K., Barber, N. L., & Linsey, K. S. (2014). *Estimated use of water in the United States in 2010.* U.S. Department of the Interior, U.S. Geological Survey.

Maxwell, J. C. (2003). *Attitude 101: What every leader needs to know.* Thomas Nelson.

The Mayo Clinic. (2019). Healthy living: Tween and teen health. *Mayo Foundation for Medical Education and Research.* https://healthyliving.mayoclinic.org/contact– us.php.

McCracken, G. D. (1988). *Culture and consumption new approaches to the symbolic character of consumer goods and activities.* Indiana University Press.

McDermott, C. J. (2004). *Economics in real time: A theoretical reconstruction.* University of Michigan Press.

McDonald, G. W. (1980). Family power: The assessment of a decade of theory and research, 1970–1979. *Journal of Marriage and Family,* 42, 841–854.

McGregor, D. (1960). *The human side of enterprise.* McGraw–Hill.

Mead, G. H. (1964). *On social psychology.* University of Chicago Press.

Merriam, S. B., Cafferella, R. S., & Baumgartner, L. M. (2007). *Learning in adulthood: A comprehensive guide.* Wiley.

Merton, R. K., & Kitt, A. S. (1950). Contributions to the theory of reference group behavior. In R. K. Merton & P. F. Lazarsfeld (Eds.), *Studies in the scope and method of "The American soldier"* (pp. 40–105). The Free Press.

Meyers, S. A., Varkey, S., & Aguirre, A. M. (2002). Ecological correlates of family functioning. *American Journal of Family Therapy,* 30, 257–273.

Mian, A., & Sufi, A. (2014). *House of debt: How they (and you) caused the Great Recession, and how we can prevent it from happening again.* University of Chicago Press.

Miles, D. R., Silberg, J. L., & Pickens, R. W. (2005). Familial influences on alcohol use in adolescent female twins: Testing for genetic and environmental interactions. *Journal of Studies on Alcohol,* 66, 445–451.

Miller, B. C. (2002). Family influences on adolescent sexual and contraceptive behavior. *The Journal of Sex Research,* 39, 22–27.

Milyavskaya, M., & Koestner, R. (2011). Psychological needs, motivation, and well–being: A test of self–determination theory across multiple domains. *Personality and Individual Differences,* 50(3), 387–391.

Min, J., Silverstein, M., & Lendon, J. P. (2012) Intergenerational transmission of values over the family life course. *Advances in Life Course Research,* 17(3), 112–120.

Mintz, S., & Kellogg, S. (1988). *Domestic revolutions: A social history of American family life.* Collier Macmillan.

Mitchell, J. (1984). *Women: The longest revolution.* Pantheon Books.

Mody, M., Gordon, S., Lehto, X., & Adler, H. (2017). Study abroad and the development of college students' travel venturesomeness. *Tourism Management Perspectives,* 24, 126–138.

Molina, B. S. G., Donovan, J. E., & Belendiuk, K. A. (2010). Familial loading for alcoholism and offspring behavior: Mediating and moderating influences. *Alcoholism: Clinical & Experimental Research,* 34(11), 1972–1984.

Molix, L. A., & Nichols, C. P. (2013). Satisfaction of basic psychological needs as a mediator of the relationships between community esteem and wellbeing. *International Journal of Wellbeing,* 3(1), 20–34. https:// doi.org/10.5502/ijw.v3il.2.

Montani, J. P., Schutz, Y., & Dulloo, A. G. (2015). Dieting and weight cycling as risk factors for cardio–metabolic diseases: Who is really at risk? *Obesity Reviews,* 16(S1), 7–18. https://doi.org/10.1111/obr.12251.

Morin, R. (2011). The public renders a split verdict on changes in family structure. *Pew Research Center.* www.pewsocialtrends.org/2011/02/16/the–public– renders–a–split–verdict–on–changes–in–family–structure/? src=family–interactive.

Mosier, S. L., & Thilmany, D. (2016). Diffusion of food policy in the U.S.: The case of organic certification. *Food Policy,* 61, 80–91.

Murray, J. (1987). *The perceptions of sexuality, marriage, and family in early English pastoral manuals.* Unpublished doctoral dissertation, University of Toronto.

Myers, D. G., & Lamm, H. (1976). The group polarization phenomenon. *Psychological Bulletin,* 83, 602–627.

Myers–Walls, J. A. (2020). Family life education for families facing acute stress: Best practices and recommendations. *Family Relations,* 69(3), 662–676. https:// doi.org/10.1111/fare.12452.

Nall, M. A. (2005). Strengthening families and securing communities. *Journal of Family and Consumer Sciences,* 97, 18–21.

National Association of Home Builders. (2015). *Millennials seek smaller houses, but won't sacrifice details, panelists say.* https://www.nahb.org/en/news–and–publications/ press–releases/2015/january/millennials–seek–smaller–houses–but–wont–sacrifice–details–panelists–say.aspx.

National Center for Education Statistics (2020). *Private school enrollment.* https://nces.ed.gov/programs/coe/ indicator_cgc.asp.

Nesbitt, E. (2018). A focus on: Hinduism. *Community Practitioner,* 91(8), 25–27.

Newport, C. C. (2019). *Digital minimalism: Choosing a focused life in a noisy world.* Penguin.

Nielsen Company. (2014a, June 17). *Global consumers are willing to put their money where their heart is when it comes to goods and services from companies committed to social responsibility.* http://www.nielsen.com/us/en/ press–room/2014/global–consumers–are–willing–to–put–their–money–where–their–heart–is–html.

Nielsen Company. (2014b). *Millennials prefer cities to suburbs, subways to driveways.* http://www.nielsen.com/us/en/insights/news/2014/millennials–prefer–cities–to– suburbs–subways–to–driveways.html.

Nielsen Company. (2019, August 27). Nielsen estimates 120.6 million TV homes in the U.S. for the 2019–2020 TV season. *Newswire.* https://www.nielsen.com/us/en/ insights/article/2019/nielsen–estimates–120–6–million– tv–homes–in–the–u–s–for–the–2019–202–tv–season/.

Oliphant, J. B. (2018, November 20). Most say their family is OK with discussing politics—but it helps if they family agrees. *Pew Research Center.* https://www.pewresearch.org/fact–tank/2018/11/20/most–say–their–family–is–ok–with–discussing–politics–but–it–helps–if–the–family–agrees/.

Olsen, S. O., Tudoran, A. A., Honkanen, P., & Verplanken, B. (2015). Differences and similarities between impulse buying and variety seeking: A personality–based perspective. *Psychology & Marketing,* 33(1), 36–47.

Olson, D., DeFrain,J., & Skogrand, L. (2019). *Marriages and families: Intimacy, diversity, and strengths.* McGraw Hill.

Olson, D. H., & DeFrain, J. (2003). *Marriages and families: Intimacy, diversity, and strengths* (4th ed.). McGraw–Hill.

Olson, J. M., & Zanna, M. P. (1993). Attitudes and attitude change. *Annual Review of*

Psychology, 44, 117–155.

Opt, S. K., & Loffrendo, D. A. (2000). Rethinking communication apprehension: A Myers–Briggs perspective. *Journal of Psychology,* 134, 556–570.

Organization for Economic Co–operation and Development (OECD). (2011). *The future of families to 2030: Projections, policy challenges and policy options—A synthesis report.* OECD.

Organization for Economic Co–operation and Development (OECD). (2012). *OECD environmental outlook to 2030.* www.oecd.org/environment/indicators– modelling–outlooks/40200582.pdf.

Orth, U. R., & Kahle, L. R. (2008). Intrapersonal variation in consumer susceptibility to normative influence: Toward a better understanding of brand choice decisions. *Journal of Social Psychology,* 148, 423–447.

Osmond, M. W., & Thorne, B. (1993). Feminist theories: The social construction of gender in families and society. In P. Boss (Ed.), *Sourcebook of family theories and methods: A contextual approach* (pp. 591–625). Plenum.

Otto, H. A. (1962). What is a strong family? *Marriage and Family Living,* 24, 77–81.

Palomba, C. A., & Banta, T. W. (1999). *Assessment essentials planning, implementing, and improving assessment in higher education.* Jossey–Bass.

Pandya, S. M., & Coleman, B. (2000). *Caregiving and long–term care* (Rep. No. AARP FS82). Public Policy Institute.

Parsons, T. (1968). *The structure of social action.* The Free Press.

Patrick, H., Knee, C. R., Canevello, A., & Lonsbary, C. (2007). The role of need fulfillment in relationship functioning and well–being:A self–determination theory perspective. *Journal of Personality and Social Psychology,* 92(3), 434–457.

Payne, R. K. (1998). *A framework for understanding poverty.* RFT.

Pearl, D., Bouthilet, L., & Lazar, J. B. (Eds.). (1982). *Television and behavior: Ten years of scientific progress and implications for the eighties.* U.S. Department of Health and Human Services.

Pellegrino, J. W., & Hilton, M. L. (Eds.). (2012). *Education for life and work: Developing transferable knowledge and skills for the 21st century.* National Research Council. https://doi.org/10.17226/13398.

Pepin, J. R. (2019). Beliefs about money in families: Balancing unity, autonomy, and gender equity. *Journal of Marriage and Family,* 81(2), 361–379.

Pepin, J. R., & Cohen, P. N. (2019, June 26). Nation–level gender inequality and couples' income arrangements. *SocArXiv.* https://doi.org/10.31235/osf.io/nd6rb.

Perrin, A., & Kumar, M. (2019). About three–in–ten U.S. adults say they are "almost constantly" online. Factank. *Pew Research Center.* https://www.pewresearch.org/fact-tank/2019/07/25/americans-going-online-almost-constantly/.

Perry-Jenkins, M., Newkirk, K., & Ghunney, A. K. (2013). Family work through time and space: An ecological perspective. *Journal of Family Theory and Review,* 5, 105-123.

Peters, A. (2015, September 29). Why Sweden is shifting to a 6-hour workday. *Fast Company.* www.fastcompany.com/3051448/why-sweden-is-shifting-to-a-6-hour-work-day.

Petersen, K., & Youssef-Morgan, C. M. (2018). The "left side" of authentic leadership: Contributions of climate and psychological capital. *Leadership & Organization Development Journal,* 39(3), 436-452.

Peterson, J. (2015). Securing social security's future: 3 reasons why the program will be there for you. *AARP Bulletin.* http://www.aarp.org/work/social-security/ info-2015/future-of-social-security.html.

Pew Research Center. (2013). *King's dream remains an elusive goal: Many Americans see racial disparities.* http:// www.pewsocialtrends.org/2013/08/22/kings-dream- remains-an-elusive-goal-many-americans-see-racial-disparities/.

Pew Research Center. (2014). *U.S. religious landscape survey.* www.pewforum.org/religious-landscape-study.

Pew Research Center. (2015). *Parenting in America: Pew Research Center's social and demographic trends.* https://www.pewresearch.org/social-trends/2015/12/17/ parenting-in-america/.

Pew Research Center. (2016, October 26). *One-in-five U.S. adults were raised in interfaith homes.* https://assets.pewresearch.org/wp-content/uploads/ sites/11/2016/10/26083429/Mixed-Religions-full- report.pdf.

Pew Research Center. (2019). *Mobile fact sheet.* https:// www.pewresearch.org/internet/fact-sheet/mobile/.

Pfeffer, J. (1987). Understanding the role of power in decision making. In J. M. Shafritz & J. S. Ott (Eds.), *Classics of organizational theory* (pp. 309-335). Dorsey.

Phillips, K. (2009). Same-sex partner benefits. *The New York Times,* June 17. http://thecaucus.blogs.nytimes .com/2009/06/17/same-sex-partner-benefits/.

Population Reference Bureau. (2015). *Race/ethnic income gap growing among U.S. working poor families.* http:// www.prb.org/Publications/Articles/2015/working- poor-families.aspx.

Prinz, R. (2019). A population approach to parenting support and prevention: The triple P system. *The Future of Children,* 29(1), 123-144. www.jstor.org/stable/26639559.

Putnam, R. D. (2000). *Bowling alone.* Simon & Schuster.

Qian, Y., & Sayer, L. C. (2016). Division of labor, gender ideology, and marital satisfaction in

East Asia. *Journal of Marriage and Family,* 78, 383–400.

Quinn, R. E., & Spreitzer, G. M. (1997). The road to empowerment: Seven questions every leader should consider. *Organizational Dynamics,* 26, 37–49.

Rauber, P. (2003). When Uncle Sam wanted us. *Sierra,* 88, 32.

Restuccia, D. (2014). A study on the changing racial makeup of "the next America." *Huffington Post.* http://www.huffingtonpost.com/2014/04/13/changing–racial– makeup–_n_5142462.html.

Rhee, N., & Boivie, I. (2015). *The continuing retirement savings crisis.* National Institute on Retirement Security. http://laborcenter.berkeley.edu/pdf/2015/ RetirementSavingsCrisis.pdf.

Ribar, D. (2015). Why marriage matters for child well– being. *The Future of Children,* 25(2), 11–27. http:// 0–www.jstor.org.rosi.unk.edu/stable/43581970.

Ricketts, K. G. (2009). *Leadership vs. management* (ELK1–103). Cooperative Extension Service, University of Kentucky College of Agriculture.

Rico, B., Kreider, R. M., & Anderson, L. (2018, July 9). Growth in interracial and interethnic married–couple households. U.S. *Census Bureau.* https://www.census .gov/library/stories/2018/07/ interracial–marriages.html.

Rodman, H. (1967). Marital power in France, Greece, Yugoslavia, and the United States: A cross–national discussion. *Journal of Marriage and the Family,* 29, 320–324.

Rosa, H. (2003). Social accelerations: Ethical and political consequences of a desynchronized high–speed society. *Constellations,* 10(1), 3–33.

Rosenbaum, D. (1993). America's economic outlaw: The U.S. health care system. *The New York Times,* pp. A1(N) –A1(L).

Rosenfeld, M. J., Thomas, R. J., & Hausen, S. (2019). Disintermediating your friends: How online dating in the United States displaces other ways of meeting. *Proceedings of the National Academy of Sciences of the United States of America,* 116(36), 17753–17758. https://www.pnas.org/content/116/36/17753?utm_source=yxnews&utm_medium=desktop&utm_referrer=https:// yandex.kz/news#abstract–2.

Rossi, A. S. (2001). *Caring and doing for others: Social responsibility in the domains of family, work, and community.* University of Chicago Press.

Rotter, J. (1973). A locus of control scale for children. *Journal of Consulting and Clinical Psychology,* 40, 148–154.

Rubinstein, J. S., Meyer, D. E., & Evans, J. E. (2001). Executive control of cognitive processes in task switching. *Journal of Experimental Psychology,* 27, 763–767.

Russell, D., & Chase, J. D. (2019). The social context of sedentary behaviors and their relationships with health in later life. *Journal of Aging and Physical Activity,* 27(6), 797–806. https://

doi.org/10.1123/japa.2018–0109.

Sadolikar, U. (2016) Positive parent–child relations and girls' vocational aspiration. *Journal of Psychosocial Research,* 11(1), 177–182.

Saez, E. (2013). *Striking it richer:The evolution of top incomes in the United States.* University of California, Berkeley. http://eml.berkeley.edu//~saez/saez–UStopincomes– 2012.pdf.

Safilios–Rothschild, C. (1976). A macro and micro– examination of family power and love. *Journal of Marriage and the Family,* 37, 355–362.

Sagiv, L., Roccas, S., Cieciuch, J., & Schwartz, S. H. (2017). Personal values in human life. *Nature Human Behavior,* 1(9), 630–639.

Savage, M. (2015, November 2). The truth about Sweden's short working hours. *BBC News.* www.bbc.com/news/business–34677949.

Scanzoni, J., & Marsiglio,W. (1993). New action theory and contemporary families. *Journal of Family Issues,* 14, 105–132.

Schermerhorn, J. R., Naumes, W., Naumes, M. J., & Schermerhorn, J. R. (1996). *Management.* Wiley.

Seale,J. (Nov. 27, 2019).Are podcasts a disaster waiting to happen? *The Guardian.* https://www.theguardian.com/tv–and–radio/2019/nov/27/why–podcasts–are–headed– for–disaster?CMP=share_btn_link.

Seligman, M. (2002). *Authentic happiness: Using the new positive psychology to realize your potential for lasting fulfillment.* The Free Press.

Seufert–Barr, N. (1994). The smallest democracy: At the heart of society. *UN Chronicle,* 43–45.

Sherif, C. W., & Sherif, M. (1967). *Attitude, ego– involvement, and change.* Wiley.

Shneiderman, B. (2010). The quest for universal usability. In C. Hanks (Ed.), *Technology and values: Essential readings* (pp. 522–530). Wiley–Blackwell.

Siegel, C. (2006). *The end of economic growth.* Preservation Institute.

Signorielli, N., & Morgan, M. (2001). Television and the family: The cultural perspective. In J. Bryant & J. A. Bryant (Eds.), *Television and the American family* (pp. 3–30). Lawrence Erlbaum.

Skipp, C., Ephron, D., & Hastings, M. (2006). Trouble at home. *Newsweek,* 17.

Skolnick, A. (1993). Changes of heart: Family dynamics in historical perspective. In P. A. Cowan (Ed.), *Family, self, and society toward a new agenda for family research* (pp. 43–68). Lawrence Erlbaum.

Skolnick, A., & Skolnick, J. (2014). *Family in transition* (17th ed.). Scott, Foresman.

Smith, A. (2014). U.S. views of technology and the future. *Pew Research Center.* https://www.pewresearch.org/internet/2014/04/17/us–views–of–technology–and–the–future/.

Smith, S. R., & Hamon, R. R. (2017). *Exploring family theories* (4th ed.). Oxford University Press.

Smith, T. E., Richards, K.V., & Shelton, V. M. (2016) The language of money. *Journal of Human Behavior in the Social Environment,* 26(2), 202–209. https://doi.org/10.1080/10911359.2015.1083503.

Snir, R., & Harpaz, I. (2002). Work–leisure relations: Leisure orientation and the meaning of work. *Journal of Leisure Research,* 34, 178–203.

Social Security Administration. (2018,August). *Disability benefits: Securing today and tomorrow.* Publication No. 05–10029.

Social Security Administration, Office of Retirement and Disability Policy. (2019, April). *Summary: Actuarial status of the Social Security trust fund.*

Soeren, M., Kapinos, K., Caloyeras, J. P., Taylor, E. A., Batorsky, B., Liu, H., Van Busum, K. R., & Newberry, S. (2014). Incentives for workplace wellness programs (Research brief). *RAND.* https://www.shrm.org/ ResourcesAndTools/hr–topics/benefits/Documents/ RAND_RB9842.pdf.

Sokalski, H. J. (1994). The international year of the family. In K. Altergott (Ed.), *One world, many families* (pp. 3–7). National Council on Family Relations.

Song, Z., & Baicker, K. (2019). Effect of a workplace wellness program on employee health and economic outcomes: A randomized clinical trial. *Journal of the American Medical Association,* 321(15), 1491–1501. https://doi.org/10.1001/jama.2019.3307.

Soriano, F. I. (2013). *Conducting needs assessments:A multidisciplinary approach.* SAGE.

Sorrels, J. P., & Myers, B. (1983). Comparison of group and family dynamics. *Human Relations,* 36, 477–492.

Stalder, D. R. (2007). Need for closure, the big five, and public self–consciousness. *Journal of Social Psychology,* 147(1), 91–95.

Stanley, S. M., Rhodes, G. K., & Markman, H.J. (2006). Sliding versus deciding: Inertia and the premarital cohabitation effect. *Family Relations,* 55, 499–509.

Stanley, T. J. (2004). *Millionaire women next door: The many journeys of successful American businesswomen.* Andrews McMeel.

Stavrinos, D., Byington, K. W., & Schwebel, D. C. (2009). Effect of cell phone distraction on pediatric pedestrian injury risk. *Pediatrics,* 123(2), e179–e185.

Stein, H. W., & Brier, M. C. (2002). Raising responsible children of wealth. *Trusts & Estates,* 140(6), 42.

Steverman, B. (2016). Boomers are making sure the divorces keep coming: The much–reported decline in failed marriages may be misleading. Blame your parents. *Bloomberg.* http://

www.bloomberg.com/news/ articles/2016–06–17/boomers–are–making–sure–the– divorces–keep–coming.

Stiglic, N., & Viner, R. M. (2019). Effects of screentime on the health and well–being of children and adolescents: A systematic review of reviews. *BMJ Open,* 9, e023191. https://doi.org/10.1136/bmjopen–2018–023191.

Stinnett, N. (1981). Strong families: A national study. In N. Stinnett, J. DeFrain, K. King, P. Knaub, & G. Rowe (Eds.), *Family strengths 3: Roots of well–being* (pp. 33–42). University of Nebraska Press.

Stinnett, N., DeFrain, N., & DeFrain, J. (1999). *Creating a strong family.* Howard.

Stolle, D. (2003). The sources of social capital. In M. Hooghe & D. Stolle (Eds.), *Generating social capital: Civil society and institutions in comparative perspective* (pp. 19–42). Palgrave Macmillan.

Stoner, J. A. (1968). Risky and cautious shifts in group decisions: The influence of widely held values. *Journal of Experimental Social Psychology,* 4, 442–459.

Strobach, T., Wendt, M., & Janczyk, M. (15 February 2018). Multitasking: Executive functioning in dual–task and task switching situation. *Frontiers in Psychology.* https://doi.org/10.3389/fpsyg.2018.00108.

Strong, B., Devault, C., & Sayad, B. W. (2008). *The marriage and family experience intimate relationships in a changing society.* Wadsworth.

Strong, B., Devault, C., & Cohen, T. F. (2011). *The marriage and family experience: Intimate relationships in a changing society* (11th ed.). Wadsworth.

Szinovacz, M. (1987). Family power. In M. B. Sussman & S. K. Steinmetz (Eds.), *Handbook of marriage and the family* (pp. 651–693). Praeger.

Tabor, W., & Vardaman, J. (2020). The key to successful succession planning for family businesses. *Harvard Business Review.* https://hbr.org/2020/05/ the–key–to–successful–succession–planning–for–family–businesses.

Tadmor, N. (1996). The concept of household–family in eighteenth–century England. *Past and Present,* 151(1), 111–130.

Tannen, D. (1990). *You just don't understand: Women and men in conversation.* Morrow.

Tarafdar, M., Tu, Q., Ragu–Nathan, T. S., & Ragu–Nathan, B. S. (2011). Crossing the dark side: Examining creators, outcomes, and inhibitors to technostress. *Communications of the ACM,* 54(9), 113–120.

Taylor, P. (2014). *The next America.* Pew Research Center.

Tesser, A. (1992). On the importance of heritability in psychological research. *Psychological*

Review, 100(10), 129–143.

Timmerman, G. M., & Acton, G. J. (2001). The relationship between basic need satisfaction and emotional eating. *Issues in Mental Health Nursing,* 22(7), 691–701. http://dx.doi.org/10.1080/01612840119628.

Tomer, J. F. (2001). Economic man vs. heterodox men: The concepts of human nature in schools of economic thought. *Journal of Socio–Economics,* 30, 281–293.

Triplett, N. (1898). The dynamogenic factors in pace–making and competition. *American Journal of Psychology,* 9, 507–533.

Turner, R. H. (1970). *Family interaction.* Wiley.

Tuttle, C., & Kuhns, A. (2017, May). Percent of income spent on food falls as income rises. Food price outlook. *USDA Economic Research Service.* www.ers.usda.gov/amber–waves/2016/september/percent–of– income–spent–on–food–falls–as–income–rise.

United States of Aging. (2015, July 8). *Health or finances? Older Americans and professionals who support them disagree on needs of growing aging population.* https://www.ncoa.org/resources/usa15–national–news– release–pdf/.

University of Nebraska. (2021). Life *events & changes.* https://nebraska.edu/faculty–and–staff/health–benefits/ life–events–changes.

Urban Land Institute. (2015). *America in 2015: A ULI survey of views on housing, transportation, and community.* Author.

U.S. Bureau of Labor Statistics. (2015). Highlights of women's earnings in 2014. BLS Reports, 1064. U.S. *Department of Labor.*

U. S. Bureau of Labor Statistics. (2019a). Women had higher median earnings than men in relatively few occupations in 2018. U.S. *Department of Labor.* https://www.bls.gov/opub/ted/2019/women–had–higher–median–earnings–than–men–in–relatively–few–occupations– in–2018.htm.

U.S. Bureau of Labor Statistics. (2019b). Employment projections: Unemployment rates and earnings by educational attainment. *U.S. Department of Labor.* https://www.bls.gov/emp/tables/unemployment–earnings– education.htm.

U.S. Bureau of Labor Statistics. (2020). Employer costs for employee compensation. *U.S. Department of Labor.* https://www.bls.gov/news.release/pdf/ecec.pdf.

U.S. Census Bureau. (2018). U.S. Census Bureau releases 2018 families and living arrangements tables[Pressrelease]. https://www.census.gov/newsroom/press–releases/2018/families.html.

U.S. Census Bureau. (2019). *QuickFacts: United States.* https://www.census.gov/quickfacts/fact/table/US/ PST045219.

U.S. Census Bureau. (2020). *Subject definitions.* https://www.census.gov/programs–surveys/cps/technical– documentation/subject–definitions.html#family.

USDA. (n.d.). *Child nutrition programs.* https://www.fns .usda.gov/cn.

U.S. Department of Agriculture. (2011). *Conservation reserve program: 2008 Farm Bill CRP summary.* https://www.fns.usda.gov/snap/leghistory/2008–farm–bil.

U.S. Energy Information Administration. (2016). Annual energy outlook 2016 with projections to 2040. *U.S. Department of Energy.*

U.S. Environmental Protection Agency (EPA). (2018). *Facts and figures about materials, waste and recycling.* https://www.epa.gov/facts–and–figures–about–materials– waste–and–recycling.

U.S. Food and Drug Administration (FDA). (n.d.). *Timeline of selected FDA activities and significant events addressing opioid misuse and abuse.* https://www.fda.gov/media/85029/download.

U.S. Food and Drug Administration (FDA). (2015). *The impact of direct–to–consumer advertising.* https://www.fda.gov/drugs/information–consumers–and–patients–drugs/impact–direct–consumer–Advertising.

U.S. Food and Drug Administration (FDA). (2020). *Menu and vending machines labeling requirements.* https://www.fda.gov/food/food–labeling–nutrition/ menu–and–vending–machine–labeling.

U.S. Green Building Council. (2016). *Benefits of green building.* http://www.usgbc.org/articles/green–building–facts.

Vanderkam, L. (2009, November 6). The myth of the overscheduled child. *The Wall Street Journal.* https://www.wsj.com/articles/SB10001424052970203550604574360771531703210.

Vansteenkiste, M., Simons, J., Lens, W., Soenens, B., & Matos, L. (2005). Examining the motivational impact of intrinsic versus extrinsic goal framing and autonomy– supportive versus internally controlling communication style on early adolescents' academic achievement. *Child Development,* 76, 483–501.

Vinski, E. J., & Tryon, G. S. (2009). Study of a cognitive dissonance intervention to address high school students' cheating attitudes and behaviors. *Ethics and Behavior,* 19, 218–226.

Waller, W. W., & Hill, R. (1951). *The family: A dynamic interpretation.* Warner Books.

Walter, S. R., Raban, M. A., Dunsmuir, W. T., Douglas, H. E., & Westbrook, J. I. (2016). Emergency doctors' strategies to manage competing workload demands in an interruptive environment: An observational work–flow time study. *Applied Ergonomics,* 58, 454–460. https://doi.org/10.1016/j.apergo.2016.07.020.

Walumbwa, F. O., Avolio, B.J., Gardner,W. L, Wernsing, T. S., & Peterson, S. J. (2008) Authentic leadership: Development and validation of a theory–based measure. *Journal of*

Management, 34(1), 89–126.

Wang, W., Li, J., Sun, G., Cheng, Z., & Zhang, X. (2017). Achievement goals and life satisfaction: The mediating role of perception of successful agency and the moderating role of emotion reappraisal. *Psicologia: Reflexao e Critica,* 30(25). ewdttps://doi.org/10.1186/ s41155–017–0078–4.

Wang, W., & Parker, K. (2014). *Record share of Americans have never married:As values, economics and gender patterns change.* Pew Research Center.

Wang, K., & Rathbun, A. (2019). School choice in the United States: 2019. *National Center for Education Statistics.* https://nces.ed.gov/pubs2019/2019106.pdf.

Ward, K. (2001). Perceived needs of parents of critically ill infants in a neonatal intensive care unit (NICU). *Pediatric Nursing,* 27, 281.

Wartella, E., & Jennings, N. (2001). New members of the family: The digital revolution in the home. *Journal of Family Communication,* 1(1), 59–69.

We Are Social.(2019). *Digitalin2019.* https://wearesocial. com/global–digital–report–2019.

Webb, D. M. (1991). Delegation. *Academic Search Premier,* 69(4), 40–42.

Welch, P. J., & Welch, G. F. (2004). *Economics, theory and practice.* Wiley.

Wensley, R. (1996). Isabella Beeton: Management as "everything in its place." *Business Strategy Review,* 7, 37–47.

Westermarck, E. (1971). *The history of human marriage.* Johnson Reprint Corporation. (Original work published 1922).

White, J. M., Klein, D. M., & Martin, T. F. (2014). *Family theories:An introduction* (4th ed.). SAGE.

White, J.M., Klein, D.M., & Martin, T. F. (2015) *Family theories: An introduction* (4th ed.). Thousand Oaks, CA: Sage.

White, J. M., Martin, T. F., & Adamsons, K. L. (2019). *Family theories: An introduction.* SAGE.

Whitsett, D., & Kent, S. A. (2003). Cults and families. *Families in Society: The Journal of Contemporary Human Services,* 84(4), 491–502.

Wilkinson, D. (1987). Ethnicity. In M. B. Sussman & S. K. Steinmetz (Eds.), *Handbook of marriage and the family* (pp. 183–210). Plenum.

Williams, R., Dale, B., Bertsch, B., Van Der Wiele, T., Van Iwaarden, J., Smith, M., & Visser, R. (2006, November 1). Quality and risk management: What are the key issues? *TQM Magazine,* 18, 67–86.

Woolley, F. (2003). Control over money in marriage. In S. A. Grossbard–Shechtman (Ed.),

Marriage and the economy theory and evidence from advanced industrial societies (pp. 105–128). Cambridge University Press.

World Commission on Environment and Development (WCED). (1987). *Our common future.* Oxford University Press.

World Economic Forum. (2014, November). *The future availability of natural resources: A new paradigm for global resource availability.* http://www3.weforum .org/docs/WEF_FutureAvailabilityNatural Resources_ Report_2014.pdf.

World Health Organization. (1947). *Chronicle of the World Health Organization: Vol. 1.* Author.

World Health Organization. (2016). *Mental health and older adults.* http://www.who.int/mediacentre/factsheets/fs381/en/.

Wu, H., (2018). FP–18–18 Homogamy in U.S. Marriages, 2016. *National Center for Family and Marriage Research Family Profiles,* 157.

Wutich, A., & Brewis, A. (2014). Food, water, and scarcity: Towards a broader anthropology of resource insecurity. *Current Anthropology,* 55(4), 444–468. https:// doi.org/10.1086/677311.

Yorburg, B. (2002). *Family realities a global view.* Prentice Hall.

York, C. (2019). Is it top–down, trickle–up, or reciprocal? Testing longitudinal relationships between youth news use and parent and peer political discussion. *Communication Studies,* 70(4), 377–393. https://doi.org/10.1080/10510974.2019.1614965.

Young, J. (2013, January 7). Health care spending growth is slow for third straight year. *Huffington Post.* https://www.huffpost.com/entry/health–care–spending– growth–report_n_2426407.

Yu, H., & Miller, P. (2005). Leadership style:The X generation and baby boomers compared in different cultural contexts. *Leadership and Organizational Development Journal,* 26, 35–50.

Zeng, Z. (2019). Different functions between leadership and management in today's enterprises. *The Frontiers of Society, Science and Technology,* 1(3). https://doi.org/10.25236/FSST.20190305.

Zimmerman, E. (1964). *Introduction to world resources.* Harper & Row.

Zuckerman, M. (2000). Are you a risk taker? *Psychology Today,* 33, 52–57.

译后记

2021 年 7 月南京师范大学金陵女子学院申报的家政学硕士学位点获批通过，借此良机，学院和南师大出版社商议合作出版一套金陵家政学译丛。我执笔翻译的《家庭资源管理》（第 4 版）正是该套丛书第 1 辑 6 册中的一本。选择翻译它是因为该书的主题十分契合本套丛书的宗旨：翻译国外的家政学专业研究书目，以支持国内家政学学科建设。

该书是国外十分畅销的高校家政学教科书，已再版多次，现为第 4 版。本书围绕 5 步决策模式，对家政学学科的重点领域——家庭资源管理决策过程以及相关概念做了有序而系统的阐述。其内容丰富翔实，既有理论的梳理和综述，也有实际案例的阐析，兼具学术性和现实启发性。同时该书具备良好的国际视野，所选案例涉及不同文化和社会背景，体现了文化多元性。此外，该书的编排体系新颖而富有趣味，前沿动态、世界博览、现实思考等栏目有助于拓展文化视野、了解文化多元性、激发阅读和研究兴趣，案例教学作业切合实际，能够培养学生将理论知识转换为实操能力，这些都可以为国内家政学专业教材的编著提供有益的借鉴和参考。

鉴于该书的专业性及兼具的教材属性，我在翻译时遵循了“准确”和“通顺”的翻译原则，尽量准确还原原版的内容、编写体例和语言风格。原书的语言朴素简练，在翻译时，我也力求简洁达意。对于术语的翻译，我仔细斟酌选择了恰当的表述方式，易于中国读者理解。对于有些中国读者较为陌生的用词，我会于当页给出译者注，以更好地实现翻译的交互功能。

该书虽然是一本教科书，但读者对象并不仅限于家政学领域的高校教师和学生，家庭资源管理是和每个人、每个家庭息息相关的话题，具有广泛的适用性，所以这本书适合每个人阅读！

值此书付梓之际，我谨向南京师范大学出版社以及每一位为该书的出版付出了辛勤劳动的人员表示衷心的感谢，尤其是丛书策划徐蕾女士、统筹编辑王雅琼女士和责编熊嫒嫒女士，感谢她们对该辑丛书的用心构思以及对本书的仔细审校，是她们给了我出版本书的信心。同时也要感谢我的家人对我翻译本书给予的支持，尤其是我的女儿，平时总缠着我的她却能够在我翻译时不来打扰，并会帮我递茶送水果，还总是叮嘱我不要翻译到太晚。谢谢我亲爱的家人们！